도로와 환경

정경선 · 최윤환 · 김경일
강문식 · 김낙륭 · 이상돈 공저

넥서스환경디자인연구원

도로와 환경

1판 1쇄 인쇄 2010년 10월 11일
1판 2쇄 발행 2011년 5월 30일

지은이 정 경 선 (한국도로공사 건설본부장)
최 윤 환 (한국도로공사 설계처장)
김 경 일 (한국도로공사 녹색환경팀장)
강 문 식 (한국도로공사 건설환경부장)
김 낙 륭 (한국도로공사 도로환경부장)
이 상 돈 (이화여자대학교 환경공학 교수)

발행인 조 동 길
표지디자인 이 지 현
편집 김 보 라

발행처 넥서스환경디자인연구원(주)
출판신고 2007년 2월 21일 (신고번호 제22-3086호)
주소 서울시 서초구 양재동 376-2
전화 02-578-2930 **팩스** 02-578-2931
홈페이지 www.nexusdesign.co.kr **이메일** ne_x_us@naver.com
값 25,000원

ISBN 978-89-964962-0-5

머 리 말

국가 경제가 발전하고 자동차 등록대수가 증가함에 따라 전국 도로망이 지속적으로 확충되어 왔으며, 이러한 도로의 건설 및 유지관리가 환경 및 생태계에 직·간접적으로 영향을 미치고 있으며, 사회적인 시대 흐름과 국민 공동이익을 위하여 보다 더 친환경적인 도로로 건설·관리하도록 요구되고 있습니다.

특히 국민의 경제수준 향상과 함께 정부의 강력한 저탄소 녹색성장 정책 추진으로 환경은 전 국민의 관심사로 부각되었으며, 도로와 환경의 상생(相生)이 그 어느 때보다 절실히 필요한 때입니다.

사실 환경은 다양한 분야의 학문들이 종합적으로 연계되어 복잡하고 어려운 대상임에는 분명합니다. 이 책은 도로와 관련된 환경영향평가, 소음·진동, 수질, 폐기물, 대기질, 일조장해, 생태복원, 온실가스 등 다양한 분야에 걸쳐 기본이해와 사례를 살펴보는 것을 목적으로 집필되었으며, 가급적 이론보다는 실질적인 활용에 더 무게를 두었습니다.

따라서 이 책이 도로의 설계·시공·유지관리 관계자 뿐만 아니라 환경관련 전공자에게 도로와 환경에 대한 이해의 폭을 넓히는 데 도움이 되고, 우리가 궁극적으로 지향하는 녹색국토의 조성에 조금이나마 기여할 수 있기를 기대합니다.

끝으로 바쁜 가운데에서도 이 책이 완성되기까지 함께 고민하고 수고를 아끼지 않은 한국도로공사 녹색환경팀 직원들에게 깊은 감사의 마음을 표하는 바입니다.

2010년 가을

정 경 선

00
머 리 말

01
서 론

02
환 경 영 향 평 가

차례

03

소음 · 진동

04

수 질

05

폐 기 물 관 리

차례

06

대 기 질

07

일 조 장 해

08

생 태 복 원

09

기 후 변 화 대 응

차례

제1장 서 론

제1장 서론

1.1 서론

고속도로를 비롯한 도로는 국가의 기간 사업으로서 인체의 혈관에 비유되기도 하며 인류의 발전과 도로의 발전은 밀접한 관계를 맺고 있다. 또한 도로는 지역간의 경제, 문화, 사회 등의 교류를 촉진시키고 수송비용과 수송시간을 절감시켜 국가경제와 산업의 발달을 가져다 준다.

그러나 최근 급속한 도시화와 산업화에 따라 도로건설이 활발히 이루어지면서 도로의 편의성이 가져다주는 이면에 도로와 인접한 주변 지역의 기존 생활권역에 환경적으로 불가피한 피해와 불편함이 발생할 수 밖에 없으며, 그 피해는 갈수록 확산되고 있다.

[그림 1-1] 도로로 인한 생태계 단절

도로건설사업은 선형 사업으로서 복합영향(대기, 수질, 경관, 자연환경 등)을 유발하므로 환경에 미치는 영향이 매우 크며, 이러한 환경영향에 대하여 충분한 대책이 마련되어야 한다. 또한 생태적으로 도로로 인한 단절이 발생되어 7×9 간선도로망이 완성되면 간선도로망으로도 우리나라는 80개 이상의 지역으로 단절될 것으로 예상되고 있다[1].

도로에 의한 환경영향으로는 소음공해, 대기오염, 토양 및 물의 오염, 자연에 대한 심각한 영향(야생동·식물 피해, 생태계 단절, 생태계 교란) 등이 있으며, 수리·수

1) KEI 연구보고서, 2004, 도로건설사업의 환경영향 예측과 사후모니터링의 비교·분석

문 시스템과 국지적 기후, 그리고 생태적 균형에 변화를 가져온다.

한편 국토개발은 지속적으로 증가될 전망으로 앞으로도 많은 산림과 갯벌, 농지 등의 감소가 예상되고 있으나 쾌적한 자연에 대한 국민욕구와 자연자원 및 생물유전자원의 중요성이 증대되고 있어 '환경적으로 건전하고 지속가능한 개발(ESSD)'이 무엇보다 중요한 실정이다.

도로건설사업은 국토의 균형발전과 경제 성장을 위하여 반드시 필요한 공공기반 사업이지만, 환경에 미치는 영향이 적지 않으므로 이러한 환경영향의 정확한 규명과 우리나라 실정에 맞는 환경영향 저감 방안을 구체적으로 마련할 필요가 있다.

이에 본 저서에서는 도로건설 뿐만 아니라 현재 운영 중인 도로에 대해서도 자연환경 및 생활환경분야에 대한 환경영향과 이에 따른 구체적인 저감방안을 이론과 함께 다양하게 모색해 보고자 한다.

1.2 도로가 환경에 미치는 영향

1.2.1 도로로 인한 환경영향의 특징

도로는 건설과정과 운영 시 모두 환경에 큰 영향을 미치는데 이러한 환경영향을 요약하면 [표 1-1]과 같이 6가지 유형으로 구분할 수 있다.

[표 1-1] 도로로 인한 환경영향

환경 영향	주요 내용
지구적 영향	▪ 온실 효과, 에너지/자원 소비
광역적 영향	▪ 오존 발생, 대기질 산성화(CO_2, NO_2)
국지적 영향	▪ 생태계 단절, 소음, 대기질 오염, 경관 악화
지속적 영향	▪ 공사 시 및 운영 시 지속적 환경 영향
비가역적 영향	▪ 환경의 훼손, 생태계의 교란 및 파괴
유발성 영향	▪ 건설 후 유발 영향이 큼(도로 주변 개발, 차량통행 증가 등)

도로로 인하여 다양한 유형의 환경영향이 유발되는 만큼 도로의 계획-건설-운영에 이르는 전 단계에 걸쳐 친환경성을 고려할 필요가 있다. 특히, 도로건설은 토

공, 배수공, 교량공, 터널공, 포장공, 부대공 등 다단계의 복합적인 공정으로 구성된 대표적인 개발사업으로 건설공사 전 과정에서 다양한 환경영향 및 자연생태계 변화 요인이 발생하기 때문에 각 건설공정별 적절한 대책이 적기에 이루어져야 환경친화적인 도로건설을 기대할 수 있다. 물론 건설단계에서뿐만 아니라 노선 선정 시부터 환경영향을 최소화하기 위한 친환경적 설계도 중요하다고 할 수 있다.

[그림 1-2] 터널과 교량으로 생태계 단절을 최소화한 도로의 사례

1.2.2 동·식물에 대한 영향

인구 증가와 생활 수준이 높아지면서 교통량이 증가하고, 도로의 신설, 외곽순환도로, 선형 개량, 확장 등에 대한 필요성이 크게 대두되고 있는 반면, 생태계의 단절과 생물다양성의 감소에 대한 우려의 목소리 또한 높아지고 있다. 도로건설사업 시행으로 인하여 동·식물상에 영향을 미치는 요인으로는 서식지 축소, 수목벌채, 생태계 단절 등의 직접적인 요인과 토양, 대기질, 수질 등의 변화로 인한 간접적인 요인으로 구분할 수 있다. 또한 녹지상태, 동물 개체수와 서식지 면적 등 양적인 측면과 보호종, 감소종, 희귀종 등의 질적인 측면으로도 나눌 수 있다.

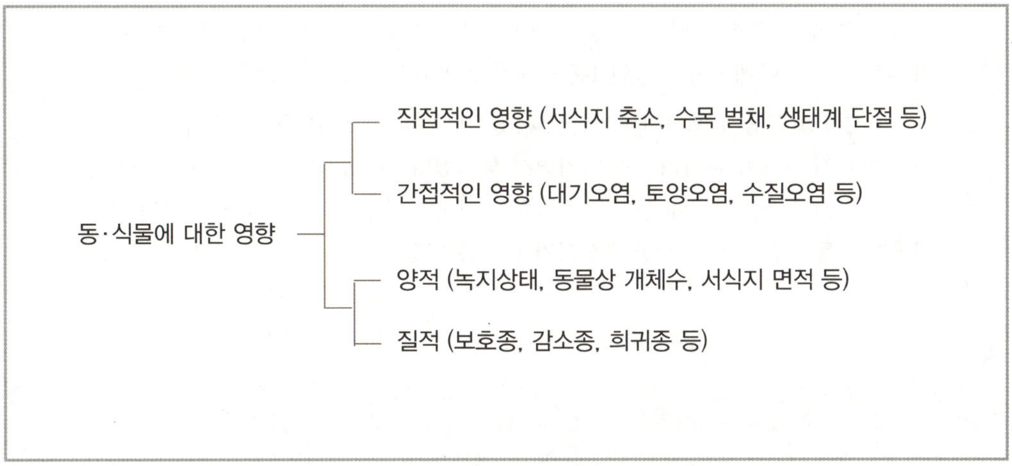

[그림 1-3] 동·식물에 대한 영향 구분

도로로 인한 생태계 영향 중 가장 심각한 것은 생태계의 단절과 서식지의 축소 현상으로 주요 야생동·식물의 서식환경에 직접적인 영향을 미친다.

또한 도로는 선형사업이므로 한 지점의 변화량이 별로 크지 않다고 하더라도 동물의 생활·행동권을 축소하는 경우가 있다. 결국 서식처가 양분되어 활동영역이 좁아지기 때문에 새로운 서식공간을 찾아 도로를 횡단하면서 교통사고의 위험성이 높아지는 등 문제점이 발생한다. 특히 이동 범위가 비교적 넓은 중형 이상의 포유동물이 다른 지역으로 이동하기 위해서는 도로 내 침입이 불가피하다. 따라서 노선계획의 초기단계부터 사전조사를 시행하여 동·식물에 대한 영향저감방안을 강구하여야 한다.

[그림 1-4] 야생동물 교통사고

도로에서 멧돼지 로드킬, 승용차 6중 추돌

12일 새벽 ○○도로에 야생 멧돼지가 나타나 차량 6대가 잇따라 추돌하는 사고가 발생했다. 경찰에 따르면 12일 새벽 2시 55분쯤 ○○ 부근에 멧돼지 한마리가 나타나는 바람에 A씨가 몰던 1톤 화물차로 멧돼지를 들이받았다.

이 사고로 화물차 운전자 A씨는 무사했지만 뒤따라 오던 승용차 5대가 화물차량과 멧돼지 사체를 피하려다 뒤엉키면서 부딪혔다. 이 과정에서 맨 뒤에 따라오던 승용차가 사고현장 갓길에 정차된 소방차와 사고 수습을 위해 갓길에 서 있던 운전자 B씨를 들이 받아 사고 차량 운전자가 중상을 입었다.

(언론기사 인용, 2010년 7월)

1.2.3 수질에 대한 영향

도로공사 시 발생되는 수질에 대한 영향으로는 공사현장에서의 토사 및 폐수 유출과 공사 투입인력에 의한 오수 유출 등이 있으며, 도로운영 시에는 비점오염물질과 휴게소의 오수 유출, 차량 전복에 의한 수질오염 등이 있다.

일반적으로 도로건설은 절·성토 공사가 많기 때문에 하천과 인접되었을 경우에는 강우시 하천으로 토사가 유출되고, 교량 등 구조물 하부공사 시에는 혼탁수에 의해 하천이 오염되기도 한다. 특히, 하천에서 탁도가 증가할 경우 토양의 미세입자가 하상을 덮게 되어 1차 생산자의 역할과 기능을 담당하는 부착조류 및 식물의 광합성이 저해되고, 생산량 감소가 예상되는 등 문제점이 발생하게 된다. 어류의 경우는 토양의 미세한 입자에 의한 아가미 막힘과 먹이 섭식의 곤란으로 인해 개체수가 감소할 수도 있다. 또한, 하천 유로 변경 및 개수시 콘크리트 호안, U형 개거 등 콘크리트 재료로 하천 및 제방을 보강하므로 하천 생태계 파괴를 유발할 수 있으며, 터널공사 시 배출되는 유출수의 하천 직유입, 터널굴착으로 인한 지하수맥 단절이나 지하수위 저하 등으로 인접마을의 지하수 이용 곤란 등이 공사 시 주로 발생하는 영향이라 할 수 있다.

한편, 수리·수문측면에서 살펴보면 도로건설사업은 하천을 횡단하거나 하천 또는 호소에 인접하여 건설되는 경우가 많아 자연 하천의 유로를 차단하거나 하천 면적을 감소시키는 등 수리·수문적 영향을 발생시킨다. 또한 도로의 배수가 원활히 이루어지지 않을 경우 주변 농경지의 침수피해가 발생하기도 한다.

[그림 1-5] 도로 비점오염물질의 직접 유입

운영중인 도로에서는 차량에서 발생되는 타이어 마모물질, 기름 및 윤활유 등 노면에 축적된 각종 비점오염물질이 강우시 배수로를 따라 하천으로 직접 유입될 수 있다. 또한, 수계에 인접하여 건설되는 도로의 경우 유류 및 유독물 운반 차량의 추락·전복 등의 수질오염사고에 의하여 수계 오염이 발생할 수 있다. 따라서, 상수원 보호구역과 인접한 상류지역, 수변구역, 상수원과 관련된 수질이 양호한 하천 등을 통과하는 경우 유독물 운반차량의 전복·추락 등으로 인한 수질오염사고에 대비한 조치도 필요하다고 할 수 있다.

하천주변 도로공사로 인한 어류피해 배상결정

중앙환경분쟁조정위원회는 ○○군에서 어업에 종사하는 이○○ 등 6명이 ○○~○○ 도로공사로 인한 수질오염으로 어획량이 감소하는 등의 피해가 발생하였다며 분쟁조정을 신청한 사건에 대하여 발주처와 시공사로 하여금 총 12,629천원을 배상하도록 결정하였다. 신청인들은 발파진동과 도로공사과정에서 발생된 토사, 나무뿌리, 레미콘 등이 강에 유입되어 그물이 손상되고, 공사 중 발생된 흙탕물 등 수질오염으로 인하여 치어의 호흡곤란 및 산란율 감소 등의 피해가 발생하였다며 배상을 요구한 것이다.

중앙환경분쟁조정위원회는 발파진동의 영향을 조사한 결과 수중소음이 160~200dB/μPa정도로 예측되어 그 영향이 신청인들의 어업구역 전체에 미쳤을 것이라는 전문가의 의견과 청각기능이 발달되어 소리에 특히 민감한 어류의 특성을 감안하여 어획량 감소피해의 개연성을 인정하였다. 또한 피신청인의 가교 및 가도 설치공사가 어류에 미치는 영향을 조사한 결과 가교 또는 가도설치를 위해 하천바닥을 파는 행위는 담수어의 산란장 및 서식장소를 파괴하는 결과를 초래할 수 있다는 것을 인정하였다.

위원회는 하천의 교량건설이나 하천 주위의 도로건설 시에는 사람에게 미치는 영향뿐 아니라 어류에 미치는 영향도 함께 고려하여야 한다고 강조하였다.

(중앙환경분쟁조정위원회 보도자료 인용, 2009년 3월)

1.2.4 대기질에 대한 영향

대기질에 대한 영향은 공사 시 공사장비 가동 및 토공 작업으로 인한 비산먼지 발생, 운영 시 통행차량의 배출가스 발생 등으로 크게 분류할 수 있다. 도로에서 배출되는 자동차 배출가스는 지역 대기질의 저하를 수반하며 가스상 및 입자상 오염물질 발생은 지역 주민에게 피해를 주지만, 대기질 특성상 도로관리자가 통행차량 배출가스의 직접적인 저감방안을 제시할 수 없다는 특징이 있다.

매연은 배출가스 중에 포함된 입자상 물질의 총칭으로서 주로 디젤차량에서 배출되며 가솔린 차량의 경우는 거의 배출되지 않는다. 매연은 입자의 직경이 수 ㎛이하의 미세한 물질로서 빛을 흡수하거나 산란시켜 터널내 차량 주행시 전방 가시도를 저하시켜 안전 운행에 지장을 초래할 수 있다.

일산화탄소(CO)는 가솔린 차량에서 가장 많이 배출되는 오염물질로 연료의 불완전 연소로 인하여 생성되는 것으로 무색, 무취이며 혈액 중 헤모글로빈(Hb)과의 결합력이 산소보다 200배나 높아 인체에 흡수되면 산소의 운반능력을 저하시키게 된다. 따라서 체내 산소 공급의 부족으로 신경계통에 영향을 주어 반사신경의 둔화로 운전자의 판단 능력을 저하시킴으로서 교통상황 판단의 지연으로 인한 교통사고 유발 가능성이 높아지는 것으로 알려져 있다.

[그림 1-6] 통행차량의 배출가스

질소산화물(NOx)은 엔진 내에서 연료의 연소시 고온에 의해 공기중의 질소와 산소가 열반응하여 생성되는 것으로 배기관을 통하여 배출되는 NOx은 95% 이상이 NO로서 대기중에서 여러 가지 산화물과 광화학 반응하여 NO_2로 변환된다. NO_2는 NO보다 5배 이상의 독성을 가지고 있으며 호흡시 인체로 흡입된 NO_2의 95%가 기관지 내에 남아 호흡기를 약화시켜 천식환자의 기도 저항을 증가시키고 폐의 기능을 감소시킨다. 농도가 100~150ppm에 30~60분 정도 노출시 위험한 정도인 것으로 알려져 있다

특히 최근에는 지방자치단체를 중심으로 도심지를 통과하는 도로에서 주로 발생되는 재비산먼지(PM-10)의 발생을 최소화하고 민원 해소를 위한 적극적인 대책이 요구되고 있다.

○○시, 고속도로 도심 통과 구간 대기오염 측정

○○시가 고속도로 도심 통과구간에 대한 대기오염 측정을 벌인다. 시는 고속도로 도심 통과구간에서 발생하는 각종 먼지 및 분진 등으로 인한 민원 해소를 위해 고속도로 도심통과 구간에 대한 먼지 측정을 벌인다고 6일 밝혔다.

3개 고속도로 도심 통과 구간은 항만청과 연안부두에서 나오는 각종 대형 트럭

등으로 인해 먼지 발생에 따른 이 일대 주민들의 민원이 끊이지 않는 곳이다. 시는 이에 따라 이 일대 구간에 대해 미세먼지와 초미세먼지, 온도, 습도, 고도, 기압, 입경별 먼지 수 농도 등 7개 항목에 대한 정밀 조사를 벌이기로 했다. 이번 조사에는 빛을 이용해 미세먼지 등을 측정하는 광산란법이 적용되며 오후 1시~오후 5시 이전까지 측정된다.

시는 측정 결과 기준치 이상을 초과하는 도로에 대해서는 관련기관에 통보해 미세먼지 발생 등에 대한 대책을 마련키로 했다. 시 관계자는 "고속도로 도심 통과 구간은 먼지와 분진 등의 발생으로 민원이 끊이지 않는 곳"이라며 "측정 결과에 따라 관련 기관과 협의해 대책을 마련해 추진할 것"이라고 말했다.

(언론기사 인용, 2010년 5월)

1.2.5 소음·진동에 대한 영향

자동차의 급속한 증가와 인구밀도가 높은 주거지 특성상 도로건설로 인한 소음·진동은 도로변 지역 주민들에게 많은 피해를 주고 있다. 하지만 도로건설공사로 인한 소음·진동의 발생은 불가피하고, 운영 시에도 자동차 주행으로 인한 소음 영향이 지속적으로 발생하게 된다. 공사 시 투입장비에 의한 소음·진동의 영향은 일시적이고 한정적인 반면, 충격 성분이 강하여 주변 지역에 큰 영향을 미칠 수 있다. 따라서 도로건설사업 및 도로의 운행차량에 의한 소음·진동이 법적으로 제시된 환경기준을 만족시키는지에 대해 충분히 검토하여야 한다.

일반적으로 통행량이 증가할수록 소음도 역시 증가하는데, 이러한 도로교통소음을 예측하는 방법으로는 회귀모델에 의한 방법, 해석모델에 의한 방법, 실험모델에 의한 방법, 축소모형실험에 의한 방법이 있다. 현재 간선도로 및 일반도로의 경우에는 국립환경연구원식(간선도로) 또는 일본음향학회식을, 고속도로의 경우에는 한국도로공사식(HW-NOISE)이 많이 사용되고 있다[2).

한편, 도로교통소음으로 인한 영향이 예상되는 도로변 지역의 구분은 소음·진동 공정 시험 방법에 일반 도로의 경우 도로변으로부터 차선수×10m로 하고, 고속도

2) 건설교통부·환경부, 2006, 환경친화적인 도로건설 지침

로 또는 자동차 전용도로의 경우 150m이내 지역을 도로변 지역으로 제시되어 있다. 그리고 환경영향평가에 의한 소음예측 결과 주간 65dB(A), 야간 55dB(A)을 상회하는 지역에 대하여 방음벽을 설치하여야 한다. 일반적으로 소음에 대한 영향은 [그림1-8]과 같이 통행량 및 차량 속도의 증가에 따라 커지게 된다.

[그림 1-7] 도로변 소음피해 지역

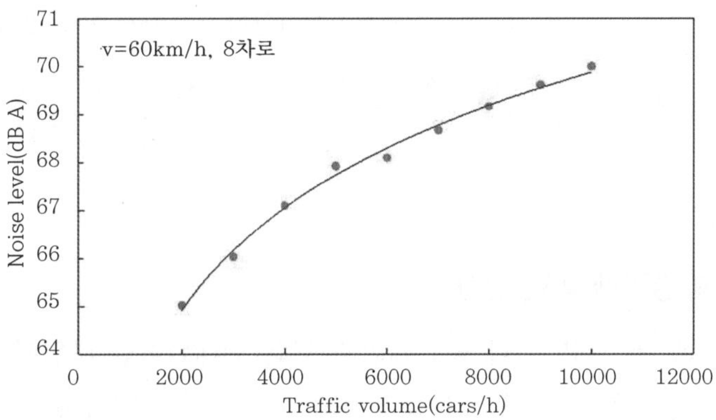

[그림 1-8] 통행량과 소음도의 관계

아파트 옆 도로로 매일밤 잠 설쳐…

중앙환경분쟁조정위원회는 ○○아파트 주민 642명이 인접한 도로에서 발생하는 교통소음 피해를 입고 있다며 재정(裁定)신청한 사건에 대하여 도로관리청에게 1억2천8백만원의 배상과 함께 적정한 방음 대책을 강구하도록 하는 재정결정을 내렸다. ○○시로부터 1996년 10월 사업승인을 받아 입주한 이 아파트는 약 30m 인접하여 ○○도로가, 약 77m 연접하여 ○○~○○간 고속화도로가 겹쳐 지나가는 위치에 있다.

실제로 중앙환경분쟁조정위원회에서 재정신청에 따라 측정한 소음도는 야간

기준 최고 72dB(A)로서 소음피해 여부를 결정하는 기준인 수인한도(65dB(A))를 훨씬 넘는 것으로 나타났다. 이에, 중앙환경분쟁조정위원회는 ○○도로 관리주체인 ○○에게 도로확장 이후 기존의 방음벽이 제 기능을 다하지 못함에 따라 소음피해를 발생시킨 책임을 인정하여 피해배상액의 90%를 배상하도록 하였다. 한편, 아파트 사업계획 승인권자이고 ○○~○○간 고속화도로의 관리주체인 ○○시에게도 아파트 사업계획 승인시 충분한 이격거리 확보, 방음벽 설치 등을 소홀히 한 책임을 인정하여 피해배상액의 10%를 배상하도록 결정하였다.

중앙환경분쟁조정위원회에서는 "많은 사람들이 ○○외곽지역의 교통 편리성을 누리는 만큼 인근 주민들의 소음 피해도 살피는 것이 필요하다"면서 "도로관리청은 위원회 결정에 따라 방음벽 추가 설치, 저소음재 포장, 과속 감시카메라 설치와 같은 향후 방음대책에도 적극적으로 나서줄 것을 기대한다"고 밝혔다.

(중앙환경분쟁조정위원회 보도자료 인용, 2010년 6월)

1.2.6 지형 및 경관에 대한 영향

도로건설사업은 택지개발이나 공단개발과 같은 면(面)적인 사업과는 달리 선형적인 사업으로서 주거지를 관통하거나 농경지를 지날 경우 이주민이 발생하고 생활권 단절이 발생된다. 도로건설로 인한 지형의 변화는 불가피한 것이지만 마을과 인접하거나 교통량이 많은 곳과 근접하여 대규모의 절·성토가 발생할 경우에는 주변 경관과의 이질감 및 차폐감이 발생할 수 있으며, 이러한 영향은 땅깎기 구간이 길고 대절토가 발생할 경우 더욱 심해진다. 또한 고성토가 발생할 경우 인접한 주거지역에서 조망훼손 및 차폐감 등의 영향이 예상되며 교량으로 계획된 경우에도 인공시설물로 인한 경관적 영향이 예상된다.

특히 임상이 양호하거나 경관적으로 우수한 자연지역에서는 도로통과에 따른 대규모 절토구간의 발생이나 농경지 구간의 대규모 성토구간 발생, 그리고 장대교량의 설치 등이 바람직하지 않은 이질적 경관이 된다. 자연경관이 양호한 지역일수록 그 영향은 더욱 커지게 되며, 지역주민이나 조망가능한 인근 지역의 사람들은 이질적으로 형성된 경관을 불가피하게 조망하게 되는 문제점을 피할 수 없다. 지리적으로나 문화적으로 특이한 지형 형상은 인공적인 변화가 발생하였을 경우 그 현상이 사라질 수도 있으며 한번 사라진 지형 형상은 회복불가능하다.

도로건설은 선형사업으로 영향 범위가 긴 구간에 걸쳐서 나타나게 되고 지형·지질은 한번 훼손되면 복구되기 어려우며 배수불량, 유수변화, 비탈면의 하중 등은 토사 붕괴를 유발시키는 직접적인 원인으로 작용하게 된다. 특히, 장대비탈면은 지형 단절, 식생 훼손, 야생동물의 이동 방해, 생태계의 단절, 녹화 복원시 복구 곤란, 경관악화와 더불어 장기적으로 비탈면 붕괴의 위험을 내포하고 있다. 또한 공사 시 필요한 토량공급을 위하여 별도의 토취장을 개발할 경우 토석 절취에 따른 지형 및 경관 변화가 큰 것도 무시할 수 없는 점이다.

[그림-9] 도로건설로 인한 비탈면 노출

"○○산성 지나면 안돼"

○○도로 1단계 사업 구간이 유네스코 세계문화유산 등재 신청을 앞둔 ○○산성 옆을 지나는 것으로 계획돼 논란을 일으키고 있다. 이 구간이 ○○산성 유원지와 ○○ 계곡을 고가도로로 통과하는 것으로 계획돼 지역 주민과 정당, 환경단체들이 반발하고 있다.

○○의원과 지방의원들은 최근 기자회견을 열어 "허파 구실을 하는 곳에 고가도로를 설치하면 자연경관이 훼손되고, 시민들이 매연과 위험에 노출될 것"이라고 주장했다. ○○의회 지역위원회도 "역사와 문화가 살아 숨쉬는 ○○산성을 두 동강 내는 계획"이라며 "고가도로가 설치되면 ○○산성은 공해에 따른 생태계 파괴가 불 보듯하다"고 밝혔다.

(언론기사 인용, 2009년 6월)

1.2.7 일조장해

일조란 태양광선으로 광효과, 보건효과, 열효과, 심리효과 등을 갖는 것을 말하며 건강과 쾌적한 생활을 위하여 매우 중요한 요소이다. 특히, 일조권은 자연채광을 받음으로 인해 여러 가지 혜택을 누리는 권리로 구조물 등에 의하여 태양광선을 충분히 받지 못하여 생기는 재산적·정신적 피해에 대하여 보상을 청구할 수 있는 권리를 말한다.

일조장해는 이러한 일조권이 방해받는 것을 말하며, 도로의 경우 자연환경과 생태계 훼손을 최소화하기 위하여 교량 등 구조물의 설치 비율이 증가되고 있어 구조물에 인접한 지역에서는 태양광이 유입되지 않거나 그 양이 현저하게 줄어들어 일조장해 피해가 발생하고 있는 실정이다.

[그림 1-10] 도로 구조물로 인한 농작물 일조장해

교량 일조방해, 참외 생산량 감소 원인

중앙환경분쟁조정위원회는 시설 참외를 재배하고 있는 김○○외 1명이 ○○도로 교량으로 인한 일조방해로 참외 피해를 입었다며, 환경분쟁조정 신청한 사건에 대하여 16백여만원을 배상하도록 재정결정을 내렸다. 신청인들은 2006년도에 준공된 ○○교의 그늘이 농경지를 가려 일조량 부족으로 하우스 참외의 수확시기가 늦어지고 수확량이 감소하는 피해를 입었다며 피해배상을 요구하였다.

분쟁조정위원회에서는 신청인들의 하우스에 대하여 일조량을 시뮬레이션한 결과, 연중 오전시간대에는 교량으로 인한 일조방해가 일어나지 않았으나, 하절기를 제외한 나머지 달은 오후 시간대 최고 63%, 1~4시간에 걸쳐 일조방해가 일어나는 것으로 나타났다. 오후시간대의 일조방해는 햇빛 부족으로 참외의 생육을 저해하고, 열축적을 감소시켜 하우스내 야간온도 확보를 어렵게 함으로써 참외의 생산성을 감소시키고 상품성을 저하시키는 개연성이 있는 것으로 판단하였다.

(중앙환경분쟁조정위원회 보도자료 인용, 2009년 8월)

1.2.8 폐기물 발생

폐기물이란 '못쓰게 되어(廢) 버려진(棄) 물건(物)'을 말하며, 폐기물이라는 의미는 주관적인 성격이 강하게 내포되어 있기 때문에 단순하게 폐기물을 정의하기란 쉽지 않다.

폐기물관리법에서는 '쓰레기, 연소재, 폐유, 동물의 사체 등 사람의 생활이나 사회활동에 필요하지 아니하게 된 물질'이라고 정의하고 있으며, 이 중 도로건설공사에서 발생되는 폐기물은 건설폐기물로서 공사를 착공하는 때부터 완료하는 때까지 건설현장에서 발생되는 5톤 이상의 폐기물을 말한다.

[그림 1-11] 공사현장 건설폐기물 발생

과거에는 물자가 부족하여 버려지는 자원이 거의 없었고 또한 대부분 자연에서 얻어진 것이어서 쉽게 분해되었으나, 도시화와 건설사업이 늘어남에 따라 폐기물의 총 발생량은 점진적으로 증가하는 추세에 있고 특히 사업장폐기물 중 건설폐기물의 발생량은 매년 증가 추세를 보이고 있어 폐기물 처리 문제는 큰 사회적 이슈가 되고 있다.

「건설폐기물의 재활용촉진에 관한 법률」 및 「폐기물관리법」에서는 건설폐기물의 배출자 신고, 수집·운반·보관 및 처리 등 건설폐기물의 친환경적 적정 처리와 재활용 촉진을 위한 업무를 처리함에 있어 행정의 일관성 및 신뢰성을 확보하기 위하여 필요한 구체적인 사항을 정하고 있다.

공사장 폐기물 불법처리업체 적발

OO시는 특별사법경찰을 투입해 지난 4월에서 8월 사이 시내 46개 대형 건설공사장을 대상으로 건설폐기물 적정처리 여부를 단속해 39%인 18개 사업장에서 23건의 위반행위를 적발했다.

적발된 공사장을 유형별로 보면, 건설폐기물을 배출할 때 가연성과 비가연성을 분리 배출해야 하는데도 혼합 배출하거나 보관한 경우가 20건으로 가장 많았다. 또 12곳에서는 방진덮개나 물뿌림시설 같은 비산먼지 억제에 필요한 조치를 하지 않았다가 단속에 걸렸다. 3개 사업장에서는 지정폐기물인 폐석면을 다른 폐기물과 혼합 배출하거나 오수 배출허용기준을 초과했다.

(언론기사 인용, 2009년 10월)

1.2.9 온실가스 배출

자동차 온실가스 배출 특성을 보면 이산화탄소(CO_2)는 자동차에서 배출되는 온실가스 중 대부분을 차지하고 있는데, 이는 이산화탄소가 연료의 연소에 의해 배출되기 때문이다. 이산화탄소의 배출량은 차량의 연비(km/L)와 반비례하는 것으로 연료 소비와 밀접한 관련이 있다.

우리나라의 수송부문에서의 온실가스 배출량은 1억 98만톤으로 우리나라 전체 온실가스 배출량의 19.8%를 차지하고 있으며, 1990년도에 비하여 2.4배가 증가한 실정이다. 수송 수단별로는 도로 7,848만 tCO_2(77.7%), 해운 1,286만 tCO_2(12.7%), 항공 897만 tCO_2(8.9%), 철도 67만 tCO_2(0.7%) 순으로 차량이 다니는 도로가 가장 큰 비중을 차지하고 있다[3].

도로를 이용하고 있는 자동차 등록현황은 2008년 기준 약 1,700만대이며 우리나라 도로 총연장은 2008년 기준 약 10만3천km이다. 도로 종류별로 보면 2007년도 기준으로 고속도로 3,368km(민자노선 포함)에서 1천6백만톤, 국도 13,832km에서 1천4백만톤, 지방도 18,174km에서 7백5십만톤의 온실가스가 배출되는 것으로 나타나고 있다[4].

건설공사 과정에서 배출되는 온실가스 양은 도로가 완성된 후에 차량이 이동하여 배출되는 양에 비해 훨씬 적다고는 하지만 흙의 굴착, 이동, 쌓기와 공사자재 운반시 사용되는 건설장비의 연료 소모와 시멘트, 철근, 아스팔트 생산시 사용하는 고온의 에너지 때문에 온실가스를 직·간접적으로 배출하고 있다.

1.3 환경의 개념 및 21C 환경문제

1.3.1 환경의 정의

환경이란 자연의 상태인 자연환경과 일상생활과 관계가 있는 생활환경을 말한다. 인간환경(Human Environment)은 인간을 주체로 하여 그를 둘러싸고 있는 주위의 일체를 뜻한다. 즉 넓게는 자연을 통하여 나오는 모든 요소와 인간이 만들어낸 모든 요소들이라 할 수 있고 좁게는 인간의 건강한 삶을 이어나가기 위한 물리적 환경이라 할 수 있다.

지구상의 모든 생물은 주어진 자연상태에 적응하고 그것을 이용하여 생존, 번식하고 있다. 자연상태란 동·식물·미생물 등의 생물적인 요소와 태양, 기후, 대기, 토지, 물 등의 무생물적인 요소 등을 말하며 이들은 각각 독특한 구조와 기능을 가지고 서로 상호작용하는 생태계(Ecosystem)을 이루고 있다. 인간도 이 생태계 구조와 기능 속에 속해 있으며 생태계를 떠나서는 살아갈 수 없다.

환경에 대한 분류와 정의는 환경정책기본법에서는 자연환경과 생활환경으로 분류하고 있고 자연환경(Natural Environment)은 지하, 지표, 해양 및 지상의 모든 생물과 이들을 둘러싸고 있는 비 생물적인 요소들을 포함한 자연을 총칭하며, 생활환경(Living Environment)은 대기, 물, 폐기물, 소음, 진동, 악취 등 우리 일상생활과 관계되는 모든 요소들을 포함한다.

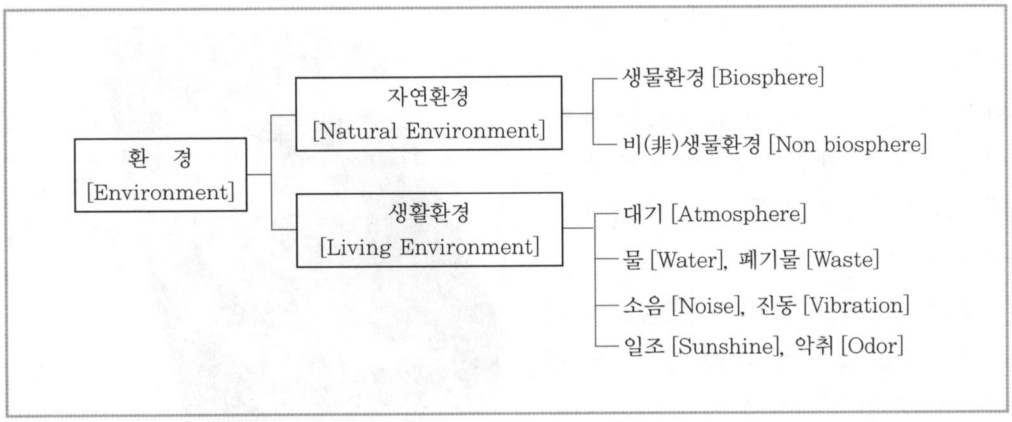

[그림 1-12] 환경정책기본법에 의한 환경의 분류

3) 한국교통연구원, 2009, 교통부분 온실가스 배출량 조사
4) 도로교통연구원, 2009, 고속도로 온실가스 배출량 및 CDM방법론 조사연구

1.3.2 환경의 특성

20세기 이후 급속한 과학기술의 발달과 함께 인구의 급증, 도시화, 산업화 등으로 환경이 심각한 위협을 받고 있으며 환경문제는 우리가 생각하고 예측하는 것보다 훨씬 더 심각하다.

또한 환경은 별개의 문제가 아니라 서로 상호작용을 하는 복합체로서 나타나며 그 구조적 특징을 살펴보면 대체로 다음 몇 가지로 요약할 수 있다.

◈ 상호관련성

환경문제는 각각의 문제들이 가지고 있는 요소들과 변수들이 상호작용함으로써 새로운 요인과 문제를 발생시키기도 한다. 예를 들면 화석연료를 연소시킬 경우 대기를 오염시키게 되고 대기오염은 물과 토양을 다시 오염시키며, 그 결과 토양에서 생산되는 농작물과 식수의 수질이 악화된다. 이와 같이 인간과 환경의 관계는 매우 밀접한 상호관련성을 가지고 있다.

◈ 광역성

오늘날의 환경문제의 특징 중 하나는 광역성으로 어느 한 지역, 한 국가만의 문제가 아닌 범지구적인 문제이므로 지구환경문제로 표현되기도 한다. 이러한 지구환경문제로는 지구온난화, 오존층 파괴, 생물종 감소, 개발도상국의 환경오염, 폐기물의 국가 간 이동, 사막화 등을 들 수 있다.

우리나라의 경우 가장 잘 알려진 사례로는 매년 중국으로부터 발생되는 황사로 인해 많은 피해를 입고 있는 것을 들 수 있다. 이러한 광역성이 환경문제 해결을 더욱 복잡하고 어렵게 만들고 있다.

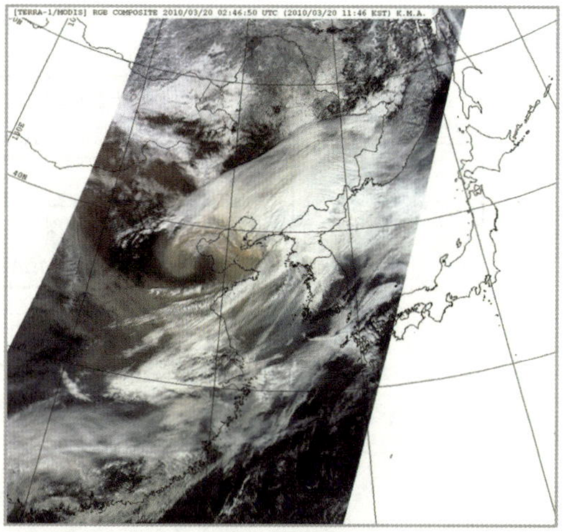

[그림 1-13] 황사

[출처] 기상청 홈페이지

◈ 시차성

환경문제는 문제의 발생 시점과 이로 인한 영향이 현실적으로 나타나기까지 상당한 시차가 존재하는 경우가 많다. 예를 들면 일본에서 발생한 공해법인 미나미타병과 이타이이타이병 역시 미량의 수은과 카드뮴이 오랜 시간동안 인체에 축척되어 발생되었다.

◈ 탄력성과 비가역성

환경문제는 일종의 용수철과도 같다. 어느 정도의 환경오염은 환경이 가지고 있는 자체 정화 능력, 즉 자정작용에 의하여 원상회복될 수 있다. 비가역성이란 변화를 일으킨 물질이 본래의 상태로 돌아오지 아니하는 성질을 의미하며, 환경의 자정작용을 초과하는 오염물질이 유입되면 자정능력의 파괴로 자정작용이 불가능해진다. 물의 경우 수중에 오염물질이 축적되면 부영양화 현상이 일어나서 식물플랑크톤이 과도하게 증식되어 물속의 산소를 고갈시킴으로써 물의 생태계를 파괴시키게 된다.

◈ 엔트로피 증가

엔트로피란 에너지의 질서, 즉 에너지의 유용성을 나타내는 척도로서 유용성이 높은 에너지는 엔트로피가 낮다고 하고 유용성이 낮은 에너지는 엔트로피가 높다고 한다. 우주에서 일어나는 모든 자연현상은 엔트로피가 증가하는 방향으로 일어나고 있다.

엔트로피의 증가는 사용 불가능한 에너지가 증가한다는 것을 뜻하며 이러한 사용 불가능한 에너지가 바로 환경오염을 의미한다. 대기오염, 수질오염, 쓰레기의 발생은 모든 엔트로피의 증가를 말하며, 환경오염은 엔트로피 증가에 대한 또 다른 표현이라고 할 수 있다.

1.3.3 21C 환경문제

유엔은 2002년에 열린 남아프리카공화국의 요하네스버그에서 열린 '지속가능한 발전에 관한 세계정상회의(WSSD)'에서 인구, 빈곤과 불평등, 식량과 농업, 물, 산림, 에너지, 기후변화, 건강과 물, 건강과 대기오염이라는 9가지 주제를 도출하였다.

◈ 인구

유엔에 의하면 현재의 인구 증가율이 유지되면 세계의 인구는 2050년에 90억 명을 돌파할 것으로 예측되고 있다. 이는 여성의 사회 참여, 핵가족화 등으로 출산율은 떨어졌으나, 의료 기술의 향상과 건강에 대한 관심의 증가 등으로 수명이 크게 늘어남에 기인한다.

인구 증가는 식량 부족, 자원 부족, 환경 오염 등 많은 문제를 발생하게 하며, 아프리카, 남아메리카 등 개발 도상국의 인구 증가 문제가 특히 심각하다.

◈ 빈곤과 불평등

매년 생명을 잃는 5세 미만 어린이 1,100만명 중에 55%에 해당하는 600만 명의 어린이가 영양실조로 목숨을 잃고 있다. 남부 아시아에서는 어린이의 절반 이상이 영양 부족으로 인하여 체중 미달이며, 아프리카에서도 30%의 어린이가 영양실조 상태이다. 어린이 사망과 영양실조의 원인으로는 전쟁, 가뭄, 질병 등을 들 수 있다. 특히, 아프리카의 전쟁과 가뭄은 그 나라만의 문제에 그치지 않고 다른 나라들에도 심각한 영향을 끼치고 있다.

[그림 1-14] 빈곤과 식량부족

[출처] 유니세프 홈페이지

경제적 불평등은 라틴아메리카와 아프리카에서 크게 나타나며 이러한 불평등은 빈곤을 감소시키는 장해요소로 작용하고 있다.

◈ 식량과 농업

현재 전 세계 지표면의 11%가 곡물생산에 사용되고 있다. 대부분의 개발도상국에서는 식량생산보다 수요가 더 늘어나고 있기 때문에 갈수록 식량 수입량이 늘어나고 있는 실정이다. 이러한 식량부족은 산림이나 습지 등을 농지로 전용시키는 가장 큰 압력으로 작용하기 때문에 자연환경 파괴의 가장 큰 위협이 되고 있다.

물

전 지구적으로 물 사용량은 전체 재생가능 수자원의 10~20%에 불과하다. 그러나 물 공급은 매우 불균등하게 배분되고 있으며 비용·효과면에서 멀리 이동될 수 없다. 유엔은 1993년에 우리나라를 물 부족국가[5)]로 분류했으며, 이미 일부 지역에서는 물 부족 현상이 나타나고 있다. 지금과 같이 물 소비 추세가 계속될 경우, 2025년이 되면 세계의 3분의 2에 이르는 지역에 물 부족 현상이 나타날 것이다.

산림

세계의 산림지역은 1990년대에 약 2.4% 줄었으며 산림 황폐화율은 아프리카가 가장 높아서 10년간 7%가 넘는다. 대부분의 산림 황폐화는 지구산림에 거의 절반을 가지고 있는 열대지역에서 일어나고 있다.

특히 아마존 강 유역의 열대 우림은 전세계 동식물의 30% 가량이 서식하고 있어 '생태계의 보고'라고 불린다. 그리고 광대한 열대 우림에서 배출되는 산소는 지구의 혼탁한 공기를 정화하는 역할을 하고 있어 '지구의 허파'라고도 불린다.

그러나 경제적 이익만을 추구하는 무분별한 개발로 지구상의 열대 우림의 반 이상이 사라져 버렸다.

에너지

세계의 에너지 소비는 갈수록 늘어나고 있으며 특히 화석연료소비가 가장 많이 늘었고, 핵에너지와 신재생에너지도 빠르게 늘어나고 있다. 그러나 개발도상국 주민들은 여전히 땔나무를 주 에너지원으로 이용하고 있으며 땔나무의 이용은 사용자의 건강을 위협할 뿐 아니라 산림을 황폐화 시켜 지구온난화에도

[그림 1-15] 신재생에너지(풍력)

[출처] 에너지관리공단 홈페이지

---

5) 물 부족국가란 국제인구행동연구소에서 전세계 국가를 평가해 물이 부족하다고 분류한 나라를 말한다. 강우유출량을 인구수로 나누어서 1인당 물사용가능량이 1,000㎥미만은 물 기근국가, 1,000㎥~1,700㎥은 물 부족국가, 1,700㎥이상은 물풍요국가로 분류하며 우리나라는 1,470㎥로 물 부족국가에 해당된다.

기여한다.

◈ 기후변화

온실효과를 일으키는 온실기체가 온난화 현상의 가장 중요한 원인으로 꼽힌다. 온실기체로는 이산화탄소가 가장 대표적이며 인류의 산업화와 함께 그 양은 계속 증가하고 있다. 이외에도 메탄, 이산화질소, 수소불화탄소, 과불화탄소, 육불화황 등이 있다. 특히 현대에 사용하기 시작한 프레온가스는 한 분자당 온실효과를 가장 크게 일으켜 현재는 사용이 중지되어 있다. 또한 인류가 숲을 파괴하거나 환경오염 때문에 산호초가 줄어듦으로써 공기 중에 있는 이산화탄소를 자연계가 흡수하지 못해서 이산화탄소의 양이 계속 증가하고 있다.

[그림 1-16] 지구온난화 영향(빙하지대→호수)
[출처] 에너지관리공단 홈페이지

◈ 건강과 물

아프리카와 저개발국가에서는 질병과 사망이 어릴 때 주로 일어나며 이것은 깨끗하지 못한 식수에 기인한다. 가장 일반적인 것은 깨끗한 물과 위생시설 부족으로 인한 설사병이며, 이는 간단하고 저렴한 기술로 쉽게 예방할 수 있다.

◈ 건강과 대기오염

매년 전 세계적으로 3백만명 이상의 인구가 주로 분진에 의한 대기오염으로 사망하고 있다. 사망자 대부분은 취사나 난방용으로 화목이나 동물배설물을 태울 때 발생하는 실내 공기오염으로 죽게 된다. 그러나 대부분의 오염규제와 노력은 실외 대기오염에 집중되고 있는 실정이다.

또한 산업화, 도시화 초기에 있는 도시들은 화석연료의 연소로 대기오염이 증가하고 있으며 현재 대부분의 개발도상국 도시에서 대기분진 수준은 선진국의 다섯배 이상 높다.

1.3.4 국제적 동향과 우리나라의 노력

인류의 생존을 위협하는 환경문제들의 해결을 위하여 국제적으로 많은 나라들이 협력하고 있으며 우리나라도 여기에 적극 동참하고 있다.

[표 1-3] 환경문제에 대응하는 국제적 움직임

년도	주 요 내 용
1962	■ 레이첼 카슨의 '침묵의 봄' 출간 – 미국 환경운동의 발단 계기 – 화학적 방제, DDT 등의 사용에 대한 경각심 부여
1971	■ 로마클럽 '성장의 한계' 보고서 – 화석연료의 한정성 경고 ■ '물새서식지로서 국제적으로 중요한 습지의 보전에 관한 국제협약' – 이란의 람사지방에서 개최 : '람사협약'으로 지칭 – 생물다양성 보고인 습지의 국제적 보호
1972	■ 스톡홀롬 세계정상회의 – 환경문제 주제로 한 최초 세계회의, 인간환경 선언 – 환경문제 전담기구인 'UNEP' 창설
1973	■ '멸종위기 야생동식물종의 국제거래에 관한 협약 (CITES)' – 수출입 인허가 제도 (부속서 Ⅰ, Ⅱ, Ⅲ 기준 마련) – 멸종위기 야생동·식물 서식 및 번식 대책
1982	■ 나이로비 선언 : 인간과 환경의 조화 중요성 인식
1989	■ 몬트리올 의정서 : 오존층 파괴 문제 부각 ■ 바젤협약 : 유해폐기물 국제적 이동 규제
1992	■ 브라질 '리우 지구정상회의' –'ESSD'개념 채택,'생물다양성 협약(CBD)','기후변화협약','의제21'/'지방의제21'
1994	■ 프랑스 파리 '사막화방지협약'

[표 1-2] 우리나라의 환경보전 노력

년도	주요 내용
1991	■ 자연환경보전법 제정
1995	■ 국가 생물다양성 전략 수립
1997	■ 자연환경보전법 전면 개정 ■ 환경기술연구개발사업 G7-Project 추진 - 국내여건에 맞는 자연형 하천 공법의 개발 ■ 독도 등 도서지역에 관한 특별법 제정
1999	■ 습지보전법 제정 - 습지를 효율적으로 관리 - 람사관련 국제협약 증진
2001	■ Eco-2 Project 추진 - 환경(Ecology)과 경제(Economy)의 상생방안 ■ 차세대 환경핵심기술 개발사업 Eco-Technopia 21 추진 - 환경(Ecology)과 경제(Economy)의 상생 실천방안
2003	■ 백두대간 보호에 관한 법률 제정 - 백두개단의 자연환경을 보호, 무분별한 개발 방지
2004	■ 야생동식물 보호에 관한 법률 제정

1.4 환경법의 이해

1.4.1 환경법의 기본개념

정의

환경법은 헌법 제35조에 따라 보장된 환경권을 구체화한 법이라고 할 수 있다.

헌법 제35조

모든 국민은 건강하고 쾌적한 환경에서 생활할 권리를 가지며, 국가와 국민은 환경보전을 위하여 노력하여야 한다.

이 법은 '환경을 보전하고 환경권을 보호하기 위한 국내적, 국제적 규범의 총체'라고 정의할 수 있으며, 기본 개념으로는 환경, 환경보전, 환경권, 환경오염 피해 구제가 있다.

환 경 + 환경보전 + 환 경 권 + 환경오염피해구제

[그림 1-17] 환경법 정의의 주요 개념

1) '환경'을 보호대상으로 하는 법

환경법은 '환경'을 객체로 하는 법으로 환경은 지구상의 모든 생물과 이들을 둘러싸고, 이들과 상호작용하는 모든 것의 총합을 말한다.

2) 환경'보전'에 관한 법

환경법은 환경을 개발하는 법이 아닌 환경을 '보전'하는 법으로 여기서 보전의 의미는 환경을 현 상태로 유지하는 것 뿐만 아니라 이를 개선하고 이용하는 것까지 보전에 포함시키기도 한다. 하지만 엄격한 의미에서의 환경보전은 환경을 현재 있는 그대로 보전하는 것이다.

3) '환경권'을 그 법리로 하는 법

환경권은 환경이 주는 이익을 향유할 수 있는 권리를 말한다. 환경이익을 확보하기 위해서는 환경보전을 해야 하고 환경이익이 침해되었을 경우에는 이의 구제를 받을 수 있는 권리가 환경권이다.

4) '환경오염피해구제'를 위한 법

환경법은 환경이익이 침해될 우려가 있거나 침해되었을 때 이를 구제 받을 수 있도록 하기 위한 법이다. 이 법은 환경을 보전하기 위한 것이고 환경을 보전하는 것은 환경권을 보호하기 위한 것이다. 이 법의 목적은 첫째로 환경을 보전·관리하여 환경침해가 일어나지 않도록 하는 것이며, 둘째, 환경이익이 침해될 우려가 있거나 침해되었을 때 환경피해를 구제하기 위한 법이다.

◈ 우리나라의 시대별 환경법 변화

1) 1960년대

1963년도에 '제1차 경제개발 5개년 계획' 시행 등 공업화 추진에 따라 발생하는 환경오염 등에 대처하기 위하여 환경기본법인 「공해방지법」을 제정·공포하였으나 전문이 21조에 지나지 않는 법률로서 시행령·시행규칙 제정, 전담기관 및 예산조치의 마련 등 후속조치가 제대로 이루어지지 않아 그 역할은 미미한 실정이었다.

2) 1960년대와 1970년대

이 시대를 거치면서 섬유, 의류 제조업 등과 함께 철강·화학·조선 등 중화학공업을 중심으로 경제개발이 본격적으로 이루어지면서 울산·온산 등에서 발생한 환경오염 문제는 사회문제로 부각되었다.

이에 따라 「공해방지법」을 폐지하고, 이를 대체하는 「환경보전법」을 1977년도에 제정·공포하여 환경기준 및 배출허용기준 설정, 환경감시제도 도입, 방지시설 설치의 의무화, 환경영향평가 협의 근거 등을 마련하였다.

3) 1980년대

이 시대에는 헌법에서 '환경권'에 관한 조항을 처음으로 명시하였고, 환경보전을 전담하는 환경청이 발족되었다. 또한 산업화의 진전으로 경제구조가 고도화됨에 따라 환경문제가 심각해지면서 종래의 산업오염과 더불어 자동차 배기가스, 도시지역의 하수, 쓰레기, 녹지와 자연생태계의 파괴 등 소비오염문제가 대두되었다.

4) 1990년대

이 시대에 접어들면서, 도시 대기질의 악화, 수자원 공급원의 감소, 유해물질 사용의 증가, 폐기물 배출량의 증가, 자연생태계 훼손, 나아가 지구환경문제가 대두되었으며, 낙동강 페놀오염사고 등 국내외 환경문제에 대한 국민의 관심이 증대되면서 환경행정 및 법제의 정비 등 많은 환경정책의 변화가 따랐고, 환경청이 환경처(1990.1)를 거쳐 환경부로 승격되었다(1994.12).

이에 따라 기존의 「환경보전법」은 기본법인 「환경정책기본법」과 「대기환경보전법」, 「수질환경보전법」, 「소음·진동규제법」 등 6개 법으로 분화되었으며, 「자연환경보전법」 및 「환경영향평가법」 등 자연환경보호를 위한 법률의 제정이 증가하였다.

5) 2000년대

이 시대에는 기존의 사후적인 환경관리의 틀을 벗어나 사전예방적인 환경관리정책의 기틀이 마련되었고, 관리 대상도 매체별로 세분화·전문화되면서 환경부가 관장하는 법률은 총 46개까지 확대되었다.

대기와 수질부문에서 오염물질 총량관리제도가 도입되고 물이용부담금제도를 통하여 사용자 부담 원칙이 제도화되었으며, 폐기물관리 부문에서 생산자책임재활용제도가 시행되었다. 또한 1999년도 「한강수계상수원 수질개선 및 주민지원 등에 관한 법률」의 제정을 시작으로 「낙동강, 금강, 영산강·섬진강수계 물관리 및 주민지원등에 관한 법률」, 「수도권 대기환경·개선을 위한 특별법」, 「백두대간 보호에 관한 법률」, 「친환경상품 구매촉진에 관한 법률」 등이 제정되었고, 2006년에는 「문화유산과 자연환경자산에 관한 국민신탁법」, 「가축분뇨의 관리 및 이용에 관한 법률」, 「환경분야 시험·검사 등에 관한 법률」 등 3개 법률이 제정되었다.

2007년에는 「지속가능발전 기본법」이 제정되었고 2008년에는 「환경교육진흥법」, 「환경보건법」이 제정되었다.

1.4.2 주요 환경법

폐기물관리법(1986 제정)

폐기물관리법은 폐기물의 발생을 최대한 억제하고 발생한 폐기물을 적정하게 처리하여 환경보전과 국민생활의 질적 향상에 이바지하는 것을 목적으로 한다.

이 법은 폐기물을 적정 처리하기 위한 법이며, 폐기물 적정 처리를 위한 폐기물처리기준 설정, 생활폐기물 적정 처리, 사업장폐기물 처리, 부적정폐기물 조치 명령, 방치폐기물 처리, 폐기물 처리시설 설치·운영·관리를 규정하고, 폐기물 처리의 감독·지원 등에 관한 규정을 두고 있다.

환경정책기본법(1990 제정)

환경정책기본법은 동 법의 목적을 '환경보전에 관한 국민의 권리·의무화 국가의 책무를 명확히 하고 환경정책의 기본이 되는 사항을 정하여 환경오염과 환경훼손을 예방하고 환경을 적정하게 관리·보전함으로써 모든 국민이 건강하고 쾌적한 삶을 누릴 수 있도록 함'이라고 규정되어 있다.

이 법은 환경상태를 조사해서 환경보전대상을 규정한 다음 적정한 환경목표를 설정한다. 또한 환경보전목표를 달성하기 위해 환경보전원칙을 정하고 환경보전수단을 규정한다.

◇ 대기환경보전법(1990 제정)

대기환경보전법은 대기오염으로 인한 국민건강이나 환경에 관한 위해(危害)를 예방하고 대기환경을 적정하고 지속가능하게 관리·보전하여 모든 국민이 건강하고 쾌적한 환경에서 생활할 수 있게 하는 것을 목적으로 하고 있다.

또한 대기환경보전을 위해 대기오염 상시 측정을 하여 대기오염 문제를 확인한 후 그 원인이 되는 대기오염물질 배출원 및 배출량을 조사하고 그 결과에 따라 대기오염물질 배출원 규제, 대기오염 물질별 규제 및 대기오염 지역별 규제 등의 수단을 사용한다.

◇ 소음·진동규제법(1990 제정)

소음·진동규제법은 공장·건설공사장·도로·철도 등으로부터 발생하는 소음·진동으로 인한 피해를 방지하고 소음·진동을 적정하게 관리하여 모든 국민이 조용하고 평온한 환경에서 생활할 수 있게 함을 목적으로 하고 있으며 소음·진동규제를 위해 소음·진동 실태를 파악한 후 소음·진동 발생원인 공장소음·진동, 생활소음·진동, 교통소음·진동 및 항공기소음에 대한 대책을 마련한다,

◇ 자연환경보전법(1991 제정)

자연환경보전법은 자연환경을 인위적 훼손으로부터 보호하고, 생태계와 자연경관을 보전하는 등 자연환경을 체계적으로 보전·관리함으로써 자연환경의 지속가능한 이용을 도모하고, 국민이 쾌적한 자연환경에서 여유있고 건강한 생활을 할 수 있도록 함을 목적으로 한다.

이 법의 주요내용은 자연환경보전원칙, 자연환경조사, 생태경관보전지역의 지정, 생물다양성보전, 자연자산관리, 생태계 보전협력금 부과 등이다.

◈ 토양환경보전법(1995 제정)

토양환경보전법은 토양오염으로 인한 국민건강 및 환경상의 위해를 예방하고, 토양생태계의 보전을 위하여 오염된 토양을 정화하는 등 토양을 적정하게 관리·보전함으로써 모든 국민이 건강하고 쾌적한 삶을 누릴 수 있게 함을 목적으로 하고 있으며, 이 목적을 위해 토양오염도를 상시 측정하여 토양오염문제를 확인한 후 토양보전기본계획을 수립하고 토양오염관리대상시설에 대해서는 토양오염방지시설을 설치하게 한다.

◈ 습지보전법(1999 제정)

습지보전법은 습지의 효율적 보전·관리에 필요한 사항을 규정하여 습지와 그 생물다양성의 보전을 도모하고, 습지에 관한 국제협약의 취지를 반영함으로써 국제협력의 증진에 이바지함을 목적으로 한다.

◈ 백두대간 보호에 관한 법률(2003 제정)

이 법은 백두대간의 보호에 필요한 사항을 규정하여 무분별한 개발행위로 인한 훼손을 방지함으로써 국토를 건전하게 보전하고 쾌적한 자연환경을 조성함을 목적으로 한다.

◈ 건설폐기물의 재활용촉진에 관한 법률(2003 제정)

이 법은 건설공사 등에서 나온 건설폐기물을 친환경적으로 적절하게 처리하고 그 재활용을 촉진하여 국가자원을 효율적으로 이용하며, 국민경제 발전과 공공복리 증진에 이바지함을 목적으로 하며, 이러한 목적을 위하여 국가와 지방자치단체, 발주자, 배출자 및 건설폐기물처리업자에게 건설폐기물의 재활용 및 적정 처리 의무를 부과한다.

◈ 야생동·식물보호법(2004 제정)

이 법은 야생동·식물과 그 서식환경을 체계적으로 보호·관리함으로써 야생동·식물의 멸종을 예방하고, 생물의 다양성을 증진시켜 생태계의 균형을 유지함과 아울러 사람과 야생동·식물이 공존하는 건전한 자연환경을 확보함을 목적으로 한다.

수질 및 수생태계 보전에 관한 법률(2007 제정)

이 법은 수질오염으로 인한 국민건강 및 환경상의 위해를 예방하고 하천·호소 등 공공수역의 수질 및 수생태계를 적정하게 관리·보전함으로써 국민으로 하여금 그 혜택을 널리 향유할 수 있도록 함과 동시에 미래의 세대에게 승계될 수 있도록 함을 목적으로 하며, 공공 수역의 수질 및 수생태계 보전을 위해 상시 측정 및 수생태계를 조사하고 수질 및 수생태계 목표기준을 정한다. 수질 및 수생태계 목표기준 달성을 위해 수계영향권별 수질 및 수생태계보전계획을 수립한다. 이는 점오염원과 비점오염원 관리, 기타 수질 및 수생태계 보전수단이 포함된다.

환경영향평가법(2009 전부개정)

환경영향평가는 사업계획을 수립·시행함에 있어서 해당 사업의 경제성·기술성뿐만 아니라 환경성까지 종합적으로 고려하여 환경적으로 건전한 사업계획안을 모색하는 과정이자 계획기법이라 할 수 있다.

과거에는 개발사업계획의 결정시 사업의 경제성, 기술성에 주안점을 두었으나, 산업사회의 진전에 따른 개발사업의 시행으로 환경오염이 점차 심화되자 경제성, 기술성 외에 환경보전을 주요 인자로 하여 사업계획의 합목적성을 평가하여야 한다는 견해가 대두되었고 이에 따라 환경영향평가제도가 생성되게 되었다.

1969년 미국은 국가환경정책법(NEPA) 제102조에 환경영향평가를 최초로 도입하였고, 우리나라도 지난 1977년 환경보전법에 그 법적 근거를 도입한 이래 그간 수차례의 법령 개정을 거쳐 환경영향평가를 실시하고 있다.

환경영향평가란 사업 시행 전 미리 환경보전측면에서 충분한 고려가 이루어지도록 함으로써 환경오염을 사전에 예방하는데 그 의의가 있다. 「환경영향평가법」 제1조(목적)에서는 '환경영향평가 대상사업의 사업계획을 수립·시행할 때 미리 그 사업이 환경에 미칠 영향을 평가·검토하여 친환경적이고 지속가능한 개발이 되도록 함으로써 쾌적하고 안전한 국민생활을 도모함'을 목적으로 제시하고 있으며, 제2조(정의)에서는 환경영향평가를 '환경영향평가 대상사업의 사업계획을 수립하려고 할 때에 그 사업의 시행이 환경에 미치는 영향을 미리 조사·예측·평가하여 해로운 환경영향을 피하거나 줄일 수 있는 방안을 강구하는 것'이라 정의하고 있다.

환경영향평가 제도에 관하여는 제2장에서 보다 상세히 다루고 있다.

제2장 환경영향평가

제 2 장 환경영향평가

2.1 환경영향평가제도

2.1.1 우리나라의 환경평가 제도

현대 산업사회로 들어서면서 급격한 산업화의 진전, 인구 증가 및 도시화 현상 등으로 인하여 자연의 자정능력(환경용량)을 초과하는 과다한 오염물질이 배출됨에 따라 환경오염은 어느 정책보다도 우선적으로 해결되어야 할 사회문제의 하나로 대두되었다. 특히, 환경은 한번 훼손되면 원상으로의 회복이 거의 불가능하고 복구에 상당한 비용과 시간이 소요됨에 따라 이미 배출된 오염물질을 제거하는 사후 관리적 수단보다는 오염물질의 발생을 사전에 예방하는 사전 예방적 수단의 중요성이 부각되었다. 이에 환경영향평가 제도는 자원의 고갈과 환경문제에 대한 위기의식이 고조되고, 전통적·사후적·매체별 환경정책으로는 환경문제를 해결할 수 없다는 인식이 확산됨에 따라 사전 예방적·종합적 환경정책수단으로써 도입되었다.

우리나라의 환경평가 체계는 크게 '사전환경성검토'와 '환경영향평가'로 구분된다. 도로건설 사업과 같이 대규모 자본이 투입되고 환경의 훼손이 큰 개발사업은 환경문제가 단계별로 검토될 수 있도록 타당성 조사 단계에서 사전환경성검토를 수행하고, 설계 단계에서 환경영향평가를 수행하도록 하여 도로의 계획과 추진과정에 환경성이 반영될 수 있도록 법으로 규정하고 있다.

도로의 사전환경성검토는 건설기술관리법(시행령)에 의한 고속국도 건설공사 및 도로법에 의한 도로정비계획, 도로건설공사 등이 협의대상 행정계획에 속한다. 사전환경성검토는 계획 초기단계에서 입지의 타당성, 주변 환경과의 조화 등 환경에 미치는 영향을 사전에 고려하도록 함으로써 국토의 난개발을 예방하고 개발과 보전의 조화, 즉 환경친화적인 개발을 도모하여 지속가능한 계획의 수립 또는 사업이 추진되도록 한다.

환경영향평가는 4km이상 도로의 신설 또는 10km이상의 확장사업에 대하여 사업계획의 승인, 인·허가 또는 결정 전에 환경영향평가 협의를 거치도록 하고 있다. 환경영향평가는 환경에 중대한 영향을 미치게 될 각종 개발계획을 수립·시행함에 있어 예상되는 환경훼손과 환경오염을 사전에 차단·방지함으로써 환경적으로 지속가능한 개발이 추진될 수 있도록 마련된 제도이다.

사전환경성검토가 대규모 사업에 대한 입지 및 규모의 타당성과 소규모 사업의 환경적 타당성을 평가하는 제도임에 비해, 환경영향평가 제도는 대규모 사업의 개발계획 추진이 확정된 후 설계단계에서 이루어진다는 점, 그리고 입지의 타당성보다는 환경오염 저감방안의 적절성 평가에 더 비중을 두고 있다는 점에서 사전환경성검토 제도와 차이를 보이고 있다.

[표 2-1] 사전환경성검토와 환경영향평가 비교

구 분	사전환경성검토	환경영향평가
법적근거	■ 환경정책기본법	■ 환경영향평가법
주요기능	■ 개발관련 행정계획 또는 개발사업의 적정성, 입지의 타당성 등 검토	■ 개발사업으로 인한 환경영향을 최소화하는 저감방안 강구
협의시기	■ 행정계획의 수립 확정 전 ■ 개발사업 인허가 전	■ 행정계획이 확정된 후 ■ 개발사업을 위한 실시계획 승인 전
평가서류	■ 사전환경성검토서	■ 환경영향평가서

2.1.2 사전환경성검토

◇ 사전환경성검토 개요

1) 의의

우리나라는 1980년대 초부터 환경영향평가제도를 도입하였다. 그러나 환경영향평가제도는 행정계획 확정 이후 개발사업을 위한 실시단계에서 주로 환경영향의 저감방안에 초점을 두고 검토되고 있어 환경적으로 건전하고 지속가능한 개발을 위한 제도로서의 고유기능을 제대로 수행하지 못했다. 이러한 한계점을 극복하기 위해 1993년부터 행정계획 및 사업의 환경성검토에 관한 규정(국무총리훈령 제270호)에 의거, 환경에 영향을 미칠 수 있는 부정적 영향을 최소화하고 개발과 환경보전을 조화시키기 위한 사전환경성검토가 도입되어 시행되고 있다.

2) 기능

사전환경성검토는 실시계획단계에서 이루어지는 환경영향평가 시 사실상 배제되거나 간과되어 온 상위 기본계획에 대하여 입지의 타당성, 주변 환경과의 조화 여부 등을 검토함으로써 환경친화적인 합리적 대안을 모색할 수 있도록 한다. 부가적으로는 환경영향평가 과정에서 쟁점이 되고 있는 입지의 타당성, 토지이용계획의 적정성 등을 사전환경성검토 과정에서 미리 스크린함으로써 환경영향평가 협의 기간을 단축하고 효율성을 제고할 수 있도록 한다.

3) 대상사업

사전환경성검토 대상은 행정계획과 개발사업으로 이원화되어 있다. 행정계획은 고속국도 등 88개의 대규모 사업을 대상으로 하며, 개발사업은 보존용지 지역에서의 일정규모 이상의 개발사업 시행시 이루어진다. 현재 농림지역, 개발제한구역, 생태계보전지역 등 22개 용도지역에서 5,000～30,000㎡ 이상의 개발사업에 한하여 시행한다.

◇ 사전환경성검토 협의절차

1) 협의절차

관계중앙행정기관의 장, 시·도지사 및 시장·군수·구청장은 환경에 미치는 행정계획을 수립·확정하거나 개발사업의 승인·인가·허가 등을 하고자 할 경우에는 사전환경성검토서를 작성하여 환경부장관 또는 지방환경관서의 장에게 협의를 요청하여야 하며, 구체적인 협의절차는 [그림 2-1], [그림 2-2]와 같이 진행된다. 특히, 행정계획에 대한 사전환경성검토 협의 절차는 전략환경평가 개념이 도입된 사전환경성검토가 2006년 5월 시행되면서 검토서 초안단계에서 환경성검토협의회 및 주민·관계전문가, 환경단체 등의 의견수렴절차를 거치게 된다. 개발사업에 대한 사전환경성검토 시행절차는 행정계획과 달리 대안 마련, 환경성검토협의회 구성·운영, 의견수렴 등의 과정에 대한 의무화 규정이 없다.

2) 구비서류

행정계획이나 개발사업에 대하여 입지의 타당성이나 주변 환경과의 조화 등 환경성을 제대로 검토하기 위해서는 관련 자료가 충분히 제시되어야 하므로, 행정계획을

절차	주체	비고
행정계획의 구상	관계 행정기관	
환경성검토협의회 구성	관계 행정기관→환경부	※관계 전문가, 관계행정기관 및 협의 기관 소속 공무원, 지방자치단체의 장이 필요하다고 인정하는 자 등 10인 이내 위원 구성 (계획을 수립하는 담당기관(부서) 에서 구성)
검토서 초안 작성	관계 행정기관	
주민·관계전문가, 환경단체 등의 의견수렴	관계 행정기관	※개별법령에 절차가 있는 경우 그에 따라 실시 ※개별법령에 절차가 없는 경우 환경정책기본법 시행령에 따라 주민공람 · 설명회, 공청회 등을 실시
의견수렴 결과를 반영한 검토서 작성	관계 행정기관	
협의 요청	관계 행정기관→환경부	※계획의 수립 · 확정 전에 요청
협의를 위한 검토 의뢰	환경부	※전문가 · 전문기관 등
협의의견 통보	환경부→관계 행정기관	※30일 이내 통보(필요시 10일 연장 가능)
협의의견 반영 또는 필요조치	관계 행정기관	
조치결과 또는 조치계획 통보	관계 행정기관	※30일 이내
계획변경시 재협의 등		※사업규모가 30% 이상 확대시 검토서를 재작성하여 재협의 ※사업규모가 10~30% 미만 확대시 변경내용에 대하여 협의

[그림 2-1] 행정계획에 대한 사전환경성검토 시행절차

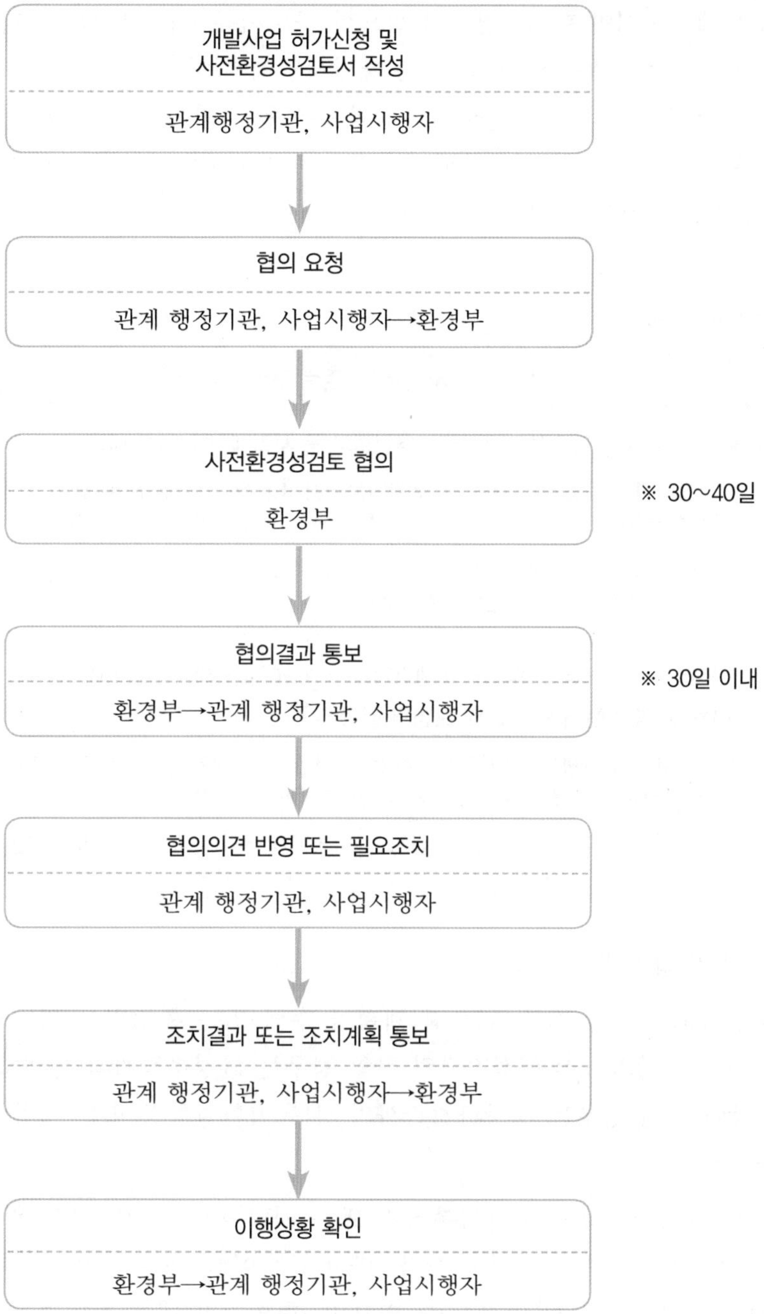

[그림 2-2] 개발사업에 대한 사전환경성검토 시행절차

수립·결정하거나 개발사업을 허가·승인·인가하는 관계 행정기관의 장은 구비서류를 직접 작성하거나 개발사업의 시행자로부터 제출받아 환경부장관 또는 지방환경관서의 장에게 제출하여야 한다. 협의시 필요한 구비서류는 [표 2-2]와 같다. 사전환경성검토 대상이 되는 모든 행정계획 또는 개발사업에 대하여 공통적으로 갖추어야 하는 공통구비서류와 계획 또는 사업의 유형과 특성을 고려하여 계획 또는 사업별로 갖추어야 하는 개별 구비서류로 구분되며, 개별 구비서류에 대하여는 환경부장관이 관계 중앙행정기관의 장과 협의하여 고시로 정한다.

[표 2-2] 사전환경성검토 구비서류

구 분	사전환경성검토 구비서류
공통 구비서류	■ 사업의 목적, 필요성, 추진배경, 추진절차 등 사업계획에 대한 내용 ■ 대상지역의 용도지역 구분 등 토지이용현황 (대상지역을 정할 수 없거나 대상지역이 광범위하여 토지이용현황에 대한 서류를 구비하기 곤란한 경우 제외) ■ 대상지역 안의 생태계보전지역 등 보호하여야 할 지역, 지구, 구역 등의 분포 현황 (대상지역을 정할 수 없는 경우 제외)
개별 구비서류	■ 대상지역의 식생, 주변지역의 개발현황 등 생태적 특성에 관한 자료 ■ 대상지역의 현재 오염도 및 오염원 현황 ■ 개발사업의 시행으로 인한 생태계 등 자연환경 및 대기질, 수질, 토양, 폐기물, 소음, 진동, 악취 등 생활환경에 미치는 영향예측 및 저감대책 ■ 대상지역의 축적 1:25,000인 위치도, 1:3,000 내지 1:25,000인 토지이용계획

3) 협의 기관 및 협의기간

사전환경성검토 협의를 요청하는 자(계획을 수립 또는 확정하는 자, 사업을 허가·인가·승인하는 자)가 중앙행정기관의 장인 경우는 환경부장관과 협의하고, 중앙행정기관의 장이 아닌 경우는 지방환경관서의 장(유역환경청장 또는 지방환경청장)과 협의한다.

사전환경성검토를 요청받은 환경부장관 또는 지방환경관서의 장은 원칙적으로 30일 이내에 협의결과를 통보하여야 한다. 다만 부득이한 사유가 있는 경우에는 협의기간을 10일의 범위 내에서 연장할 수 있으며, 협의기간 내에 협의결과의 통보가 없는 경우에는 협의를 한 것으로 간주한다.

2.1.3 환경영향평가

◇ 환경영향평가 개요

1) 의의

개발과 보전의 조화라는 측면에서 볼 때 환경영향평가는 환경오염의 사전예방수단으로서 사업계획을 수립함에 있어서 당해 사업의 경제성·기술성뿐만 아니라 환경성까지 종합적으로 고려하여 환경적으로 건전한 사업계획안을 도출하는 과정이자 하나의 계획기법이라 할 수 있다. 즉, 환경영향평가란 환경에 중대한 영향을 미치게 될 각종 개발계획을 수립·시행함에 있어 예상되는 환경파괴와 환경오염을 사전에 차단·방지하기 위한 정책수단으로서 환경적으로 건전하고 지속가능한 개발을 유도하여 쾌적한 환경을 유지·조성하고자 마련된 제도라 할 수 있다.

2) 기능

환경영향평가는 각종 개발사업, 정책, 계획 등을 추진하려고 할 때 미래예측기법을 활용하여 환경에 대한 영향을 최소화하고, 동시에 충분한 대책을 강구하고자 하는 취지에서 탄생되었고, 현재 미국, 캐나다 등 많은 나라에서 시행되고 있다. 환경영향평가의 기능은 국가별로 입법 체계나 문화 등에 따라 다소 차이가 있을 수 있으나, 일반적으로 다음과 같이 크게 다섯 가지로 구분할 수 있다.

첫 째, 환경보전수단으로서 사전예방적 기능이다. 환경기초시설의 확충, 녹지의 원형보전 등 예방적 차원의 환경관리를 가능하게 하고, 개발사업의 시행이 주변환경에 어떠한 영향을 미칠 것인가를 예측하고 미리 그 저감방안을 마련한다.

둘 째, 합목적적 제고 기능이다. 환경이라는 공공재의 가치가 부각되고 개발에 따른 환경문제와 관련하여 각종 민원이 제기됨과 아울러 환경보전에 대한 수요가 폭발적으로 증대됨에 따라 사업자 측면에서도 이를 고려하지 않고서는 최선의 사업계획을 수립하였다고 자신할 수 없는 상황이 초래되었기 때문에 결국 환경영향평가 활동은 사업계획의 합목적성을 객관적으로 인정시키는 도구로서의 역할이 크다.

셋 째, 주민에 대한 이해 조정 기능이다. 지역주민의 참여를 통하여 사업계획 수립 전반에 대한 절차적 민주성을 확보하는 한편, 교육의 장으로서 환경보전에 대한 사회적 관심을 제고하고 나아가 향후 발생 가능한 환경분쟁을 예방한다.

넷 째, 의사결정 도구로서의 조정 기능이다. 환경영향평가의 역할이 합리적인 사업계획의 수립에 있다면 사업계획 수립과정에서 환경적으로 고려되고 예측된 여러 가지의 부정적 검토사항이 수록된 환경영향평가서는 사업자나 최종 사업계획을 승인하는 기관의 의사를 결정하는데 도움을 줄 수 있기 때문에 환경영향평가 자체가 지니고 있는 중요한 기능의 하나가 조정 기능이 된다. 이러한 환경영향평가제도를 운영함에 있어 환경영향을 신뢰성 있게 평가하기 위해서는 각종 환경인자들을 체계적으로 측정 관리하고, 효과적으로 활용해야 할 것이다.

다섯째, 정보 제공 기능이다. 환경영향평가 실시 결과를 보고서 형식으로 제출한 환경영향평가서는 당해지역 주변의 환경 현황과 장래 환경질의 예측치가 수록되어 있기 때문에 이들 지역의 환경과 관련된 종합적인 정보자료로 제공하는 역할을 하게 된다.

◇ 환경영향평가 주요사항

1) 대상사업

개발사업은 그 규모의 크기에 관계없이 사업을 시행하는 과정에서 환경에 악영향을 주게 되므로 절대적으로 환경보전을 위한다면 모든 개발사업이 평가대상이 되어야 할 것이다. 그러나 평가비용 및 시간 등을 고려할 때 실익이 없는 사업은 평가대상에서 제외하고 지역의 특수성, 환경에 미치는 영향 정도에 따라 평가를 실시하도록 하는 것이 타당하며, 일반적으로 환경영향평가 대상사업의 선정기준은 다음과 같이 4가지로 나누어 설명할 수 있다.

첫째, 골프장 건설 등 사업특성상 자연환경·생태계를 훼손할 우려가 큰 사업

둘째, 자연공원 집단시설지구 등 환경적으로 민감한 지역에서 시행되는 사업

셋째, 매립사업, 댐건설 등 환경영향이 장기적·복합적으로 발생하여 쉽게 예측이 곤란한 사업

넷째, 택지·공단조성 등 대기·수질오염 등 복합적 환경오염이 발생될 것으로 우려되는 사업

이와 같은 사항들을 고려하여 현행 환경영향평가법에서는 도시의 개발, 산업단지의 조성, 도로의 건설 등 17개 분야 76개 세부사업을 평가대상으로 정하고 있으며, 환경영향평가 대상사업 범위에 해당하지 않는 사업이라도 지역의 특수성을 고려하여 당해 시·도지사가 조례로 별도의 대상사업 범위를 정하여 환경영향평가를 실시할 수 있도록 하고 있다.

2) 환경영향평가 항목 및 범위

환경영향평가 항목이란 대상사업의 시행으로 인하여 영향을 받게 되는 환경인자를 말하며 대기환경분야, 수환경분야, 토지환경분야, 자연생태환경분야, 생활환경분야, 사회·경제환경분야 등의 6개분야 23개 항목(2010년 1월 1일부터 온실가스, 위생·공중보건 항목이 추가됨)으로 구성되어 있다. 그러나 23개 평가항목을 일률적으로 평가함에 따른 평가서 분량의 과다, 평가의 실익, 형식적 기술 등의 문제점을 보완하기 위하여 대상사업별로 사업의 특성, 입지여건 등을 고려하여 중점적으로 평가하여야 할 항목을 설정하도록 하는 '스코핑제도'를 도입·시행하고 있다. 특히, 2008년 개정된 환경영향평가법에서는 사업자가 평가계획서를 작성하여 승인기관 또는 환경부장관에게 요청하고, 승인기관 또는 환경부장관은 환경영향평가계획서 심의위원회의 심의를 거쳐 평가항목·범위 등을 결정하여 사업자에게 통보하도록 규정하고 있다.

3) 환경영향평가 기준

환경영향평가 평가기준이란 환경영향평가 시에 고려되어야 할 평가항목별로 이루고자 하는 하나의 목표치를 말한다. 이는 '인간의 건강보호와 쾌적한 생활수준의 달성, 자연자원의 질의 회복 내지 향상' 등 환경의 질을 달성하기 위한 목표로서 환경영향평가법 제7조에서는 "사업자는 환경영향평가 대상사업에 대한 환경영향평가를 실시하려면 그 사업의 시행으로 인한 환경영향평가 당시의 과학적 지식 및 경제적 상황 등을 고려하여 그 사업의 환경보전 목표를 설정한 후 이를 토대로 환경영향평가를 실시할 수 있다"고 규정하고 있다. 환경보전 목표는 환경정책기본법 제10조에 따른 환경기준, 자연환경보전법 제2조 제14호에 따른 생태·자연도, 지역별 오염총량 기준, 그 밖에 관계 법률에서 환경보전을 위하여 설정한 기준을 참고하여 설정하도록 되어 있으며, 아직 평가기준이 설정되지 아니한 평가항목에 대하여는 현재의 과학적 지식, 환경여건, 환경관리 경험 및 외국에서 사용되고 있는 기준 등을 고려하여 잠정적인 환경보전 목표를 설정할 수 있다.

4) 환경영향평가 대상지역

환경영향평가 대상지역은 대상사업의 시행으로 인하여 영향을 받게 되는 지역으로서, 환경영향을 과학적인 방법으로 예측·분석한 자료에 의하여 지역에 대한 영향범위를 설정하고 스코핑 절차를 거쳐 대상지역의 범위를 결정한다. 이는 대상사업의 시행으로 평가항목별 환경영향이 미치는 공간적 범위를 과학적인 방법에 따라 설정하도록 함으로써 이해관계자의 의견수렴과 효율적인 환경영향평가를 실시하도록 하기 위함이다.

◇ 환경영향평가 절차

환경영향평가의 절차는 사전환경성검토 협의가 완료된 이후에 사업자가 평가계획서를 작성하여 승인기관 또는 환경부장관에게 제출하여 평가계획서 심의위원회를 통해 평가항목 및 범위, 평가대상지역, 주민의견수렴 여부, 간이평가 대상여부 등을 결정하는 스코핑 단계와 평가계획서 심의위원회 결과를 수용하여 평가서를 작성하는 환경영향평가 협의단계, 협의내용 통보 후 협의내용에 대한 이행여부 확인 및 사후환경영향을 조사하는 협의내용 관리단계의 3단계로 구분할 수 있으며 [그림 2-3]과 같이 진행된다.

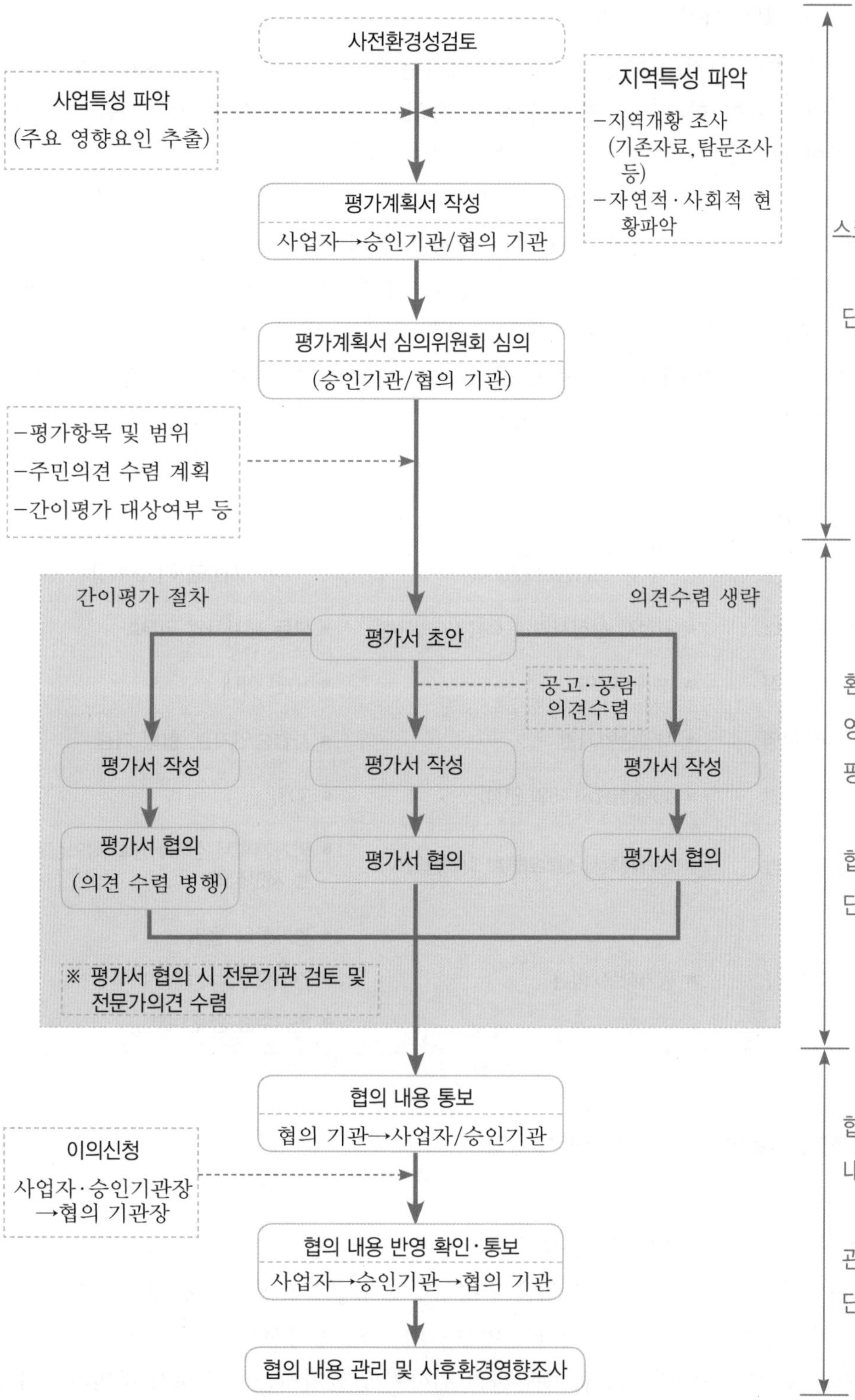

[그림 2-3] 환경영향평가 절차

1) 평가계획서 작성 및 심의

2008년 3월 개정된 환경영향평가법에서는 환경적 이슈를 사업초기단계에서 미리 정하여 평가를 함으로써 평가서 작성·협의기간 단축 및 평가서의 질을 향상시키기 위하여 평가항목·범위 등을 결정하는 절차(scoping)를 모든 평가대상사업에 대하여 의무적으로 실시하도록 하고 있다. 사업자가 평가항목·범위 등의 결정을 위한 평가계획서를 작성하여 승인기관 또는 환경부 장관에게 제출하면, 평가계획서 심의위원회에서 30일 이내에 해당사업의 환경영향평가 대상지역, 해당사업에 적용할 평가항목·범위, 선정된 평가항목별 조사·예측·평가의 방법, 간이평가 절차 대상사업 해당여부, 의견수렴 생략여부 등을 심의하여 사업자에게 통보하고 사업자는 심의결과에 따라 환경영향평가를 실시한다.

[표 2-3] 스코핑제도의 변천

구 분	도입단계 (2004.7)	시행단계 (2008.3)
적 용 형 태	▪ 사업자 신청사업만 적용 (임의규정)	▪ 모든 평가사업 의무화
위원회 구성	▪ 20인 내외	▪ 10인 이내
위원회 운영	▪ 사업승인기관	▪ 사업승인기관, 협의 기관
심 의 기 간	▪ 45일(필요시 15일 연장)	▪ 30일
심 의 방 법	▪ 평가계획서 심의위원회 회의심의	▪ 평가계획서 심의위원회 회의심의 또는 서면심의
심 의 대 상	▪ 평가항목·범위	▪ 평가항목·범위 ▪ 간이평가절차 대상 여부 ▪ 의견수렴 생략 여부

2) 평가서 초안 작성 및 주민의견 수렴

가) 평가서 초안 작성

평가계획서 심의위원회의의 심의결과에 따라 간이평가 절차 대상사업과 의견수렴 대체 가능사업을 제외한 모든 사업은 환경영향평가서를 작성하기 전에 평가서 초안을 작성하여야 한다. 환경영향평가서 초안은 최종적인 평가서의 작성에 앞서 사업자가 관계기관 및 지역주민의 의견을 수렴하기 위하여 만들어지는 것으로서 주민의견 수렴은 공람·공고를 통한 주민설명회 개최, 평가서 초안 공람, 공청회 등을 통하여 이루어진다. 평가서 초안 내용은 사업의 개요, 영향평가 대상지역의 설정, 영향평가 분야별 현황, 사업계획에 대한 대안별 영향의 분석 및 평가, 영향에 관한 분석 및 저감방안의 강구내용, 환경 등에 미치는 불가피한 영향의 분석 및 피해 등에 대한 대책을 간략히 기술하게 된다.

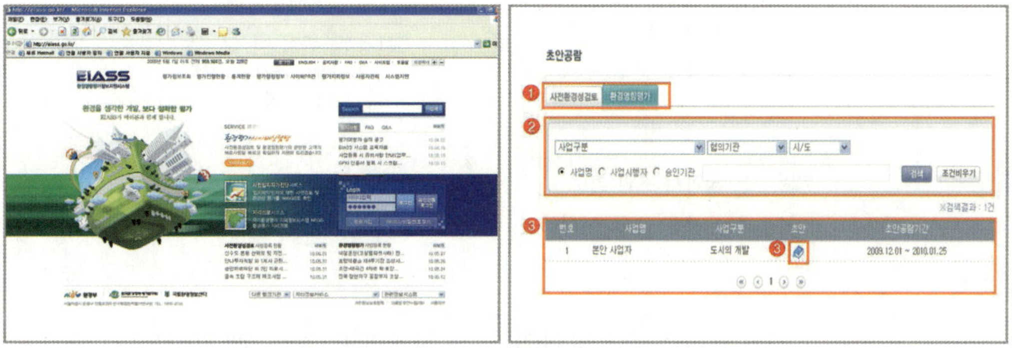

[그림 2-4] 환경영향평가 정보시스템을 통한 초안공람 화면

[출처] 환경영향평가 정보지원시스템 (http://www.eiass.go.kr)

나) 주민의견 수렴

환경영향평가 절차상 주민의견수렴 제도는 평가대상사업의 시행에 따른 환경영향의 직접적 피해자이자 해당 지역의 실정에 밝은 주민의 의견을 듣고, 사업의 시행으로 인한 지역주민의 생활 및 재산상의 환경피해를 파악하여 이해관계를 미리 조정함은 물론 환경영향평가서의 내실화를 기하기 위하여 도입된 제도이며, 주민의견 수렴의 범위를 확대할수록 광범위하고 내실 있는 의견이 제출될 가능성이 높다. 그러나 환경 외적인 사항 및 무책임한 의견이 제시될 우려가 커지고 이에 따라 불필요하게 사업진행의 지연 등을 초래할 우려가 있어 주민의견 수렴은 영향대상지역 범위로 한정하고 있으며, 자연생태계의 보전가치가 큰 지역에서 시행되는 사업에 있어서는 해당부처, 지역전문가, 시민단체 등의 의견도 수렴하도록 함으로써 의견수렴 대상을 확대하고 있다.

사업자는 평가서 초안을 작성하여 주관 시장·군수·구청장 등 관계행정기관의 장에게 제출하여야 하며, 주관 시장·군수·구청장은 10일 이내에 사업개요, 공람장소 및 기간 등을 1개 이상의 중앙 및 지방 일간신문에 각각 1회 이상 공고하고, 평가서 초안을 20일 이상 60일 이내에 주민이 공람할 수 있도록 하고 있으며, 해당 시·군·구의 정보통신망 및 '환경영향평가 정보지원시스템(http://www.eiass.go.kr)'에도 평가서 초안을 게시하고 있다.

환경영향평가 법령에 규정된 주민의견 수렴 절차를 나타내면 [그림 2-5]와 같다.

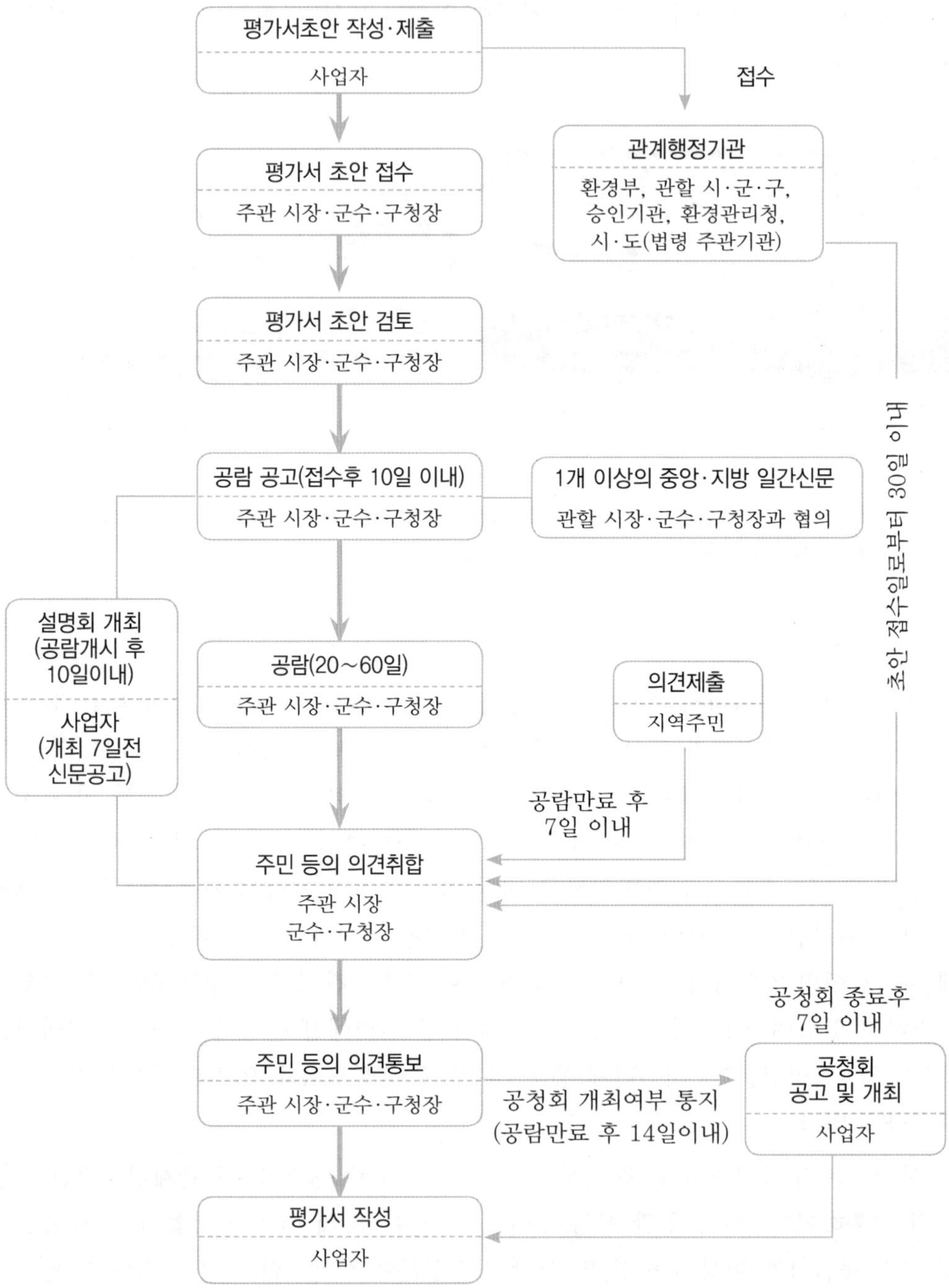

[그림 2-5] 주민의견수렴 절차

[표 2-4] 주민의견수렴 개요

평가서 초안제출	■ 주관 시장 · 군수 · 구청장, 관계 행정기관
공고 · 공람	■ 중앙 및 지방 일간신문 각 1회 이상 공고 ■ 20일 이상 60일 이내 주민공람
설 명 회	■ 공람개시 10일 이내 개최
공 청 회	■ 주민 30인 이상 또는 의견제출 주민이 5인 이상으로서 50% 이상 요구시 개최
의견수렴 결과	■ 사업자는 지역주민 및 관계행정기관이 제시한 의견을 평가서 본안에 반영하여야 하며 미 반영시 그 사유를 기재하여야 함

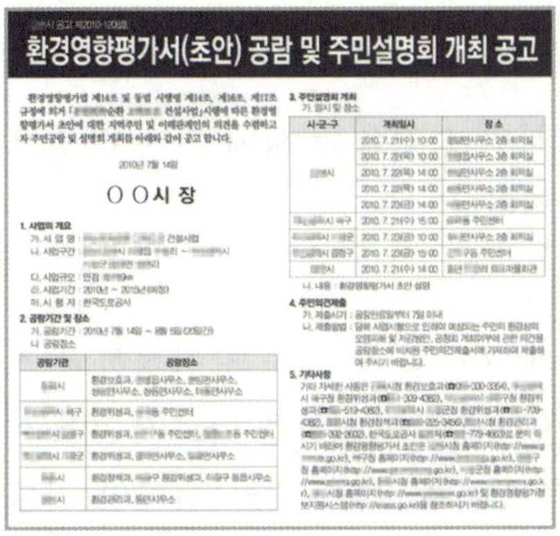
환경영향평가서(초안) 공람 및 주민설명회 개최 공고

○○시 장

[그림 2-6] 신문공고 및 주민설명회

지역주민 등은 공람 만료일로부터 7일 이내에 의견을 제출하여야 하고, 사업자는 공람개시 후 10일 이내에 설명회를 개최하여야 한다. 이와 같은 절차를 거친 후 주관 시장·군수·구청장은 주민의견, 관계 행정기관장의 통보의견 및 스스로의 의견을 취합하여 공람기간 만료 후 14일 이내에 사업자에게 통보한다. 사업자는 지역주민 및 관계 행정기관이 제시한 의견을 검토하여 평가서에 반영하도록 하고, 반영하지 못할 경우에는 평가서에 그 사유를 기재하도록 하고 있다.

다) 평가서 초안의 재작성 및 의견 재수렴

사업자는 의견수렴절차를 거친 후, 승인기관의 장이나 환경부 장관에게 평가서를 제출하기 전에 중대한 사업계획의 변경(사업·시설 규모의 30%이상 증가하는 경우, 환경영향평가대상 최소사업 규모 이상 증가하는 경우 등)이나 평가서 초안의 공람기간이 끝난 날부터 5년 이내에 평가서를 제출하지 아니한 경우에는 평가서 초안의 작성과 주민 등의 의견수렴을 다시 하여야 한다.

3) 환경영향평가서 작성

환경영향평가는 평가서 초안을 기초로 주민의견 수렴 결과를 반영하여 개발사업의 수립 또는 시행주체인 사업자가 작성하되, 평가서의 기재사항, 작성방법 및 기타 필요한 사항은 "환경영향평가서 작성 등에 관한 규정"에 의하여 구체적으로 작성하도록 하고 있다. 다만, 사업자가 전문지식이 부족하여 평가서 초안이나 평가서를 작성하기 어려운 경우에는 일정한 자격 요건을 갖추어 환경부장관에게 등록한 환경영향평가 대행자로 하여금 대행하게 할 수 있다.

가) 평가서 작성 원칙

환경영향평가서는 보고서로서의 성격과 문서로서의 성격을 동시에 가지고 있으며, 다음과 같은 원칙에 의하여 작성하는 것이 바람직하다.

첫째, 간결성이다. 수 많은 자료와 도표 등을 쉽게 이해할 수 있도록 작성하되 최소의 분량으로 간결하게 작성되어야 한다. 간결성의 원칙을 따르기 위해서는 분석을 위한 기초자료는 별책이나 부록으로 정리하고 중요사항만 기술되어야 한다.

둘째, 객관성이다. 사업 시행으로 발생하는 환경영향평가가 객관성이 없으면 환경영향평가의 모든 절차와 과정에서 신뢰를 얻어낼 수 없고, 주민의 참여는 물론 협의도 얻어낼 수 없어 환경영향평가 자체가 실패로 유도될 수 있기 때문이다.

셋째, 과학성이다. 환경영향평가에서 제시되는 자료는 과학적인 분석기법에 의하여 평가되고 기술되어야 한다.

넷째, 용이성이다. 환경영향평가서에서 기술되는 각종 자료가 지나치게 전문적인 용어나 수치로 기술될 경우에는 지역주민, 일반시민 등 비전문가는 환경영향평가서에 작성된 내용을 쉽게 이해할 수 없기 때문에 평가서는 누구나 알기 쉽게 작성되어야 한다.

나) 평가서의 구성

환경영향평가서의 구성은 "환경영향평가서 작성 등에 관한 규정"에서 [표 2-5]와 같이 규정하고 있다.

[표 2-5] 환경영향평가서의 구성

환경영향평가서의 구성
1. 요약문
2. 사업의 개요
3. 환경영향평가 대상지역의 설정
4. 지역개황
5. 평가항목·범위 등에 대한 결정내용 및 조치사항
6. 주민 및 관계 행정기관 의견수렴 결과
7. 평가항목별 환경현황조사, 예측·평가, 저감방안 및 사후 환경영향 조사 계획
8. 환경에 미치는 영향의 저감방안(총괄)
9. 불가피한 환경영향 및 이에 대한 대책
10. 주민의 생활환경, 재산상의 환경오염피해 및 대책
11. 대안설정 및 평가
12. 종합평가 및 결론
13. 사전환경성검토 협의내용 반영여부
14. 부록 가. 평가서 작성에 참여한 자의 인적사항 나. 사업관련 상위계획 및 관계법령 다. 용어 해설 라. 평가서 작성 시 인용문헌 및 참고자료 등

4) 환경영향평가 협의

가) 평가서의 협의·검토

환경영향평가의 협의요청 시기는 대상사업에 대한 사업계획의 승인, 인·허가 또는 결정 전으로 하고 있어 개발행위 이전에 협의가 완료될 수 있도록 하여 사전에 환경피해를 최소화할 수 있도록 하고 있다. 사업자는 평가서를 작성한 후 대상사업에 대한 승인 등을 행하는 기관의 장에게 평가서를 제출하여야 하며, 승인기관의 장은 다시 환경부장관에게 협의를 요청하여야 한다. 환경부장관은 평가서 접수 후 기본요건, 내용적 충실성 등을 검토하고 외부 전문연구기관인 한국환경정책·평가연구원 및 전문가의 의견을 듣도록 하고 있다. 또한, 환경부 장관은 제시된 전문가 등의 의견을 취합하거나 평가서 내용의 수정, 추가 및 보완 등에 관한 최종 협의내용을 결정하여 사업 승인기관에 통보하고, 이를 통보받은 사업 승인기관은 환경영향평가 최종 협의내용을 사업자로 하여금 사업계획 승인시 반영하도록 하여야 하며, 그 반영여부를 환경부장관에게 통보하도록 하고 있다.

나) 이의신청

환경부장관으로부터 통보된 협의내용에 대하여 이의가 있을 경우에는 사업자 또는 사업 승인기관의 장은 통보일로부터 90일 이내에 이의신청을 할 수 있고, 환경부장관은 이의신청을 받은 날로부터 30일 이내에 이의신청심의위원회의 심의를 거쳐 사업자나 승인기관의 장에게 처리결과를 통보하여야 한다.

다) 평가서의 재협의, 변경 협의 등

사업자는 환경영향평가 협의내용을 통보받은 후 5년 이내에 사업을 착공하지 아니하거나, 협의내용에 반영된 사업·시설의 규모가 30%이상 증가하는 경우, 환경영향평가 최소 대상규모 이상 증가하는 경우, 공사가 7년 이상 중지된 후 재개되는 경우에는 평가서를 다시 작성하여 재협의하여야 한다. 이 때 절차는 신규로 환경영향평가를 진행하는 절차와 동일하다. 약 5년 이상 공사를 시행하지 않을 경우 주변지역의 환경변화 등으로 당초 협의 시 예측한 환경영향과 저감방안 등이 다를 수 있으며, 사업규모가 30%이상 증가될 경우에도 주변환경의 추가 훼손으로 인한 환경영향이 크다고 판단하기 때문에 이를 법률로 규정한 것으로 판단된다. 또한, 재협의 대상에 해당되지는 않지만 사업계획을 변경함으로써 협의내용의 변경을 가져오는 경우에는 사업계획의 변경에 따른 환경오염 저감방안을 강구하여 이를 사업계획에 반영하여야 한다. 이때에는 환경영향 저감방안에 대하여 미리 사업승인기관의 장에게 검토를 받아야 하며, 승인기관의 장은 영향저감 방안을 검토하거나 강구함에 있어 협의기준의 변경, 사업규모의 10% 이상 증가, 협의내용 변경시 미리 협의 기관의 장의 의견을 듣도록 한 사항을 변경하는 경우 등에 있어서는 환경부장관의 의견을 들어야 한다.

2.1.4 사후환경관리

◇ 환경영향평가 사후관리제도 개요

사후환경관리는 각종 사업 시행으로 인하여 발생될 수 있는 환경피해를 최대한으로 방지하고 당초 환경영향평가서에 제시된 내용이 적정하게 시행되었는가를 파악하기 위하여 사업자에 의해 행하여지는 환경에 대한 조사, 분석 및 평가행위이다. 사후환경관리를 통하여 이미 협의가 완료된 환경영향평가 내용 이외 시설의 설치·건설 여부 또는 개발과정에서 예기치 못했던 환경문제가 발생되고 있지 않은가를 파악하고 만약 문제가 발생할 시에는 그에 대한 적절한 저감대책이 강구되도록 한다. 그 밖에 환경영향평가 시 예측하였던 결과의 적정성 여부를 파악하여 당초 예측과 불일치할 경우에는 그 원인을 분석·검토하여 향후 환경영향평가 기법 등 제도개선에 기초자료로 활용하여야 한다.

환경영향평가의 사후관리는 환경영향평가 결과가 실제 상황에 부합되는지의 여부를 확인하고, 환경보호행위를 최적화하기 위한 사후감시와 감사를 위한 제도로서, 크게 환경영향평가 협의내용의 이행여부에 대한 관리·감독과 사후환경영향조사 실시의 두 가지로 나눌 수 있다.

◇ 환경영향평가 협의 내용 이행·관리

1) 환경영향평가 협의 내용

환경영향평가 협의내용은 협의 기관(환경부 및 지방환경관서)에서 환경영향평가서의 검토를 완료한 후 검토결과를 사업승인기관에 통보하는 내용으로서, 협의 기관에서 제시한 추가적인 저감방안과 환경영향평가서, 보완서 및 추가자료의 환경영향 저감방안을 모두 포함하는 의미이다. 단, 협의내용 중 협의 기관에서 제시한 추가저감방안과 평가서 등의 내용이 서로 상충될 경우에는 협의 기관에서 제시한 저감방안이 우선하며 그 이외에는 가장 최근 자료가 우선한다.

2) 협의내용의 관리·감독

환경영향평가 협의 및 승인사항에 대한 이행 여부의 관리·감독에 대한 일차적인 책임은 사업승인기관의 장에게 있다. 따라서 승인기관의 장은 해당 사업장에 대하여 협의내용의 이행 여부를 현장에 비치된 협의내용 관리대장을 중심으로 확인하여야 한다. 환경영향평가법에서는 사업자가 협의내용을 이행하지 아니하였을 경우 승인기관의 장은 공사중지 등 그 이행을 위하여 필요한 조치를 명하도록 하고 있다. 평가서 협의 기관도 협의내용의 이행여부를 조사·확인할 수 있으며 승인기관에 협의내용의 이행을 위한 필요한 조치를 요구할 수 있다.

3) 사업자의 협의내용 이행의무

사업자는 사업계획 등에 반영된 협의내용을 성실히 이행하여야 하며, 이를 위해 공사현장에 협의내용 관리대장을 작성·비치하고 관리책임자를 지정하여야 한다. 또한, 사업자는 공사 착공 후부터 사업완료 후 일정기간까지 당해 사업의 시행으로 인한 환경영향을 주기적으로 측정·조사(사후환경영향조사)하고 주변 환경의 피해를 방지하기 위하여 추가적인 조치가 필요한 경우에는 적절한 저감대책을 강구하여야 한다. 협의내용 미이행에 대한 책임은 시공사가 아닌 사업자에게 있다.

4) 협의내용 관리업무 절차

협의내용 관리는 협의 기관(환경부, 지방환경관서)에서 환경영향평가서의 검토를 완료한 후 협의내용의 이행을 확보하기 위한 수단으로 사업자 또는 승인기관장이 통보한 사업계획내용 또는 사업계획 승인내용을 사업자가 준수하고 있는지의 여부를 조사·확인하고 협의내용 이행에 필요한 조치를 취하도록 하는데 목적이 있다. 협의내용 관리 업무 흐름은 [그림 2-7]과 같다.

5) 기관별 조치사항

가) 사업승인기관

사업승인기관은 사업계획 승인 시 환경영향평가 협의내용을 사업계획에 반영하여야 하며 협의내용이 반영된 사업계획 승인내용을 협의 기관에 통보하고, 재협의 대상이 아닌 사업계획의 변경으로 협의내용이 변경된 경우에는 사업계획 변경승인 전 사업자로부터 사업계획변경에 따른 영향저감방안을 제출받아 그 적정 여부를 검토하여야 한다. 또한, 사업자의 협의내용 이행여부를 확인하고 이행하지 않을 때에는 공사중지 등 필요한 조치를 시행하여야 하며, 협의내용 이행여부 등 사후관리 결과를 다음해 1월 31일까지 협의 기관에 통보하여야 한다.

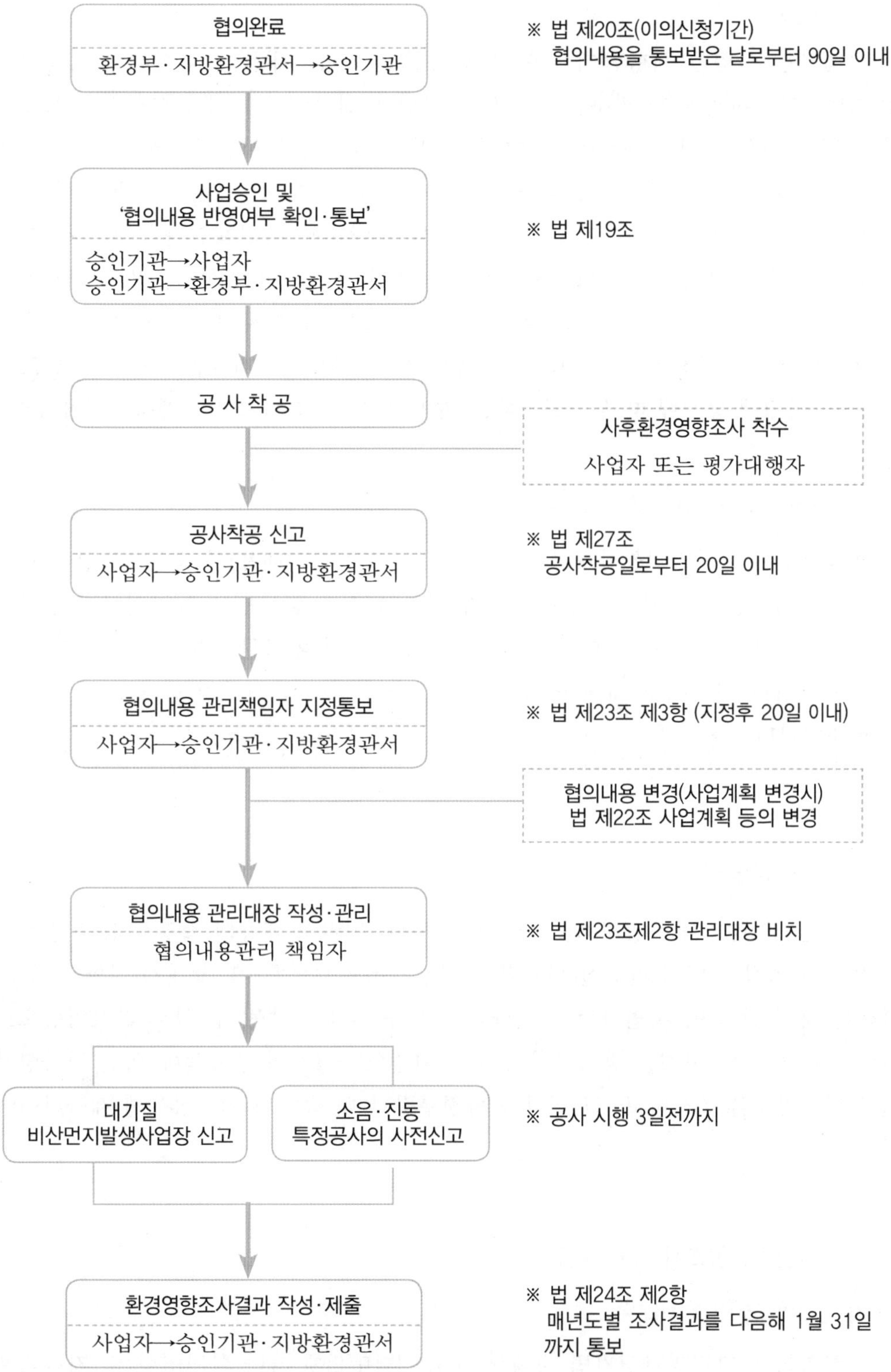

[그림 2-7] 협의내용 관리 업무 흐름

나) 사업자

사업자는 사업을 시행함에 있어 환경영향평가 협의내용을 적정하게 이행하여야 하며, 협의내용 이행 의무는 시공사가 아닌 사업자(발주처 등)에게 있으므로 환경영향평가법상 벌칙에 대하여도 특별한 경우를 제외하고 사업자에게 부과된다. 또한, 착공, 준공 또는 3월 이상 공사를 중지하고자 할 때에는 20일 이내에 협의 기관 및 승인기관에 통보하여야 하고, 공사 시 협의내용 관리책임자를 지정하고 그 내용을 20일 이내에 협의 기관 및 승인기관에게 통보하여야 한다. 공사현장에 협의내용 관리대장을 비치해 기록·유지하여야 하고, 만약 사업자가 변경될 경우에는 협의내용의 이행의무가 승계되며 승계받은 사업자는 승계사유가 발생한 날로부터 15일 이내에 승계에 따른 관련서류를 협의 기관 및 승인기관에 제출하여야 한다.

다) 협의 기관(환경부·지방환경관서)

환경부장관은 환경영향평가서의 검토 후 그 결과(협의내용)를 승인기관장에게 통보하고 협의내용을 이행하는지 확인하기 위하여 소속 공무원으로 하여금 사업장에 출입하여 조사하게 할 수 있다. 협의내용의 미이행 및 환경관련법 위반사항 확인 시에는 승인기관 및 사업자에게 협의내용 이행을 위하여 공사중지 등 필요한 조치를 요청해야 한다.

사후환경영향조사

사후환경영향조사는 공사 전·후의 영향 여부, 평가서 내용의 적정성 등을 검토하기 위해 사업장 주변의 환경질(대기질, 수질, 소음·진동 등) 및 생태계 현황 등을 조사하는 것을 말하며, 사업자는 대상사업의 착공 후에 발생될 수 있는 환경영향으로 인한 주변 환경의 피해를 방지하기 위하여 환경영향평가법의 규정에 의한 평가항목별로 환경영향을 조사하고, 그 결과를 환경부장관 및 승인기관의 장에게 제출하여야 한다.

1) 사후환경영향조사 계획 수립

가) 조사항목 및 조사내용

조사항목은 환경영향평가법 시행령 제5조 [별표 2]에 따라 환경영향 및 저감대책의 적정 시행 여부 등을 종합적으로 확인하고 필요 시 추가적인 대책의 수립이 필요한 항목을 선정한다. 평가항목별 조사내용은 환경기준 측정항목 및 저감대책의 적정 시행 여부를 확인할 수 있도록 하되, 사업 시행으로 인한 영향이 없거나 경미한 내용은 제외할 수 있다.

나) 조사지역 및 조사지점

조사지역은 평가서에 기재된 영향예측 지역으로 하되, 예측지역이 아니더라도 사후에 영향이 명백한 경우에는 해당 지역을 포함시켜야 한다. 조사지점은 영향예측시 설정한 지점과 주요 배출원으로 인한 환경영향을 적절히 파악할 수 있는 지점으로 하여야 하며, 사업계획의 변경 등으로 당초 예측한 지점이 대표성을 상실한 경우에는 협의내용변경 등을 통하여 정확한 지점을 재선정하여야 한다.

다) 조사시점, 조사주기, 조사기간

조사시점은 영향예측 결과가 공사 시 영향을 미칠 것으로 예측된 조사항목에 대해서는 공사착수시점부터, 운영 시 영향이 미칠 것으로 예측된 조사항목은 운영개시 시점부터 조사한다. 조사주기는 환경 상황을 적절히 파악할 수 있는 주기(분기, 반기, 연)로 하여야 하며, 조사기간은 사업유형에 따라 공사 완료시점까지, 공사 완료 후 3년까지, 공사 완료 후 5년까지로 한다. 다만, 사업특성 및 주변 환경여건 등을 고려하여 조사시점·주기·기간 등을 조정할 수 있다.

라) 조사방법

사후환경영향조사는 환경영향평가 시 사용되었던 방법 또는 이와 동등한 결과를 얻을 수 있는 방법으로 한다. 다만, 환경오염공정시험방법에 정해진 항목은 동 방법에 의하고, 부득이 다른 방법을 선택한 경우에는 그 사유를 기재하여야 한다. 조사는 각 항목별로 현지 조사를 원칙으로 하되, 공인기관의 자료를 준용할 수 있다.

마) 기타

사후환경영향조사 계획에는 환경영향의 변화와 대상사업의 관계를 명확히 하기 위한 환경영향 저감대책의 이행여부 확인 계획을 수립하여야 한다. 그리고 사후환경영향조사 결과 환경기준 또는 유지하고자 하는 목표기준을 초과할 시의 조치계획 등도 함께 수립하여야 한다.

[표 2-6] 조사항목별 조사기준

<table>
<tr><th colspan="2">구 분</th><th>조사항목</th><th>조사지역</th><th>조사지점</th><th>조사방법</th><th>조사주기</th></tr>
<tr><td rowspan="2">대기질</td><td>공사 시</td><td rowspan="6">환경기준 항목 (사업 시행으로 인한 환경영향이 없거나 경미한 항목은 제외 할 수 있다)</td><td rowspan="6">사업시행에 따라 영향을 받을 것으로 예상되는 지역</td><td rowspan="12">환경영향 평가시 조사 예측한 지점</td><td rowspan="2">대기오염공정 시험방법</td><td>분기 1회 이상</td></tr>
<tr><td>운영 시</td><td>반기 1회 이상</td></tr>
<tr><td rowspan="2">소음</td><td>공사 시</td><td rowspan="2">소음진동공정 시험방법</td><td>분기 1회 이상</td></tr>
<tr><td>운영 시</td><td>반기 1회 이상</td></tr>
<tr><td rowspan="2">수질</td><td>공사 시</td><td rowspan="2">수질오염공정 시험방법</td><td>분기 1회 이상</td></tr>
<tr><td>운영 시</td><td>반기 1회 이상</td></tr>
<tr><td rowspan="2">악취 (조사대상으로 지정시)</td><td>공사 시</td><td rowspan="2">악취농도의 순간농도 및 출현빈도</td><td rowspan="6">평가서 및 협의서에서 지정된 지역</td><td rowspan="2">대기오염공정 시험방법</td><td>반기 1회 이상</td></tr>
<tr><td>운영 시</td><td>연 1회 이상</td></tr>
<tr><td rowspan="2">지형·지질 (조사대상으로 지정시)</td><td>공사 시</td><td rowspan="2">보존가치가있어 지정된 지형·지질의 형태 등</td><td rowspan="2">현지조사</td><td>반기 1회 이상</td></tr>
<tr><td>운영 시</td><td>연 1회 이상</td></tr>
<tr><td rowspan="2">동·식물상 (조사대상으로 지정시)</td><td>공사 시</td><td rowspan="2">보호가치가 있어 지정된 동·식물 서식현황 등</td><td rowspan="2">현지조사 및 탐문조사</td><td>반기 1회 이상</td></tr>
<tr><td>운영 시</td><td>연 1회 이상</td></tr>
</table>

2) 사후환경영향조사 결과 보고서의 작성 내용

환경영향평가 단계에서 사후환경영향조사가 필요한 항목에 대해서는 조사범위와 조사시기, 조사내용 등을 제시하고 있으며, 공사 시 사후환경영향조사는 이를 기초로 이루어진다. 사후환경영향조사에 대한 기본적인 내용은 해당 항목에 대한 환경기준 초과 여부에 대한 조사·분석과 환경영향평가서에 제시되어 있는 각종 저감방안에 대해 이를 잘 반영하고 있는지의 여부, 사업으로 인해 불가피한 훼손의 최소화 등으로 되어 있다. 사업의 유형(택지개발, 도로개발, 골프장 개발, 석산개발, 항만개발 등)에 따라 조사 내용이나 항목에 차이가 있지만, 사업유형에 관계없이 항목별로 포함되어야 하는 보고서의 주요내용은 다음과 같다.

가) 지형·지질

지형·지질 항목의 조사항목 및 내용은 지형변화와 사면안정화 방안, 비옥토 및 표토처리 방안, 보전가치가 있는 지형·지질의 분포 여부, 사토 및 토취장에 대한 영향 여부, 토사 수급계획 등이며 주요 조사지역은 절·성토 지역이나 비옥토 적치장, 녹화지역 등이다.

나) 동·식물상

동·식물 항목의 조사항목 및 내용은 사업유형별로 약간의 차이가 있을 수 있지만 일반적으로 육상 동물상, 육상 식물상, 담수 생물상 등으로 구분되며, 각각에 대해 개체 변화와 영향 정도를 알 수 있도록 현황조사에 대한 내용과 보전가치가 있는 동·식물의 조사, 사업 시행에 따른 동물분포 및 기존 이동로 동태조사 및 모니터링, 소형 동물류의 보호 및 탈출이 용이한 구조물 설치현황, 보호종에 대한 모니터링 등이 포함되어야 한다.

[그림 2-8] 동·식물상 항목 조사

다) 대기질

대기질 항목은 사업유형별로 차이를 나타내지 않으며, 대기질 환경기준의 초과여부와 세륜·세차시설, 비산먼지 저감시설의 설치여부에 대한 내용이 포함되어야 한다.

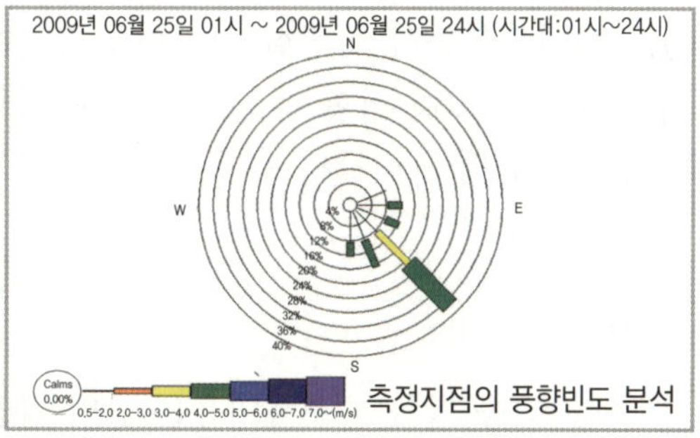

[그림 2-9] 대기질 항목 조사

라) 수리·수문 및 수질

수리·수문 및 수질 항목도 대기질 항목과 유사하며 사업 시행으로 인해 영향을 받는 하천에 대한 수질 환경기준과 환경영향평가 단계에서 협의된 처리수의 농도가 부합되는지의 여부, 수질오염도, 지하수 이용실태 파악 및 저감시설 적정운영 여부, 지하수 모니터링 등에 대한 내용이 포함되어야 한다.

수질 측정용 시료 채취(하천)

수질 측정용 시료채취(지하수)

[그림 2-10] 수질 항목 조사

마) 토양

토양 항목의 조사항목은 사업지구 오염가능지에 대한 공사 및 운영 시 토양오염도(pH, Pb, Hg, Cu, As, 페놀, 유류, CN), 폐유보관시설 및 유류저장시설 관리현황, 폐유저장시설 적정 운영 여부, 비옥토 유실 최소화를 위한 보관 여부에 대한 내용이 포함되어야 한다.

바) 폐기물

폐기물 항목의 조사내용은 생활폐기물의 경우 분리수거함 설치 여부 및 수거현황, 분뇨는 이동식 화장실 설치여부 및 수거현황 등이며, 임목폐기물은 임목폐기물 적치 및 위탁처리 현황, 지정폐기물(폐유)은 폐유 보관시설 설치 및 위탁처리 현황에 대한 내용이 포함되어야 한다.

사) 소음·진동

소음·진동 항목의 조사내용은 장비 가동시 소음·진동 현황(등가소음도, 진동레벨)과 발파 소음·진동 현황, 주변지역에 대한 영향분석과 환경기준치 및 규제기준 초과

여부, 방음벽 등 소음·진동 저감방안 이행여부 등에 관한 내용이 포함되어야 한다.

3) 사후환경영향조사 결과 보고서 제출

사후환경영향조사 보고서는 조사기간이 만료된 경우 만료된 날부터 30일 이내, 조사기간이 1년 이상인 경우 연간 조사결과를 다음해 1월 31일까지 사업자가 관할 환경청 및 승인기관에 제출하여야 하며, 해당사업을 7월 1일 이후 착공한 경우에는 착공연도의 조사결과를 다음 다음해의 1월 31일까지 제출한다.

[그림 2-11] 소음 항목 조사

2.2 도로의 환경성평가

2.2.1 도로사업의 환경영향

도로사업은 선형적으로 연속되는 사업으로 절·성토 공사가 많고 하천을 횡단하거나 주민의 생활환경과 동물의 서식환경을 둘 또는 그 이상으로 나누어 놓는 특성이 있어서 분리된 환경 간의 이동을 어렵게 하거나 차단하는 등의 영향을 미칠 수 있다. 따라서 도로사업은 주행거리 단축, 물류비용 절감 등 사회적·경제적으로 긍정적 이익을 가져다주는 측면이 있지만, 환경적 측면에서 보면 생태계 훼손 등의 부정적인 영향이 발생하기도 한다. 도로건설로 인한 부정적 영향을 최소화하고 자연과 인간이 공생하는 환경친화적 도로를 건설하기 위해서는 계획단계에서 환경훼손이 적은 노선을 선정하고, 철저한 환경성 평가를 통해 저감방안을 수립함으로써 환경영향을 최소화 하는 것이 중요하다.

2.2.2 환경친화적인 도로노선의 선정

도로의 노선 선정은 일반적으로 도로건설의 필요성이 확정된 후 기본계획단계와 기본설계 단계에서 이루어지며, 환경친화적인 도로건설을 위해서는 이 단계에서 노선 및 지역의 환경성을 종합적으로 고려하여 노선을 결정하는 것이 매우 중요하다.

◇ 지형·지질

지형·지질 항목의 기본방향은 물리적 측면에서의 지형·지질 변화와 도로를 건설할 경우 발생하는 지반침하, 오염물질 유출 가능성 등의 환경적 영향에 대한 고려이며, 주요 검토사항은 다음과 같다.

1) 보전가치가 있는 지형·지질유산의 보전

가장 중요한 것은 보전가치가 있는 지형·지질유산의 존재여부를 파악하는 것으로서, 계획단계에서부터 반드시 검토되어야 한다. 보전가치가 있는 지형·지질유산 중 문화재로 지정된 것은 보호·보존되어야 하며, 아직 미지정된 것이라 할지라도 현황조사 결과 보전가치가 높을 경우에는 보전을 우선적으로 검토해야 한다.

2) 지역의 특이한 지형형상(습지, 해안선, 계곡 등)에 대한 보전

지역의 특이한 지형형상은 희소성 또는 특이성을 고려하여 보전여부를 검토해야 하며, 이 때 특이한 지형형상은 인공적인 변화가 발생하였을 경우 그 현상이 사라질 수 있으며 한번 사라진 지형형상은 원상 회복이 불가능한 경우도 발생하므로 노선선정 시 주의해야 한다.

3) 대규모의 지형변화를 가져오는 절·성토의 최소화

장대비탈면은 지형 단절, 식생 훼손, 동물의 이동 방해, 생태계의 분절, 녹화 복원 시 복구 곤란, 경관악화와 더불어 장기적으로 비탈면 붕괴의 위험을 내포하고 있으므로 가능한 지형의 훼손을 줄일 수 있는 노선을 선정해야 한다. 도로건설에 따른 절·성토로 인해 일정부분 자연지형의 훼손은 불가피하지만 대규모의 지형 훼손이 발생되지 않도록 유의해야 한다.

◇ 동·식물

동·식물상은 고려해야 할 대상이 다양하고, 지역적 특성에 따라 상당히 복잡하므로 상세한 현황조사, 영향예측 및 저감방안을 수립하여야 한다.

1) 생태적·환경적 보전가치가 있는 지역에 대한 고려

생태적·환경적으로 보전가치가 있는 지역은 녹지자연도 8등급 이상의 지역과 녹지자연도 7등급 중 과도하게 훼손되는 지역, 생태경관보전지역, 생태자연도 1등급 권역, 야생동식물 보호구역, 습지보호구역 등의 보호지역을 말하며, 이외에도 생물다양성이 높거나 희귀 동·식물이 서식하는 등 중요한 생물서식공간으로 판단되는 지역에 대하여 보전여부를 검토해야 한다.

2) 주요 식물종(보호수 및 노거수 포함) 및 식생의 보전

계획노선지역에서 지형의 훼손은 주요 식물종(법적 보호종, 희귀종, 보호수, 노거수 등)의 생육에 직접적인 영향을 미칠 수 있으므로, 이와 같은 식물종의 서식지내 보전이나 서식지외 보전 가능성에 대해서는 식물종의 생태적인 특성과 기후, 지형, 토양환경 등을 고려하여 평가하고 이를 보전할 수 있도록 세심하게 검토해야 한다. 특히, 노거수는 보호수, 천연기념물과 함께 해당지역의 원식생이나 잠재자연식생을 추정할 수 있는 증거가 될 수 있으므로 노선선정 시 노거수가 있을 경우 보전을 검토한다. 또한, 법적보호종 이외에 해당지역 생태계의 고유성, 희소성, 분포의 한계성, 입지 특이성 등의 학술적 가치와 취약성, 역사성, 향토대표성 등의 다양한 측면을 고려해야 한다.

[그림 2-12] 노거수 이식·보전 사례(춘천-양양 고속도로)

3) 동물의 서식지 훼손이나 동물이동로의 단절 최소화

도로건설은 동물의 생활권이나 행동권의 분리를 초래하여 물, 먹이, 번식 등을 위한 이동을 곤란하게 한다. 또한 서식처가 양분됨으로써 활동영역이 좁아져 새로운 서식공간을 찾아 위험을 무릅쓰고 도로를 횡단하면서 이동하게 되어 야생동물 교통사고(Road-kill)의 위험성이 높아지는 문제점이 발생할 수 있다. 따라서 법적보호종이나 희귀종 등의 중요종과 이동성이 강한 동물에 대해서는 사업 시행으로 인한 영향을 예측하고 노선선정 과정에서도 이를 충분히 고려해야 한다.

◇ 토지이용

토지이용 측면에서 도로건설로 인해 예상되는 문제는 동일한 생활권을 형성하고 있는 지역의 기존 주거지가 단절되는 문제와 신설노선과 기존도로의 활용성에 따른 환경적 영향이며, 주요 검토사항은 다음과 같다.

1) 상위계획과의 연계성 유무

토지이용의 평가항목은 법적 기준이 설정되어 있지 않기 때문에 수질이나 대기질에서와 같이 기준치 초과 여부로는 판단할 수 없다. 따라서 토지이용 항목은 상위법규 및 계획내용이 주요 판단기준이 되므로 상위계획과의 일관성 및 관련 계획과의 연계성을 검토하는 것이 필요하다.

2) 기존 주거지의 단절 여부

도로건설사업은 택지개발 등의 면적사업과는 달리 선적으로 연속된 사업으로서 주거지를 관통하거나 농경지를 지날 경우 이주민이 발생하고 생활권 단절이 발생하게 된다. 따라서 노선 선정 시 생활권 단절 및 분리로 인한 주민들의 생활불편을 최소화 하도록 고려해야 한다.

3) 지역특성 고려

계획노선이 통과하는 구간의 지목별 토지이용 현황을 고려하여 노선을 선정하고, 특히 지장물 및 농경지 편입의 최소화로 지역주민의 생활터전이 보전될 수 있도록 고려해야 한다. 또한 기존 도로 확장시는 교통량 및 도로 특성을 고려하여 기존 도로를 최대한 활용하여 폐도의 발생이 최소화되도록 검토해야 한다.

◈ 대기질

도로에서 배출되는 자동차 배출가스는 지역 대기질의 저하를 초래하며 가스상 및 입자상 오염물질 발생은 지역 주민에게 피해를 줄 수 있다. 대기질 항목에서의 평가 방향은 법적으로 제시된 환경기준을 만족시키는 것을 기본으로 한다.

1) 환경기준 고려

대상사업의 실시로 인한 영향은 교통량과 연계하여 예측·평가하고 대기질의 환경기준을 고려하여 노선계획을 수립한다. 보통 대기질 기준을 만족시킬 수 있도록 노선을 선정하여야 하나 불가피하게 기준 초과시에는 저감시설을 설치하여 환경기준을 만족시켜야 한다.

2) 환경기준을 초과하지 않도록 노선과 마을간의 이격거리의 확보

도로가 마을과 인접하여 통과할 경우 교통량 증가로 인한 환경기준의 초과 우려가 있으므로 노선과 마을과의 이격거리 확보 등을 고려해야 한다.

◈ 수질

수질항목은 도로가 통과하는 지역에서 현재 사용중이거나 사용 예정에 있는 수질 관련 용도지역 또는 시설물을 파악함으로써 도로건설이 인근지역의 수환경과 수자원 이용에 미치는 영향에 대하여 평가해야 한다. 수질항목을 평가하기 위해서는 노선 및 인근의 상수원보호구역, 취수장, 정수장 등과 지역현황으로 공장, 사업장 등 주요 오염발생원의 분포 및 발생상황, 하수종말 처리시설, 오수정화시설, 분뇨처리시설 및 기타 처리시설에 대한 현황조사가 필요하다.

1) 수질보전 관련 용도지역 혹은 시설물의 우회 고려

상수원보호구역, 수질보전구역, 수변구역 등 보호 및 관리가 요구되는 지역과 취수장, 정수장, 보전가치가 있는 저수지 등 시설물에 대하여 가능한 보전을 검토해야 한다. 수자원에 대한 내용은 수변구역, 지하수 보전구역, 습지보호구역 등을 고려하여 노선을 선정하도록 하며, 취수장 및 정수장 등에 대해서는 시설의 위치, 취수시점, 취수량 등에 대한 현황을 조사하고 도로사업으로 인한 영향을 최소화할 수 있도록 고려해야 한다.

2) 교량공사, 제방축조 등으로 발생하는 토사유출이 하천, 습지 등의 담수생태계에 미치는 영향 최소화

도로건설 시 교량, 제방 등의 공사로 인하여 발생하는 토사유출로 하천생태계에 미치는 영향이 최소화할 수 있도록 해야 한다. 하천의 경우 탁도가 증가할 경우 토양의 미세입자가 하상을 덮게 되어, 1차 생산자로서의 역할과 기능을 담당하는 부착조류의 광합성 저해와 생산량 감소가 예상되는 등의 문제점이 발생하며, 어류의 경우는 토양의 미세한 입자에 의한 아가미 막힘 현상으로 개체수 감소 등의 영향이 예상되므로 이에 대한 고려가 이루어져야 한다.

3) 지하수 영향조사 반영

지하수는 유동속도가 느리고 희석이 제한적이므로, 주변에 폐공이 위치할 경우에는 오염상태가 상당기간 지속될 수 있다. 따라서 인근 주민들이 지하수를 수원으로 사용할 경우 도로의 건설로 인해 지하수에 미치는 영향을 고려하여 노선을 선정하도록 해야 한다.

4) 계곡부의 배수구역 고려

도로노선이 산지부를 통과할 경우, 계곡부와 배수구역의 배수영향을 고려하여 노선을 선정한다.

◈ 소음·진동

자동차의 급속한 증가추세와 인구밀도가 높은 주거특성상 도로건설로 인한 소음·진동은 지역 주민들에게 영향을 주고 있으므로 계획노선의 건설로 인해 법적으로 제시된 환경기준을 만족시키는지에 대하여 검토해야 한다. 피해예상지역이 소음·진동에 민감한 구조물, 문화재보호구역, 야생동·식물 보호구역 및 주거지역인 경우 피해가 예상되는 대상에 적합한 환경관련 규정을 고려하여 노선을 선정하도록 한다.

◈ 위락·경관

도로가 통과할 경우 해당지역의 경관변화는 불가피하기 때문에 위락·경관 항목에서는 경관의 훼손 등의 악영향을 방지하거나 최소화하는데 기본방향이 있으며 주

요 검토사항은 다음과 같다.

1) 보전할 가치가 있는 자연경관의 보전

국립공원 등 수려한 경관을 보전하기 위해 지정된 용도지역과 지역적 차원에서 지정한 자연경관보존지역, 풍치지구, 공원, 유원지 등은 가능한 한 보전할 수 있도록 고려해야 한다.

2) 대규모 절·성토로 인한 경관적 영향 최소화

마을과 인접하거나 교통량이 많은 곳과 근접하여 대규모의 절·성토가 발생할 경우에는 주변경관과의 이질감 및 차폐감이 발생할 수 있으며, 이러한 영향은 절토 구간이 길고 대절토가 발생할 경우 더욱 심해질 수 있다. 또한 고성토가 발생할 경우 인접한 주거지역에서 조망훼손 및 차폐감 등의 영향이 예상되며 교량으로 계획된 경우에도 인공시설물로 인한 경관적 영향이 예상된다. 따라서 대규모 지형변화가 최소화되도록 노선 선정 시 고려하고, 부득이 발생되는 경우에는 교량이나 터널 등 구조물로 계획하여 경관영향이 저감되도록 해야 한다.

[그림 2-13] 대규모 성토부 교량화

[그림 2-14] 대규모 절토부 터널화

2.2.3 도로사업의 환경영향평가 기법 및 저감방안

환경적 여건은 크게는 도시지역과 산간지역으로 나눌 수 있고, 도로건설에 따른 환경영향은 같은 규모의 도로라도 주변의 환경적 여건에 따라 다르게 나타난다. 이러한 특성을 감안하여 평가항목 및 평가기법의 선정, 저감방안 수립에 신중을 기하여야 하며, 환경영향평가는 주변환경의 민감도 및 영향의 정도(도로의 종류 및 규모, 통행량 등)와 밀접한 관계에서 실시하여야 한다. 일반적으로 도로건설과 관련하여 중점적으로 평가해야 할 항목은 지형·지질 등 총 10개 항목에 이른다.

◇ 지형·지질

1) 평가대상

지형·지질 항목에서는 토지의 기반을 이루는 흙과 암반을 평가대상으로 한다. 지형·지질은 한번 훼손되면 복구되기 어려우므로 사업계획의 초기부터 세심한 주의가 요구된다.

2) 현황조사

현황조사 대상은 계획노선의 시행에 따라 지형·지질 유산이 영향을 받는 범위로 하며, 보전가치가 있는 지형·지질 유산에 대한 조사는 관련 전문가에 의해 실시한다. 문헌조사에 의한 현황파악은 환경부의 전국자연환경조사 등 기존에 발간된 최신의 자료를 이용하여 실시하고, 문헌조사 이후에는 계획노선에 대한 현지조사를 실시한다. 조사범위는 계획노선과 사업 시행으로 인해 영향을 받을 것으로 예상되는 지역의 현재 자연환경 상태를 파악할 수 있는 위치를 조사하며, 계획노선 사업현황과 계획 노선이 위치한 지역의 지형·지질적 특성을 조사한다.

3) 예측 및 평가

가) 타항목과 연계평가

터널지역의 경우 터널지역 주변의 습지, 천연샘 등의 분포를 확인하고 터널공사로 인한 지하수 영향 등을 평가하며, 지하수 유출을 최소화할 수 있도록 고려한다.

나) 지형·지질의 물리적 및 화학적 변화로 인한 영향의 종합평가

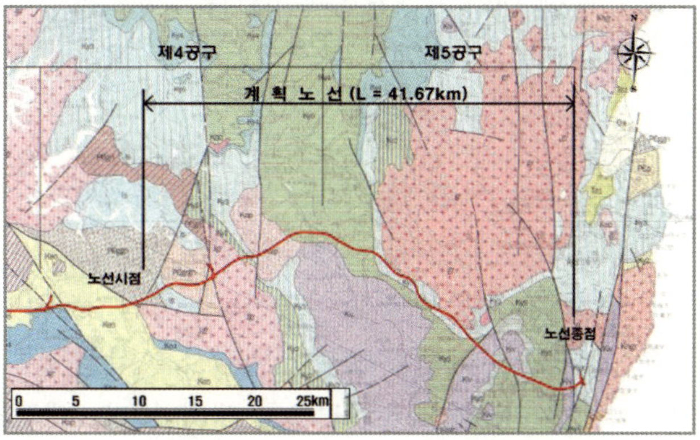

[그림 2-15] 계획노선 지질특성 조사

보전가치가 있는 지형·지질 유산의 훼손여부와 보전대책의 적정성을 평가하고, 계획노선으로 인해 발생하는 계획노선 주변의 지형변화, 침수 여부, 지반침하 가능성 등을 평가한다. 장대비탈면은 비탈면을 직접 시추한 자료를 근거로 하여 지질재해 등을 고려한 비탈면 안정성을 평가하고, 장대 비탈면을 줄일 수 있도록 노선이 선정되었는지를 평가한다. 또한 구체적인 지형 훼손의 정도를 평가하고, 절토 높이나 절토 비탈면 높이가 과다하게 발생하는 구간이 최소화되도록 노선조정, 터널화 등의 방안을 검토하고 불가피한 경우에는 그 사유를 명확히 제시하여야 한다.

다) 지반안정성 평가

계획노선의 지반안정성에 대해서는 터널 예정지역에 대한 지반안정성, 연약지반에 의한 지반침하, 지층의 경사·단층·습곡·함몰대 등을 고려한 지반안정성, 비탈면 안정성 검토 등을 평가한다.

4) 저감방안

지형·지질 측면에서 환경훼손을 저감할 수 있는 방안에는 노선우회, 터널설치, 절·성토 규모 축소, 연약지반 처리대책, 비옥토의 확보 및 처리, 자연친화적 토취장 확보 및 복구 등이 있다.

◇ 동·식물상

1) 평가대상

동·식물상 항목에서는 일반적으로 개발이 불가능한 자연생태계 보전을 위한 용도지역과 녹지자연도 8등급 이상 등의 반드시 보전이 필요한 지역, 녹지축이나 생태

축 등 생태계의 연결성 및 도로로 인해 훼손되기 쉬운 서식처나 단절되기 쉬운 동물 이동로 등에 대해 집중적으로 평가를 시행한다.

2) 현황조사

현황조사는 관련전문가에 의해 문헌조사 및 현지조사가 이루어지고, 그 결과 보전가치가 있는 동·식물 존재가 파악된 경우 정밀조사를 실시한다. 문헌조사에 의해 보전·보호 등급 등 현황을 파악한 후, 대상지역의 자연환경을 확인하기 위해 현지조사를 실시한다. 식물의 경우 현지답사를 실시하고 동물의 경우 탐문조사 및 현지조사를 실시하며, 불가피한 경우를 제외하고는 계절별 조사를 원칙으로 한다. 조사범위는 계획노선 사업 시행으로 인하여 동·식물이 영향을 받는 범위로 하며, 이동성이 강한 포유류 및 조류는 도로변에서 좌·우 각각 1km 정도로 한다.

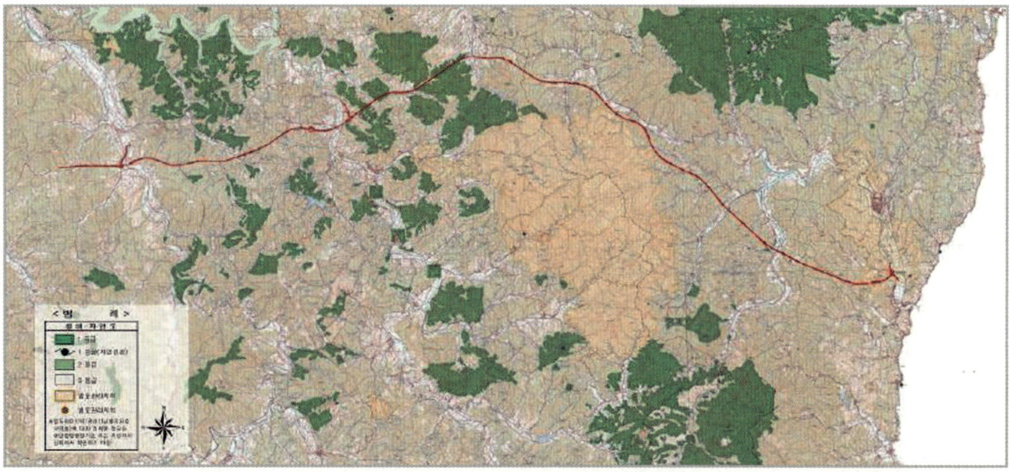

[그림 2-16] 계획노선 주변 생태자연도 현황 조사

3) 예측 및 평가

[그림 2-17] 생태통로

도로건설이 동·식물에 미치는 영향은 유사한 사례 등을 고려해 시행하고 필요에 따라 전문가의 의견을 참고한다. 동물에 미치는 영향 예측은 공사 시와 운영 시의 소음, 진동, 불빛, 작업 인부들의 포획 등으로 인하여 공사지역 인근 동물에 미칠 수 있는 영향 정도를 고려해야 하며, 동물 서식지 훼손이나 동물이동로의 단절 파악 및 출현하는 동물의 생태적 특성을 파악한다. 식물에 미치는 영향예측은 절·성토, 사토, 매립 등으로 인한 식물의 변화량에 대하여 위치 및 면적을 파악하고, 주요 식물종의 서식지 내 보전 가능성 및 보전가치가 있는 식생에 대한 영향을 예측한다.

4) 저감방안

동·식물 측면에서 환경 훼손을 저감할 수 있는 방안은 자연생태계 보전지역을 회피하는 방안과 녹지축 보존, 생태통로, 동물 침입방지시설, 반사기 설치 등을 통해 영향을 완화하는 방안, 훼손수목의 재활용, 식생 제거지 복원, 도로변 대체서식지 조성 등의 방안이 있다.

수리·수문

1) 평가대상

하천을 횡단하거나 호소 등에 인접하여 도로가 건설되는 경우, 자연하천의 유로가 차단되거나 하천면적이 감소되는 등 환경적 영향이 발생한다. 따라서 자연재해의 피해와 재해유발위험 노출을 고려하여 수리·수문상의 부정적 영향을 사전에 파악하는 것이 중요하며, 사업계획 초기부터 수역 이용 현황 변화, 수문 현황 변화에 대해 평가를 시행한다.

2) 현황조사

현황조사는 문헌조사와 현지조사를 병행하여 실시하고 하천범람 및 상습침수 지역에 대한 조사는 전문가에 의해 실시한다. 문헌조사에 의한 현황파악은 기존에 발간된 자료를 이용하여 실시하고, 문헌조사 이후에는 계획노선에 대한 현지조사를 수행한다. 현지조사는 문헌조사 결과를 바탕으로 탐문조사를 병행하며 문헌에 없는 사항의 유무를 함께 조사한다. 조사범위는 계획노선의 건설 또는 운영으로 인한 영향이 예상되는 수역, 피해가 우려되는 지역 및 수역으로 하며, 현재의 수리·수문 상태를 파악할 수 있는 위치를 선정하여 조사한다.

3) 예측 및 평가

도로건설에 따른 수리·수문영향에 대해서는 사업의 규모 및 유량 등의 수역 특성을 고려한 예측 모델을 이용하는데, 수치해석, 수리모형시험, 유사사례 등에 의한 방법 중에서 적절한 방법을 선택한다. 특히 하천횡단 교량건설에 따른 홍수위의 상승, 기존 수로 및 하천차단 영향을 중점적으로 예측·평가한다.

가) 타 항목과 연계평가

수리·수문에 대한 평가 시 계획노선 주변의 지형·지질, 동·식물상, 수질 등을 연계하여 평가한다.

나) 수리·수문 변화로 인한 종합평가

사업 시행으로 인한 영향은 계획노선이 하천의 범람 영향지역에 있는 경우에는 홍수량과 홍수위를 조사하고 제방고 및 계획지반고와 연계하여 평가하며, 하천 내에 구조물이 설치될 경우 수위상승에 대한 영향을 평가한다. 계획노선이 기존 수로 및 하천을 횡단하는 경우에는 기존 유수에 미치는 영향을 파악하여 대책을 평가하며, 계획노선이 하천이나 호소와 접하도록 계획되어 수표면적이나 하천단면적을 감소시키는 경우에도 그 영향을 평가한다.

4) 저감방안

수리·수문에서의 환경훼손을 저감할 수 있는 방안은 상수원보호구역, 특별대책권역 내 수변구역, 상습 침수지역 등 수질관련 보호지역을 우회 통과하는 방안을 검토하고, 불가피한 경우에는 수질 및 유로의 변경 등 환경에 대한 영향이 최소화 되도록 비점오염저감시설 설치, 교량 설치 등을 검토한다.

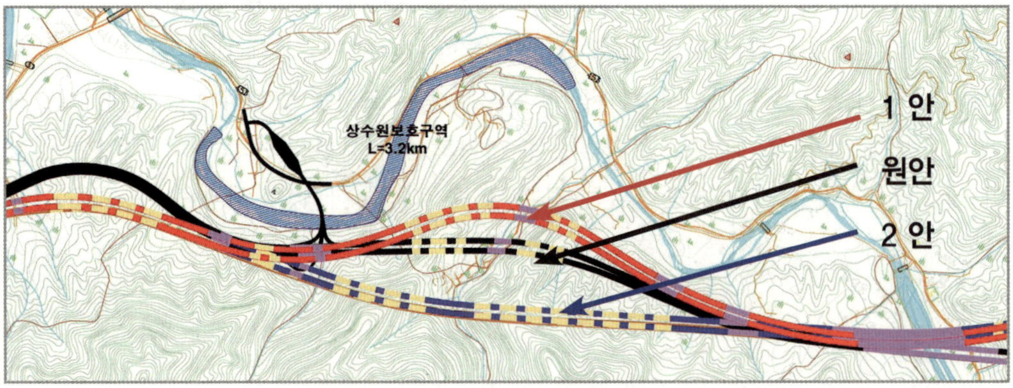

[그림 2-18] 상수원보호구역 인접구간의 우회통과 검토

◈ 토지이용

1) 평가대상

도로건설은 도로의 안정성 및 기능성을 유지해야 하는 선형사업으로 지역간 단절과 같은 토지 이용의 제약이 발생하므로 사업계획 초기단계의 사전조사가 필수적이다. 토지이용에 대한 평가항목에서는 지목별 토지이용 및 지장물과 관련된 주변의 토지이용현황, 상위 및 관련계획과의 상충·보완관계 등을 평가대상으로 한다.

2) 현황조사

현황조사는 문헌조사와 현지조사를 병행하여 실시하고 보전가치가 있는 토지 및 지장물인 경우에는 관련 전문가에 의한 조사를 실시한다. 조사내용은 토지이용현황, 토지이용규제, 지역개발, 정비사업에 대한 조사로 구분할 수 있다. 기존에 발간된 자료를 이용하여 문헌조사를 실시한 후, 현지조사 시 문헌조사 결과를 기준으로 탐문조사를 병행하며, 문헌에 없는 사항의 유무를 함께 조사한다. 조사범위는 계획노선 건설 및 운영으로 인해 영향이 미친다고 판단되는 지역으로 하며, 사업으로 인해 단절될 수 있는 주변도로 및 수로와 각종 개발·정비계획, 지장물 등을 조사한다.

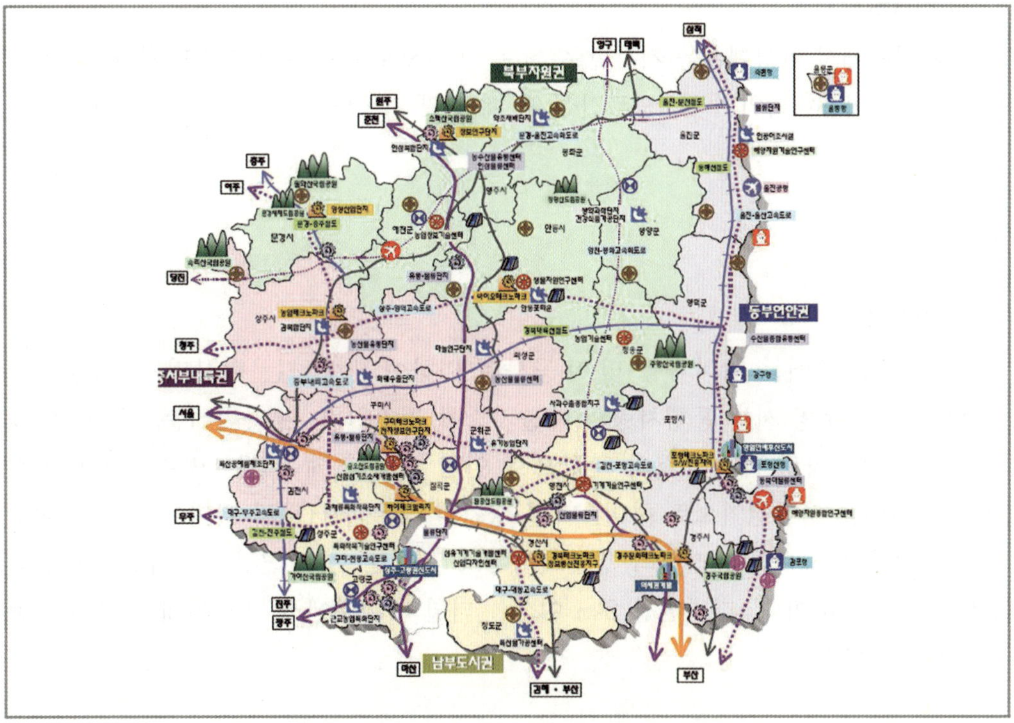

[그림 2-19] 지역개발 마스터플랜 조사

3) 예측 및 평가

도로건설에 따른 토지이용영향에 대해서는 유사한 지역 상황에 의한 추정이나 예측모델을 이용한 해석 등 적절한 방법을 선택하여 예측한다. 또한 각종 개발·정비계획, 도로망 계획에 따른 토지이용변화와 연계성에 대한 토지이용 측면의 영향도 예측·평가한다.

가) 타 항목과 연계평가

평가는 계획노선 주변의 지형·지질, 수리·수문, 문화재 등과 복합적으로 연계하여 평가한다.

나) 토지이용변화로 인한 영향의 종합평가

각종 개발 정비계획 등 상위계획 및 법규와의 관련성을 검토하고 이에 따라 평가를 시행하며, 노선주변의 지역단절에 따른 영향 및 토지이용변화에 따른 저감대책도 평가한다.

4) 저감방안

토지이용에서 환경훼손을 저감할 수 있는 방안으로는 기존 지형변화의 최소화, 효율적인 토지이용계획의 수립, 도로건설 후 폐도 및 기존도로의 활용 등이 있다.

◈ 대기질

1) 평가대상

공사 시행 중에는 장비가동 및 토공사로 인하여 발생하는 비산먼지, 배출가스를 평가하고, 운영 시는 통행차량의 배출가스를 평가한다. 평가범위는 비산먼지 및 가동장비·운행차량 배출가스의 확산으로 인한 영향이 예측되는 범위(도로단에서 200m 이내)를 영향권역으로 하며, 터널 설치의 경우는 터널의 길이에 따라 영향권역(터널연장 1㎞ 이하 : 터널의 갱문에서 300m 이내, 터널연장 1㎞이상 : 터널의 갱문에서 500m 이내, 터널연장 3㎞ 이상 : 터널의 갱문에서 2㎞ 이내)을 설정하는 것이 바람직하다.

2) 현황조사

현황조사는 우선 사업특성 파악 및 지역특성을 조사한 후, 현지조사를 시행한다. 사업특성 파악은 평가목표 설정, 현황조사 및 예측기법 선정, 예측에 필요한 자료 수집을 목적으로 하여 공사 시에는 대기질에 영향이 예상되는 공종, 규모와 위치를 파악하고, 운영 시에는 대기질 영향을 평가하기 위하여 도로의 개요, 구조, 계획교통량 등 설계제원을 파악한다. 지역특성 조사는 계획노선 주변지역에서 수집 가능한 최신의 문헌자료에 근거하여 기상 및 대기질 현황농도, 지역대기환경규제, 지형 등에 대한 자료를 수집·분석한다. 현지조사는 실제 지형의 확인, 대기질 현황조사, 피해예상지역 설정 및 저감시설 설치 가능여부 등에 대한 종합적인 상황파악이 이루어지도록 해야 한다.

3) 예측 및 평가

공사 시에는 오염물질 발생 공종 및 오염물질 발생량을 산정하고 기상조건을 설정한 후 대기오염 물질 배출에 따른 주변지역에 미치는 영향을 예측한다. 운영 시에는 계획교통량과 첨두시 교통량으로 구분하여 오염물질 배출량을 산정하고 기상조건을 설정한 후 현장에 적합한 대기질 예측 모델을 적용하여 영향을 예측한다.

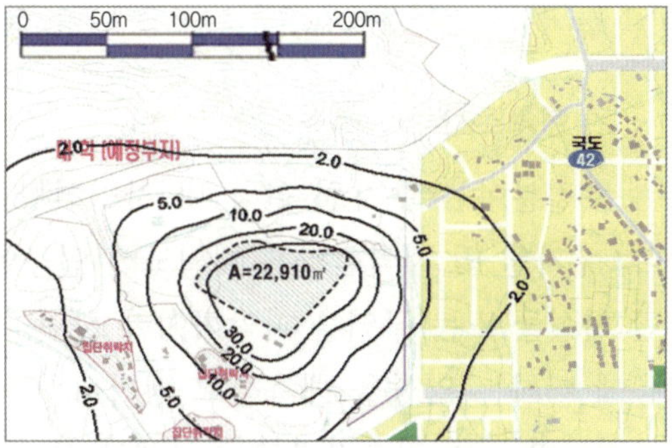

[그림 2-20] 공사중 B/P장 대기질 예측결과 (PM-10 등농도 곡선)

주) B/P장(Batch Plant) : 콘크리트 혼합시설

4) 저감방안

공사 시 장비가동 및 토공사로 인하여 발생하는 비산먼지에 의한 대기질 영향은 지역주민의 건강을 해칠 수 있으므로 방진망 설치, 살수, 세륜·세차시설 설치, 차량덮개 설치 및 속도제한, 가설도로 포장 등 적극적인 저감대책을 수립·시행한다. 또한 운영 시에는 대기질 특성상 사업 시행자가 통행차량의 배출가스로 인한 대기질 영향에 대한

[그림 2-21] 세륜·세차시설

직접적인 저감방안을 제시할 수 없으므로 필요시 지역의 대기질 현황, 인구밀도, 영향정도(증가 농도) 등을 고려하여 가스상 및 입자상 물질에 대한 저감방안 수립을 고려한다.

◈ 수질

1) 평가대상

도로건설은 절·성토 공사가 많으므로 강우 시 하천으로 토사를 비롯하여 다양한 비점오염물질이 유출되고, 교량 등 구조물 하부 공사 시에는 혼탁수 등에 의해 하천이 오염되기도 한다. 따라서 공사 시는 교량공사 및 강우시 토사유출, 터널공사 시 폐수발생, 작업인구에 의한 오수발생 등을 평가하고, 운영 시는 휴게소의 오수발생 등을 평가한다.

2) 현황조사

수질분야는 수자원 현황 및 지역현황, 하천수질, 지하수 수질 조사 등을 수행한다. 수자원 및 지역현황은 계획노선 인근에서 사용 중이거나 사용예정에 있는 수질관련 시설물 또는 구역을 파악하여야 하며, 계획노선이 인근지역의 수환경과 수자원 이용에 미치는 영향을 예측하고 평가하기 위하여 상수원 보호구역, 수변구역, 지하수 보전구역 등의 기초자료를 조사해야 한다. 하천수질 조사는 계획노선 인근 하천에 대한 기본자료로서 계획노선의 특성과 지역을 고려하여 수질조사 항목을 선정하고 갈수기, 평수기 등을 고려하여 수량과 수질을 측정한다. 지하수 수질조사는 계획노선지역 중 천층부 지하수의 흐름 방향을 기준으로 표고가 낮은 지역을 포함하도록 조사지점을 선정하고 수질조사 항목은 계획노선의 특성과 지역을 고려하여 선정한다.

3) 예측 및 평가

가) 강우 시 토사유출에 의한 영향 예측

우수유출량은 계획노선의 지형과 주변특성을 고려하여 배수구역과 배수지점을 정하고 합리식 등 공인된 공식을 사용하여 산정하며, 토사유출량 역시 공인된 공식을 이용하여 유출량을 산정한다. 우수유출수의 부유토사(SS) 농도는 한계입경(0.075㎜) 이하 입자, 즉 200번체를 통과한 토사유출량과 배수구역내 우수유출량을 적용하여 산출하고, 하천의 부유토사 농도 변화는 하천수와 우수유출수의 단순혼합식 등에 의하여 산출한다.

나) 교량공사 시 부유토사에 의한 영향 예측

교량공사 시 발생하는 부유토사에 대한 영향은 가도작업과 터파기 작업 시의 영향을 예측하며, 기초 시공 공법을 고려하여 적절한 예측방법을 선정하여 수행한다. 부유토사 오탁 확산에 대한 예측은 하천유량과 유속을 고려하여 예측 방법을 선정해야 한다.

다) 터널공사 시 발생폐수에 의한 영향 예측

터널공사 시 발생할 수 있는 폐수에 대한 영향은 터널공사 시 발생하는 폐수량과 지하수 유출량, 콘크리트 혼합시설(Batch Plant) 등에 의한 폐수발생량과 오염부하량을 예측한다.

라) 현장에서 발생하는 오수에 의한 영향 예측

공사 중 현장에서의 오수발생량은 현장근무인력(상주인원, 비상주인원), 오수 발생시설(현장사무소, 식당, 합숙소, 작업소 등)을 고려하여 예측하고 범용적인 원단위 또는 실례를 바탕으로 오염부하량을 산정한다. 현장발생 오수가 수용하천에 미치는 영향은 단순혼합공식과 유하거리에 따른 오염물질 예측공식을 이용하여 방류지점의 영향과 유하거리별 영향을 예측한다. 이 때 예측범위는 방류지점으로부터 유하거리 1km 정도로 한다.

바) 휴게소 운영으로 인한 영향 예측

휴게소 운영으로 인한 영향은 장래 교통량과 휴게소 이용객 수, 휴게소 용수 사용량, 오수발생량을 예측하고, 배출오수의 농도를 산정하여 오염부하량을 예측한다. 또한, 용수공급계획을 수립하여 제시하고 지하수를 용수로 사용할 경우에는 주변지역 지하수 사용에 미치는 영향을 제시한다.

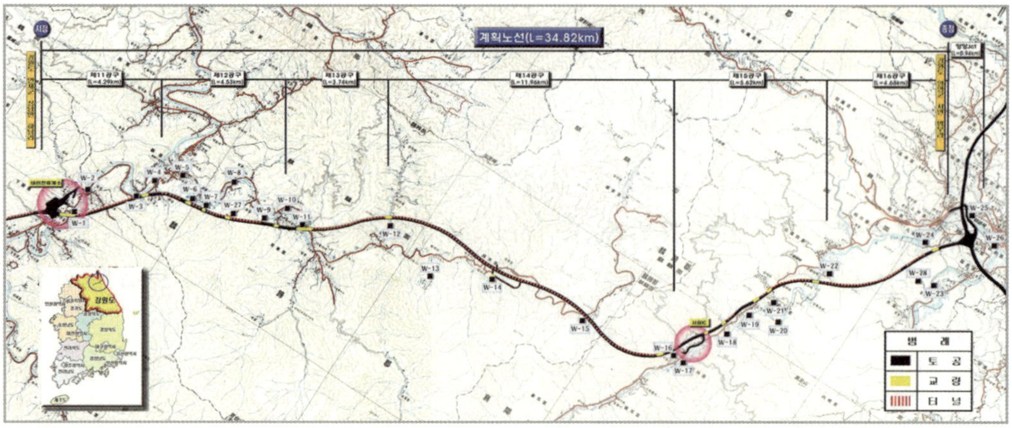

[그림 2-22] 수질조사 지점도

4) 저감방안

수질측면에서 환경훼손을 저감할 수 있는 방안은 수환경상 보전가치가 있는 지역(상수원 보호구역 및 인접한 상류지역, 수변구역 등)을 우회하는 방안과 토사를 비롯한 비점오염물질 유출 저감방안, 터널공사 시 폐수 처리방안, 휴게소 오수처리대책 수립, 지하관정 폐공조치 등이 있다.

[그림 2-23] 공사시 수질오염 저감 대책

◈ 토양

1) 평가대상

토양은 자연환경의 중요한 요소로 다양한 생물과 인간활동에 있어 기본요소이기도 하다. 토양항목에서는 「토양환경보전법」 제2조에 의거, 토양 중에서 분해되지 않고 오랫동안 잔류하는 물질로서 농작물의 생육을 저해하고 사람의 건강에 악영향을 미치는 물질 중 도로건설로 인하여 영향을 받는 경우에 한하여 평가한다.

2) 저감방안

토양측면에서 환경훼손을 저감할 수 있는 방안은 침식작용을 완화(재식생, 배수구 개량, 표토의 재이용 등)하는 방안, 토양오염을 완화하는 방안(공사 중 발생 폐유의 보관 및 처리, 공사중 인·축분의 처리, 간이정비소 및 주유소 폐유 처리) 등이 있다.

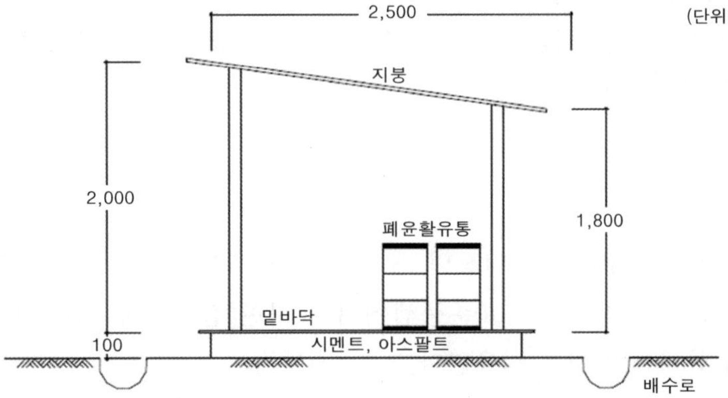

[그림 2-24] 폐유 보관시설

폐기물

1) 평가대상

도로건설 및 운영 시 발생하는 폐기물과 영향범위를 평가대상으로 하여 발생량을 예측하고 재활용을 비롯한 처리대책을 수립하여 평가한다.

2) 현황조사

현황조사는 문헌조사 및 현지조사에 의해 이루어지며, 계획노선 통과 지역에 대하여 폐기물, 분뇨 등의 발생·처리 및 처분 현황, 공사 시 철거되는 지장물 및 벌채되는 임목폐기물 현황, 철거 후 잔류되는 지하구조물 및 잔류 폐기물 등에 대한 조사를 수행한다.

3) 예측 및 평가

가) 현장근로자에 의한 생활폐기물 및 분뇨

현장근로자에 의한 폐기물 발생량은 사업 시행으로 인해 건설현장에 투입되는 근로자수를 계산한 후, 일평균 작업 시간 및 국내 생활폐기물 발생 기본단위를 곱하여 산정한다.

나) 건설폐기물 및 임목폐기물

신설공사 및 해체공사 시 공종별로 발생되는 폐기물은 시방서의 물량산출서에 제시된 자재물량을 바탕으로 손실율을 고려하여 한정하고, 지장물 철거시 발생되는 건설폐기물은 건설폐기물 발생 기본 단위에 건축물 면적을 곱하여 산정한다. 또한, 임목폐기물은 식생조사 결과를 바탕으로 수목 지상부 및 뿌리분 발생량 계산식 등을 적용하여 발생량을 산정한다.

다) 폐유

공사 시 발생되는 폐유는 투입장비 대수, 오일교체시기 및 용량, 작업 시간 등을 고려하여 발생량을 산정한 후, 표준품셈에서 제시한 잡품비에 의한 방법으로 구한 양과 비교하여 합리적인 것을 적용한다.

라) 생활폐기물

휴게소 운영 시 발생되는 폐기물의 성상별 발생량은 이용객 수를 예측한 후 이용객 수에 기본단위를 곱하여 계산한다.

4) 저감방안

도로건설 사업 시 발생하는 폐기물에 대한 저감방안은 다른 평가항목과 같이 회피, 완화 등으로 구분이 어렵고, “건설폐재 배출사업자의 재활용 지침”을 바탕으로 현장 재활용과 위탁처리로 구분하여 적절하게 처리한다. 따라서 생활폐기물 및 분뇨, 건설폐기물, 임목폐기물, 폐유, 휴게소 발생 폐기물 등에 대하여 폐기물관리법 규정과 방침에 따라 처리방법, 보관시설 및 처리비용, 처리기준, 사후관리 및 주의사항 등에 관하여 저감방안을 수립·시행한다.

◈ 소음·진동

1) 평가대상

도로건설 시 소음·진동 평가의 시간적 범위는 공사 시와 운영 시로 구분된다. 평가대상은 건설공사 시 건설장비소음 및 발파 시 소음·진동 영향 등과 운영 시 자동차 주행에 따른 소음·진동 영향이 우려되는 도로변 정온시설을 대상으로 한다.

2) 현황조사

현황조사는 대상 계획도로 통과지역의 입수가능한 최신 문헌자료에 기초하여 소음·진동 평가에 관련이 있는 사업특성파악, 지역특성파악 및 현장조사를 실시함으로써 대상사업의 특성과 위치를 명확하게 하고 최선의 평가기법을 선정하기 위해 필요한 자료 확보를 목적으로 한다. 사업특성파악은 계획노선에 대한 소음·진동 평가방법을 결정하기 위한 기초자료를 파악하는 것으로, 공사 시 및 운영 시 평가에 필요한 설계속도, 계획교통량, 도로구조, 공종 등의 설계제원과 공사물량을 확인하는 것이다. 지역특성파악은 대상 계획도로 통과지역에 대해 입수가능한 최신 문헌자료에 기초하며, 사업특성에서 파악된 소음·진동으로 인하여 피해가 예상되는 지역을 도면으로 확인하는 것이다. 현장조사 시에는 실제 지형의 확인, 소음·진동 현황조사, 피해예상지역 설정 및 저감시설 설치 가능여부 등 종합적인 상황파악이 이루어져야 한다. 이때 도상작업 결과와 실제 현장과의 일치여부를 확인하고, 피해지역을 중심으로 소음·진동을 측정한다.

3) 예측 및 평가

가) 공사 시 영향예측 및 평가

공사 시 정온시설을 대상으로 일반공사와 발파공사로 나누어 영향예측 및 평가를 실시한다. 예측방법으로는 과거의 사례를 이용하는 방법과 실험식을 이용하는 방법이 있으며, 사업특성과 지역특성을 고려하여 적절한 예측식을 선정한다.

나) 운영 시 영향예측 및 평가

운영 시 예측 및 평가기법은 지역특성과 현장조사 결과를 토대로 운영 시 예측 소음·진동도를 평가한 후, 피해예상지역에 미치는 영향의 정도를 파악하여 적절한 저감대책을 수립할 수 있도록 자료를 제시한다. 도로교통소음을 예측하는 방법으로는 회귀모델에 의한 방법, 해석모델에 의한 방법, 실험모델에 의한 방법, 축소모형실험에 의한 방법이 있으며, 고속도로의 경우에는 한국도로공사식(HW-NOISE) 또는 국립환경과학원식(고속도로)이 많이 사용되고 있다. 도로진동의 예측은 일본토목연구소제안식(TR-VIB)이 일반적으로 많이 사용되고 있으며 도로의 특성을 고려하여 예측식을 선정한다.

4) 저감방안

소음·진동 측면에서 환경훼손을 저감할 수 있는 방안은 토공·발파·항타 공사 시 저감방안과 운영 시 저감방안으로 구분할 수 있다. 토공시 저감방안으로는 가설방음판넬의 설치, 공사 시 투입장비 제한에 의한 방법 등이 있으며, 항타공사 시 저감방안은 유압식 항타기 사용, 매입공법, 가설방음벽 설치 등이 있다. 운영 시 저감방안으로는 방음벽 설치, 방음터널, 방음둑 및 방음림, 노면개량에 의한 방법이 있다.

[그림 2-25] 소음 저감 방안

위락·경관

1) 평가대상

도로건설이 위락·경관에 영향을 미치는 범위를 대상으로 하며, 개발사업의 규모, 지형적 경관 특성, 지역 경관의 특성을 고려하여 조사대상지역을 결정하되 지역전체의 경관적 잠재성을 고려한다.

2) 현황조사

사업특성·지역특성 파악은 대상사업이나 대상지역의 특성, 위치를 명확하게 하고 적절한 평가기법을 선정하기 위해 필요한 자료의 수집을 목적으로 한다. 사업의 특성을 파악하기 위해서는 우선적으로 당해 도로건설을 시행함에 따라 발생되는 경관훼손 또는 경관영향이 예상되는 구간(비탈면의 발생예상구간, 장대교량의 설치, 터널 입출구부 등)을 파악한다. 가시영역의 분석은 사업특성에서 파악된 경관훼손 노선구간에서 조망이 가능한 지역을 지형도를 중심으로 현장조사에 기반하여 파악하여야 하며, 조망점 설정은 가시영역의 분석이 현장의 여건과 부합하는지 여부, 가시영역 내 조망점의 형성여부, 조망점의 이용 특성을 고려하여 설정한다.

3) 예측 및 평가

도로건설 전후의 경관변화에 대한 예측을 시행함에 있어서 경관이라는 것은 환경의 시각적 측면임을 감안할 때, 현황조사 과정에서 선정한 조망점에서 보여지는 현황경관을 시각적으로 보여주는 것이 선행되어야 한다. 이를 토대로 경관질 저하 예상지역별(경관훼손구간별, 조망점별)로 예측·평가하며, 발생비탈면의 규모 및 위치는 시각적으로 정확하게 표현한다.

[그림 2-26] 시뮬레이션에 의한 경관예측

4) 저감방안

도로노선 선정 시 지역의 특성있는 경관이 훼손되거나 귀중한 경관자원이 손실되는 경우 우회하는 방안을 검토하고, 노선이 마을과 인접하여 고성토로 인한 조망의 훼손, 차폐감 등이 발생하지 않도록 교량으로 계획하거나 성토고를 낮추고 충분한 이격거리를 확보한다. 특히 자연적 요소가 높은 지역에 도로를 신설할 경우 도로정비 후의 경관변화에 유의해야 한다.

2.3 환경영향평가를 통한 환경친화적 도로설계 사례

우리나라의 국토는 지형적 특성으로 인하여 대부분이 산지로 이루어져 있으므로 선형사업을 특징으로 하는 도로의 건설사업은 자연지형에 대한 훼손이 불가피한 실정이다. 과거에는 경제발전의 중요성으로 인하여 경제적 논리에 우선한 관점으로 도로건설이 시행되어 왔으며, 이 과정에서 자연훼손에 대한 충분한 고려가 반영되지 않았던 것이 사실이다. 그러나 현재는 환경에 대한 국민욕구가 증대되고 아울러 세계적으로 개발과정에서의 환경보전을 위한 자발적 노력이 절실히 요구되는 시대에 들어서 있다. 따라서 생태계의 무한한 가치를 인정하면서 이를 보전하고 자연훼손을 최소화 할 수 있는 자연친화적인 개발방향의 설정이 필요하며, 이를 통하여 인간과 자연이 공생할 수 있는 개념을 도입하는 것이 중요하다 할 수 있을 것이다.

도로의 환경영향평가에 있어서도 정부의 환경정책 강화 기조와 아울러 환경친화 개념의 도입은 필수적인 요소가 되고 있다. 환경보전에 대한 노력 부족의 결과로서 사업의 중단이나 지연, 부득이한 계획의 변경, 사업시행 예산의 막대한 추가가 발생되기도 하는데, 일산-퇴계원 고속도로 사업의 사패산 국립공원 통과구간의 공사지연 등이 그 사례라 할 수 있다. 이러한 과정이 반복되지 않기 위해서는 도로의 설계과정에서 환경친화적인 개념이 반드시 도입되어야 하며, 이를 토대로 성실하고 정밀한 환경영향평가가 수행되어야 할 것이다.

본 절에서는 환경영향평가 과정에서 검토되어 설계에 실제 적용한 환경친화적 설계 사례에 대하여 살펴보겠다.

2.3.1 주문진-속초 고속도로 "국립공원 통과 구간" 사례

주문진-속초 고속도로는 강원도 양양군 강현면을 시점으로 하여 속초시 노학동까지 이어지는 노선으로 총연장은 8.92km(노폭 : 23.4m, 설계속도 100km/hr), 공사기간은 2009년~2015년이다.

동해고속도로의 한 구간인 이 노선은 2002년 실시설계를 착수하여 2003년도에 환경영향평가 초안 협의가 시작되었으나, 초기 설계시 노선의 일부분인 860m 구간이 설악산 국립공원 부지를 통과하도록 계획되어 국립공원 지역의 자연경관 훼손과 자연생태계에 미치는 악영향에 대한 우려 문제가 대두되었고, 오랜 논의와 환경대안 도출 과정을 통하여 국립공원 구간에 차별화 대책을 다양하게 반영함으로서 2009년 7월 환경영향평가 협의가 완료되고 최종적으로 사업 시행이 결정되었다.

[그림 2-27] 주문진-속초 고속도로의 국립공원 통과구간

여기에 적용된 환경대안들로서는 우선 경관도로의 조성을 들 수 있다. 계획노선 하부로 국립공원을 진입하는 '목우재길'의 상부횡단 통과교량에 대하여 경관설계 기법을 도입하여 고속도로의 미관을 창출할 뿐 아니라, 교량하부를 통과하여 설악산 국립공원으로 진출입하는 관광객들에게 국립공원의 상징성을 알려주는 장치로서의 기능을 수행하도록 계획하였다.

[그림 2-28] 국립공원 통과구간 교량의 경관설계(안)

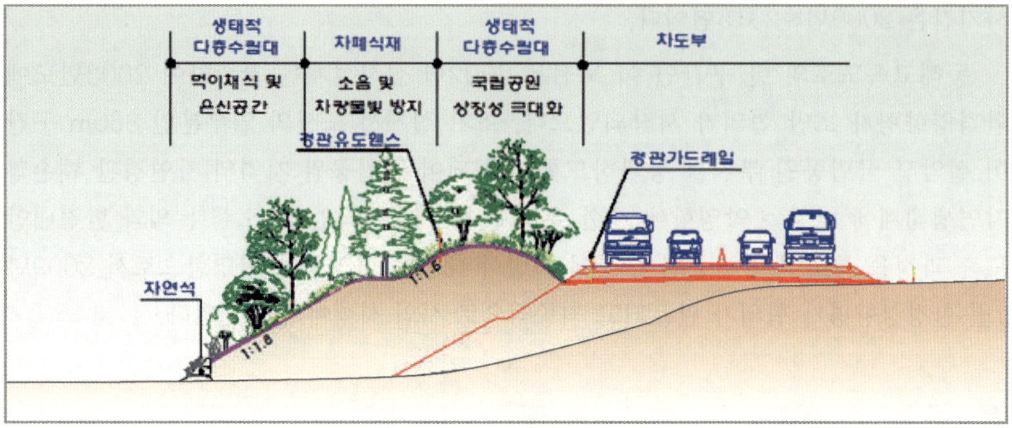

[그림 2-29] 성토사면 수림대

고속도로의 건설로 인한 지형변화와 이용차량에 의한 환경영향이 국립공원에 미치는 영향을 최소화하는 방안으로서, 자연지형의 훼손을 최소화하기 위하여 당초 옹벽으로 계획했던 구간을 성토사면으로 변경하고 발생되는 성토사면에 수림대를 조성하여 친환경적 경관을 창출하고 주변 동식물의 서식처 및 식생지로서의 역할이 가능하도록 하였다. 국립공원 통과구간의 차량방책 시설은 기존의 철제 가드레일에서 환경친화적인 경관 가드레일로 변경하여 국립공원 통과구간을 차별화하는 계획을 반영하였다. 또한, 차량의 배기가스, 타이어분진 등에 의해 발생하는 비점오염물질을 완벽히 제거하기 위하여 인근 하천을 통과하는 교량구간에 자연형 비점오염처리시설을 설치하고, 국립공원을 직접 통과하는 구간에 식생수로와 식생여과대를 설치하여 비점오염물질을 자연적으로 정화될 수 있도록 하였으며, 야생동물을 교통사고(Road-kill)로부터 보호하기 위하여 설치하는 야생동물 유도울타리에 대해서도 국립공원 통과구간 전구간에 경관형 유도울타리가 설치된다.

2.3.2 춘천-양양(동홍천-양양) 고속도로 “백두대간 통과 구간” 사례

동홍천-양양 고속도로는 강원도 홍천군 화촌면 외삼포리를 시점으로 하여 강원도 양양군 서면 북평리까지 총연장 72.61km(노폭 : 23.4m, 설계속도 100km/hr)로서 사업기간은 2008년부터 2015년까지이다.

이 노선은 서울-동홍천 고속도로와 연계되는 사업으로서 2003년에 실시설계를 착수하였으며, 자연생태계가 양호한 강원도 및 백두대간을 통과하는 환경문제 해결에 대한 사회적 합의를 통하여 2008년 5월에 환경영향평가 협의가 완료되었다. 국내 제일의 자연생태계를 자랑하는 지역인 백두대간을 통과하는 이 노선이 환경친화적으로 건설될 수 있도록 오랜 기간동안 환경단체, 지역주민, 정부와의 협의와 논의를 거쳐 적극적인 환경보전계획이 반영되었다.

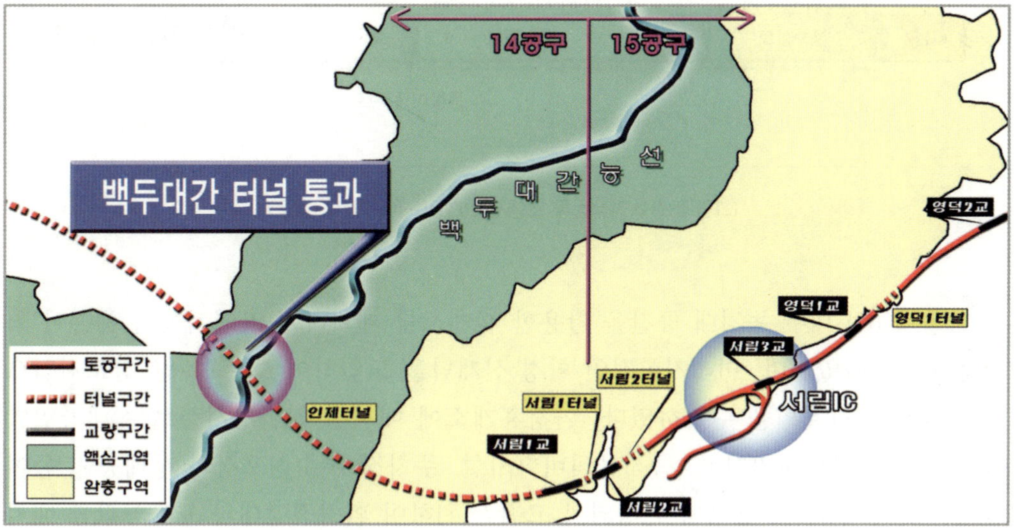

[그림 2-30] 백두대간 핵심구간의 초장대터널 통과

이 사업에 반영된 제도적 장치로서, 동홍천-양양 노선을 국내 제1호의 환경생태도로로 조성하고 환경피해를 예방하기 위한 '환경생태조사단'이 운영되는데, 여기에는 동식물, 수질, 대기, 지형지질 등의 주요 환경분야에 대하여 사회 각계의 환경전문가들이 환경활동을 수행한다. 이 활동은 단기간에 끝나는 일회성이 아닌, 공사 전체기간과 공사완료 후 3년까지 이어져 실시되며, 이 과정에서 환경적인 모니터링과 함께 예기치 못한 환경영향에 대한 검토와 대책을 실시하도록 계획되어 있다.

구조물의 배치에 있어서는 산지가 대부분인 강원도 지역의 특성을 고려하고 백두대간을 보존할 수 있도록 구조물 설치 비율을 증대하여 전체 연장의 70% 이상을 교량과 터널로 계획하였다. 특히, 백두대간 핵심구역을 통과하는 구간에는 10㎞가 넘는 초장대 터널을 설치하는 등 자연지형의 훼손을 최소화하는 설계를 시행하였다.

또한, 야생동물 교통사고의 발생을 완벽하게 방지하고 생물종을 보호하는 계획을 반영하였다. 전체 노선에 조밀하게 배치된 터널의 상부공간과 교량의 하부공간은 자연적인 야생동물의 이동통로로 활용될 수 있으며, 방음벽, 낙석방책 등의 시설물로 야생동물의 도로진입 차단이 가능한 구간 이외의 잔여구간에 대하여 야생동물 유도울타리를 설치하고 주요지점에는 생태통로를 반영하는 설계를 실시하여 야생동물

교통사고(Road-kill)를 원천적으로 차단하도록 하였다.

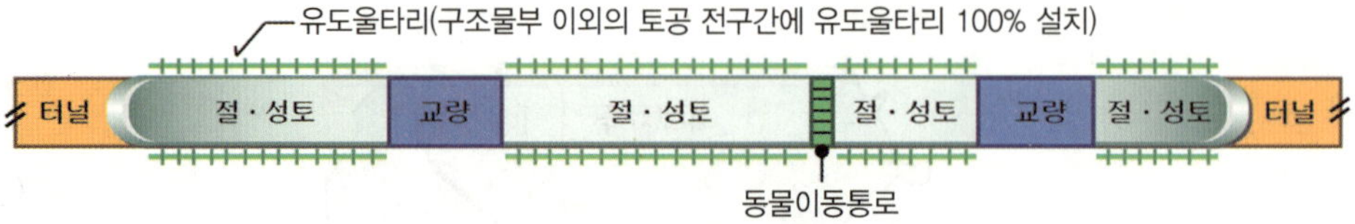

[그림 2-31] 야생동물 교통사고(Road-Kill) 방지 계획

나들목(IC) 내부 녹지대 공간을 활용한 휴게소를 계획하여 자연지형의 훼손이 최소화되도록 하였으며, 미래지향적인 환경 신개념을 도입하여 보존·복원·창조지역으로 분할된 공간계획을 수립하였다. 환경휴게소에 배치될 친환경시설로는 태양열발전시설, 오수고도처리시설, 음식물퇴비화시설, 주차장 투수성포장과 생태공원 등이 계획된다. 아울러, 이용객의 환경의식 고취를 위하여 환경전망대와 교육공간을 배치하고, 생태도로의 건설과정을 기록한 환경기록물을 전시하는 홍보관이 운영된다.

[그림 2-32] 미래지향적 신개념 환경휴게소

2.3.3 울산-포항 고속도로 "중금속 우려 구간 노선 변경" 사례

울산-포항 고속도로는 울산광역시 울주군 범서읍 굴화리를 시점으로 하여 경상북도 포항시 오천읍 문충리까지로 총연장 53.7km(노폭:23.4m, 설계속도 100km/hr), 사업기간은 2009년부터 2013년까지이다.

이 노선은 2003년도에 환경영향평가가 착수되고 실시설계는 2005년에 착수되었으나 노선 일부 터널통과 구간의 암석 성분에 중금속(비소)이 함유되어 있는 것으로 확인되어 주민 피해우려 문제에 대한 해결방안이 요구되었으며, 노선우회 등 적극적인 환경보전방안을 반영하여 2008년에 환경영향평가가 최종 완료되었다.

중금속(비소) 피해 예방을 위하여 2004년 기본설계 시 타당성조사 노선을 남측으로 1.2km 변경하였으며, 2008년 실시설계 시에는 추가적으로 변경노선에 대한 중금속 정밀조사를 시행하여 노선을 0.5km 남측으로 재차 변경하여 중금속으로 인한 영향을 사전에 차단하였다. 또한, 2차례에 걸친 노선변경 이외에도 중금속에 의한 공사중의 예기치 못한 피해발생 가능성에 대비하기 위한 오염방지공법을 적용하는 등 환경피해 최소화 대책이 수립되었다.

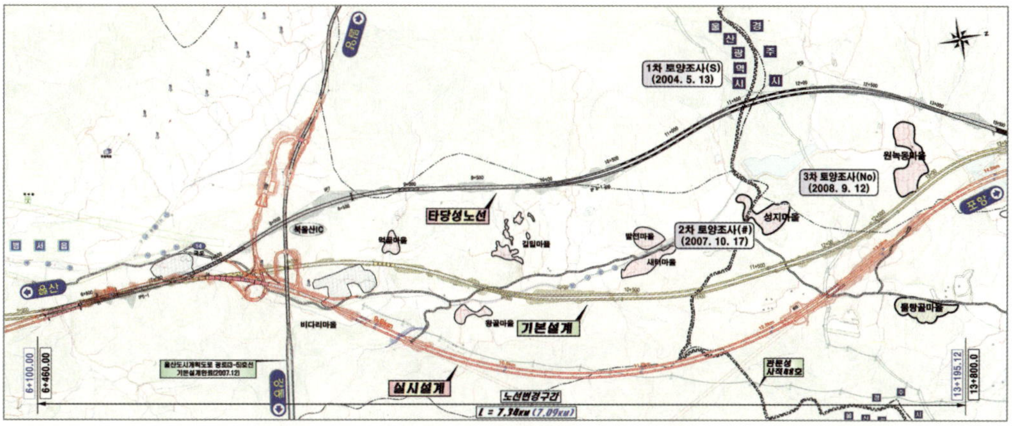

[그림 2-33] 중금속 피해 우려구간 노선 변경

제3장 소음·진동

제 3 장 소음·진동

3.1 소음·진동 이론과 관련 기준

3.1.1 소음의 이해

◈ 소음의 기본 개념

1) 소리와 소음

소리는 물체의 진동이 균일하던 매질(공기)에 부분적으로 압력 변화를 일으켜서 고막을 진동시키는 것으로서 물리학적 측면에서 일종의 파(Wave)이며, 공기를 통해 전달되는 밀도 변화로 발생한다.

소리는 음악과 같이 경쾌하거나 편안한 느낌을 주는 경우도 있으나 경적소리, 자동차 소리, 공장의 기계음 등과 같이 불쾌감과 심리적 안정감을 저해하는 불필요한 소리도 있으며 이를 소음이라고 한다. 소음은 물리적으로 소리와 동일하며, [그림 3-1]과 같은 요소와 특징이 있다.

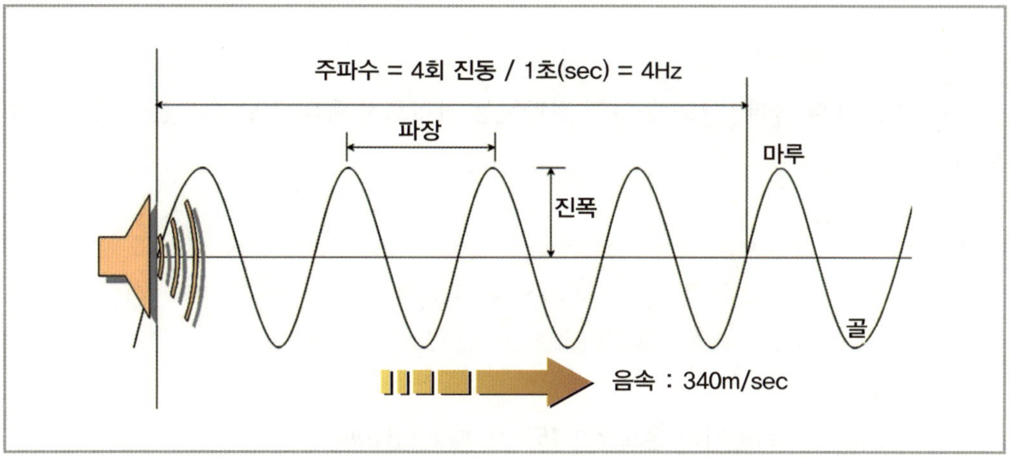

[그림 3-1] 소음의 요소와 특징

2) 용어의 정의

가) 파장(표시기호 : λ , 단위 : m)

압력이 제일 높은 곳(마루)과 다음의 제일 높은 곳(마루)간의 거리 또는 위상의 차이가 360°되는 거리이다.

나) 주파수(표시기호 : f , 단위 : Hz(cycle/s))

한 점의 1초 동안의 cycle수를 말하며 주파수와 파장은 다음 식과 같은 관계를 갖는다.

$$f = \frac{c}{\lambda}$$

c : 음의 전달속도(m/s)

다) 주기(표시기호 : T, 단위 : 초(sec))

한 파장이 전파되는데 소요되는 시간을 말하며 주파수의 역수이다.

라) 진폭(표시기호 : A, 단위 : m)

진동하는 입자에 의해 발생하는 최대 변위치를 말한다.

마) 음의 전달속도

온도 t℃ 일 때 음파가 *1*초 동안에 전파하는 거리로서 음의 전달 속도는 다음 식으로 나타낸다.

$$c = 331.5 + 0.6t$$

t :공기의 온도(t가 *15*℃ 일 때 $c ≒ 340m/s$)

3) 소리의 단위

소리는 공기 압력의 변화값을 의미하며 정상 청력을 가진 사람이 들을 수 있는 최소 가청 음압은 $20\mu Pa(=20 \times 10^{-6} Pa)$이고, 최대 음압은 약 $60Pa$이다. 가청 음압은 최대, 최소간 삼백만 배의 크기 차이를 가지고 있어 Pa(pascal, N/㎡)단위를 그대로 사용할 경우 음압 차이의 표현이 어렵고, 계측 장비도 매우 넓은 영역의 압력 변화를 취급해야 하기 때문에 불편하게 된다.

이러한 불편을 해소하기 위해서 측정 음압을 최소 음압에 대한 배율로 나타내는 ㏈(decibel)이라는 단위를 사용하며 이를 음압레벨이라 한다. ㏈은 1/10을 뜻하는 배수기호인 d 와 전화발명가인 그레이엄 벨의 "Bel"을 합성해서 이루어진 단위이다. 음압레벨(sound pressure level, SPL)은 아래 기본식으로 산출된다.

$$SPL(dB) = 10\log(\frac{P^2}{P_0^2}) = 20\log\frac{P}{P_0}$$

P_0: 20×10^{-6}(최소 가청압력)
P : 측정하고자 하는 음의 압력

㏈단위는 음압의 상대적인 비교값이며, 기준값과 측정 대상값의 대수 비교를 의미하는 것으로, 소음의 평가시에는 등가소음레벨 L_{Aeq}로 표현한다. [표 3-1] 및 [표 3-2]는 음압과 음압레벨(㏈)변화의 대응관계 및 그에 따른 느낌 정도를 나타낸 것이다.

[표 3-1] 음압과 음압레벨(dB)값 변화

음압의 변화	음압레벨(dB) 값의 변화
2배 증가	6 dB 증가
3배 증가	10 dB 증가
4배 증가	12 dB 증가
10배 증가	20 dB 증가
100배 증가	40 dB 증가
1만배 증가	80 dB 증가
1백만배 증가	120 dB 증가

[표 3-2] 음압레벨 변화에 따른 느낌 정도

음압레벨 (dB)	크기의 변화 느낌 정도
3	소리 변화 인식 가능
5	뚜렷한 차이점 인식
10	2배(또는 1/2)의 차이점을 인식
15	매우 큰 차이점을 인식
20	4배(또는 1/4)의 차이점을 인식

[출처] 사종성·강태원 공저, 2007, 알기쉬운 생활속의 소음진동

◇ 소리와 청각

인간의 청각기관은 음압의 변화를 소리의 크기로, 주파수(Hz)의 변화를 소리의 고음, 저음으로 구분하며, 여러 가지 소리를 듣는 순간 이를 대뇌에서 즉각적으로 분석하여 소리의 특성을 판별할 수 있다

1) 소음의 인체 영향

소음은 크고 높고 갑작스러운 소리일수록 그 경고의 강도가 높아, 인체에 긴장, 불안 및 흥분을 유발시키게 되며 음압레벨별로 [표 3-3]과 같은 영향이 있는 것으로 알려져 있다.

2) 마스킹 효과와 양이 효과

마스킹 효과(Masking Effect)란, 2개의 음이 동시에 존재할 경우, 한 쪽 음이 다

[표 3-3] 음압레벨별 인체에 미치는 영향

소음도 dB(A)	음원의 예	인체의 영향	비고
20	나뭇잎 부딪히는 소리	쾌적	
30	조용한 농촌, 심야의 교외	수면에 거의 영향없음	
35	조용한 공원		WHO침실기준
40	조용한 주택의 거실	수면깊이 낮아짐	
50	조용한 사무실	호흡, 맥박수 증가, 계산력 저하	주거지역 기준 주간:65dB 야간:55dB
60	보통의 대화소리, 백화점 내 소음	수면장애 시작	
70	전화벨 소리, 거리	말초혈관 수축, 집중력 저하	공사장 기준
80	철로변 및 지하철 소음	청력장애 시작	작업장내 기준
90	소음이 심한 공장 안	난청증상 시작, 소변량 증가	
100	착암기, 열차 통과시	혈당 증가, 성호르몬 감소	
110	자동차 경적소음	일시적인 청력 손실	
120	비행기의 엔진소음	장기 폭로시 청각장애 발생	
130	-	고막 파열	

[출처] 국가소음정보시스템(www.noiseinfo.or.kr)

른 한 쪽 음에 의해 은폐되어 들리지 않는 현상이다. 마스킹 음이 존재할 경우, 주변 소음으로 귀의 감각이 둔해져 최소 가청값이 높아지게 된다.

또한 인간은 두 귀를 가지고 있어 서로 다른 위치에서 소리를 듣고 뇌에서 이 소리 정보를 비교할 수 있다. 두 귀 사이의 음량 차이로 인해 일반적으로 음원에 가까운 귀에서 더 크게 듣게 되고, 두 귀 사이의 음의 도달 시간차를 인지하여 음원의 방향을 알아낼 수 있다. 이는 소리의 위치를 알아내는데 결정적 역할을 하게 되며 이러한 효과를 양이효과(Binaural Effect)라 한다.

◇ 소음의 측정방법

소음의 측정은 아래 [그림 3-2]와 같이 소음계에 의한 측정이 일반화되어 있다. 여기서는 도로교통소음에 대한 측정조건과 유의사항을 살펴보기로 한다.

우선 측정점은 소음피해가 높을 것으로 예상되는 지점에서 지면위 1.2~1.5m 높이로 하며, 장애물 등으로 차음이 예상되는 경우 장애물 밖의 1~3.5m 떨어진 지점에서 측정한다. 또한, 2층 이상인 건물의 경우 창문, 출입문 또는 건물벽 밖의 0.5~1m 떨어진 곳을 측정 지점으로 한다.

2010 03/25 14:25:45 5m 00:05:00
Fast Over

등가소음레벨

LAeq	LAE	LAmex	LAmin	LDpeak
62.3	87.1	87.0	51.1	116.0

LA05	LA10	LA50	LA90	LA95
64.3	62.8	58.1	54.6	54.0

소음측정 결과분석 자료

[그림 3-2] 소음의 측정 및 분석자료 예시

측정 시 요일별로 소음변동이 적은 평일에 측정하며, 받침장치(삼각대 등)를 설치하여 측정하는 것을 원칙으로 한다. 손으로 소음계를 잡고 측정할 경우 측정자의 몸으로부터 0.5m 이상 떨어져야 하고, 소음계의 마이크로폰이 주소음원 방향으로 향하도록 한다. 풍속이 2m/sec 이상일 때는 방풍망을 반드시 부착하고 5m/sec를 초과할 때에는 측정하여서는 안된다.

이 밖의 도로교통소음 측정에 대한 세부기준과 소음원 측정방법은 "소음·진동 환경오염공정시험기준"(2008. 1. 30 일부개정, 환경부고시 제2008-22호)에 제시되고 있다.

3.1.2 진동의 이해

◈ 진동의 기본 개념

1) 진동의 정의

진동(振動)은 물체의 반복적인 흔들림을 뜻하며, 진동하는 형태에 따라 주기적인 운동과 비주기적인 운동으로 나뉜다. 가장 간단한 주기운동으로는 [그림 3-3]과 같이 질량과 스프링으로 구성된 진동계(vibration system)이다.

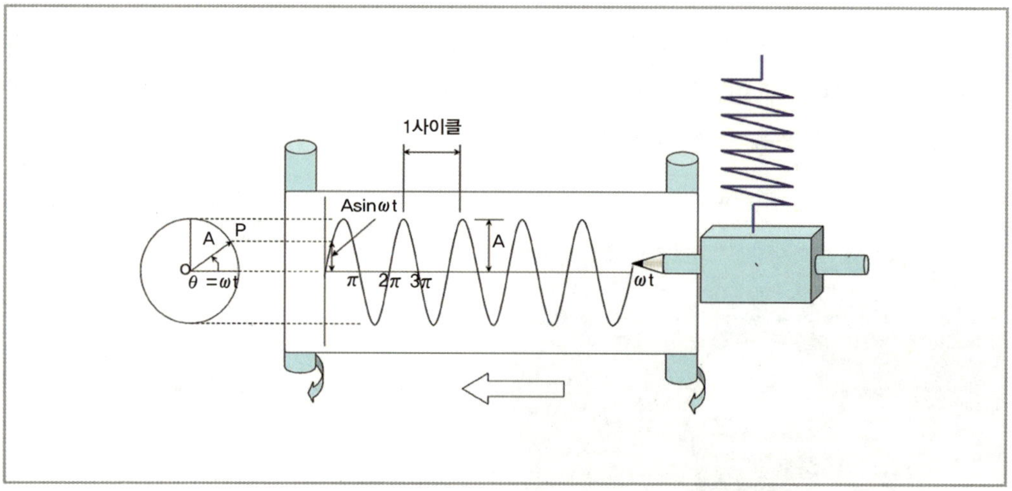

[그림 3-3] 질량-스프링 진동계

위와 같이 두루마리 종이를 일정한 속도로 이동시킨다면, 물체의 상하 방향 진동 현상은 두루마리 종이에 그 모양을 그리게 된다.

진동은 소음과 마찬가지로 파(Wave)의 일종으로서 이론적으로 많은 유사성을 가지고 있다. 평가에 있어서는 진동가속도레벨(VAL)을 사용하고 있는데 이는 소음에서와 같이 dB(V) 단위로 표기되며 진동가속도 기준치에 대한 측정치의 상대적인 크기를 의미한다.

$$VAL = 20\log(\frac{a_{rms}}{a_0})(dB)$$

a_{rms} : 측정하고자 하는 진동의 가속도

a_0 : 진동가속도의 기준치

($=10^{-5} m/s^2$, ISO 에서는 $10^{-6} m/s^2$를 적용한다.)

다만, 진동의 평가에 있어서는 상대적 비교값인 dB단위 뿐 아니라 직접 측정값인 진동속도(v) 또는 진동가속도(a) 값은 그대로 사용하기도 한다.

2) 진동용어와 단위

가) 진동수(표시기호 : f , 단위 : Hz)

단위시간(1초)당 반복횟수로 주기 T의 역수이다.

$$f = \frac{1}{T} = \frac{\omega}{2\pi}$$

일반적으로 주파수를 직접 측정하지 않지만 주파수를 계기에 의해 구할 때는 진동계에 주파수 분석기를 병용하여 하는 것이 보통이다.

나) 진폭(표시기호 : A, 단위 : m)

진폭은 변위의 최대치로 표시되며 진동을 관측하는 경우에 눈으로 보는 진동의 크기는 2A가 된다. 이 2A를 전진폭(全振幅)이라 하고 A를 편진폭(半振幅)이라 하며, 일반적으로 진동계의 진폭 표시는 전진폭으로 한다.

다) 진동속도(표시기호 : v , 단위 : m/s)

진동속도는 단위시간당의 변위량을 나타낸 것으로 진동속도의 최대치(Peak치)이다. 진동 규제기준에서 진동속도를 Kine 단위로 표현하는 경우가 있으며 이는 1cm/sec에 해당하는 진동 속도를 의미한다.

$$v = Aw(m/s)$$

라) 진동가속도(표시기호 : a , 단위 : m/s^2)

진동가속도는 단위시간당의 속도변화량으로 a는 진동가속도의 최대치(Peak치)이다.

$$a = A_0 w^2 (m/s^2)$$

◇ 진동의 영향

1) 감각적 영향

허리, 가슴 등에 통증, 볼·눈꺼풀 진동, 복통 등을 느끼며, 수직 및 수평 진동이 동시에 가해지면 2배의 자각현상이 나타난다.

2) 생리적 영향

호흡곤란, 산소소비 증가, 맥박수 증가 등이 나타난다.

3) 신체적 영향

전신진동은 압박감을 느끼며 심하면 공포감과 오한을 느끼고, 국소진동은 손가락의 말초혈관운동의 장애로 창백해지는 현상이 나타난다.

4) 물적 피해 등

진도계(震度階)와 진동가속도레벨의 크기에 따른 물적 피해에 대하여는 [표 3-4]와 같이 알려져 있다.

[표 3-4] 진동에 의한 물적 피해

진도계	지진의 명칭	진동가속도의 Peak치	가속도레벨 (dB)	진동레벨 (dB)	진동속도 (㎜/s)	비 고
0	무감 (no feeling)	0.8이하	55이하	49이하	0.11이하	인체로 느끼지 못함
Ⅰ	미진 (slight)	0.8~2.5	60±5	49~58	0.11~0.3	약간 느낌
Ⅱ	경진 (weak)	2.5~8.0	70±5	58~67	0.3~0.8	크게 느낌
Ⅲ	약진 (rather strong)	8.0~25	80±5	67~77	0.8~2.4	창문 흔들림 진동음 발생
Ⅳ	중진 (strong)	25~80	90±5	77~86	2.4~6.2	기물 넘어짐, 물넘침
Ⅴ	강진 (very strong)	80~250	100±5	86~96	6.2~71.2	벽의 균열, 비석 넘어짐
Ⅵ	열진 (disastrous)	250~400	105~110	96~99	17.2~25.7	가옥 파괴 30% 이하
Ⅶ	격진 (very disastrous)	400이상	110이상	99이상	25.7이상	가옥 파괴 30% 이상 단층, 산사태 발생

[출처] 김재수, 2008, 소음진동학

진동의 측정방법

진동의 측정은 아래 [그림 3-4]와 같이 진동계에 의한 측정이 일반적으로 사용되며, 여기서는 도로건설에서 발생되는 발파 진동을 중심으로 살펴보기로 한다.

진동의 측정점은 진동 레벨이 높을 것으로 예상되는 지점을 택하여야 하며, 발파 진동이 지속되는 기간동안 측정한다.측정기기의 설치 장소는 복잡한 반사, 회절현상이 없는 옥외에 설치하고, 완충물이 없고 충분히 다져서 단단히 굳은 장소로 하며, 경사 또는 요철이 있는 곳은 피한다.

이외에 발파진동 측정 기준, 측정기기 사용법, 측정자료 분석 등에 관한 자세한 사항은 "소음·진동 환경오염공정시험기준"(2008.1.30. 일부개정, 환경부고시 제2008-22호)에서 제시하고 있다.

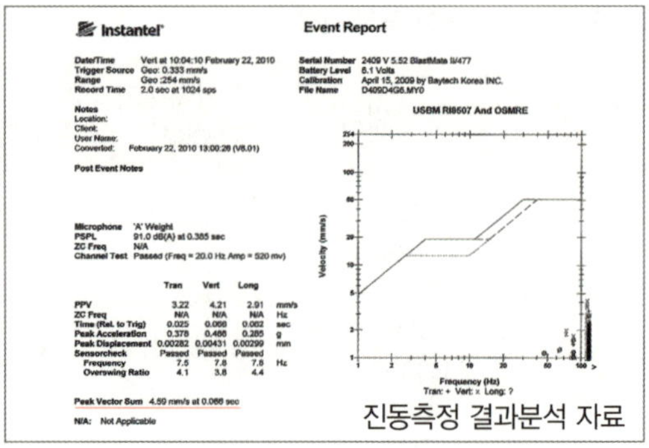

[그림 3-4] 진동의 측정 및 분석자료 예시

3.1.3 소음·진동 관련 기준

◇ 소음 관련 기준

소음 관련 기준은 도로교통 소음과 건설공사 소음으로 나누어 살펴보고자 한다.

1) 도로교통 소음관련 기준

가) 환경정책기본법에 의한 기준

환경정책기본법에 의한 소음 관련 기준은 도로변 주거지역에 대한 소음기준을 제시하고 있으며 이는 환경정책의 목표수준으로서 각종 개발사업 계획 시 준수해야 할 기준에 해당한다. 지역별 기준은 [표 3-5]와 같다.

나) 소음·진동관리법에 의한 기준

소음·진동 관리법에 의한 소음 기준은 소음원에 대한 규제기준을 제시하고 있으며 도로교통소음에 대한 기준은 [표 3-6]과 같다. 이는 운영중인 도로에 대하여 적용하는 기준이며, 규제치를 초과하는 경우 방음시설을 계획 또는 개량할 필요성이 있다고 판단하는 기준이 된다. 다만, 방음시설 계획 또는 개량을 실행하는 경우에는 환경정책기본법의 기준에 만족하도록 목표하는 것이 바람직할 것이다.

[표 3-5] 환경정책기본법 소음기준 (단위:L_{eq}dB(A))

지역구분	적용대상지역	기준	
		낮(06:00~22:00)	밤(22:00~06:00)
일반지역	"가"지역	50	40
	"나"지역	55	45
	"다"지역	65	55
	"라"지역	70	65
도로변지역[7]	"가" 및 "나"지역	65	55
	"다"지역	70	60
	"라"지역	75	70

[출처] 환경정책기본법 시행령 제2조 관련 [별표 1] 〈개정 2009.7.7〉

"가"지역: 전용주거지역, 정온시설지역, "나"지역: 일반주거지역, 준주거지역

"다"지역: 상업지역, 준공업지역, "라"지역: 일반공업지역, 전용공업지역

[표 3-6] 교통소음·진동의 관리기준

대상지역	구분	한도	
		주간(06:00~22:00)	야간(22:00~06:00)
▪ 주거지역, 녹지지역, 관리지역 중 취락지구·주거개발진흥지구 및 관광·휴양개발진흥지구, 자연환경보전지역, 학교·병원·공공도서관 및 입소규모 100명 이상의 노인의료복지시설·영유아보육시설의 부지 경계선으로부터 50미터 이내 지역	소음 (L_{eq}dB(A))	68	58
	진동 (dB(V))	65	60
▪ 상업지역, 공업지역, 농림지역, 생산관리지역 및 관리지역 중 산업·유통개발진흥지구, 미고시지역	소음 (L_{eq}dB(A))	73	63
	진동(dB(V))	70	65

[출처] 소음·진동관리법 시행규칙 제25조 관련 [별표 12] 〈개정 2010.6.30〉

7) 도로변 지역의 정의 : 소음·진동 환경오염공정시험기준 [2008. 1. 30 환경부고시 제2008-22호]에서 도로변 지역의 범위는 도로단으로부터 차선수×10 m로 하고, 고속도로 또는 자동차 전용도로의 경우에는 도로단으로부터 150m이내의 지역으로 정의하고 있다.

다) 주택법(주택건설기준 등에 관한 규정)에 의한 기준

주택법에 의한 소음기준은 공동주택에 대한 소음기준으로서 주택건설사업자가 준수해야 하는 주택건설기준에 해당 한다. 특이한 사항으로는 실내소음을 적용하고 있다는 점이다. 세부 기준은 [표 3-7]과 같다.

[표 3-7] 주택건설기준 등에 관한 규정 제9조

제 9 조 (소음 등으로부터의 보호)
① 공동주택을 건설하는 지점의 소음도(이하 “실외소음도”라 한다)가 65데시벨 이상인 경우에는 방음벽·수림대 등의 방음시설을 설치하여 해당 공동주택의 건설지점의 소음도가 65데시벨 미만이 되도록 하여야 한다. 다만, 공동주택이 「국토의 계획 및 이용에 관한 법률」 제36조에 따른 도시지역(주택단지 면적이 30만제곱미터 미만인 경우로 한정한다) 또는 「소음·진동규제법」 제 26조에 따라 지정된 지역에 건축되는 경우로서 다음 각 호의 기준을 모두 충족하는 경우에는 그 공동주택의 6층 이상인 부분에 대하여 본문을 적용하지 아니한다. 〈개정 2007.7.24〉 1. 세대 안에 설치된 모든 창호(窓戶)를 닫은 상태에서 거실에서 측정한 소음도(이하 “실내소음도”라 한다)가 45데시벨 이하일 것 2. 공동주택의 세대 안에 「건축법 시행령」 제87조 제2항에 따라 정하는 기준에 적합한 환기설비를 갖출 것 ② 제1항에 따른 실외소음도와 실내소음도의 소음측정기준은 국토해양부장관이 환경부장관과 협의하여 고시한다.〈신설 2007.7.24, 2008.2.29〉

[출처] 주택건설기준 등에 관한 규정 〈시행 2007.7.13〉

라) 법령간 상이한 소음기준의 적용

국가정책으로 주택공급을 확대하면서 고속도로변에 택지·주택개발사업이 활발히 진행되고 있는데, 대규모 주택사업(단지 면적 30만제곱미터 이상)의 경우 환경영향평가 대상이 되므로 환경정책기본법에 의한 소음기준으로 방음대책을 수립하고 있으나, 소규모 사업은 주택법(주택건설기준 등에 관한 규정)에 의한 실내소음도를 적용하여 환경분쟁 사례가 유발되고 있다. 이상에서 살펴본 법령간 소음기준의 상이한 적용 상황은 [표 3-8]에서 정리하였다.

※ 2010년 주택공급계획 : 연간 유효수요 44만호에 임대료가 저렴한 국민임대주택 추가 수요 등을 고려하여 향후 10년간 연평균 50만호(수도권 27만호 54%, 비수도권 23만호 46%)를 공급(2009년도 주택업무편람, 국토해양부)

[표 3-8] 고속도로변 소음관련 법규

구 분	환경정책기본법	소음·진동 관리법	주택법(관련규정)
이 행 주 체	■ 사업시행자(도로,주택 등)	■ 소음배출자	■ 택지(주택)사업자
목 적	■ 소음환경정책의 목표기준	■ 도로, 철도 등 소음·진동 피해방지	■ 공동주택 건설 시 수음원 측에서 소음의 저감, 차단
소 음 기 준	■ 실외소음 – 주간:65dB이하 – 야간:55dB이하	■ 실외소음 – 주간:68dB이하 – 야간:58dB이하	■ 실외소음 : 65dB이하 ■ 실내소음 : 45dB이하
적 용 대 상	■ 환경영향평가 대상사업 –도로:신설4km, 확장10km이상 –주택:단지면적30만m²이상	■ 공용 중 고속도로	■ 환경영향평가 대상이 아닌 주택사업

※ 실내소음 : "모든 창호를 닫은 상태에서 거실에서 측정한 소음"으로 도시지역 주택단지 면적 30만m² 미만의 6층 이상에 대하여 적용

2) 건설소음관련 기준

가) 소음·진동관리법에 의한 기준

건설공사장에 대한 소음규제 기준은 [표 3-9]와 같으며, 자세한 지역 구분 내용 및 보정 사항은 소음·진동관리법 시행규칙 제20조 3항 관련 [별표 8]에서 제시하고 있다.

[표 3-9] 생활소음·진동의 규제기준 (단위:dB(A))

대상 지역	아침, 저녁 (05:00~07:00, 18:00~22:00)	주간 (07:00~18:00)	야간 (22:00~05:00)
■ 주거지역, 녹지지역, 관리지역 중 취락지구·주거개발진흥지구 및 관광·휴양개발진흥지구, 자연환경보전지역, 그 밖의 지역에 있는 학교·종합병원·공공도서관	60이하	65이하	50이하
■ 그 밖의 지역	65이하	70이하	50이하

[출처] 소음·진동관리법 시행규칙 제20조 3항 관련 [별표 8] 〈개정 2009.1.14〉

나) 산업안전보건법에 의한 기준

건설공사장 소음으로부터 근로자 보호를 위한 기준은「산업보건 기준에 관한 규칙」에서 자세히 제시하고 있다.

건설 및 발파진동관련 기준

도로에서의 진동은 도로교통진동과 건설진동으로 구분할 수 있으나 이 중 문제가 되는 부분은 건설진동에 해당하며 건설 및 발파진동관련 기준에 대해 살펴보고자 한다.

1) 소음·진동관리법에 의한 기준

건설공사장에서 발생되는 진동의 규제기준은 [표 3-10]과 같다.

[표 3-10] 생활소음·진동의 규제기준 (단위: dB(V))

대상 지역 \ 시간대별	주간(06:00~22:00)	심야(22:00~06:00)
▪ 주거지역, 녹지지역, 관리지역 중 취락지구·주거개발진흥지구 및 관광·휴양개발진흥지구, 자연환경보전지역, 그 밖의 지역에 소재한 학교·종합병원·공공도서관	65이하	60이하
▪ 그 밖의 지역	70이하	65이하

[출처] 소음·진동관리법 시행규칙 제20조 3항 관련 [별표 8] 〈개정 2009.1.14〉

2) 기관별 구조물 영향에 대한 제시 기준

국내의 경우 진동이 구조물에 미치는 영향에 대한 허용기준이 아직 규정되어 있지 않다. 이러한 국내 현실 때문에 각 기관별로 발파진동에 대해 [표 3-11]과 같이 진동허용기준을 적용하고 있다.

[표 3-11] 각 기관별 진동허용기준

구분	건물종류	최대허용속도치 (cm/s, kine)
국내 통상적인 발파진동 허용기준	유적, 문화재, 컴퓨터 시설물	0.2
	주택, 아파트	0.3~0.5
	상가	1.0
	철근콘크리트 건물 및 공장	1.0~5.0
서울, 부산 지하철 공사 시 허용기준	문화재(역사적으로 매우 오래된 건물)	0.2
	주택, 아파트, 상가 등(작은 균열을 지닌 건물)	0.5
	주택, 아파트, 상가 등(균열이 없는 양호한 건물)	1.0
	산업시설용공장(철근콘크리트로 보강된 건물)	1.0~4.0
노동부 고시 (1994-25호)	문화재	0.2
	주택, 아파트	0.5
	상가(금이 없는 상태)	1.0
	철근콘크리트 빌딩 및 상가	1.0~4.0
한국토지공사 시방기준 (2002)	가축(소, 닭, 돼지 등)	0.09
	문화재, 진도예민 시설물	0.2
	주택, 아파트	0.5
	상가건물	1.0
	철근콘크리트 건물	1.0~4.0
대한주택공사	문화재, 정밀기기 설치건물	0.2
	주택, 아파트	0.5
	상가, 사무실, 공공건물	1.0
	철근콘크리트, 철골조 공장, 매설관로	1.0~4.0
	인체가 진동을 느끼지만 불편이나 고통을 호소하지 않는 범위	1.0
대한터널협회 (1999)	진동예민 구조물(문화재 등)	0.3
	조적식(벽돌, 석재 등)벽체와 목재로 된 천장을 가진 구조물(재래가옥, 저층일반가옥)	1.0
	지하기초와 콘크리트 골조 및 슬래브를 갖는 조적식 건물(저층양옥, 연립주택 등)	2.0
	철근콘크리트 골조 및 슬래브를 갖는 조적식 건축물(중·저층 아파트, 중소상가 및 공장)	3.0
	철근콘크리트 골조 및 슬래브를 갖는 대형 건축물(내진구조물, 고층아파트, 대형건물 등)	5.0

[출처] 김재수, 2008, 소음진동학

3.2 도로의 소음·진동 예측 및 저감방안

3.2.1 소음·진동 예측

◈ 도로소음의 예측

국내 도로소음은 교통소음의 문제가 지배적이며 적용되고 있는 소음예측식(모델)은 국립환경과학원의 고속도로식과 한국도로공사의 HW-NOISE, KHTN 프로그램이 주로 사용되고 있다, 적용식의 특징은 [표 3-12]와 같다.

[표 3-12] 소음예측식의 특징

구 분	국립환경연구원	HW-NOISE	KHTN
해석방법	자체식	ASJ-1975와 유사	KS ISO 9613-2
특징	▪ 비교적 간단한 도로 지형에 유리 ▪ 차종구분이 단순 (2차종 분류) ▪ 포장상태 반영 불가 ▪ 다중회절, 반사효과 적용불가 ▪ 기상효과 적용불가	▪ 절·성토, 평탄 적용 가능 ▪ 차종구분이 단순 (2차종 분류) ▪ 포장상태 반영불가 ▪ 방음벽 재질 및 기상 효과 반영불가	▪ 다양한 지형·지역조건 고려가능 ▪ 대기상태, 지면특성 반영가능 ▪ 방음벽 흡음율 및 중앙분리대 반사영향 반영 가능 ▪ 방음벽 제원 산정 가능 ▪ 정확도에 대한 검증 시행중(2010년)
적용성	연결로 구간	본선	본선

여기서는 우리나라 고속도로의 교통소음을 대상으로 소음 예측 시 주로 사용되고 있는 HW-NOISE에 대한 예측모델을 간략히 설명하고자 한다.

1) HW-NOISE 기본식과 보정치(출처 : 한국도로공사,1994, 고속도로 소음대책에 관한 연구)

가) 기본식

$$L_{eq} = PWL + 10\log(\frac{1}{4} \times d \times s) + \Delta Li + ai + ad$$

d : 음원에서 수음점까지의거리 (m)

s : 평균 차두간격(S=1,000×V/N), V=차량주행속도(km/hr)

N=평균교통량(대/hr)

$PWL : 72.4 \times 20 log V + 10 log(a_1 + 3.8a_2)$

(여기서 a_1 : 소형차혼입율, a_2 : 대형차혼입율, $a_1+a_2=1$)

$\Delta Li, ai, ad$: 도로교통 소음의 보정치

나) 종단경사의 보정치

종단경사의 보정치는 도로의 경사에 따라 [표3-13]과 같이 산정한다.

[표 3-13] 종단경사의 보정치

경사(i) : −5~5% 구간 길이가 짧은 구간	경사(i) : −6~6% 구간 길이가 100m 이상인 경우
$\Delta Li = \frac{1}{3} i\left[dB(A)\right]$	$\Delta Li = 0.3i + 0.2i2\left[dB(A)\right]$

다) 지형조건 등 여러 가지 원인에 의한 보정치(ai)

소음 예측 시 기상 및 소음 전파경로의 지표조건 등에 따라 수음점에서의 실측소음도는 계산치와 다르게 된다. 따라서 각각의 지표조건마다 L_{eq} 실측치 평균과의 차를 고려하여 지표조건 등 여러 가지 원인에 의한 보정치(ai)를 산정한다.

라) 회절에 의한 보정치(ad)

회절에 의한 보정치(ad)는 경로차$(a+b-l=\delta)$를 구하고 [표 3-14]의 식에 적용하여 구하며, 수음점에서 음원이 보이는 경우 δ의 값은 마이너스로 한다.

[표 3-14] 회절에 의한 보정치

회절 개요도	경로차에 의한 회절 보정치	
	경로차	보정치
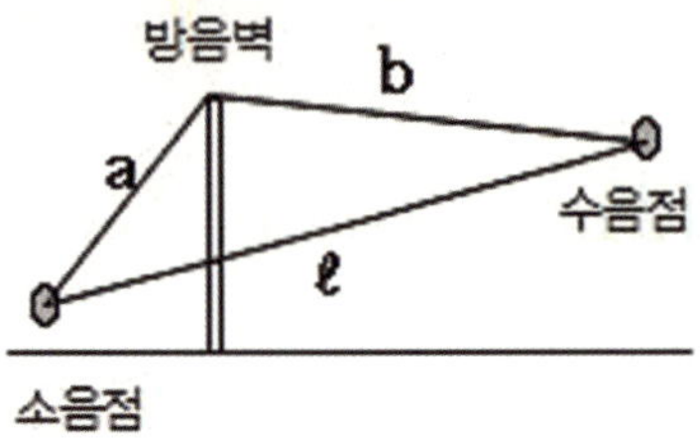	$0.5 \le \delta$	$-9\log\delta - 14.3$
	$0.07 \le \delta$	$-2.7(\log\delta)^2 - 10.5\log\delta - 14.5$
	$0.01 \le \delta$	$-3\log\delta - 9.5$
	$-0.001 \le \delta$	$-10\log(0.2+2.5\delta) - 10$
	$-0.015 \le \delta$	$0.24\log 10\ \lvert\delta\rvert - 2.4$
	$-0.3 \le \delta$	$2\log 10\ \lvert\delta\rvert + 1$

2) HW-NOISE 프로그램 주요 입력요소

장래 교통량은 교통영향분석·개선대책 보고서 또는 교통량분석 보고서 중 소음예측 당시 가장 최근자료를 참고한다.

가) 대형차 혼입율

교통영향분석·개선대책 보고서 및 교통량분석 보고서에는 [표 3-15]와 같이 6종으로 예측하고 있으며, HW-NOISE 식에서 필요한 대형차 혼입은 5톤 이상이므로 화물중형 교통량 50%를 감안하여 산정한다.

[표 3-15] 대형차의 분류와 혼입율

버스		화물		
소형	중형	소형	중형	대형
16인승 미만	16인승 이상	2.5톤 미만	2.5톤~8톤 미만	8톤 이상
대형차 혼입율 = (중형버스 + 중형트럭(50%) + 대형트럭) / 전체교통량				

[출처] 한국도로공사, 2008, 고속도로 환경영향평가 가이드라인

나) 소음예측을 위한 설계시간교통량

(1) 소음환경기준이 주간 06:00~22:00 시간대와 야간 22:00~06:00 시간대로 나누어 있으므로 이 시간대에 맞는 주간 설계시간교통량과 야간 설계시간교통량을 산정해야 한다.

(2) 주간 설계시간교통량은 교통영향평가서나 교통분석 보고서에 제시된 설계시간계수(K)를 이용하여 다음과 같이 시간당 교통량을 산출한다.

주간 설계시간교통량(대/시/양방향) = AADT(연평균 일교통량, 대/일)×Kd

· K값은 도로시설물 설계시에 첨두시간 교통량을 설계에 반영하기 위해 도입된 개념[8]

· Kd : K 값과 동일한 값이나, 야간계수와 구분하기 위해 편의상 표기

(3) 22:00~06:00 시간대의 야간 설계시간교통량 산정은 인근 도로 특성에서 조사된 야간 첨두시간대(대부분 22:00~23:00)의 점유 비율(Kn)을 이용하여 다음과 같이 산출한다.

야간 설계시간교통량(대/시/양방향) = AADT(연평균 일교통량, 대/일)×Kn

· Kn : 야간 첨두시간대의 점유 비율

다) 주행속도

주행속도는 도로의 설계속도를 적용한다.

---

8) 국토해양부, 2000.3, 도로의 구조·시설기준에 관한 규칙 해설 및 지침

◇ 건설소음의 예측(출처 : 한국도로공사, 2008, 고속도로 환경영향평가 가이드라인)

건설소음의 경우 투입장비의 실측소음도를 합성한 후 합성소음도를 이격거리에 따른 점음원 감쇠 및 지형장애물에 따른 회절감쇠를 적용하여 산정한다. 투입장비의 합성소음은 [표 3-16]의 예시를 참고하여 산정할 수 있다.

1) 합성소음도 산출식

$$SPL = 10\log(10^{SPL1/10} \times N_1 + \cdots + 10^{SPL1/10} \times N_i)i$$

SPL : 합성소음도(dB(A))

$SPL_{1}, \cdots, SPL_i$: 음원의 발생소음도(dB(A))

$N_{1}, \cdots, N_i$: 발생소음원의 투입대수

2) 점음원의 거리감쇠식

$$SPL = SPL_0 - 20\log\left(\frac{r}{r_0}\right)(dB(A))$$

SPL : 예측지점(r)에서의 소음도(dB(A))

SPL_0 : r_0 지점에서의 소음도(dB(A))

r_0 : 소음원에서 기준지점까지의 거리(15m)

r : 소음원에서 예측지점까지의 거리(m)

3) 지형장애물에 의한 회절감쇠식

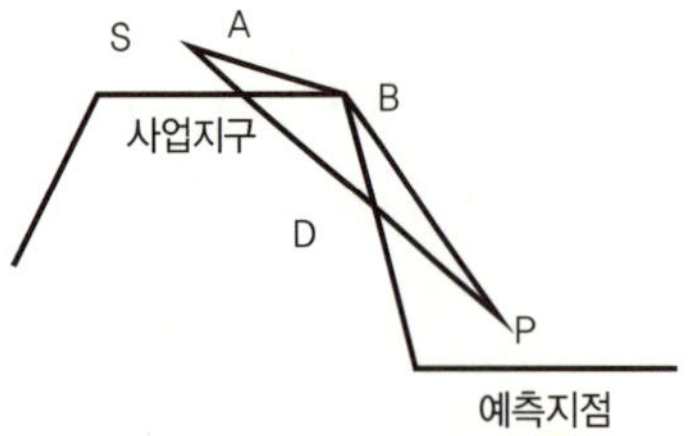

성 토 부

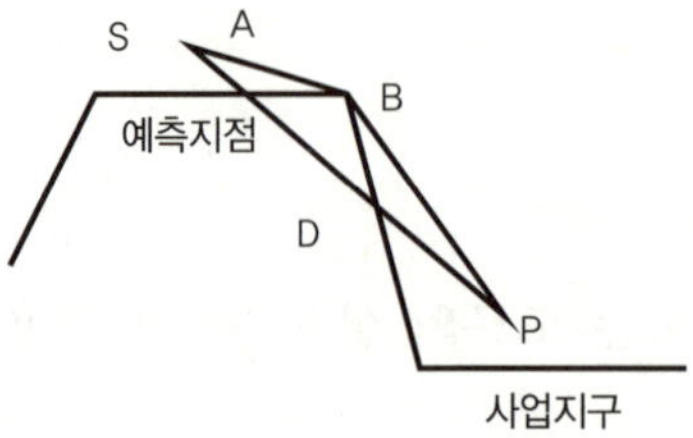

절 토 부

$$\delta = A + B - D$$

ΔD : 회절감쇠치(dB)

$$-0.2 \le \delta <: \Delta D = -\log(-\delta)$$

$$\delta = 0 : \Delta D = 3$$

$$0 < \delta \le 0.2 : \Delta D = 15.5 + 10\log(\sqrt{1.2\delta} \,/\, 2\tanh 10\sqrt{\delta}$$

$$0.2 < \delta \le 2 : \Delta D = 12 + 20\log(\sqrt{2\pi\delta} \,/\, 2\tanh\sqrt{1.2\pi\delta}$$

$$2 < \delta \le 14 : \Delta D = 14 + 12\log(\sqrt{0.5\pi\delta} \,/\, \tanh\sqrt{1.2\pi\delta}$$

$$\delta > 14 : \Delta D = 22$$

[표 3-16] 공사 시 장비투입 계획 및 합성소음 산정 사례

구 분		투입장비	동력(HP)	투입 대수(대)	대 당 소음도	합 성 소음도	비고(가동상태)
토 공(절·성토 다짐)		백호	280이상		76.5		작업중
		덤프트럭	–		74.9		작업중
		그레이더	120~170		72.7		작업중
		진동 로울러	75이상		74.8		작업중
구조물공	항타	유압식 항타기	–		89.2		작업중
		유압식 스크류 오거(SPI 공법)	–		78.2		천공후항타시 적용(작업중)
	콘크리트타설	콘크리트 펌프카	305~340		73.5		작업중
		레미콘 트럭	–		74.9		덤프트럭 적용
포장공(콘크리트 포장)		콘크리트 피니셔	–		76.9		작업중
		콘크리트 펌프카	305~340		73.5		작업중
		레미콘 트럭	–		74.9		덤프트럭 적용
B/P장		구조물용 B/P	75~140		65.9		콘크리트 크러셔 적용
		콘크리트 믹서	320		653.5		작업중
		콘크리트 펌프카	305~340		73.5		작업중
C/R장		쇄석기			88.7		브레이커 적용
		덤프트럭	–		74.9		작업중
		백호	280이상		76.5		작업중
토취장		백호	280이상		76.5		작업중
		덤프트럭	–		74.9		작업중

[출처] 국립환경연구원, 2003, 건설기계류 소음특성, 장비의 실 투입대수에 따라 음의 합성공식에 의해 산정

◈ 건설진동의 예측(출처 : 고속도로 환경영향평가 가이드라인, 한국도로공사, 2008)

도로에 있어 진동에 문제되는 부분은 공용중인 도로의 진동보다는 건설중의 진동에서 나타나며, 건설중의 진동은 크게 항타에 의한 진동과 발파에 의한 진동으로 대별된다. 진동은 진동속도로 평가하기 때문에 충격에너지와 이격거리를 연관시켜 나타내는 것이 일반적이다.

1) 항타진동

항타진동 예측에 사용되는 일반화된 식은 아래와 같다.

$$v = K\left(\frac{D}{\sqrt{E}}\right)^n = K\left(\frac{D}{\sqrt{Wh}}\right)^n$$

v : 진동속도(mm/s)
D : 충격원으로부터 거리(m)
W : 물체의 중량(ton)
h : 낙하높이(m)
E : 해머에너지(kN·m)

다만, 그 사용에 있어서는 지반조건에 따라 다양하게 K값과 n값을 적용하고 있다. 항타진동 예측식 적용 사례들은 [표 3-17]과 같다.

2) 발파진동

발파진동의 예측은 기본적으로 항타진동과 유사한 예측식을 사용하며 아래와 같다.

$$v = K\left(\frac{D}{W^b}\right)^n$$

v : 진동속도(cm/sec, kine)
K : 발파진동 상수(12~550)
b : 장약지수(1/2, 1/3)
W : 지발당 장약량(kg/delay)
D : 폭원으로부터 이격거리(m)
n : 감쇠지수(−1.0838 ~ −2.346)

거리와 지발당 장약량의 비 D/W^b를 환산거리(Scaled Distance, SD)라 하며, b=1/2이면 자승근 환산거리, b=1/3이면 삼승근 환산거리라 한다. 위 식은 환산거리가 아주 작은 경우 즉 근접발파에 유용한 식이며 일반적으로 짧은 거리에서는 삼승근이, 먼 거리에서는 자승근이 더욱 잘 맞는 것으로 알려져 있다. 발파진동속도를 예측하기 위해서는 반드시 시험발파를 실시하여 K, n값을 구해야 한다. 이 값을 구하는 방법은 다음과 같이 log를 취하여 구한다.

$$\log v = \log K - n \log SD$$

위 식을 일차 회귀분석하거나 양대수지(log-log paper)에 측정 결과를 표시하면 절편(logK)과 기울기(n)로부터 K, n을 구할 수 있다.

[표 3-17] 항타진동 예측식의 적용 사례

조건	성분	진동속도 예측식(cm/s)	조건	성분	진동속도 예측식(cm/s)
흙, 원추형추	수평 (세로)	$v = 0.0324(\frac{D}{\sqrt{E}})^{-1.10}$	흙, 원추형추	수평 (세로)	$v = 0.0317(\frac{D}{\sqrt{E}})^{-0.99}$
	수직	$v = 0.0312(\frac{D}{\sqrt{E}})^{-0.99}$		수직	$v = 0.0388(\frac{D}{\sqrt{E}})^{-0.88}$
	수평 (가로)	$v = 0.0220(\frac{D}{\sqrt{E}})^{-0.66}$		수평 (가로)	$v = 0.0150(\frac{D}{\sqrt{E}})^{-0.83}$
	벡타 합	$v = 0.0514(\frac{D}{\sqrt{E}})^{-1.01}$		벡타 합	$v = 0.0557(\frac{D}{\sqrt{E}})^{-0.89}$
콘크리트, 원추형추	수평 (세로)	$v = 0.0100(\frac{D}{\sqrt{E}})^{-2.1}$	콘크리트, 원추형추	수평 (세로)	$v = 0.0138(\frac{D}{\sqrt{E}})^{-1.76}$
	수직	$v = 0.0073(\frac{D}{\sqrt{E}})^{-2.95}$		수직	$v = 0.0115(\frac{D}{\sqrt{E}})^{-2.42}$
	수평 (가로)	$v = 0.0074(\frac{D}{\sqrt{E}})^{-1.94}$		수평 (가로)	$v = 0.0094(\frac{D}{\sqrt{E}})^{-1.73}$
	벡타 합	$v = 0.0110(\frac{D}{\sqrt{E}})^{-2.77}$		벡타 합	$v = 0.0177(\frac{D}{\sqrt{E}})^{-2.25}$

[출처] 김재수, 2008, 소음진동학

3.2.2 소음·진동 저감방안

도로에 있어 소음 저감방안은 크게 도로소음과 건설소음에 대한 것으로 나눌 수 있고, 진동 저감방안은 항타진동과 발파진동에 대한 것으로 구분할 수 있다. 여기서는 앞에서 나누어 구분한 네 가지의 소음·진동에 대한 저감방안을 살펴보고자 한다.

◇ 도로소음 저감방안

도로소음은 소음원에 대한 통제가 어려워 발생소음을 줄이는 방법은 극히 제한적인데, 방음터널, 방음벽, 방음둑, 방음림 등 방음시설에 의한 저감방안이 주로 사용되며, 열거한 순서대로 소음저감 효과가 크다고 볼 수 있다. 다만, 방음시설 설치 전에 대상구간의 도로가 구조적으로 방음시설 설치를 수용할 수 있는지 여부를 먼저 고려하여야 한다. 이 외에 소음원(수음점)에 대한 저감방안도 일부 사용되고 있으며, 도로소음에 대한 저감방안을 분류하면 [표 3-18]과 같다.

[표 3-18] 도로소음 저감방안 사례

도로소음 저감방안	주 요 사 례	비고
방음시설에 의한 저감방안	방음벽, 방음터널, 방음뚝, 방음림	
소음원에 대한 저감방안	저소음포장	
수음점에서 저감방안	세대별 방음시설, 방음창, 건물의 직각배치, 층고제한	

1) 방음시설에 의한 저감방안

도로소음에 대한 방음시설의 저감효과는 회절감쇠치, 투과손실치 및 방음시설 자체의 흡음감쇠로 이루어지며 [그림 3-5]와 같이 이해할 수 있다.

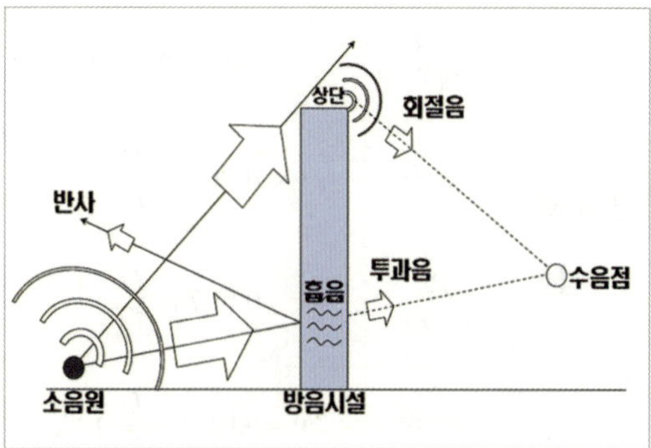

[그림 3-5] 방음시설의 감음효과

방음시설 상단에서 음의 회절효과로 회절 감쇠가 일어나게 되며, 경로차가 클수록 감쇠량이 커지게 되므로 방음시설의 위치가 소음점 또는 수음점에 가까울수록 효과면에서 유리하다.

방음시설의 투과음은 투과되는 재료의 재질에 따라 달라지게 되며 방음재료의 강성이 클수록 투과음 감쇠가 크다. 일반적으로 사용되는 방음판의 투과손실은 KS에서 그 최소값을 규정하고 있으며 500㎐에서 25㏈ 이상, 1,000㎐에서 30㏈ 이상의 투과음 손실을 표준으로 하고 있다.

방음시설의 흡음은 흡음 재료를 사용함으로서 초과 감쇠가 발생되는 것으로서 방음판이 사용되는 경우 KS에서는 그 흡음 효과를 흡음 계수로 표현하며 0과 1사이의 값을 갖는다. 흡음계수 0은 전혀 흡음효과가 없이 모든 음을 반사함을 의미하며 1은 반대로 반사되는 음이 없음을 의미한다. KS에서 정한 흡음형 방음판의 흡음계수는 0.7을 표준으로 하고 있으며, 이는 5㏈ 내외의 소음이 흡수되는 효과로 볼 수 있다.

가) 방음벽에 의한 저감방안

방음벽은 소음원으로부터 발생되는 소음의 전달경로를 길게 하여 회절감쇠에 의한 저감효과가 발생되도록 한 것으로, 투과소음 감쇠치보다 회절소음에 지배적인 영향을 받게 되는 구조이다. 따라서 방음벽 설치 시에는 방음벽의 높이나 소음원에서 방음벽까지의 이격거리가 소음저감 효과에 영향을 미치게 된다.

방음벽으로 도로변 고층건물에 대한 소음을 저감하고자 할 경우, 수직고가 높은 방음벽이 필요해 설치가 곤란한 경우가 발생된다. 따라서, 고층의 소음원에 대해서는 도로로부터 수음원까지 적정한 이격거리가 확보되어야 소음저감 목적을 달성할 수 있다.

[표 3-19] 효과적인 방음벽 높이 산정

<table>
<tr><th>경제성 측면</th><th>소음저감 성능(회절음) 측면</th></tr>
<tr><td>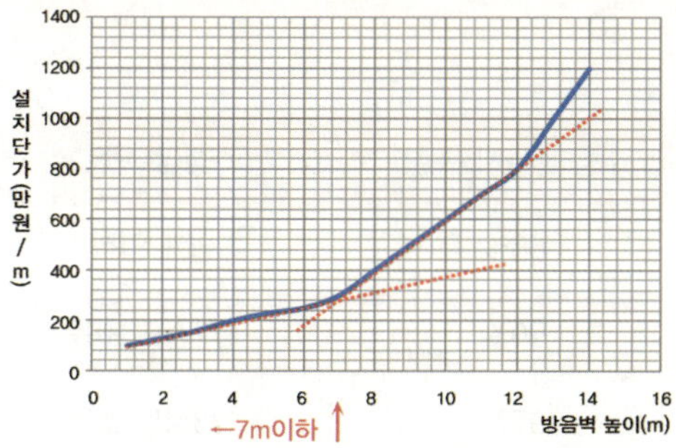
</td><td>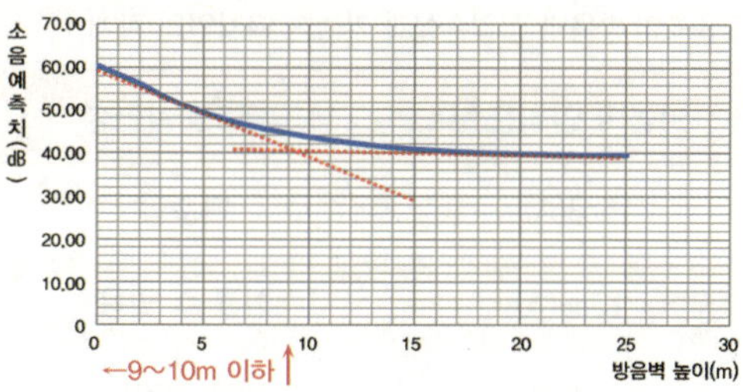
</td></tr>
<tr><td>7m 이상부터 급격한 단가상승 발생</td><td>9~10m 이후 소음저감성능 저하</td></tr>
</table>

[출처] 예측프로그램 : HW-NOISE (수음점은 도로보다 1.5m 높다고 가정)

방음벽의 설치비용과 회절소음의 저감효과를 고려한 적정 방음시설의 규모는 [표 3-19]에서 보는 바와 같이 높이 7m이하로 볼 수 있으나, 방음벽의 소음저감 성능 측면에서는 10m 방음벽이 가장 효과적인 것을 알 수 있다. 이는 수음점의 높이에 따라 그 효과가 변동됨에 유의하여야 하며, 여기서는 평균적인 경우로서 소음점과 수음점이 동일한 높이에 있다고 가정한 경우이다.

또한 10m 방음벽으로 도로 환경기준(주간 65㏈, 야간 55㏈)을 만족할 수 있는 적정 이격거리는 주택 층고에 비례하여 [그림 3-6]과 같이 예측되었다.

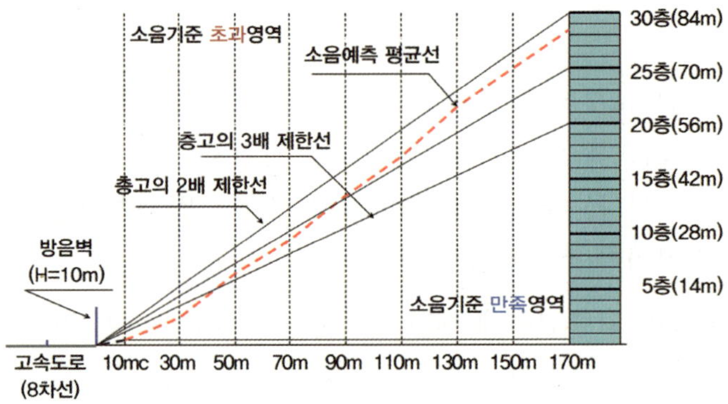

[그림 3-6] 차로수별 적정 이격거리 산정, 예측프로그램 : HW-NOISE

방음벽으로 기대할 수 있는 소음 저감 수준은 [표 3-20]과 같이 제시된 바 있으며 방음벽은 방음특성과 사용자재에 따라 [표 3-21]과 같이 구분할 수 있다. 그 중 반사형과 흡음형 방읍벽의 특징은 [표 3-22], [표 3-23]에 각각 나타내었다.

[표 3-20] 방음벽 삽입손실과 가능한 디자인의 관계

방음벽 삽입손실	디자인 실현성	소음에너지 손실	청감수준
5dB(A)	단순함	68%	쉽게 인식
10dB(A)	이룰 수 있음	90%	1/2정도 소음
15dB(A)	매우 어려움	97%	1/3정도 소음
20dB(A)	거의 불가능함	99%	1/4정도 소음

[출처] FHWA(Federal Highway Administration) : Highway Noise Barrier Design HandBook

[표 3-21] 방음특성에 따른 구분

분류	특징
반사형	■ 벽면에서 음파가 대부분 반사하는 방음벽
흡음형	■ 벽면에서 음파가 대부분 흡수되는 방음벽
간섭형	■ 벽면 또는 상단에서 입사음과 반사음이 간섭 및 감쇠되는 방음벽
공명형	■ 벽면의 구멍과 내부에 공동이 있어 공명에 의하여 감쇠되는 방음벽

한편, 방음벽은 주변 교통·도로표지판, 소화전 등 시설물 설치로 인한 개구부, 통로와 그 밖의 방음벽 아래부분 틈새 등으로 인하여 소음이 새나가게 되며, 그 영향과 예시를 [표 3-24] 및 [그림 3-7]에서 각각 제시하고 있다. 또한 [그림3-8]은 국내 고속도로의 틈새발생 사례를 보여주는 것으로 방음벽 설치 시 구멍이나 틈새로 인한 소음저감효과 감소가 없도록 유의하여야 한다.

[표 3-24] 틈새로 인한 투과손실치 감소량

틈이 차지하는 면적(%)	틈없는 방음벽의 주파수 500Hz에서의 투과손실치			
	10dB	15dB	20dB	25dB
	틈 발생시 투과손실치 감소량(dB)			
50	10+	15+	20+	25+
25	10	15	20	25
13	8	12	17	22
6	5	10	14	19
3	4	7	11	16
1.5	2	5	9	13
0.78	1	3	6	10
0.39	1	2	4	8
0.20	0	1	3	5
0.10	0	1	1	4
0.05	0	0	1	2

[출처] Government of the Hong Kong SAR Second Issue, 2003, Guidelines on Design of Noise Barriers

[표 3-22] 흡음형 방음벽의 특징

	외형(사진)	특징
금속형		■ 알루미늄형 – 가장 일반적으로 사용되며 내후성, 차음성이 뛰어남
		■ 강판형 – 알루미늄을 아연도강판 또는 도장강판으로 대체하여 디자인 다양화 – 시공중의 손상에 의한 녹발생 등 내후성 측면에서 알루미늄형과 대별됨
비금속형		■ 콘크리트형(다공형) – 방음판 표면의 공극에 의한 공명효과로 흡음의 성능을 가지고 있으나, 흡음재에 의한 일반 흡음판에 비해 효과가 떨어짐
		■ 합성수지형 – 알루미늄판을 대체하여 디자인 다양화 – 합성수지의 특성상 자외선에 의한 착색 손실 및 강도저하가 나타날 수 있어, 장기적 측면에서 대별됨

[표 3-23] 반사형 방음벽의 특징

	외형(사진)	특징
금속형		■ 강판형 – 과거 콘크리트 패널이 주를 이루었으나, 최근 디자인 다양화 측면에서 도장강판이 사용되고 있음
비금속형		■ 콘크리트형 – 전통적인 반사형 방음판으로 소음의 차단과 내후성에서 효과가 좋음
		■ 목재형 – 친환경소재 측면에서 사용이 증대되고 있음 – 최근 디자인 다양화의 영향으로 다양한 목재형 제품이 사용되고 있음
투명형		■ P.C형, 아크릴형, 접합유리형 – 일조권의 영향 또는 고소높이의 방음벽에서 운전자의 중압감을 일부 해소 – 황변에 대한 저항성은 일반적으로 접합 유리가 가장 우수하고 아크릴형, P.C형이 뒤를 이음
흡음투명형		■ 혼합형 – 방음판 자체에는 흡음성능이 없으나, 판을 구성하는 프레임에 흡음성능을 추가한 형태임 – 일조권의 영향 또는 고소높이의 방음벽에서 운전자의 중압감을 일부 해소

불 량	양 호

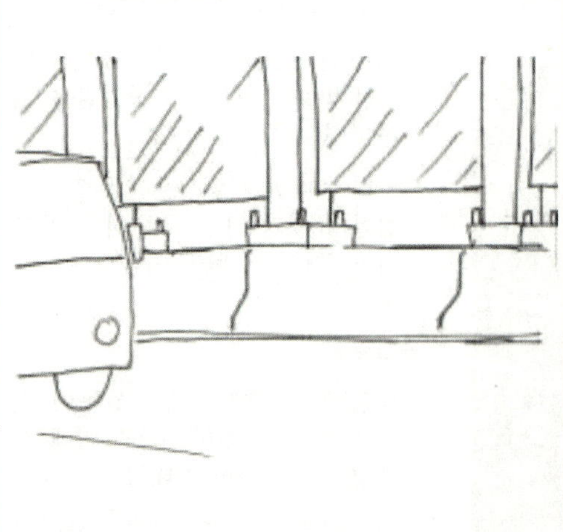	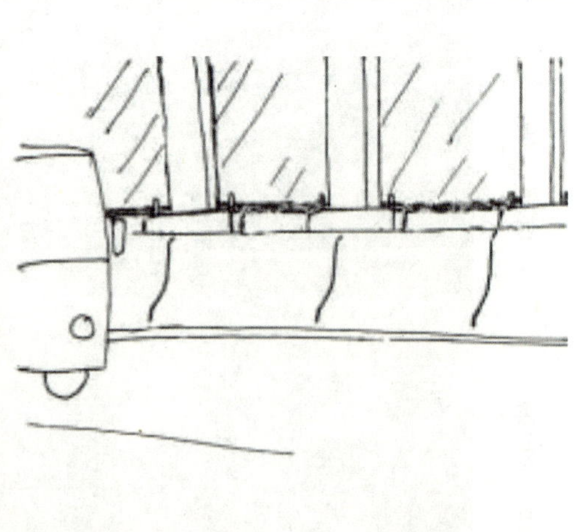

[그림 3-7] 틈새발생 예시

[출처] Government of the Hong Kong SAR Second Issue, 2003, Guidelines on Design of Noise Barriers

[그림 3-8] 고속도로의 틈새발생 사례

[출처] 한국도로공사, 2007, 고속도로 교통소음 저감대책 수립에 관한 용역

나) 방음터널에 의한 저감방안

방음터널은 소음원에 대한 밀폐형식으로서 방음벽만으로 충분한 소음저감을 기대할 수 없는 경우 적용을 고려할 수 있다. 회절에 의한 소음영향을 받지 않으므로 소음저감 효과가 크며, 전체적인 소음저감 성능은 20~25㏈ 정도로 기대하고 있다.

방음터널에서 주된 소음영향 인자는 일반적으로 입·출구측의 입사 소음영향이 투과소음 영향보다 더 크다고 볼 수 있다. [표 3-24]는 방음터널의 연장을 달리하여 입,출구부 입사음의 영향을 보여주는 사례이다.

[표 3-24] 방음터널 소음저감예측 사례

구분	방음터널 설치전	방음터널 설치 후 예측			비고
		L=600m	L=700m	L=800m	
소음값	78.2㏈	56.6㏈ (21.6㏈ 저감)	49.3㏈ (28.9㏈ 저감)	45.8㏈ (32.4㏈ 저감)	

[출처] 예측 프로그램 : EN-pro(상용프로그램)[9], 도로와 수음점 이격거리 : 40m

9) 도로교통, 건설공사장, 플랜트, 선박 등 환경소음의 모델링 구현하는 음향해석 프로그램

위 사례에서 보면 수음점이 소음원에 상당히 근접하였음에도 방음터널의 입·출구가 수음점으로부터 멀어질수록 소음저감 효과가 상당히 크게 나타내고 있어 투과소음의 영향보다는 입·출구측에서 입사되는 소음의 영향이 더 큼을 짐작할 수 있으며, 실제 예측에서 투과손실값을 30㏈ 수준에서 38㏈ 수준으로 향상시킨 경우에도 수음측에서는 별다른 개선효과가 나타나지 않음에 유의할 필요가 있다.

최근에는 도심의 확장, 신도시 개발 등으로 도로와 주택의 거리가 가까워져 방음터널로 채택되는 경우가 늘고 있으며, 이에 대하여 큰 소음저감 효과를 기대할 수 있으나, 대규모의 시설물로서 공사비용이 증가되고 교통안전 측면에서도 문제가 있어 적용에 신중을 기할 필요가 있다.

방음터널 자재는 방음벽에 사용되는 것과 동일하며, 형상은 경우에 따라 반터널형으로 시공되는 경우도 있다. [그림 3-9]는 국내의 방음터널 설치 사례이다.

[그림 3-9] 방음터널 설치사례

다) 방음둑에 의한 저감방안

방음둑은 통상 사다리꼴 형태로서 방음림 또는 조경수가 함께 설치되어 주변 경관과 조화가 좋은 반면, 설치를 위해 충분한 공간이 필요하다는 제약이 있다. 도시내에서는 도로와 주거지역의 경계에 완충 녹지를 두고 있어 높이 3~5m 가량의 방음둑 조성이 가능하나 성토지형이 많은 지방지역의 도로 등에서는 적용성이 낮은 특성이 있다.

[그림 3-10]과 같이 방음둑은 사다리꼴 형식을 취함으로서 방음벽과 달리 2개의 접점을 가지게 되어 2회의 회절 감쇠효과가 발생되며, 상부에 일정한 폭을 형성하고 있어 소음의 전달경로도 길어지는 효과를 가지고 있다.

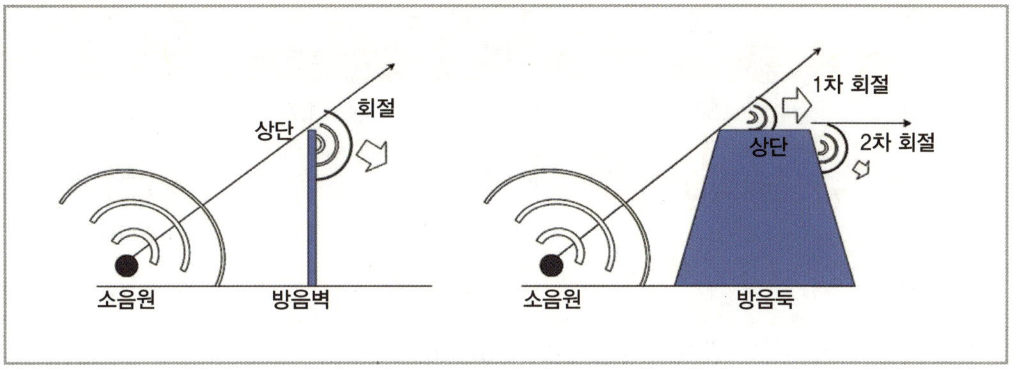

[그림 3-10] 방음벽과 방음둑의 회절효과

따라서 같은 높이의 방음벽과 방음둑에서는 방음둑의 소음저감 성능이 더 좋다고 볼 수 있다. 이러한 다중회절 효과를 이용하여 방음벽을 다양화한 경우도 있으며 방음벽 상단을 Y형 또는 T형으로 한 경우를 볼 수 있다.

다만, 방음둑은 설치 시 부지가 많이 필요하고 부지폭에 따라 높이에 한계가 있어 다양한 적용이 어렵다.

라) 방음림에 의한 저감방안

방음림은 수목의 종류와 조성 및 성장단계에 따라 그 효과가 달라지며, 수목의 성장한계를 고려할 때 고층주택에서는 소음저감의 효과가 상실되는 특성이 있다. 일반적으로 수림지역이 50~100m폭으로 관목이 무성한 경우 5~10㏈의 소음저감효과가 있는 것으로 알려져 있다.

방음림은 차단효과는 적지만 소음감쇠라고 하는 물리적 완충효과 외에 심리적 압박감을 완화시켜주는 효과가 크다. 방음림의 영향 특성 및 조경 효과는 다른 인위적인 도로교통소음 차단시설과 비교할 때 자연경관 및 인간의 정서에 좋은 영향을 미치고, 소음감쇠 효과뿐만 아니라 건축 계획면에 있어서 도로와 건축물 사이의 완충지대로 이용되기도 한다.

방음림에 의한 차음효과는 수폭뿐 아니라 수종, 수고, 밀식도 등을 복합적으로 고려하여야 하며, 대략적 차음 효과는 [표 3-25]에서 알 수 있듯이 10m 수폭에서 1㏈ 정도이다. 방음림과 방음둑의 적용 예시는 [그림 3-11]과 같다.

[표 3-25] 방음림의 차음효과

구분	수폭	실측 차음량(㏈(A))		비고
		범위	평균	
1	30	1.1~2.0	1.7	낙엽수, 밀식
2	15	1.2~1.3	1.3	상록수, 밀식
3	17	1.8~3.4	1.6	상록수, 밀식
4	17	1.8~3.3	2.7	상록수, 밀식

[출처] 국립환경과학원, 1992, 사업장 소음의 방지 대책에 관한 연구

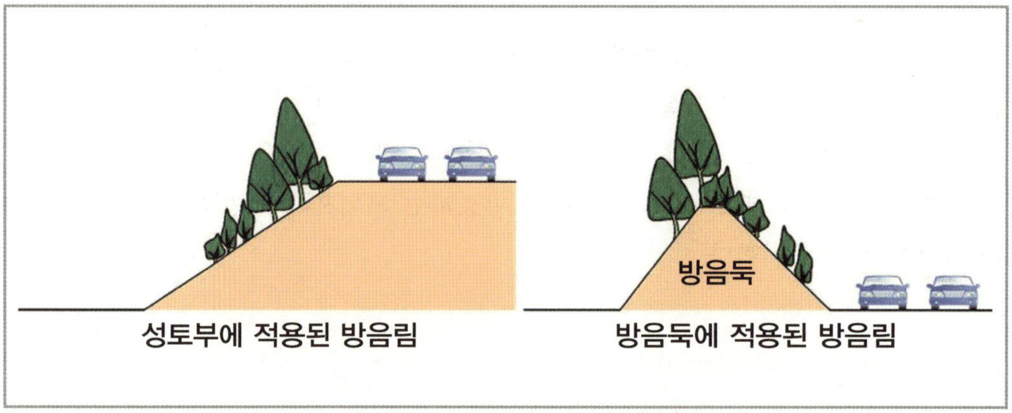

[그림 3-11] 방음림과 방음둑의 적용

2) 소음원에 대한 저감방안

근본적으로 도로소음 자체를 줄이기 위한 소음원에 대한 저감방안에는 교통량 조절, 주행속도 조절, 노선 이설 등의 방법을 생각할 수 있으나 현실적이지 못하므로 차량 주행에 따른 포장면 마찰소음을 줄이는 방안이 주로 활용되고 있다. 도로 포장면 상태에 따른 소음저감 효과는 [표 3-26]과 같다.

[표 3-26] 고속도로 갓길에서 측정한 포장 종류별 3개년 평균 소음도(dB(A))

구분	2006년	2007년	2008년
배수성(저소음) 포장	79.2	78.9	79.4
SMA13 포장	80.5	81.1	81.4
일반 아스팔트 포장	83.1	82.2	82.9
콘크리트 마이크로 그루빙	83.8	84	-
콘크리트 포장	86.9	87.3	87

[출처] 한국도로공사

여기서 저소음 포장은 약 20%의 공극을 갖는 갭입도 아스팔트 혼합물로서 차량 주행시 발생하는 소음을 포장체의 공극에 의해 감소시키게 된다. 또한 콘크리트 포장에 적용되는 마이크로 그루빙 역시 타이어와 포장 접지면에 미세한 요철면 공극을 형성함으로서 소음을 저감시키게 된다. 다만, 포장개량의 효과는 공용연수가 경과됨에 따라 그 효과가 감소하게 되므로 영구적인 방법으로 보기 어려운 단점이 있다.

3) 수음점에 대한 저감방안

가) 세대별 방음시설에 의한 저감방안

일반적으로 도로에 설치하는 방음벽은 높이에 한계가 있어 고층주택의 소음저감을 하지 못하는 경우가 발생되며 이러한 경우 주택의 발코니 및 창틀 외측에 경사형으로 소음전파경로를 차단하는 장치를 사용할 수 있다. 세대별 방음시설의 설치사례에서 소음저감 효과가 있는 것으로 알려져 있으나, 입주민의 동의가 필요한 시설이다. [그림 3-12]는 세대별 방음시설의 설치사례이다.

[그림 3-12] 세대별 방음시설 설치사례

[출처] (주)강력기술사사무소

나) 방음창에 의한 저감방안

방음창은 실내소음기준을 적용할 경우 사용하는 모든 형태의 창호를 말하며, 충분한 환기시설이 요구된다. 다만 실내소음의 적용은 일반주택의 경우 창호를 개방할 수 있는 자유가 억제될 우려가 있어 다른 주택과 불평등을 유발할 수 있다. [그림 3-13]은 방음창 설치사례이다.

일반적인 창호의 투과소음 저감 효과는 대략 30~40㏈ 수준이며 창호에 사용되는 유리의 구조와 두께에 따라 약간의 차이가 있다. 일반창호에 사용되는 유리의 두께별, 구조별 투과소음의 저감 효과는 [표 3-27]와 같다.

[그림 3-13] 방음창 설치사례

[표 3-27] 창호의 투과소음 저감성능

구분 (주파수 대역)	창호			
	단판유리(5㎜)	단판유리(6㎜)	복층유리(10㎜)	복층유리(12㎜)
1,000㎐의 투과소음 저감치	32.6 ㏈	32.9 ㏈	33.5 ㏈	35.1 ㏈

[출처] 환경부·한국도로공사, 2009, 방음시설 성능 및 설치기준 마련 연구

다) 주택의 배치방법에 의한 저감방안

수음점(주택)이 계획단계에 있는 경우 효과적인 방음대책이 될 수 있으며, 소음원으로부터 이격거리를 확보함으로서 소음저감 효과를 얻을 수 있다. 이격거리에 의한 소음저감 효과는 도로소음과 같이 선음원인 경우 거리 d(m)만큼 떨어진 장소의 음압레벨 감소량을 아래 식에 의해 쉽게 구할 수 있다.

$$SPL\text{-}SPL_0(\text{소음감소값}) = 10log(\frac{d}{d_0})$$

위 식을 전개하면 [표 3-29]와 같은 결과를 얻을 수 있으며 거리가 2배 증가할 때마다 3㏈씩 감소됨을 알 수 있다.

[표 3-28] 거리별 소음감소량

구분	소음원에서 1m 지점에서 추가 이격거리(m)				
	10	20	40	80	160
소음감소량 (㏈)	10	13	16	19	22

따라서 소음점의 발생음압으로부터 목표소음에 도달할 수 있는 거리를 산정할 수 있으므로 적정 이격거리를 확보하여 소음의 피해를 줄일 수 있게 된다.

또한, 수음점(주택) 배치 방향에 따른 소음저감 효과를 기대할 수도 있다. 주택을 소음원에 90°전환할 경우 실험적으로 약 1~2㏈의 소음저감 효과가 있는 것으로 알려져 있다(한국토지공사. 2002.12, 단지내 도로교통소음 예측 및 개선에 관한 연구).

◈ 건설소음 저감방안

건설소음은 도로교통소음과 달리 일시적이고, 소음원의 조절·통제가 가능하여 주로 소음원에 대한 방안을 수립하게 되며, 저감목표를 달성하기 곤란한 경우 가설방음벽 등의 방음시설을 계획하게 된다. 건설소음의 저감방안 계획은 [그림 3-14]의 순서를 따른다.

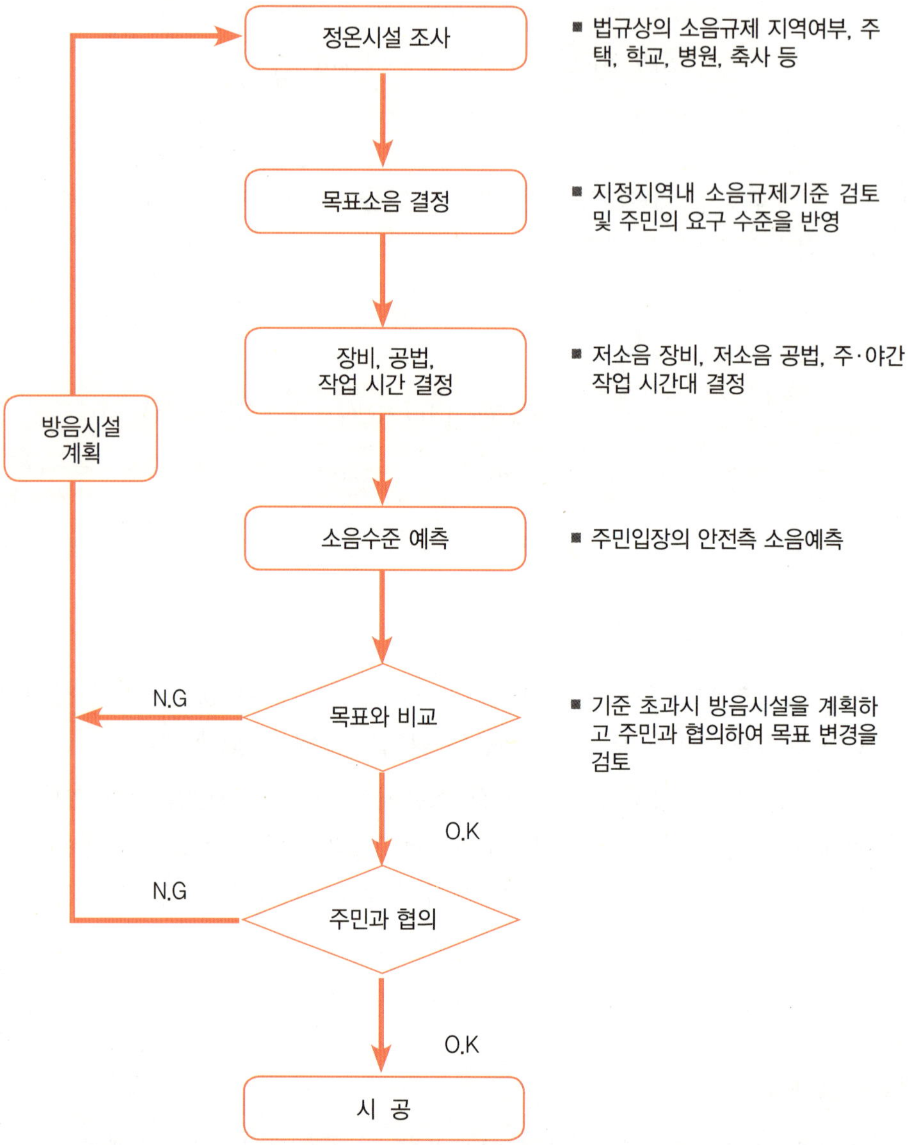

[그림 3-14] 건설소음 저감방안 흐름도

1) 가설방음벽에 의한 저감방안

작업 시간 고려, 공정변경 및 저소음·저진동 장비로 교체 등의 대책만으로 기준치를 만족시키지 못할 경우 소음진동의 영향을 최소화하기 위해 가설방음판넬을 설치하게 되며 가설방음벽의 소음저감치와 규모산정 및 설치기준은 소음·진동관리법 시행규칙 [별표 8의 2]에서 자세히 설명하고 있다.

2) 건설 소음원에 대한 저감방안

항타에 대한 소음저감 방안으로는 항타작업 시 소음·진동의 영향이 큰 유압이나 디젤해머와 같은 타입식 공법이 아닌 매입공법(어스오거)을 적용하는 것이 일반적이며, 이 책 "건설진동 저감방안"에서 보다 자세히 설명하고자 한다. 여기서는 발파소음저감 방안에 대해서만 간략히 소개하도록 하며 주요 내용은 [표 3-29]와 같다.

[표 3-29] 발파소음·진동 저감방안

가) 장약량을 줄이거나 저소음·진동발파공법을 택하여 발파에 의한 피해를 최소화한다.

나) 추후 발파소음·진동전문가 또는 전문기관(총포화약안전기술협회 또는 한국화약기술사회 화약전문분회 등)의 자문에 의해 시험발파를 반드시 실시토록 하고 시험발파결과에 따라 진동예측식을 결정하여 소음·진동 규제기준에 만족하는 장약량 및 발파공법 등의 적합한 발파패턴을 선정토록 한다.

다) Bench높이를 줄이거나 천공 지름을 작게 하는 등의 방법을 통해 가능한 지발당 장약량을 감소시키고 지발발파를 실시한다.

라) 온도나 바람 등의 기후조건이 인근 구조물 내 발파풍압의 집중을 초래할 가능성이 있는 경우에는 발파를 연기한다.

마) 전색효과가 좋은 전색물을 사용하여 비산과 발파소음을 제어(전색은 최소한 2m이상 또는 저항선 이상 실시)한다.

바) 자유면을 최대한 활용하도록 발파공법을 선택하며 기폭방법은 정기폭보다 역기폭을 실시하고 사전통보와 발파경보 발행 등으로 주민의 인지도를 높여 발파에 의한 피해를 최소화한다.

사) 발파 실시 전 발파구간 주위에 암파쇄 방호벽을 설치하여 발파 시의 소음 및 파편으로 인한 피해를 줄이도록 계획한다.

아) 매 발파시마다 소음·진동 계측 상황 및 단위 구역별 발파 상황을 발파일지에 정확하게 기록·보전한다.

건설진동 저감방안

건설진동 저감방안은 저감시설을 마련하는 방법보다는 진동원을 제어하는 방법을 쓰게 된다. 건설진동에 가장 큰 원인이 되는 것에는 발파진동과 항타진동이 있으나 발파진동은 뒤에서 보다 자세히 다루기로 하고 여기서는 항타진동에 대한 저감대책을 간략히 소개하고자 한다. 기성말뚝 사용 시 가장 많이 사용되는 저감공법들의 종류 및 특성은 [그림 3-15]와 같다.

[그림 3-15] 기성말뚝의 항타진동 저감공법의 종류와 특성

<table>
<tr><th rowspan="3">구분</th><th colspan="2">선굴착 말뚝매입 공법</th></tr>
<tr><th>Casing 미사용 선굴착 공법</th><th>Casing 보호 선굴착공법</th></tr>
<tr><th>SIP(Soil Cement Injected Pile)</th><th>SDA(Separated Doughnut Auger)</th></tr>
<tr><td rowspan="2">시공순서</td><td>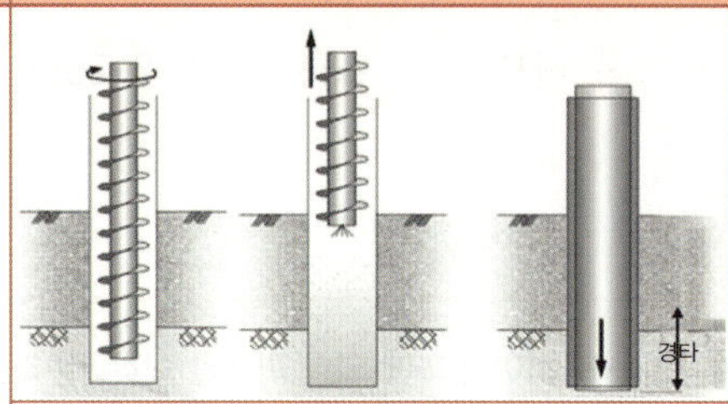
</td><td>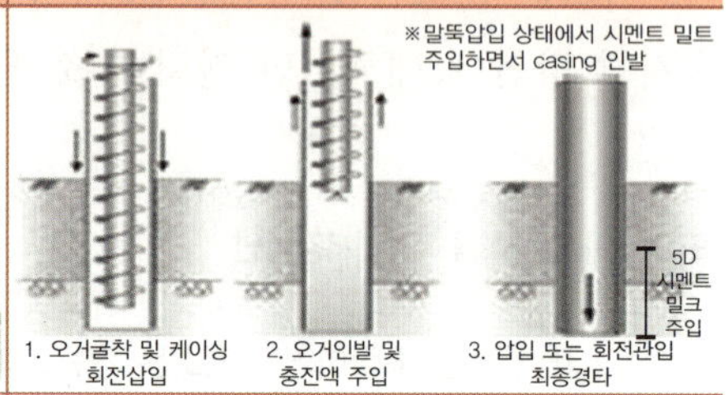
</td></tr>
<tr><td>1. 오거굴착
2. 오거인발 및 충진액 주입
3. 말뚝근입 및 경타</td><td>1. 굴착 및 케이싱 삽입(Auger 천공)
2. 오거인발 및 충진액 주입
3. 케이싱인발, 말뚝삽입 및 최종경타</td></tr>
<tr><td>공법개요</td><td>■ 오거장비를 사용 지지층까지 선굴착
■ 시멘트 페이스트 등 주면 고결액을 주입 후 말뚝을 자중에 의해 관입
■ 햄머로 최종 경타</td><td>■ 내부 오거와 외부 Casing을 이용 굴착
■ 1차 시멘트밀크 주입후 오거인발 및 말뚝관입
■ 2차 시멘트밀크 주입후 케이싱 인발</td></tr>
</table>

<table>
<tr><th rowspan="3">구분</th><th>선굴착 말뚝매입 공법</th><th rowspan="2">강관 내부굴착말뚝공법</th></tr>
<tr><th>Casing 보호 선굴착공법</th></tr>
<tr><th>Auger – T4 공법</th><th>PRD(Percussion Rotary Drill)</th></tr>
<tr><td rowspan="2">시공순서</td><td>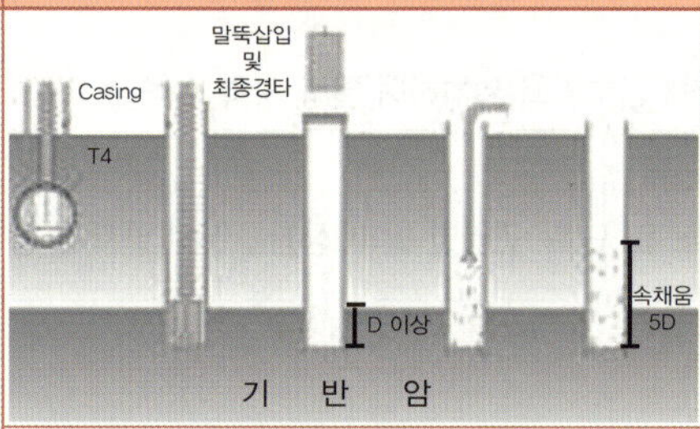
</td><td>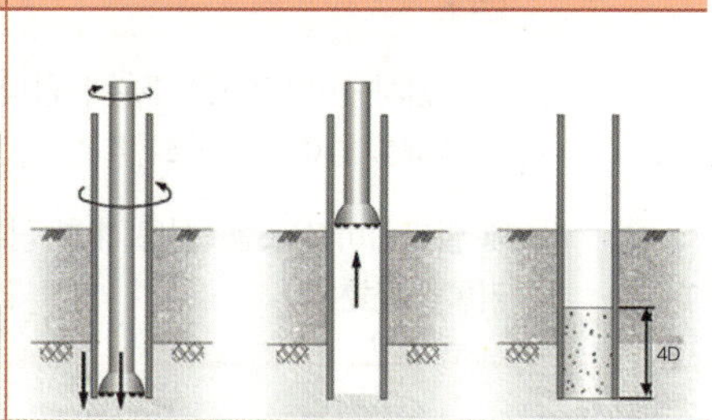
</td></tr>
<tr><td>1. 케이싱 삽입 및 T4 굴착
2. 말뚝 삽입, 최종 경타
3. 콘크리트 속채움</td><td>1. 천공 및 말뚝 회전삽입
2. 천공 Rod 인발
3. 선단부 콘크리트 채움</td></tr>
<tr><td>공법개요</td><td>■ 오거굴착이 어려운 경우 오거 선단에 T4를 부착하여 굴착 : 오거+T4 병행
■ T4 굴착시 고압 Air(2.0MPa 내외) 사용으로 선단지반이 교란되므로 최종 경타</td><td>■ 상호역회전하는 내측 Shaft와 외측 강관말뚝을 이용하여 굴착
■ 저압 Air(1.0MPa 내외)를 이용 강관 내부를 굴착 배토</td></tr>
</table>

발파진동 저감방안

1) 암발파 공법 검토

설계단계에서 발파지점의 인근 지장물과 이격거리를 면밀하게 조사한 후 발파진동의 허용기준치를 설정하고 설계발파진동 추정식에 의해 이격거리별로 [표3-30]과 같이 6가지 TYPE의 표준발파패턴에 의거 설계를 실시한다.

시공단계에서는 현장의 암반지질 및 지형조건 등에 따라 발파진동 추정식이 변화되므로 발파작업 착수 전에 시험발파를 실시하여 현장에 적합한 발파진동 추정식을 산출하고, 지발당 장약량에 의거 표준발파패턴에 대한 적용 이격거리를 보정하여 공사를 실시한다.

[표 3-30] 암발파 표준 패턴의 개요

<table>
<tr><th rowspan="2">종류</th><th rowspan="2">TYPE I
미진동 굴착공법</th><th rowspan="2">TYPE II
정밀진동 제어발파</th><th colspan="2">TYPE III · IV</th><th rowspan="2">TYPE V
일반발파</th><th rowspan="2">TYPE VI
대규모 발파</th></tr>
<tr><th>소규모</th><th>중규모</th></tr>
<tr><td>개요</td><td>보안물건 주변에서 TYPE II공법 이내 수준으로 진동을 저감시킬 수 있는 공법으로서 대형 브레이커로 2차 파쇄를 실시하는 공법</td><td>소량의 폭약으로 암반에 균열을 발생시킨 후, 대형 브레이커에 의한 2차 파쇄를 실시하는 공법</td><td colspan="2">발파영향권 내에 보안물건이 존재하는 경우 "시험발파" 결과에 의해 발파설계를 실시하여 규제기준을 준수할 수 있는 공법</td><td>1공당 최대 장약량이 발파 규제기준을 충족시킬 수 있을만큼 보안물건과 이격된 영역에 대해 적용하는 공법</td><td>발파영향권 내에 보안물건이 전혀 존재하지 않는 산간 오지 등에서 발파효율 만을 고려하는 공법</td></tr>
</table>

2) 설계 발파진동 추정식

발파진동식은 시험발파 등을 통하여 결정되는 것이나 설계단계에서는 이러한 절차수행에는 무리가 있으므로 효율적인 설계추진을 위하여 진동예측을 위한 기준 진동추정식의 결정이 필요하다.

설계단계에서 예비검토를 위한 추정식은 국내 암발파 관련 저서 등에서 미광무식으로 k=160, n=−1.6 상수를 널리 적용하고 있으나, 고속도로 건설시에는 "도로공사 노천발파 설계·시공 지침(2006.12 건설교통부)"의 규정에 따라 다음과 같이 발파 진동식을 적용하고 있다.

$$V = 200\left(\frac{D}{\sqrt{W}}\right)^{-1.6}$$

V : 예상진동속도(cm/sec)

D : 폭원에서의 이격거리(m)

W : 지발당 장약량(kg/delay)

발파설계의 흐름도는 [그림 3-16]과 같다.

보안 시설물에 대한 진동, 폭음 허용기준치 설정 (3-1절 [표3-11] 참고)

가축:0.1cm/sec, 유적문화재:0.2cm/sec, 주택아파트:0.3~0.5cm/sec
철근콘크리트 및 공장:1.0~5.0cm/sec

↓

보안 시설물과 이격거리 ⇒ 사거리 기준

↓

보안 시설물과의 이격거리와 진동수준에 적합한 지발당장약량 산출

설계발파 진동추정식 $V = 200(D/W^{\frac{1}{2}})^{-1.6}$

↓

이격거리별 현장 적정 발파공법 선정

구분	발파법	진동허용기준(cm/sec)					
		V=0.1	V=0.2	V=0.3	V=0.5	V=1.0	V=5.0
I	미진동 굴착공법	40m까지	25m까지	20m까지	15m까지	5m까지	3m까지
II	정밀진동 제어발파	40~80m	25~50m	20~40m	15~30m	5~20m	3~7m
III	진동제어 (소규모)	80~140m	50~90m	40~70m	30~50m	21~30m	7~10m
IV	진동제어 (중규모)	140~260m	90~170m	70~130m	50~90m	30~60m	10~25m
V	일반발파	240~450m	170~290m	130~220m	90~160m	60~110m	25~40m
VI	대규모 발파	420m이상	290m이상	220m이상	160m이상	110m이상	40m이상

↓

시험발파 실시 및 분석

시험발파 계획서 작성
시험발파 실시 및 진동측정
현장발파진동 추정식 산출
이격거리별 지발당장약량 산출

→

발파설계(현장설계)

폭약의 종류 및 지발당장약량
뇌관의 종류 및 배열방법
이격거리에 따른 발파패턴 설계
발파공사 시방서 작성

→

공사실시

계측실시

[그림 3-16] 발파설계의 흐름도

3.3 소음·진동 피해분쟁 조정 및 사례

3.3.1 환경분쟁조정제도

개요

소음·진동 피해분쟁과 같은 환경분쟁은 주로 환경분쟁조정제도를 통하여 처리된다. 환경분쟁조정제도는 국민들이 생활 속에서 부딪히는 크고 작은 환경분쟁을 복잡한 소송절차를 통하지 않고 전문성을 가진 행정기관에서 신속히 해결하도록 하기 위해 마련된 제도이다.

환경분쟁을 민사소송으로 제기하는 경우, 피해자는 가해 행위와 피해 발생간의 인과관계를 입증해야 하고, 이 과정에서 법률 지식이 없는 일반인은 상당한 비용을 들여 변호사의 도움을 받아야 하는데 반해, 환경분쟁조정제도를 이용하는 경우에는 환경분쟁조정위원회에서 적은 비용으로 피해사실 입증을 대신해 주고, 절차도 간단하기 때문에 변호사의 도움 없이도 조정 절차를 진행할 수 있는 장점이 있다.

특성

환경피해는 환경오염의 영향이 사후에 나타나기 때문에 장기간 시간이 경과함에 따라 원인 상황의 변화 또는 소멸 등으로 피해 원인에 대한 명확한 인과관계 규명이 곤란한 경우가 많고 당시의 오염현상에 대한 재현이 불가능하다. 따라서 환경피해에 대하여 가해자가 부정하는 경우, 전문지식이 부족한 피해자가 인과관계를 입증한다는 것은 사실상 불가능하여 인과관계의 개연성만으로 피해사실을 인정하게 되는 경우가 많다. 또한 환경 피해 관련 소송에서는 가해자가 배출한 어떤 물질이 피해자에게 손해를 발생시킨 경우 가해자가 그 물질의 무해함을 입증하지 못하는 한 책임을 면할 수 없다고 판시하고 있으며, 환경정책기본법에서는 환경피해에 대하여 가해자의 무과실책임을 인정하는 것을 원칙으로 하기 때문에 행정규제기준의 준수만으로는 피해발생에 대한 책임이 면제되지 않는다.

분쟁처리기관

환경 분쟁을 처리하는 기관으로서 중앙환경분쟁조정위원회와 지방환경분쟁조정위원회가 있다.

중앙환경분쟁조정위원회는 신청금액이 1억원을 초과하는 분쟁의 재정, 국가 또는 지방자치단체를 당사자로 하는 분쟁의 재정·조정·알선, 2 이상의 시·도의 관할구역에 걸치는 분쟁의 재정·조정·알선 등의 업무를 관장한다.

지방환경분쟁조정위원회는 당해 시·도의 관할구역 안에서 발생한 분쟁의 조정사무 중 신청금액이 1억원 이하인 분쟁의 재정(다만, 일조방해, 통풍방해, 조망저해로 인한 분쟁의 재정을 제외함), 당해 시·도의 관할구역 안에서 발생한 분쟁의 조정사무 중 국가 또는 지방자치단체를 당사자로 하지 않는 분쟁의 조정·알선 등의 업무를 관장한다.

분쟁의 처리절차

환경분쟁조정의 종류와 내용은 [표 3-31]과 같으며, 분쟁조정절차는 [그림 3-17]과 같다.

[표 3-31] 분쟁조정의 종류와 내용

종류	내용	처리기간
알선	▪ 분쟁당사자간의 화해를 유도하여 합의가 이루어지게 하는 것	3개월
조정	▪ 알선으로 해결이 곤란한 분쟁사건에 대하여 조정위원회가 사실조사 후 조정안을 작성하여 양측에 일정기간을 정하여 수락을 권고함으로써 분쟁의 해결을 도모	9개월
재정	▪ 알선·조정으로 해결이 곤란한 손해배상 사건 등에 대하여 재정위원회가 인과관계의 유무 및 피해액을 판단하여 결정하는 재판에 준하는 절차이며 중앙환경분쟁조정위원회에서만 취급	9개월

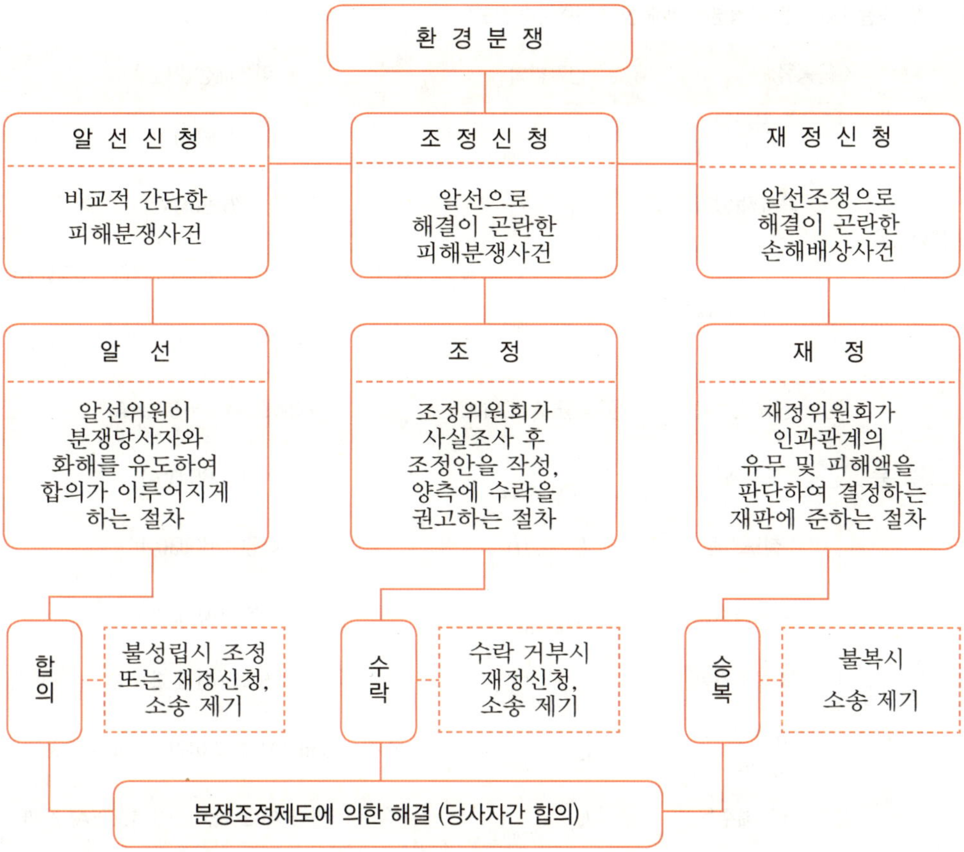

[그림 3-17] 분쟁조정절차의 흐름도

◈ 피해산정

중앙환경분쟁조정위원회에서는 '환경분쟁 피해배상액 산정기준 조정·보완시행(2007.12)'에 의거, 피해배상액 산정기준을 제시하고 있다. 소음피해 수인한도 기준은 [표 3-32]와 같으며, 피해배상액은 피해기간과 초과소음도에 따라 결정된다. 진동의 경우도 [표 3-33]과 같은 수인한도 기준을 따르며, 피해배상액은 피해기간과 초과진동도에 따라 결정된다.

[표 3-32] 소음으로 인한 환경분쟁 피해 산정 기준(수인한도)

소음종류		평가방법	피해배상 기준	
생활소음	공사장 (건설기계)	$L_{Aeg\,,\,5min}$	65dB(A)	
	공사장(발파)	L_{Amax}	75dB(A)	
	공장·사업장	$L_{Aeg\,,\,5min}$	주간	주거 : 55dB(A), 기타 : 65dB(A)
			야간	주거 : 45dB(A), 기타 : 55dB(A)
교통소음	항공기소음	7일 평균 WECPNL	80WECPNL≒67dB(A)	
	도로소음	$L_{Aeg\,,\,5min}$	야간 : 65dB(A)	
	철도소음	$L_{Aeg},1h$	야간 : 60dB(A)	
층간 (바닥충격음)	경량충격음	$L'_{n\,,\,AW}$	58dB(A) 초과	
	중량충격음	$L'_{i\,,\,Fmax\,,\,AW}$	50dB(A) 초과	
	뛰는소리, 걷는소리 등	$L_{Aeg\,,\,5min}$	주간 : 55dB(A) 초과,야간 : 45dB(A) 초과	
층간 (공기전달음)	급·배수음	$L_{Aeg\,,\,5min}$	주간 : 55dB(A) 초과,야간 : 45dB(A) 초과	
	벽체, 바닥음	R_w	43dB(A) 미만	
	악기, 기구, 대화소음 등	$L_{Aeg\,,\,5min}$	주간 : 45dB(A) 초과,야간 : 40dB(A) 초과	

[표 3-33] 진동에 의한 수인한도

진동원		평가방법	수인한도	비 고
공사장	기계	L_{10}	65(주)/60(야) dB(V)	생활진동 규제기준 적용
	발파	L_{10}	75(주)/60(야) dB(V)	
교통	도로	L_{10}	65(주)/60(야) dB(V)	
	철도	L_{median}이상 평균		

3.3.2 주요 분쟁사례

◇ 공용중인 고속도로 구간

공용중인 고속도로에서 소음 분쟁이 발생할 경우 인허가 시점을 기준으로 후발 사업자가 방음대책 수립의 책임이 있다. 고속도로변 건축 및 택지사업 후에 고속도로가 확장될 경우에는 확장으로 인해 추가되는 교통소음에 대해서는 도로관리기관에서, 기존 고속도로에서 발생되는 교통소음에 대해서는 후발 건축 또는 택지사업자가 방음대책을 수립하여야 한다.

법원의 판결에서도 기존 고속도로변에 건축 및 택지사업을 시행하는 사업자는 이미 고속도로의 소음을 어느 정도 인지하고 있었기 때문에 그 책임이 후발 사업자에게 있다고 판시하고 있다.

그러나, 최근에는 주택단지가 고속도로보다 후발 사업임에도 불구하고 고속도로가 건설중일 당시에 주변에 주택사업이 시작되고 있었다면 도로관리자로서 적정 방음시설이 설치되도록 적극 협의를 하지 않았다는 이유로 도로관리자에게 불리한 판례도 발생되고 있다.

1) 서울외곽선 125.6k 구간

가) 분쟁개요

판교신도시 아파트가 서울외곽선에 근접하여 교통소음피해가 예상되어 고속도로 이설을 요구한 민원으로 위치는 [그림 3-18]과 같다.

- OOOOOO 아파트 (524세대)
- 도로구역 결정 : 1992. 6
- 택지개발 승인 : 2003. 12

[그림 3-18] 위치도

나) 경위 및 결과

최근 들어 자주 발생하고 있는 고속도로변 대규모 택지개발사업의 방음대책 분쟁사례이다. 해당 구간은 1992년 도로구역으로 결정이 되었고, 택지개발은 2003년에 승인되었다. 택지사업자는 고속도로와 근접(33m)한 위치에 공동주택을 건설하면서 도로관리기관과 사전협의 없이 방음대책을 계획(교량 방음벽

9.5m)하였으나, 교량 구조상 방음벽 설치가 불가능하였다. 이에 도로관리자는 국토부, 택지사업자, 주민과 합의하여 택지사업자가 사업비를 부담하는 조건으로 별도의 방음대책을 수립하였다.

2) 서울외곽선 1.6k 구간

가) 분쟁개요

판교신도시 아파트가 서울외곽선에 근접하여 환경피해가 예상되어 완전 밀폐형 방음터널 설치를 요구한 민원으로 위치는 [그림 3-19]와 같다.

- OOOOO 아파트 (1,147세대)
- 도로구역 결정 : 1999. 4
- 택지개발 승인 : 2003. 12

[그림 3-19] 위치도

나) 경위 및 결과

해당 구간의 경우도 1999년 도로구역으로 결정되었고, 택지개발은 2003년에 승인되었다. 택지사업자가 고속도로와 근접(40m)하게 공동주택을 건축하면서 도로관리기관과 사전협의 없이 방음대책을 계획(방음벽 37m)하였으나, 수직고가 높아 시공이 불가능하였다. 이에 도로관리자는 택지사업자, 주민과 합의하여 택지사업자가 사업비를 부담하는 조건으로 현실적으로 시공이 가능한 방음터널을 설치하기로 결정하였다.

건설중인 고속도로 구간

고속도로 건설구간의 민원은 소음과 진동이 나뉘어지지 않고, 발파, 항타, 가축피해, 건물(크랙), 정신적 피해 등 복합적으로 요구하는 사례가 대부분이다.

건설구간에서는 환경영향평가상 발파 예정지역 및 영향 예측 지점을 설정하여 그에 대한 대책으로 가설방음벽 설치, 저소음·진동 항타 및 발파공법 적용 등 법적 기준에 만족하도록 현장 관리를 하고 있다. 그러나 법적 기준에 만족하도록 공사 시행을 하였다 하더라도 민원인이 중앙환경분쟁조정위원회에 제소하거나, 법원 소송으로 이어질 경우 관련 기관에서는 공사 시행자에게 책임이 있음을 재정결정하거나 판시하는 사례도 발생되고 있다.

1) 고속국도 제10호선 목포–광양간 건설공사 구간

가) 분쟁개요

고속국도 제10호선 목포–광양간 건설공사 구간이 민원인의 신축 예정 양계장과 너무 가까워 소음·진동으로 인한 피해보상 및 양계장 이전을 요구한 민원이며 위치는 [그림 3-20]과 같다.

[그림 3-20] 위치도

나) 경위 및 결과

민원인 양계장은 고속국도 노선과 310m 이격, 공사용 진입로와 205m 이격되어 있으며, 양계장 신축 예정 부지와 57m정도 이격되어 있다. 고속국로 건설공사로 인한 소음, 진동, 먼지 등에 의한 피해 발생, 공사현장과 신축예정인 양계장이 가까워 사업 확장을 못하게 되었다는 이유를 들어 국민권익위원회에 민원을 제기하였다. 국민권익위원회에서는 관련 기준에 따라 환경 피해가 최소화되도록 공사 현장에 협조 요청하였고, 양계장 이전비 배상에 대하여는 받아들이기 어려운 사항임을 확인해주었다.

2) 고속국도 제27호선 전주–광양간 건설공사 소음·진동민원

가) 분쟁개요

고속국도 제27호선 전주–광양간 건설공사 구간에 신설되는 교량 및 터널과 민원인 축사가 인접하여 공사 시 소음, 진동으로 인한 한우 피해보상과 간접보상을 요구한 민원으로 위치는 [그림 3-21]과 같다.

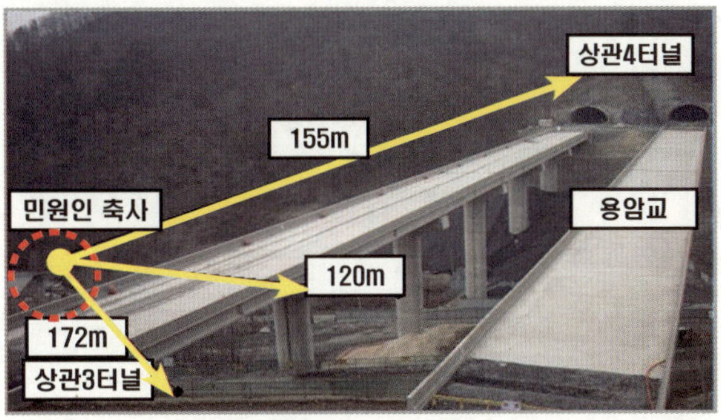

[그림 3-21] 위치도

나) 경위 및 결과

해당구간은 고속국도 교량과 120m 이격되어 있으며, 민원인은 터널굴착 및 발파 작업에서 발생되는 소음, 진동으로 인하여 한우 피해가 발생하여 피해보상금 1억 9천여 만원을 요구하였다. 그 후 국민권익위원회에 동일 민원을 제기하였고, 중앙환경분쟁조정위원회에 재정신청을 하여, 중앙환경분쟁조정위원회에서 사업시행자에게 피해배상의 책임이 있음을 결정하였다. 공사현장에서는 매 발파시 계측을 통하여 규정치 이내가 되도록 관리하였고, 발파시 축사내 방송시설을 설치, 터널입구에 다층의 방음구조 설치 등 관련 법에 근거하여 피해를 최소화하고자 노력했음에도 피해배상에 대한 책임을 면하지는 못하였다.

제4장 수 질

제 4 장 수질

4.1 수질관리의 이해

4.1.1 우리나라의 수질관리대책

◇ 과거의 수질관리

우리나라에서 지표수(하천, 호소) 수질관리는 1970년대 후반 환경보전법이 제정되면서 본격적으로 시작되었으며, 그 이후 수질환경기준의 설정, 배출시설허가제 등이 도입되었다. 특히 이 시기 수질에 영향을 미치는 오염원 관리는 주로 하수처리장과 같은 환경기초시설에 대한 배출규제 중심으로 이루어졌다고 볼 수 있다. 1989년에는 범정부차원의 맑은 물 공급종합대책이 수립되었으며, 1990년 환경보전법이 수질환경보전법으로 분화되면서 맑은 물 공급이 정부정책의 우선순위가 되었다. 1994년에 정부는 환경부를 발족하였으며, 종합적인 물 관리를 위한 중장기정책으로 1996년 물관리종합대책을 수립하였다.

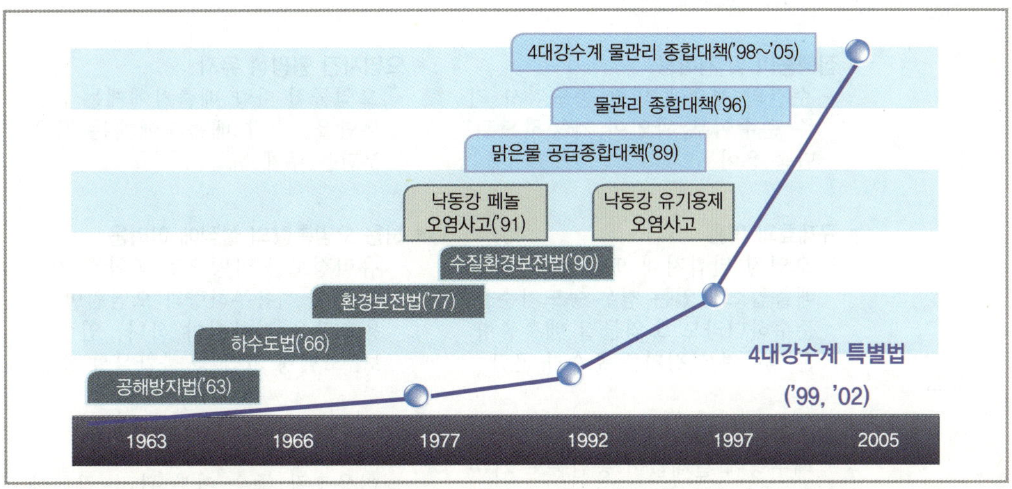

[그림 4-1] 과거의 수질관리

[출처] 환경부, 2006, 물환경관리 기본계획

◈ 농도규제와 총량관리

그동안 환경부는 생활하수, 산업폐수 등의 배출허용기준(농도)을 정하여 관리하였으나, 도시화, 산업화 등으로 오·폐수 배출량이 많아져 개별 오염원에서 배출허용기준을 준수하더라도 하천에 유입되는 오염물질의 양이 늘어나 수질환경기준을 초과하는 등 한계에 도달하였다.

따라서 배출농도 규제방식의 수질관리로는 4대강 상수원의 수질개선이 어려워 4대강별 수계법 제정과 함께 2004년 오염총량관리제도를 시행하게 되었다. 오염총량관리제도는 관리하고자 하는 하천의 목표 수질을 정하고, 목표 수질을 달성·유지하기 위한 수질오염물질의 허용부하량(허용총량)을 산정하여 해당 유역에서 배출되는 오염물질의 부하량(배출총량)을 허용총량 이하로 규제 또는 관리하는 제도를 말한다. 배출농도 규제와 총량관리간 규제방식 및 장단점을 비교하면 [표 4-1]과 같다.

[표 4-1] 배출농도규제와 총량관리의 비교

구분	배출농도 규제	총량관리
규제방식	■ 폐수중 오염물질 농도를 규제 농도(C)=오염부하량(L)÷폐수량(Q)	■ 폐수중 오염물질의 총량을 규제 오염부하량(L)=농도(C)×폐수량(Q)
장점	■ 기준설정 용이 – 지역별로 기준농도만 정하면 되므로 기준설정이 용이하고 업소별 동일한 기준을 적용함에 따라 업소별 기준설정 용이	■ 규제의 효과가 높음 – 배출되는 오염물질의 총량이 환경용량 이하로 항시 유지되므로 환경기준 준수가 보장됨
	■ 집행용이 및 저비용 – 순간의 채수에 의한 농도검사 기준 준수여부 확인이 가능하므로 단속 용이	■ 오염자간 형평성 유지 – 오염물질 다량 배출자에게는 많은 부담을, 소량 배출자에게는 적은 부담을 주게 됨
단점	■ 규제효과 미흡 – 오염원 밀집지대 또는 폐수 다량 배출업소가 있는 경우 농도기준을 준수하더라도 오염물질 배출총량은 많아져 환경기준 준수가 곤란	■ 허용 오염총량의 설정에 어려움 – 유역정보를 바탕으로 과학적 기법을 통한 허용부하량과 오염원별 허용총량을 정하여야 하나, 입력정보, 모델링 기법 등 불확실성 상존
	■ 소규모 배출자에게 불리 – 폐수량에 관계없이 동일농도 기준을 적용하기 때문에 소규모 배출자가 불리하여 형평성 시비 우려	■ 상의 어려움 – 허용총량 준수 여부 관리·감독에 어려움

총량관리의 개념을 이해하기 위해서는 부하량 산출 방법 및 의미를 먼저 파악할 필요가 있다. 부하량은 농도와 폐수량의 곱으로 산출할 수 있는데, 예를 들어 [표 4-2]에서 보면 BOD 10mg/L의 농도로 100,000㎥/일을 배출하는 A 생활하수의 배출부하량은 1,000kg/일이 된다.

[표 4-2] 배출부하량 산출 예시

구분	오·폐수량 (㎥/일)	배출수질농도(BOD, mg/L)	배출부하량(kg/일)
A 생활하수	100,000	10	1,000
B 산업폐수	25,000	20	500
C 산업폐수	50,000	20	1,000

여기서 주목할 점은 B 산업폐수 배출농도(20mg/L)가 A 생활하수의 배출농도(10mg/L)보다 높다고 하여 B 산업폐수로 인한 수질오염이 더 심각하다고 볼 수 없다는 점이다. 또한, B 산업폐수와 C 산업폐수의 배출농도가 20mg/L로 동일하다고 하더라도 C 산업폐수이 유량이 B 산업폐수의 유량의 2배이기 때문에 C 산업폐수의 부하량이 B 산업폐수 부하량의 2배가 된다. 즉, 수질오염총량관리제도의 기본개념은 [그림 4-2]와 같이 배출농도가 아니라 배출부하량을 관리하고, 개별 오염원보다는 지역·유역을 관리한다는 점이라 할 수 있다.

- 관리하고자 하는 하천 하단부에 목표수질과 기준유량를 정하고, 목표년도 유역에서 배출되는 오염부하량(배출총량 L1)을 과학적 기법을 이용하여 추정하고, 목표수질을 만족하기 위해 유역에서 배출할 수 있는 오염부하량(허용총량 L2)을 수질 모델링 기법을 이용하여 산정
- 이 경우 L1 – L2는 목표수질을 달성하기 위해 줄여야 될 오염부하량(삭감총량 L3)이 되며, 오염총량관리제는 배출총량(L1)이 허용총량(L2)이하가 되도록 오염물질 삭감계획과 지역 개발계획을 함께 수립

[그림 4-2] 수질오염총량관리제도 기본 개념

단순 농도규제만으로는 수질환경기준을 달성할 수 없어 다량배출사업장에 농도규제보다 오염배출량을 더 줄이도록 총량규제를 실시하는 것이기 때문에 오염총량관리제도 도입으로 인해 농도규제가 전부 없어지는 것은 아니며, 소규모 사업장은 농도규제만을 적용받게 된다. 즉, 수질환경기준 달성을 위하여 「수질 및 수생태계 보전에 관한 법률」 등에 따라 방류수 수질기준을 별도로 정하여 농도규제 제도가 시행 중에 있다.

한편, 환경정책기본법에 의한 수질환경기준은 국가 및 지방자치단체가 궁극적으로 달성하여야 할 행정목표이므로 모든 환경기준 항목을 적용하게 된다. 그러나 4대강 특별법에 의한 목표수질은 오염총량관리제의 시행을 위하여 일정기간 내에 달성하여야 할 관리목표이기 때문에 1~2개의 항목(2010년까지는 BOD 1개 항목)에 대해서만 설정되어 있는 것이 큰 차이점이다.

점오염원과 비점오염원

일반적으로 수질오염을 유발하는 오염원은 크게 점오염원(點汚染源, Point Source)과 비점오염원(非點汚染源, Non point Source)으로 구분할 수 있다. '점오염원'이라 함은 폐수배출시설, 하수발생시설 등으로서 관거·수로 등을 통하여 일정한 지점으로 수질오염물질을 배출하는 배출원을 말하며, '비점오염원'은 도시, 도로, 농지, 산지, 공사장 등으로서 불특정 장소에서 불특정하게 수질 오염물질을 배출하는 배출원을 뜻한다. 도시적 토지이용 및 비도시적 토지이용에 따른 비점오염원 개요는 [그림 4-3]과 같다.

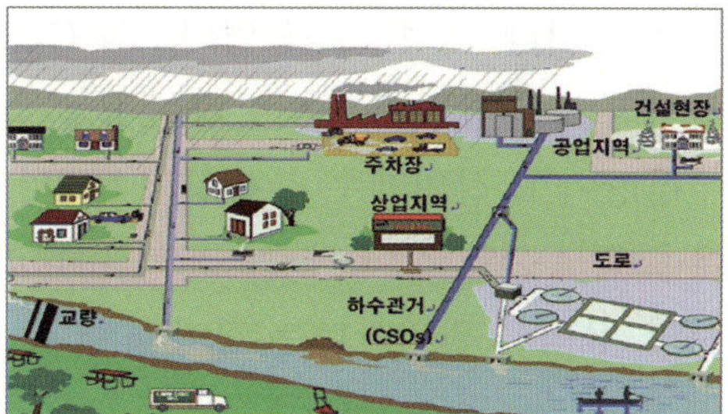

(a) 도시적 토지이용에 따른 비점오염원

(b) 비(非)도시적 토지이용에 따른 비점오염원

[그림 4-3] 비점오염원 개요

[출처] 환경부, 2006, 비점오염원관리 업무편람

점오염원은 오염물질의 유출경로가 명확하여 수집이 쉽고, 계절에 따른 영향이 상대적으로 적은 만큼 연중 발생량 예측이 가능하여 처리시설의 설계와 유지·관리가 상대적으로 용이하다. 반면, 비점오염원은 오염물질의 유출 및 배출 경로가 명확하게 구분되지 않아 수집이 어렵고 발생량·

배출량이 강수량 등 기상조건에 크게 좌우되기 때문에 처리시설의 설계 및 유지관리가 어려운 편이다. 비점오염원에는 농작물에 흡수되지 않고 농경지에 남아있는 비료와 농약, 초지에 방목된 가축의 배설물, 가축사육농가에서 배출되는 미처리 축산폐수, 빗물에 섞인 대기오염물질, 도로 노면의 퇴적물, 합류식 하수관거에서 강우시 설계량을 초과하여 하천으로 흘러드는 오수·하수와 빗물의 혼합수 등이 있다.

[표 4-3] 점오염원과 비점오염원의 특성 비교

구분	점오염원	비점오염원
배출원	공장, 가정하수, 분뇨처리장, 축산농가 등	대지, 도로, 논, 밭, 임야, 대기 중의 오염물질 등
특 징	▪ 인위적 ▪ 배출지점이 특정·명확 ▪ 관거를 통해 한 지점(주로 처리장)으로 집중적 배출 ▪ 자연적 요인에 영향을 적게 받아 연중 배출량의 차이가 일정함 ▪ 모으기 용이하고 처리효율이 높음	▪ 인위적 및 자연적 ▪ 배출지점이 불특정·불명확 ▪ 희석, 확산되면서 넓은 지역으로 배출 ▪ 강우 등 자연적 요인에 따른 배출량의 변화가 심하여 예측이 곤란함 ▪ 모으기 어렵고, 처리효율이 일정치 않음

점오염원과 비점오염원은 상대적 개념으로서, 공장을 예로 들면 관거를 통해 수집되어 수질오염방지시설을 통해 처리되는 공장폐수를 배출하는 공정시설은 점오염원인데 반해, 그 외 처리를 거치지 않고 하천으로 유입되는 강우유출수를 배출하는 야적장 등 공장 부지는 비점오염원에 해당된다.

4.1.2 정부정책 동향

◇ 물관리기본계획

환경부는 대권역별 수질 및 수생태계 보전을 위한 기본계획을 매 10년마다 수립하도록 한 규정(「수질 및 수생태계 보전에 관한 법률」 제24조)에 따라 2006년에 물관리기본계획을 수립한 바 있다. 물관리기본계획은 4대강물관리종합대책(1998~2005)[10] 등 그간의 물환경 정책에 대한 평가를 토대로 향후 10년간 정책 방향을 담

10) 4대강 물관리종합대책은 사후적 정화 대책에서 벗어나 모델링을 통한 실현가능한 목표 설정, 오염총량제 등 사전예방정책의 도입, 상·하류 주민이 고통과 비용을 분담하는 유역관리정책을 수계별로 수립한 것을 주요 골자로 하고 있다.

은 것으로 물환경관리, 수생태계 보전을 위한 정부 최상위계획이며, 유역별, 지자체별로 수립하는 중소권역 수질보전계획의 지침에 해당된다.

물관리기본계획의 목표는 '2015년까지 물고기가 뛰놀고 아이들이 멱을 감을 수 있는 물환경을 조성'하는 것이다. 이러한 계획의 주요 3가지 지표는 전국 모든 하천의 85%를 좋은 물 이상으로 개선하고, 인공적으로 훼손된 전국 모든 하천의 25%를 자연형 하천으로 복원하며, 상수원 상류 수변지역 30%를 수변생태벨트로 조성하는 것이다. 계획기간은 2006~2015년까지 되어 있고 대상 범위도 하천·호소·연안을 포괄하는 전 국토이다. 물관리기본계획의 주요 내용으로는 생태적으로 건강한 물환경 조성, 전체 수계의 위해성 관리체계 강화, 수질환경기준 및 평가기법의 선진화, 호소·연안·하구지역의 물환경정책 강화, 수질오염총량관리제도 본격 시행 및 정착, 비점오염원과 가축분뇨에 대한 체계적 관리시스템 구축, 물순환 구조 개선 및 수요관리 강화 등이 있으며 그 특징을 종전 대책과 비교하면 [표 4-4]와 같다.

[표 4-4] 물환경관리 기본계획의 특징

종전 대책		2015 계획
▪ 안전한 먹는 물 확보	→	▪ 수생태계의 건강성, 유해물질로부터의 안전
▪ 상수원 중심	→	▪ 하천·호소·연안의 전 국토 관리
▪ 선진적 제도의 도입	→	▪ 제도의 내실화 및 발전
▪ 비점오염원, 가축분뇨 관리 시작	→	▪ 비점오염원, 가축분뇨의 본격적 관리
▪ 수질관리 중심의 유역관리체계	→	▪ 유역통합관리체계 구축

◈ 수질오염총량관리제

수질오염총량관리제도는 하천구간별 목표수질을 정하고, 목표수질을 달성·유지하기 위한 허용총량을 산정하여 해당 유역에서 배출되는 오염물질 배출총량을 허용총량 이하로 관리하는 제도로 지자체에서 배출량을 줄인 양만큼 해당지역 개발용량이 늘어나게 되므로 수질보전을 위한 노력 자체가 해당 지자체의 개발 인센티브가 되는 제도라 할 수 있다.

1998년도부터 추진된 4대강 물관리종합대책을 뒷받침할 4대강 수계법은 1999년 한강수계법 제정을 시작으로 2002년 낙동강 등 나머지 3대강 수계법을 각각 제정함으로써 유사한 체계를 가진 4개의 개별 법률로 출발하였다[11].

이러한 개별 수계법 제정시 3대강 수계는 의무제 오염총량관리제를 도입하였고 한강수계의 오염총량관리제는 1999년 법률 제정 당시부터 의무제 추진을 도모하였으나, 특별대책지역, 수변구역 등 각종 토지이용 규제를 받고 있는 지역주민 반대로 인해 불가피하게 임의제(任意制)로 도입되었다[12].

수질오염총량관리제도 시행 절차는 크게 목표수질 설정, 기본계획 및 시행계획 수립, 총량관리제 이행, 이행평가의 순으로 볼 수 있으며 세부내용은 [그림 4-4]와 같다.

한편, 한강수계에서 임의적으로 실시하고 있는 오염총량관리제를 금강, 낙동강 등 다른 3대강 수계에서와 마찬가지로 의무적으로 실시하고자 「한강수계 상수원수질개선 및 주민지원 등에 관한 법률」 일부개정법률안이 2009년 국무회의에서 의결되었다. 발원지에서 하구를 아우르는 통합적 유역 수질관리의 한계와 의무제 지역인 다른 3대강 수계와의 형평성 문제가 발생함에 따라 2005년부터 경기도, 강원도 등 관련 지방자치단체와 오염총량관리제의 의무제 재논의를 추진하게 된 것이다.

수질오염총량관리 계획 기간은 크게 제1단계(2004～2010)와 제2단계(2011～2015)로 구분할 수 있다. 이에 따라 환경부는 2009년 12월에 낙동강, 금강, 영산강·섬진강 등 3대강 수계에 속해 있는 광역시·도에서 수립한 '제2단계(2011～2015) 수질오염 총량관리 기본계획'을 승인하였다. 제2단계 수질오염총량관리 기본계획에서는 3대강 수계 11개 광역시·도에 대해 2015년까지 수계에 배출할 수 있는 오염물질(BOD, T-P)의 총량을 정하고 있다. 광역시·도는 허용된 오염총량의 범위 내에서만 개발사업을 추진할 수 있으며, 이를 지키지 않을 경우 도시개발, 산업단지, 관광지 등 각종 지역개발사업의 추진에 제한을 받게 된다. 특히, 2단계부터는 1단계 총량관리 대상물질인 유기물질(BOD, 생물화학적산소요구량)에 부영양(富營養) 상태를 유발하는 총인(T-P)이 추가되어 하천과 호소의 부영양화와 이로 인한 조류(藻類)발생에 대해서도 관리하게 된다.

---

11) 한강, 금강, 낙동강, 영산강·섬진강 수계법으로 각각 운영되는 4개 법률을 단일 법률로 통합·정비하는 「4대강수계 물관리 및 주민지원 등에 관한 법률」이 2009년 7월 입법예고, 2010년 4월 재입법 예고된 상황이다.

12) 낙동강, 금강, 영산강 등 3대 수계에서 시행되고 있는 수질오염총량관리제를 한강수계에 대해서도 전면적으로 시행토록 하는 내용의 「한강수계 상수원 수질개선 및 주민지원 등에 관한 법률」 일부개정 법률이 2010년 5월 31일 공포되었다.

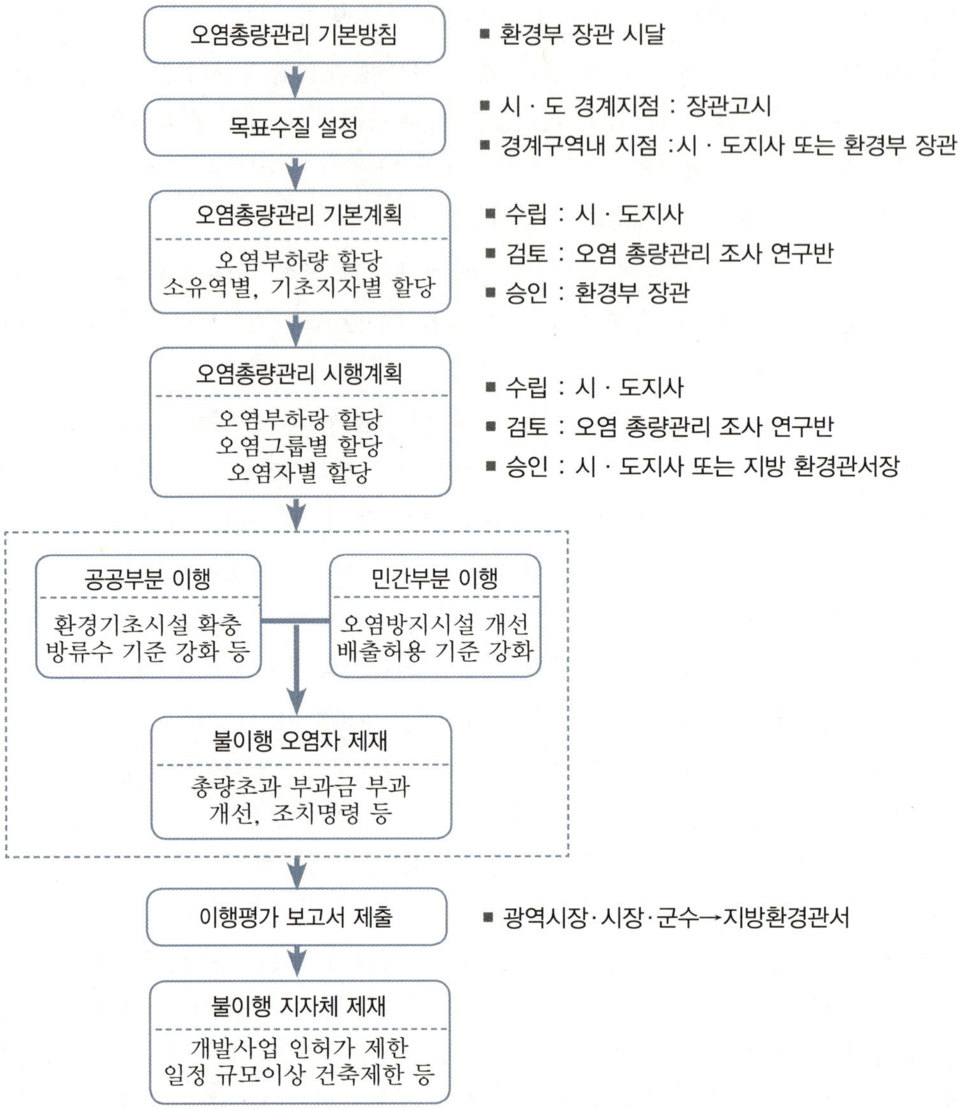

[그림 4-4] 수질오염총량관리 시행절차

◈ 비점오염원 관리

하수처리장 확충, 배출기준 강화 등으로 점오염물질은 계속 감소하나, 도시·도로·농지 등에서 발생되는 비점오염물질은 계속 증가하는 추세에 있다. 이러한 비점오염물질이 수질오염에서 차지하는 비중은 [그림 4-5]에서와 같이 2003년 기준으로 42~69%를 차지하고 있으며, 2015년에는 그 비중이 65~70%에 이를 것으로 예상되고 있다.

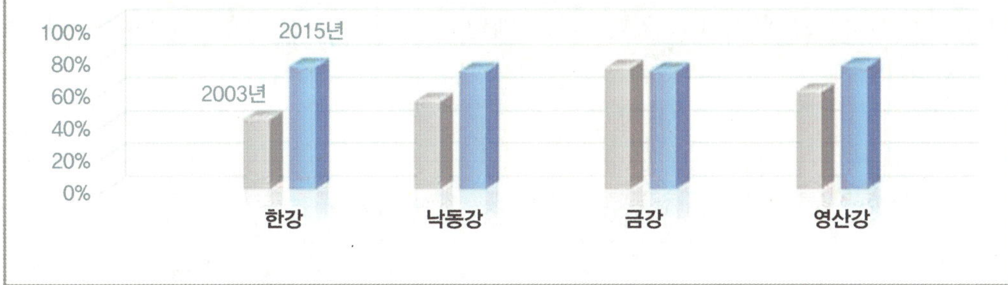

[그림 4-5] 비점오염물질이 수질오염에서 차지하는 비중의 증가 추이

[출처] 환경부 비점오염원 홍보사이트

[그림 4-6]에는 수질오염부하량과 비점오염원의 관리단계 개념도를 제시하였다. 수질오염이 심각하여 하수도 보급을 확충하게 되면 비점오염원 관리가 필요한 단계에 접어들게 되고 이 단계가 한계점에 도달하게 되면 비점오염원을 저감하여야 한다. 이와 같은 맥락으로 지난 2004년 환경부 등 7개 관계부처 합동으로 4대강 비점오염원관리 종합대책을 수립하여 2020년까지 장기계획으로 추진하고 있으며, 수질오염부하의 22~37% 이상을 차지하는 비점오염원 관리를 통해 4대강 물관리종합대책상의 목표수질 달성에 기여하는 것이 본 대책의 목적이라 할 수 있다.

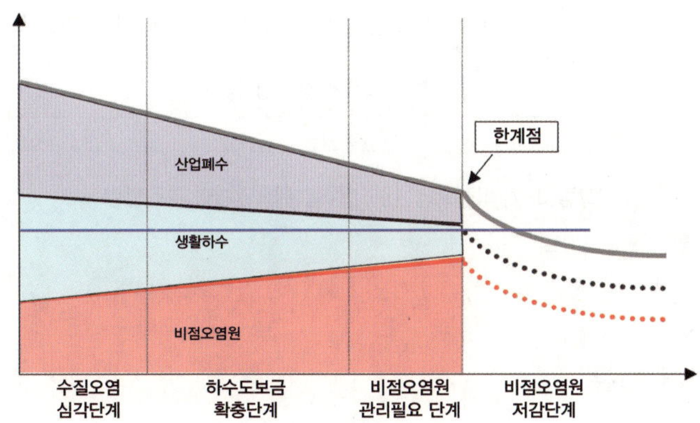

[그림 4-6] 수질오염 부하량과 비점오염원 관리단계 개념도

[출처] 관계부처 합동, 2004, 4대강 비점오염원관리 종합대책

단계별 대책의 지역적 범위를 살펴보면 1단계에는 저감시설 위주로 시범사업을

추진하고, 2단계는 수계별 대표 소유역단위 비점오염원 종합관리사업을 추진하여 지자체 기술 이전을 위한 토대를 구축한 후, 3단계부터는 지자체 중심으로 하되 대상지역을 전국으로 확대하고 있다. 각 단계별 구체적인 추진 방향은 [그림 4-7]에 제시하였다.

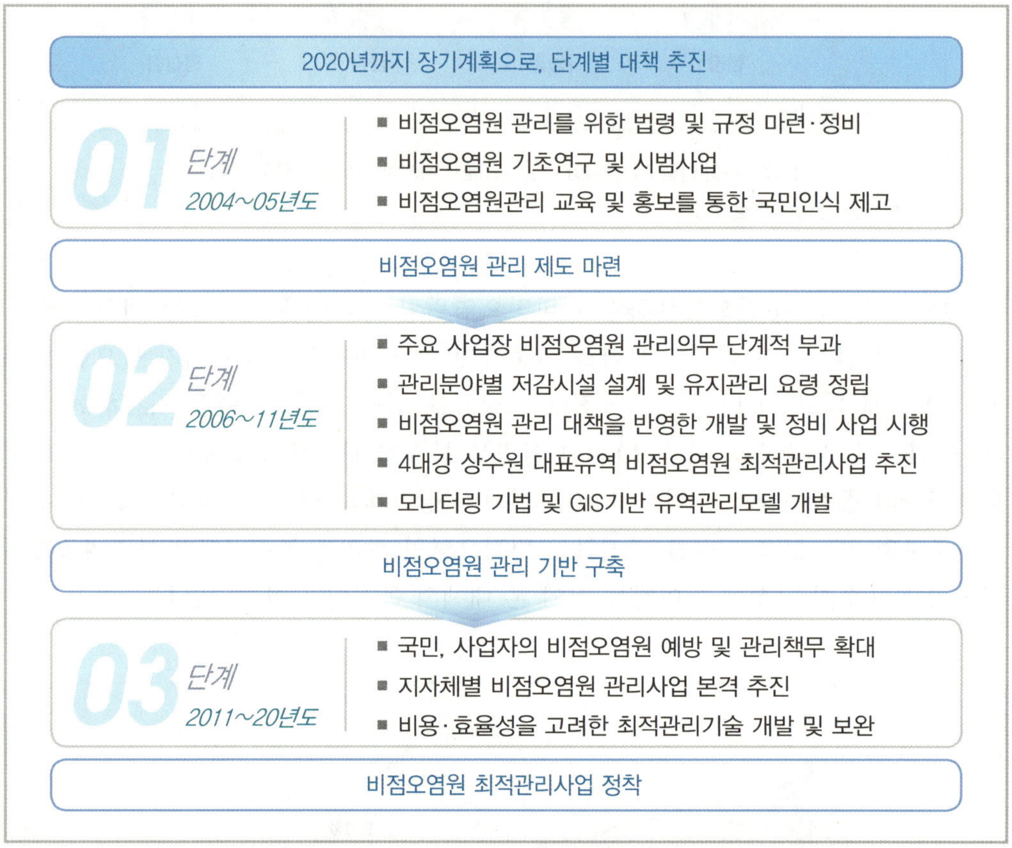

[그림 4-7] 비점오염원관리 종합대책 단계별 추진방향

[출처] 환경부 비점오염원 홍보사이트

4.1.3 수질관련 법규

◇ 수질 및 수생태계 보전에 관한 법률

기존 수질관리를 수생태적 측면까지 고려하여 종합적인 물환경 관리체계로 발전시키는 것을 주요 내용으로 하는 「수질 및 수생태계 보전에 관한 법률」이 2007년 11월부터 시행되고 있다. 이로 인해 1990년 제정되어 16년간 시행되어온 「수질

환경보전법」이 「수질 및 수생태계 보전에 관한 법률」이라는 새로운 이름으로 바뀌게 된 것이다. 환경부는 2006년 물환경관리기본계획(2006~2015)을 수립하여 BOD 등 유기물질 중심의 수질관리 뿐 아니라 수생태계 복원과 수위해성 관리에 대한 정책적 비중을 높인 바 있다.

「수질 및 수생태계 보전에 관한 법률」의 가장 큰 특징은 법의 명칭과 목적에서부터 목표기준의 설정·평가·관리체계에 이르기까지 전반적으로 수생태계 관리가 강화되는 방향으로 정비되었다는 점이다. 아울러, 오염된 하천·호소 등에 대한 수위해성 평가를 실시할 수 있는 근거가 마련되고, 필요한 경우 오염된 공공수역에서의 물놀이 등을 자제할 수 있도록 하는 등 수위해성 관리체계도 강화되었다.

4대강 수계법

환경부는 현재 한강, 금강, 낙동강, 영산강·섬진강 수계법으로 각각 운영되는 4개 법률을 단일 법률로 통합·정비하는 「4대강수계 물관리 및 주민지원 등에 관한 법률」(이하 '4대강 수계법')을 입법예고(2009.7.15)하였다[13].

본 제정안은 국민, 기업의 법 수요자의 관점에서 불편을 해소하고자 실제 유사한 체계와 내용을 가진 4개의 법률을 통합·정비하는 것이다. 그 동안 상수원의 수질을 보전하고 규제지역 주민을 지원하기 위한 한강, 금강, 낙동강, 영산강·섬진강 수계법이 각각 운영됨에 따라 국민, 기업 등 법 수요자의 불편이 제기되어 왔다. 특히, 통합법령의 실시로 한강수계 총량제 의무화가 추진됨에 따라 4대강수계 개별법의 통합·정비가 가능하게 되었다.

4대강 수계법 제정안의 주요 내용은 다음과 같다. 첫째, 4개의 개별법에서 각각 운영되던 규정이 통합·정비되어 수변구역의 지정·관리, 오염총량관리제 실시, 주민지원사업 등의 실시, 환경기초시설의 설치 촉진, 물이용부담금의 부과·징수 등이 통합·정비되었다.

둘째, 낙동강 수계의 특성을 반영하는 제도는 독자적인 장(章)을 신설하여 현행 틀을 유지하였다. 다른 3대강 수계법에는 없는 '개발사업 시 녹지조성의무, 산업단지 등에 완충처리시설 설치, 폐수재이용, 취수시설의 설치 시 수질영향조사' 등의 제도는 낙동강 수계에만 적용되고 있다.

---

13) 2010년도 환경부 업무 계획에 따르면, 4대강 수계법의 입법 계획은 법제처 제출(2010.10), 국회 제출(2010.12)순으로 진행될 예정이다.

셋째, 수변구역 내 행위제한시설 조정 등 합리적으로 규제를 정비하였다. 숙박업, 공동주택 등 종전의 행위제한 시설과의 형평성 제고와 수질개선을 위해 농어촌 민박사업(펜션)의 입지를 제한하고, 종전 고시로 운영되던 수변구역 내 공장 입지제한 규정을 법률로 상향 조정하였다. 또한, '특정수질유해물질 배출량 줄이기 계획' 제출 의무 제도를 폐지하고 자발적 협약체계 및 지원 내용으로 전환하였다.

마지막으로 수변구역[14] 등 상수원관리지역의 토지매수부터 수변생태밸트 조성까지 효율적인 관리를 위한 제도적 기반을 마련하였다. 토지매수와 생태복원 등 관리 미흡에 따른 문제점을 해소하고, 수변생태밸트 조성 업무의 효율적 수행을 위한 전문기구(수변생태관리지원센터)의 지정 근거를 마련하였을 뿐만 아니라, 4대강의 지속적인 수질개선을 위한 수변생태밸트 조성과 임의적·산발적 토지매수 제도의 문제점을 개선하고자 국가의 토지수용 근거를 마련하였다. 수변구역 내 오염원 증가를 사전 예방하기 위해 수변구역 내 난립된 숙박업소, 음식점 등을 하수처리구역으로 편입시켜 공공하수처리시설에서 처리하도록 하되, 수변구역 지정은 유지하였다.

◇ 하수도법

과거에는 하수(下水) 및 오수(汚水) 관리체계가 하수도법과 오수·분뇨법으로 이원화되어 하수처리시설 및 오수처리시설이 중복 설치되거나 연계체계가 미흡했던 것이 사실이다. 이에 따라 「하수도법」이 2006년 9월 개정·공포(2009.7.28 시행)되었고 「오수·분뇨 및 축산폐수의 처리에 관한 법률」에서 오수·분뇨관리규정을 분리하여 통합함에 따라 「오수·분뇨 및 축산폐수의 처리에 관한 법률」은 폐지되고, 축산폐수의 관리에 관한 사항은 신설되는 「가축분뇨의 이용 및 관리에 관한 법률」로 분법화되었다.

2006년 개정된 「하수도법」의 가장 큰 특징으로는 하수·오수 용어의 통일 및 하수도시설 분류체계의 단순화를 들 수 있다. '하수(가정하수 및 빗물)'와 '오수(가정하수)'를 구별함으로 인한 혼란을 막기 위해 용어를 '하수'로 통합하고 지방자치단체가 설치한 하수처리시설은 공공하수처리시설로 통합하였다[15]. 또한, 단독정화조 및 오수처리시설을 개인하수처리시설로 통합하고, 중수도, 배수설비, 개인하수처리시설

---

14) 1999년 한강수계를 시작으로 4대강 주요 상수원 지역에 수변구역을 지정(전 국토의 약 1%, 총 1,200㎢)하여 공장, 음식점, 축사 등의 오염원 입지를 제한하고 있다[지정범위→하천경계 양안 300~1㎞ 이내의 지역(수계별 상이)].

15) 하수도 인가권한의 시·도 이양에 따라 마을하수도(50~500㎥/일)와 하수종말처리시설(500㎥/일 이상)의 구분 필요성이 없어졌다.

은 개인이 관리하는 개인하수도로서 지방자치단체가 관리하는 공공하수도와 구별하고 있다. 하수·오수 관련 용어의 통합 및 개정 사항은 [표 4-5]와 같다.

[표 4-5] 하수도법 관련 용어 개정사항

과 거	개 정	개정이유
■ 하수(가정하수+빗물) ■ 오수(가정하수)	■ '하수' 용어로 통합	■ 하수도법과 오수분뇨법 통합으로 용어 정리
■ 하수종말처리시설 ■ 마을하수도	■ 공공하수처리시설	■ 모두 지자체장이 설치·관리하는 시설로 구분의 실익이 적어 통합
■ 단독정화조(처리구역내) ■ 오수처리시설(처리구역외)	■ 개인하수처리시설 – 오수처리시설 – 정화조	■ 용어정리에 따라 개인하수처리시설로 구분하되, 오수처리시설과 정화조 시설의 명칭은 유지
■ 〈신설〉	■ '개인하수도' 용어 신설	■ 시설 주체에 따라 공공하수도에 상대되는 개념의 용어 신설

◇ 물의 재이용 촉진 및 지원에 관한 법률

빗물이용, 오수 및 하·폐수처리수의 재이용 촉진을 제도적으로 뒷받침하기 위하여 환경부가 그동안 추진해 오던 「물의 재이용 촉진 및 지원에 관한 법률」이 2010년 6월 8일 제정·공포(2011년 6월부터 시행 예정)되었다. 국민의 생활수준이 향상되고 경제활동이 증가함에 따라 물 사용량은 늘어나는 반면, 한정된 물 자원과 기후변화로 인하여 앞으로 물 수급의 지역적인 불균형이 나타날 것으로 전망되고 있어 환경부는 기존의 물 자원에 대한 의존도를 줄이고 기후변화로 인한 물 부족에 능동적으로 대처하기 위하여 법률 제정을 추진한 것이었다.

특히 우리나라는 하천에서의 취수율이 높아 가뭄 시 물 부족 등 물에 대한 스트레스를 많이 받아 왔으며, 취수→정수→송·배수 과정에서 장거리 물 수송에 따른 에너지 소비가 많았다. 따라서 이러한 물 재이용 촉진법의 제정은 기존의 한정된 수자원에 대한 의존도를 줄여 이를 효율적으로 이용하고, [그림 4-8]에서 보는 바와 같이 버리는 물을 현지에서 재이용하는 저(低)에너지시스템을 도입할 수 있는 제도적 기반을 마련하게 되었다는데 의의가 있다.

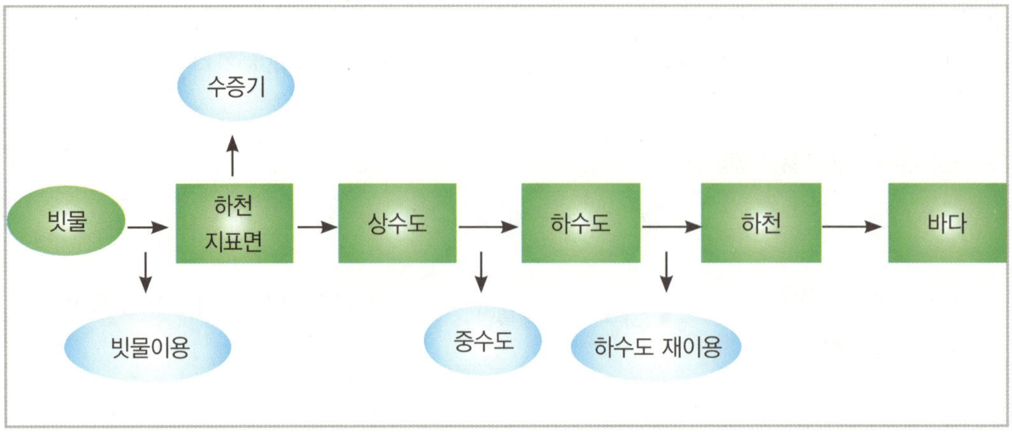

[그림 4-8] 물 순환 및 재이용 체계

「물의 재이용 촉진 및 지원에 관한 법률」의 주요 내용을 살펴보면 다음과 같다. 첫째, 물 재이용 정책을 체계적으로 추진하기 위하여 환경부장관은 10년마다 물 재이용 기본계획을 수립·시행토록 하고, 시장·군수는 관할 지역에서 물 재이용 관리계획을 수립하도록 한다. 둘째, 빗물이용시설, 중수도, 하·폐수처리수 재이용시설 등 물 재이용시설의 설치 의무대상을 늘려(빗물이용시설의 경우, 종전 수도법에서 규정한 종합운동장, 실내체육관을 포함한 공공청사까지 확대) 물의 재이용 확대를 촉진한다. 셋째, 하·폐수처리수 재이용업과 하·폐수처리수 재이용시설 설계·시공업을 새로 도입하여 하·폐수처리수 재이용 사업을 하려는 경우에는 환경부장관의 인가를 받아 재처리수를 공급할 수 있도록 하고, 하·폐수처리수 재이용 시설을 설치할 때에는 하·폐수처리수 재이용시설 설계·시공업자에게 설계·시공하도록 한다.

[그림 4-9] 빗물의 집수, 저류 및 이용

[출처] 환경부 보도자료, 2009.6

4.2 도로의 수질관리

4.2.1 도로건설에 따른 수질관리 개요

도로건설은 절·성토 공사가 많고 하천과 인접되었을 경우에는 강우 시 하천으로 토사를 비롯하여 다양한 비점오염물질이 유출되며, 교량 등 구조물 하부 공사 시에 발생되는 혼탁수 등이 하천 등을 오염시키기도 한다. 따라서 공사로 인한 오염물질의 유입, 폐수발생에 의한 영향 등에 대하여 평가하고, 이를 [그림 4-10]과 같이 다양한 저감방안을 통해 관리할 필요가 있다.

[그림 4-10] 도로건설에 따른 주요 수질영향 저감방안

- 절·성토 공사로 인한 토사유출 저감방안 : 절·성토 공사 시 강우로 인한 토사유출 방지를 위하여 배수로를 설치하고, 절·성토면 덮개 설치 및 조기 녹화, 침사지 설치 등을 통해 토사유출 저감방안을 수립한다.

- 침사지 설치 : 침사지는 형상, 지수, 구조, 평균유속, 체류시간, 수심, 표면부하율, 용량산정 및 설치위치 등을 고려하여 계획한다.

- 골재채취에 따른 수질오염 저감방안 : 골재채취에 따른 하천의 수질오염 저감을 위하여 가물막이, 물길돌리기, 오탁방지막 등의 저감시설 계획을 수립한다.

- 교량 공사 시 수질오염 저감방안 : 교량 공사 시 공사시기 조정, 공사현장 및 하류하천 토사유출방지 등을 실시하고, 보전가치가 있는 지역에 설치되는 교량의 경우 초기우수의 배수 및 처리계획을 수립한다.
- 터널 공사 시 폐수처리 : 터널공사 시 배출되는 지하수 또는 유출수가 하천이나 호소에 직접 유입되지 않도록 처리시설을 설치하여 중화·처리시킨 후 방류토록 배수계획을 수립한다.
- 콘크리트 혼합 시 폐수처리 : Batch Plant에서 발생하는 폐수는 높은 SS 농도와 pH 성분을 함유하고 있으므로 적절한 폐수처리시설 설치·운영 후 방류하는 방안이나 처리전·후 재이용하는 방안 등을 고려하여 폐수처리 계획을 수립한다.
- 골재생산시설의 폐수처리 : 골재생산시설에서 발생하는 폐수는 일반적으로 높은 SS농도를 함유하고 있으므로 처리시설 설치 후 처리수를 방류하는 방안이나 처리전 또는 처리후 재이용하는 방안 등을 고려하여 폐수처리 계획을 수립한다.
- 공사인원의 오수처리 : 현장사무소 및 건설현장 근무인원에 의하여 배출되는 오수는 오수처리시설과 간이화장실을 설치·처리토록 한다. 방류수 수질은 하천수질환경기준, 호소수질환경기준 등을 고려한다.
- 지하시설물 훼손으로 인한 지하수 오염방지 대책 : 사업구간 내 기름탱크, 재래식 화장실, 정화조 등의 설치 현황을 조사하여 공사 전에 오염물질을 제거한 후 공사를 시행하도록 한다.
- 토취장, 사토장에서 토사유출 저감방안 : 토취장, 토사장 등에서 강우 시 토사유출 방지를 위하여 가배수로, 침사지, 산마루측구 설치 등의 토사유출 저감방안 계획을 수립한다.
- 비점오염물질 유출저감을 위한 대책 : 수질보전이 필요한 지역 통과 시 강우에 따른 노면으로부터 발생하는 비점오염원 관리를 위해 도로 특성 및 주변 환경에 적합한 비점오염물질 유출 저감계획을 수립한다.
- 휴게소의 오수 처리[16] : 휴게소에서 발생되는 오수의 적정처리는 하수처리구역을 고려하여 계획을 수립하고, 가능한 한 공공처리시설로 유입·처리하되, 오수를 공공처리시설로 유입시키는 것이 불가능할 경우 자체 오수처리시설을 설치한다.

4.2.2. 비점오염원[17] 관리

비점오염저감시설 개요

「수질 및 수생태계 보전에 관한 법률」 제2조에 따르면 '비점오염저감시설'은 수질오염방지시설 중 비점오염원으로부터 배출되는 수질오염물질을 제거하거나 감소하

16) 휴게소에서 발생하는 오수의 특성을 살펴보면, 식당에서 발생하는 것(20~30%)과 화장실(70~80%)에서 발생하는 것으로 나눌 수 있는데, 일반적인 하수와 달리 질소와 인의 농도가 높은 것이 특징이며, 평일 주말 성수기의 오수발생량 및 오염부하량 변동이 심하고 낮과 밤이 생물반응조에 미치는 변동성이 심하다는 특성을 가지고 있다.

17) 환경부는 비점오염원에 대한 정확한 이해와 비점오염 줄이기 필요성을 알리기 위해 '비점오염원 홍보 홈페이지(http://nonpoint.me.go.kr)'를 운영하고 있다.

게 하는 시설로 정의하고 있다. 이러한 비점오염저감시설은 크게 자연형 시설과 장치형 시설로 구분이 가능하다. 자연형 시설에는 저류시설, 인공습지, 침투시설, 식생형 시설이 있으며, 장치형 시설에는 여과형 시설, 와류(渦流)형 시설, 스크린형 시설, 응집·침전 처리형 시설, 생물학적 처리형 시설이 있다. 「수질 및 수생태계 보전에 관한 법률」 시행규칙 [별표 6]에 제시된 각 저감시설별 정의를 구체적으로 살펴보면 [그림 4-11]과 같다. 이러한 비점오염저감시설을 설치하려는 경우에는 다음의 사항을 고려하여야 한다.

> ① 자연친화적 시설이어야 한다.
>
> ② 혐오시설이 아닌 대민친화적 시설이어야 한다.
>
> ③ 생태계 보전에 기여할 수 있는 시설이어야 한다.
>
> ④ 조경 및 위락 공간으로서의 기능을 가지도록 하여야 한다.
>
> ⑤ 공공 안전을 고려하여야 한다.
>
> ⑥ 홍수예방, 침식방지, 저류기능, 오염물질 제거기능을 충분히 가지도록 한다.
>
> ⑦ 시설의 유지관리가 용이하고 경제적이어야 한다.

한편, 비점오염저감시설의 설계규모 및 용량은 「수질 및 수생태계 보전에 관한 법률」 시행규칙 [별표 17]에 따라 초기 우수(雨水)를 충분히 처리할 수 있도록 해당 지역의 강우빈도 및 유출수량, 오염도 분석 등을 통하여 설계규모 및 용량을 결정하고, 해당 지역의 강우량을 누적유출고로 환산하여 최소 5밀리미터 이상의 강우량을 처리할 수 있도록 하여야 하며, 처리 대상 면적은 주요 비점오염물질이 배출되는 토지이용면적 등을 대상으로 하여 설계해야 한다.

비점오염저감시설 설치 및 관리·운영기준(공통사항)

비점오염저감시설을 설치하려는 경우에는 설치지역의 유역 특성, 토지이용의 특성, 지역사회의 수인가능성(불쾌감, 선호도 등), 비용의 적정성, 유지·관리의 용이성, 안정성 등을 종합적으로 고려하여 가장 적합한 시설을 설치한다.

① 토지이용의 특성 : 도로, 도심지역, 농촌지역, 유해물질 배출지역 등 고려

② 물리적 타당성 : 개발예정 부지의 토양특성, 지하수위, 자연유하 가능성, 배수면적 등 고려

③ 기후 및 지역적 요소 : 기온, 석회암 지형, 강우, 경사지 등 고려

④ 유역 요소 : 하천, 지하수, 호소, 저수지, 하구 등 고려

⑤ 강우유출수 관리능력 : 지하수 함양, 수로 보호, 홍수 예방 등 고려

⑥ 오염물질 제거 : TSS의 연간 제거효율 80% 이상 목표로 설계하는 것이 바람직

⑦ 지역사회와 환경요소 : 지역사회의 적용성, 지역 생태계의 서식지 기능 고려

⑧ 비용의 적정성 : 불투수층 처리면적당 건설비 및 유지관리비 등 고려

⑨ 유지관리의 용이성 : 유지관리 빈도, 장기적 유지관리 문제, 기능 상실 등 고려

[그림 4-11] 비점오염저감시설 종류

유형	종류	정의	
자연형	저류시설		▪ 강우유출수를 저류하여 침전 등에 의해 비점오염물질을 저감하는 시설로 저류지(연못), 저류조 등을 포함
	인공습지		▪ 침전·여과·흡착·미생물 분해, 식생 식물에 의한 정화 등 자연상태의 습지가 보유하고 있는 정화능력을 인위적으로 향상시켜 비점오염물질을 저감하는 시설
	침투시설		▪ 강우유출수를 지하로 침투시켜 토양의 여과·흡착 작용에 따라 비점오염물질을 저감하는 시설로 유공(有孔)포장, 투수성포장, 침투조, 침투저류지, 침투도랑 등을 포함

[그림 4-11(계속)] 비점오염저감시설 종류

유형	종류	정의
자연형	식생형 시설	 ■ 토양의 여과·흡착 및 식물의 흡착(吸着)작용으로 비점오염물질을 저감함과 동시에 동·식물 서식공간을 제공하면서 녹지경관으로 기능하는 시설을 말하며, 식생여과대, 식생수로 등이 있음
장치형	여과형 시설	■ 강우유출수를 집수조 등에서 차집한 후 모래, 토양 등의 여과재(濾過材)를 통해 여과하여 비점오염물질을 저감하는 시설 ■ 기본적으로 유량 조절 및 침전을 위한 구조물과 여재 구조물로 구성되며, 이를 통해 전단에서 큰 협잡물 및 대형 입자성 물질을 제거하고 후단에서 용존물이나 부유물을 제거하게 됨
	와류형 시설	■ 중앙회전로의 움직임으로 와류가 형성되어 기름·그리스 등 부유성(浮游性) 물질은 상부로 부상시키고, 협잡물은 하부로 침전·분리시켜 비점오염물질을 저감하는 시설 ■ 입자상 물질 제거에 유효한 시설로 주로 전처리 시설에 적용되는 것이 바람직
	스크린형 시설	■ 망의 여과·분리 작용으로 비교적 큰 부유물이나 쓰레기 등을 제거하는 시설로서 주로 전(前)처리에 사용하는 시설 ■ 스크린의 종류에는 고정스크린, 드럼스크린, 회전스크린 등이 있음
	응집·침전 처리형 시설	■ 응집제를 사용하여 고형물을 응집한 후 침강시설에서 오염물질을 침전·분리시키는 시설 ■ 응집·침전반응에 기초한 물리화학적 프로세스이며, 크게 약품투입부, 교반부, 응집부, 침전부 등으로 구성되어 있음
	생물학적 처리형 시설	■ 미생물에 의해서 콜로이드성, 용존성 유기물질을 제거하는 시설 ■ 강우유출수를 일시 저장하여 첨두유량을 감소시키는 효과가 있으며, 미생물에 의한 처리를 통하여 양호한 유기물질 처리효율을 기대할 수 있음

[출처] 환경부, 2006.12, 비점오염원관리 업무편람 ; 환경부, 2008.12, 비점오염저감시설의 설치 및 관리·운영 매뉴얼

그리고 시설을 설치한 후 처리 효과를 확인하기 위한 시료 채취나 유량 측정이 가능한 구조로 설치하여야 한다. 또한, 침수를 방지할 수 있도록 구조물을 배치하는 등 시설의 안정성을 확보하여야 하며, 강우가 설계유량 이상으로 유입되는 것에 대비하여 우회시설도 마련해야 한다. 마지막으로 비점오염저감시설은 시설 유형별로 적절

한 체류시간을 갖도록 하는 것이 중요하다.

비점오염저감시설을 관리 및 운영하는 경우에는 설치한 저감시설의 보존 상태와 주변부의 환경, 상황 등을 파악하여 시설물의 기능을 유지하기 어렵거나 어렵게 될 우려가 있는 부분을 보수하여야 한다. 그리고 저감시설의 기능이 정상 상태로 유지될 수 있도록 침전부 및 여과시설의 슬러지 및 협잡물뿐만 아니라 유입 및 유출 수로의 협잡물, 쓰레기 등도 수시로 제거하여야 하며, 준설한 슬러지는 「폐기물관리법」에 따른 기준에 맞도록 처리한 후 최종 처분하여야 한다. 이러한 관리가 부적절할 경우에는 [그림 4-12]에서 보는 바와 같이 수로 내 협잡물이 쌓이거나 강우 시 수로가 범람하는 등의 문제가 발생할 수 있다.

[그림 4-12] 수로의 협잡물 퇴적 사례

정기적으로 시설을 점검하되, 장마 등 큰 유출이 있는 경우에는 시설을 전반적으로 점검하고 주기적으로 오염물질의 유입량, 유출량 및 제거율을 조사하여야 한다. 즉, 비점오염저감시설은 설치뿐만 아니라 시설의 유지관리계획을 적절히 수립하여 주기적으로 점검하는 것이 중요하다고 할 수 있다.

◇ 시설유형별 설치 및 관리·운영 기준

1) 자연형 시설의 설치 기준

자연형 시설에 속하는 저류시설, 인공습지, 침투시설 및 식생형 시설 이상 4개 유형별 세부설치기준을 제시하면 [표 4-6]과 같다.

[표 4-6] 자연형시설 유형별 설치기준

유 형	설 치 기 준
저류시설	▪ 자연형 저류지는 지반을 절토·성토하여 설치하는 등 사면의 안전도와 누수를 방지하기 위하여 제반 토목공사 기준을 따라 조성해야 한다. ▪ 저류지 계획최대수위를 고려, 제방의 여유고가 0.6미터 이상이 되도록 설계한다. ▪ 강우유출수가 유입되거나 유출될 때에 시설의 침식이 일어나지 않도록 유입·유출구 아래에 웅덩이를 설치하거나 사석(砂石)을 깔아야 한다. ▪ 처리효율을 높이기 위하여 비율은 1.5:1(길이:폭) 이상이 되도록 하여야 한다.
인공습지	▪ 인공습지의 유입구에서 유출구까지의 유로는 최대한 길게 하고, 길이 대 폭의 비율은 2:1 이상으로 한다. ▪ 다양한 생태환경을 조성하기 위하여 인공습지 전체 면적 중 50%는 얕은 습지(0~0.3m), 30%는 깊은 습지(0.3~1.0미터), 20%는 깊은 못(1~2m)으로 구성한다. ▪ 유입부에서 유출부까지의 경사는 0.5% 이상 1.0% 이하의 범위를 초과하지 아니하도록 하고, 생물의 서식 공간을 창출하기 위하여 5종부터 7종까지의 다양한 식물을 심어 생물다양성을 증가시킨다.
침투시설	▪ 침전물로 인하여 토양의 공극이 막히지 아니하는 구조로 설계한다. ▪ 침투시설 하층 토양의 침투율은 시간당 13밀리미터 이상이어야 하며, 동절기에 동결로 기능이 저하되지 아니하는 지역에 설치한다. ▪ 지하수 오염을 방지하기 위하여 최고 지하수위 또는 기반암으로부터 수직으로 최소 1.2미터 이상의 거리를 두도록 한다. ▪ 침투도랑, 침투저류조는 초과유량의 우회시설을 설치한다.
식생형 시설	▪ 길이 방향의 경사를 5% 이하로 한다. ▪ 식생 및 토양층과 강우유출수의 접촉시간을 최대화하여 처리 효율을 높이는 것이 좋다. ▪ 유입구의 막힘 가능성을 최소화하기 위하여 불투수 지역으로부터 유출수가 직접 유입하는 경우, 유입 지점에 자갈 격벽을 설치하는 것을 고려할 수 있다.

[출처] 건설교통부, 2006.12, 비점오염저감시설의 설치 및 관리·운영 매뉴얼 ; 환경부, 2008.12, 환경친화적 도로유지관리 잠정지침

2) 장치형 시설의 설치 기준

장치형시설에 속하는 여과형, 와류형, 스크린형, 응집·침전 처리형 및 생물학적 처리형 등 총 5개 유형별 세부설치기준을 제시하면 [표 4-7]과 같다.

[표 4-7] 장치형 시설 유형별 설치 기준

유 형	설 치 기 준
여과형 시설	▪ 시설의 제거효율, 공사비 및 유지관리비용 등을 고려하여 저장용량, 체류시간, 여과재 등을 결정한다. ▪ 여과재 통과수량을 고려하여 여과 면적과 여과 깊이 등을 설계한다.
와류형 시설	▪ 입자성(粒子性) 수질오염물질을 효과적으로 분리하기 위하여 와류가 충분히 형성될 수 있도록 체류시간을 고려하여 설계한다. ▪ 입자상 수질오염물질의 침전율을 높일 수 있도록 수면적 부하율을 최대한 낮추어야 한다. ▪ 슬러지 준설을 위한 장비의 반입 등이 가능한 구조로 설계한다.
스크린형 시설	▪ 제거대상 물질의 종류에 따라 적정한 크기의 망을 설치한다. ▪ 슬러지의 준설을 위한 장비의 반입 등이 가능한 구조로 설계한다.
응집·침전 처리형 시설	▪ 단시간에 발생하는 유량을 차집(遮集)하기 위하여 저감시설 앞단에 저류조를 설치한다.
생물학적 처리형 시설	▪ 미생물 접촉시설에 이들 수질오염물질이 유입하지 않도록 여과재 또는 미세 스크린 등을 이용하여 토사 및 협잡물을 제거한다. ▪ 미생물 접촉시설은 비가 오지 않을 때에도 미생물 정화기능이 유지되도록 설계한다.

3) 자연형 시설의 관리·운영기준

저류시설은 저류지의 침전물을 주기적으로 제거하는 것이 중요하다. 인공습지의 경우, 동절기(11월~이듬 해 3월)에 말라 죽은 식생(植生)과 퇴적물을 주기적으로 제거하고, 인공습지의 식생대가 50% 이상 고사하는 경우에는 추가로 수생식물을 심어야 한다. 또한, 인공습지 식생대의 과도한 성장을 억제하고 유로(流路)가 편중되지 않도록 수생식물을 잘라내는 등 지속적인 관리가 필요하고 인공습지 침사지의 매몰 정도를 주기적으로 점검하되, 50% 이상 매몰될 경우에는 토사를 제거하여야 한다.

침투시설의 경우, 토양의 공극이 막히지 않도록 시설 내의 침전물을 주기적으로 제거하고 침투단면의 투수계수 또는 투수용량 등을 주기적으로 조사해 막힘 현상이 발생하지 않도록 조치한다. 마지막으로 식생형 시설의 경우, 식생 안정화 기간 동안 강우유출수를 우회시키고, 식생수로 바닥의 퇴적물이 처리용량의 25%를 초과하는 경우에는 침전된 토사를 제거하며, 침전물질이 식생을 덮거나 생물학적 여과시설의 용량을 감소시키기 시작하면 침전물을 제거한다. 특히, 동절기에 말라 죽은 식생을 제거·처리하는 것도 필요하다.

4) 장치형 시설의 관리·운영기준

여과형 시설의 경우, 전(前)처리를 위한 침사지(沈砂池)는 저장 능력을 고려하여 주기적으로 협잡물과 침전물을 제거하여야 하고, 시설의 성능을 유지하기 위하여 필요하면 여과재를 교체하거나 침전물을 제거해야 한다. 와류(渦流)형 시설은 침전물의 저장능력을 고려하여 주기적으로 침전물을 제거하여야 한다. 스크린형 시설의 경우에도 망이 막히지 아니하도록 망 사이의 협잡물 등을 주기적으로 제거할 필요가 있다.

응집·침전 처리형 시설의 경우에는 다량의 슬러지(sludge) 발생에 대한 처리계획을 세우고 발생한 슬러지는 「폐기물관리법」에 따라서 처리한다. 또한 쟈 테스트(Jar-test)를 실시하거나 쟈 테스트를 통하여 작성된 일람표 등을 이용하여 유입수의 농도 변화에 따라 적정량의 응집제를 투입하고 주기적으로 부대시설에 대한 점검을 실시한다. 마지막으로 생물학적 처리형 시설의 경우, 강우유출수에 포함된 독성물질이 미생물의 활성에 영향을 미치지 않도록 관리하고 부하변동이 심한 강우유출수의 적정한 처리를 위해 미생물의 활성(活性)을 유지하도록 한다.

◇ 비점오염원 설치신고

비점오염원 설치신고 제도는 강우 시 수질오염을 유발하는 비점오염 배출원을 관리하고 오염물질을 줄이기 위해서 2006년 4월부터 도입되었다[18].

도로건설사업의 경우에는 2007년 11월 30일 이후 환경영향평가서를 제출하는 사업자 및 환경영향평가서를 재작성하여야 하는 사업자부터 [그림 4-13]의 절차에 따라 설치신고를 하도록 되어 있다.

---

18) 환경부는 비점오염원 설치신고제도가 도입된 지 3년 이상이 지났음에도 신고대상 업체 스스로가 비점오염신고 대상인지 여부를 알지 못하여 비점오염원 설치신고를 하지 않는 사례가 다수 존재하는 것으로 파악하여 2009년 8월부터 12월말까지 미신고 비점오염원 설치 자진신고 기간을 설정·운영한 바 있다.

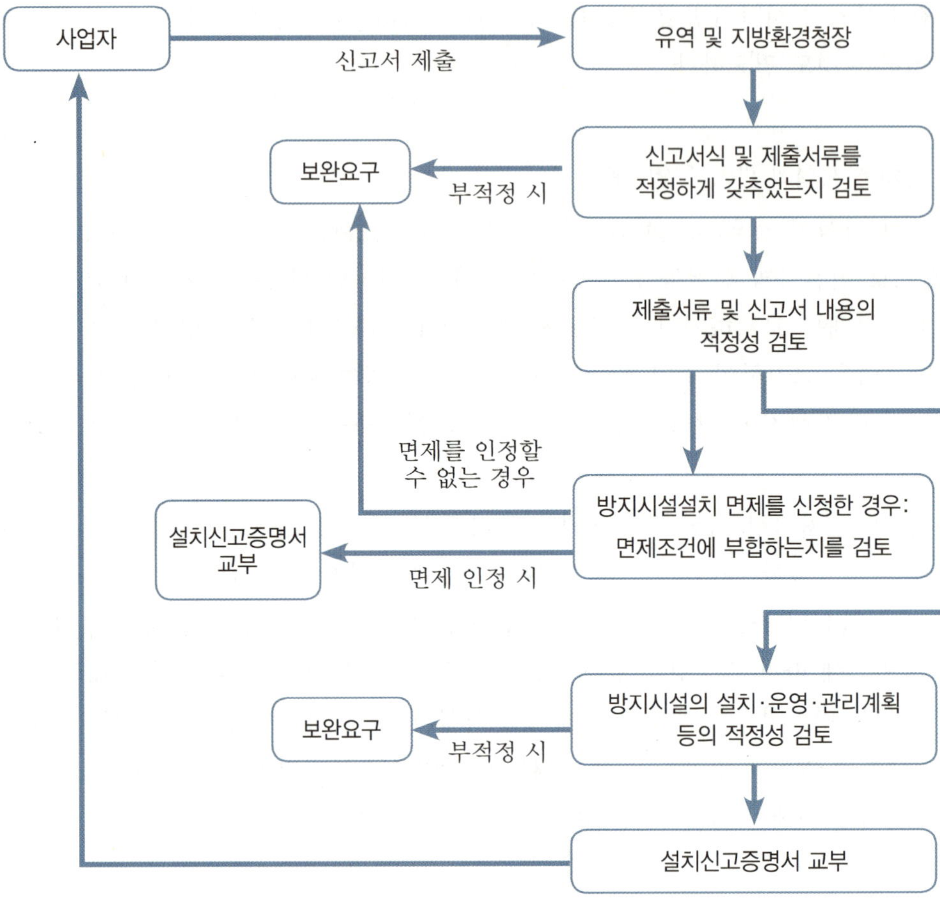

[그림 4-13] 비점오염원 설치신고절차

설치신고 시점은 「환경영향평가법」에 따라 승인을 받거나 사업계획을 확정한 날로부터 30일 이내이며, 비점오염원 설치신고서를 작성하여 유역환경청장이나 지방환경청장에게 제출하면 된다. 비점오염원 미신고시에는 1년 이하 징역 또는 1천만 원 이하 벌금의 벌칙이 적용된다. 비점오염원 설치신고시 필요한 서류는 다음과 같다.

- 비점오염원 설치신고서(시행규칙 별지 제33호 서식)
- 개발사업 등에서 발생하는 주요 비점오염원 및 비점오염물질에 관한 자료
- 개발사업 등의 평면도 및 비점오염물질의 발생·유출 흐름도
- 개발사업 등의 유지관리 및 강우유출수 저감방안 등에 관한 비점오염저감계획서
- 비점오염저감시설 설치·운영·관리계획 및 비점오염저감시설의 설치명세서 및 도면

비점오염원 설치신고를 하여 설치신고증명서를 교부받은 경우에도 상호·대표자·사업명 또는 업종의 변경, 총 사업면적·개발면적 또는 사업장 부지 면적이 처음 신고 면적의 15% 이상 증가하는 경우, 비점오염저감시설의 종류, 위치, 용량이 변경되는 경우, 비점오염원 또는 비점오염저감시설의 전부 또는 일부를 폐쇄하는 경우에는 반드시 변경신고를 이행하여야 한다. 비점오염원 변경신고를 하지 않았을 경우에는 300만원 이하의 과태료를 부과하고 있다.

한편, 비점오염저감시설의 설치 시기를 살펴보면, 공사 중 발생하는 비점오염물질을 처리하기 위한 비점오염저감시설은 공사개시 2일 전에, 공사완료 후 그 개발사업 등으로 발생되는 비점오염물질을 처리하기 위한 비점오염저감시설은 공사 준공시에 설치하여야 한다.

비점오염저감시설의 모니터링

비점오염원 설치신고에 따른 비점오염저감시설의 모니터링은 비점오염저감계획서 작성방법 고시에서 정하는 바에 따라 모니터링 주기 및 방법을 설정하는 것이 바람직하다.

모니터링 계획은 크게 공사중 모니터링과 공사 완료후 모니터링으로 구분할 수 있다. 공사중 모니터링은 강우시 수시로 육안 검사를 실시하고, 연간 2회 이상 유입수와 유출수의 수질을 분석하여 보관한다. 육안 검사는 강우직전, 강우중 1시간 간격으로, 강우완료 직후로 나누어 이루어져야 하며, 조사항목은 탁도, 고형물, 거품 등을 육안으로 검사하여 기록·보관한다. 수질분석은 유입수 및 유출수가 발생한 후 2시간 이내에 시료를 채취하여 분석하고, 수질검사시 조사항목은 부유물질(SS), 탁도를 포함하여 유출가능한 오염물질을 선정하여 수질오염공정시험방법에 의해 분석하도록 한다.

[그림 4-14] 강우 시 채수 및 모니터링 사례

공사 완료 후 모니터링은 [그림 4-14]와 같이 분기별로 유입수 및 유출수의 이상 유무를 육안 검사하고, 연간 1회 이상 유입수 및 유출수의 수질을 분석하여 보관한다. 다만, 비점오염저감시설 설치 후 1년간은 반기별로 수질을 분석하여 보관한다. 분기별 육안검사는 유입수 및 유출수가 발생한 후 30분 이내에 이루어져야 하고, 대상 강우사상은 이전 강우사상으로부터 72시간 이상 지나야 하며 색도, 냄새, 탁도, 고형물, 거품, 기름띠 등을 육안으로 검사하여 기록·보관하도록 한다. 수질검사시 조사항목은 부유물질(SS), BOD를 포함하여 유출가능한 오염물질을 선정하여 수질오염공정시험방법에 의해 분석한다.

[그림 4-15]는 강우시 자연형 비점오염저감시설의 유입수와 유출수를 시간대별로 채취한 후 탁도 등 육안검사 사례를 보여주고 있다.

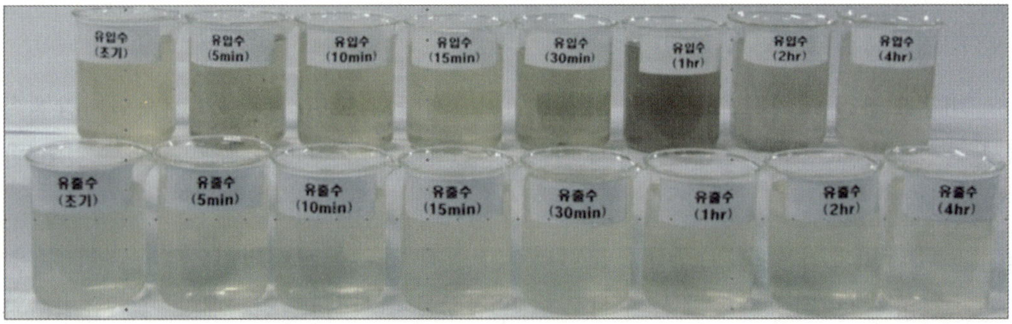

[그림 4-15] 자연형 시설의 유입·유출부 시간대별 육안검사 사례

비점오염원 관리지역 지정제도

비점오염원 관리지역 지정제도는 「수질 및 수생태계 보전에 관한 법률」 제54조에 따라 비점오염원에서 유출되는 강우유출수로 인하여 하천·호소 등의 이용목적, 주민의 건강·재산이나 자연생태계에 중대한 위해가 발생하거나 발생할 우려가 있는 지역을 관리하기 위하여 운영하는 제도이다. 지정 기준은 「환경정책기본법」 시행령 제2조에 따른 하천 및 호소의 수질에 관한 환경기준에 미달하는 유역으로 유달부하량(流達負荷量) 중 비점오염기여율이 50퍼센트 이상인 지역, 비점오염물질에 의하여 자연생태계에 중대한 위해가 초래되거나 초래될 것으로 예상되는 지역, 인구 100만 이상의 도시로서 비점오염원관리가 필요한 지역, 「산업입지 및 개발에 관한 법률」에 따른 국가산업단지, 지방산업단지로 지정된 지역으로 비점오염원관리가 필요한 지역, 지질·지층구조가 특이하여 특별한 관리가 필요하다고 인정되는 지역 등이

이에 해당된다. 지난 2007년 8월에 소양호, 도암호, 임하호, 광주광역시 등 4개 지역이 비점오염원 관리지역으로 지정된 바 있으며, 비점오염원 관리지역 관리절차는 [그림 4-16]과 같다.

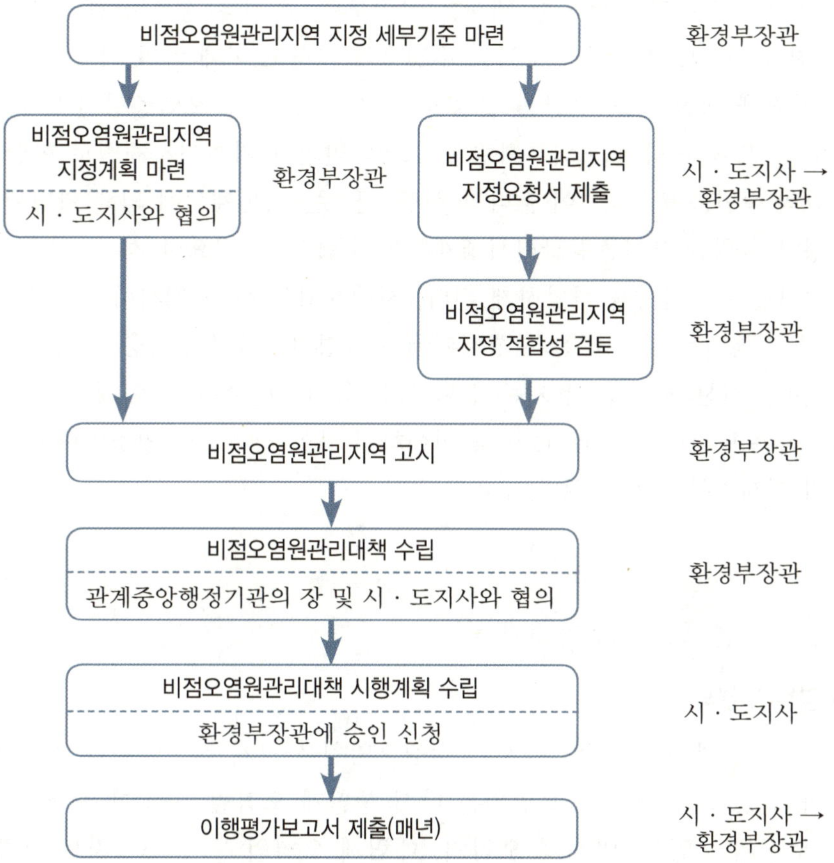

[그림 4-16] 비점오염원 관리지역 관리절차도

4.2.3 수질오염총량관리제도 협의

◈ 시행체계(임의제, 의무제) 비교

현재 한강수계에 시행되고 있는 임의적 수질오염총량관리제는 의무제로 시행되고 있는 3대강 수계와 제도 시행상의 차이점이 있다. 우선 한강수계 수질오염총량관리제 시행체계는 비교적 간단하다고 볼 수 있다. 시장·군수는 오염총량관리계획을 수립한 후 환경부 장관의 승인을 거쳐 시행하게 되는데, 자율적 시행체계이므로 수질오염총량관리제 관리 계획을 위한 기본방침 및 기본계획이 따로 없으며 곧바로 시장 · 군수와 환경부가 협의를 거쳐 시행 계획이 수립·승인 후 시행된다. 일단 계획이 시행되면 총량관리대장의 작성과 매년 이행평가보고서를 환경부에 제출하도록 되어 있지만, 계획의 시행이 원활하지 않은 경우 법적으로 정해진 직접적인 제재는 없다[19].

반면 의무적 총량관리의 시행 체계를 살펴보면, 우선 환경부 장관이 오염총량관리기본방침과 시 ·도 경계지점의 목표 수질을 고시하고 이에 따라 시·도지사가 관할 구역 내 지점에 대한 목표 수질을 설정한다. 시·도지사는 오염총량관리기본계획을 수립하여 시·도에 할당된 오염부하량을 소유역별이나 기초지자체별로 할당하고 환경부 장관의 승인을 받는다. 이에 따라 시장·군수는 기본계획에 의해 할당된 허용총량을 달성하기 위한 오염총량관리시행계획을 수립하고, 필요한 경우 오염원 그룹별 또는 오염자별로 부하량을 할당하게 된다. 시행계획은 시·도지사나 지방환경관서장의 승인 후 시행되는데, 이러한 시행계획에는 환경기초시설의 확충 등의 공공부문과 오염방지시설 개선과 배출허용기준 강화 등을 통한 민간부문의 이행을 통해 오염부하를 감축하는 방안이 포함되며, 이를 이행하지 못할 경우 개선명령이나 총량초과부과금 등의 제재조치를 받게 된다.

⟡ 오염원의 분류 및 발생부하량 산정

1) 오염원의 분류

수질오염총량관리 기본방침에서는 수질오염원을 크게 점오염원과 비점오염원으로 구분하고 있으며, 점·비점오염원은 다시 생활계 오염원, 축산계 오염원, 산업계 오염원, 토지계 오염원, 양식계 오염원, 매립계 오염원 등 총 6가지로 분류되는데 각 그룹에 대한 세부구분은 수계오염총량관리기술지침(국립환경과학원, 2008)에 따르고 있다. 도로사업의 경우에는 [표 4-8]에 제시된 바와 같이 6개 오염원 중 생활계(점오염원) 및 토지계(비점오염원)의 2개 오염원이 발생부하량 산정시 주된 관심항목이라 할 수 있다.

19) 임의제 실시가 법·절차적 관점에서 더 간단하게 보이고 결과에 따른 제재 조치가 불명확해서 쉬울 것 같지만 오히려 계획 수립의 기준이 모호하고, 책임소재가 분명치 않아 3대강 수계보다 논란이 더 큰 상황이 지속되고 있다는 시각도 있다(경기개발연구원, 2008, 수질오염총량관리제의 합리적 시행을 위한 정책수립 및 대응전략 연구보고서).

[표 4-8] 생활계 및 토지계의 점오염원 및 비점오염원 구분표

오염원 그룹	점오염원	비점오염원
생활계	▪ 개별배출수: 생활하수가 환경기초시설로 유입되지 않는 구역의 가정 및 영업장으로부터 공공수역으로 배출되는 생활계 배출수 ▪ 환경기초시설 방류수: 공공수역으로 방류되는 환경기초시설의 생활계 방류수 ▪ 생활계 관거누수 및 미처리배제수	▪ 생활계 관거월류수
토지계	▪ 환경기초시설 방류수 : 공공수역으로 방류되는 환경기초시설의 토지계 방류수 ▪ 토지계 관거누수 및 미처리배제수	▪ 개별배출수: 환경기초시설로 연결된 관거로 유입되지 않는 구역의 토지계 배출수 ▪ 토지계 관거월류수

2) 생활계 오염원

생활계는 크게 가정 인구, 영업 인구로 오염원을 구분할 수 있는데, 보통 도로사업에 해당되는 영업인구(예: 터널관리사무소 등)의 발생부하량은 오수발생유량에 오수발생농도를 곱하여 산정하게 된다. 이러한 발생부하량 산정 후에는 생활계 오염물질 배출구조를 감안하여 환경시설 등을 통한 삭감을 고려한 배출부하량을 산정하게 된다. 생활계 배출원은 환경기초시설의 처리구역과 미처리구역으로 구분하여 처리구역은 우수와 오수를 함께 배제하는 합류식 관거 사용인구와 우수와 오수를 분리하여 배제하는 분류식 관거 사용인구로, 미처리구역은 재래식화장실(수거식), 단독정화조, 오수처리시설 사용 인구로 세분할 수 있다. 이러한 생활계 오염물질 배출구조를 종합적으로 나타내면 [그림 4-17]과 같다.

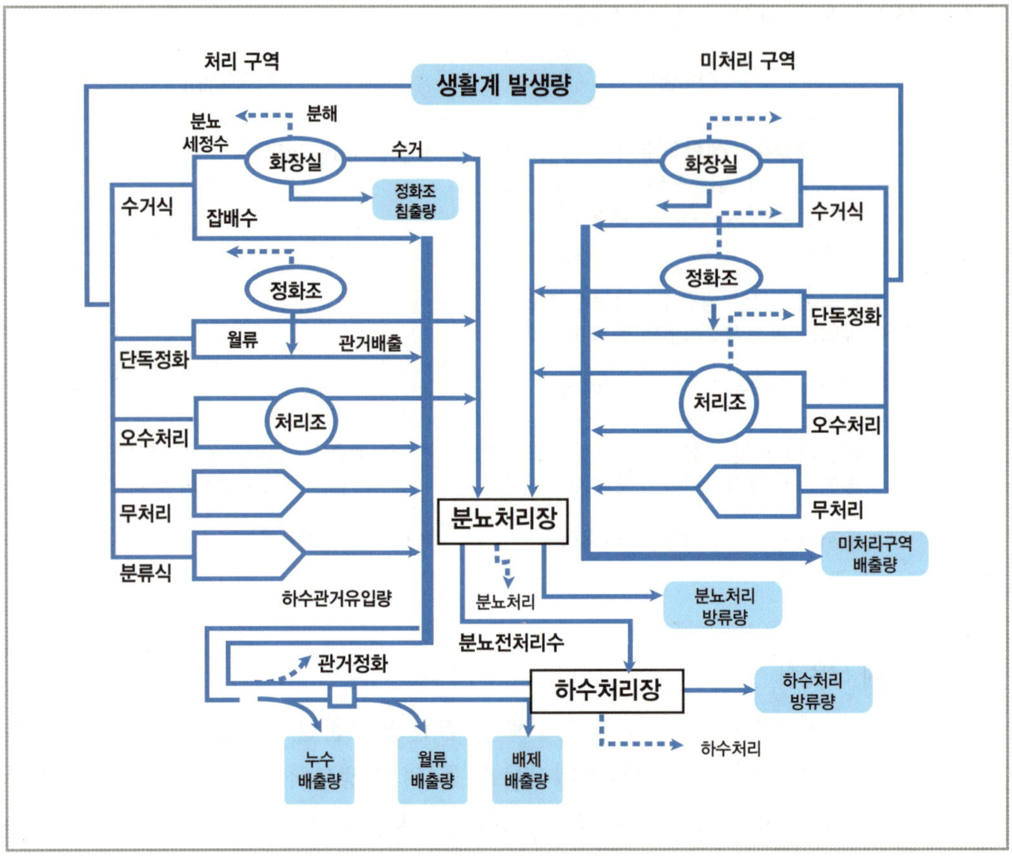

[그림 4-17] 생활계 오염물질 배출구조

3) 토지계 오염원

원칙적으로 토지계의 발생부하량은 유량과 수질을 연속 측정하여 수문곡선(hydrograph)과 오염부하곡선(pollutograph)을 도출하여 산정할 수 있다. 다만, 토지계 발생부하량에 대한 실측 조사가 어려울 경우에는 각 지목별 면적과 지목별 연평균 발생부하원단위 등을 활용하여 발생 부하량을 개략적으로 산정할 수 있다.

[표 4-9] 토지계 지목별 연평균 발생부하원단위 (단위: kg/㎢·일)

지목	BOD	T-N	T-P
전	1.59	9.44	0.24
답	2.30	6.56	0.61
임야	0.93	2.20	0.14
대지	85.90	13.69	2.10
기타	0.960	0.759	0.027

지목별 연평균 발생부하원단위는 BOD, T-N, T-P의 3가지 오염물질을 대상으로 전, 답, 임야, 대지, 기타 등 5개 지목으로 구분되어 있으며, 도로(도로사면은 제외)는 대지 지목의 원단위값(예 : BOD의 경우 85.90kg/㎢·일)을 사용하게 되고, 도로사면은 기타 지목에 포함(예 : BOD의 경우 0.960kg/㎢·일)된다.

토지계 배출원은 토지로부터 유출된 오염물질이 합류식 관거 또는 분류식 관거에 침투되어 환경기초시설로 유입되는 차집구역과 미차집구역으로 크게 구분하여 각 구역에서 지목에 따라 세분한다. 토지에서의 오염물질 배출경로는 개별 처리, 환경기초시설로의 이송, 개별 배출로 세분할 수 있는데, 도로사업에서의 대표적인 삭감 방법은 개별 처리로서 비점오염저감시설 설치·운영이 이에 해당된다. 토지계 오염물질 배출구조를 종합적으로 나타내면 [그림 4-18]과 같다.

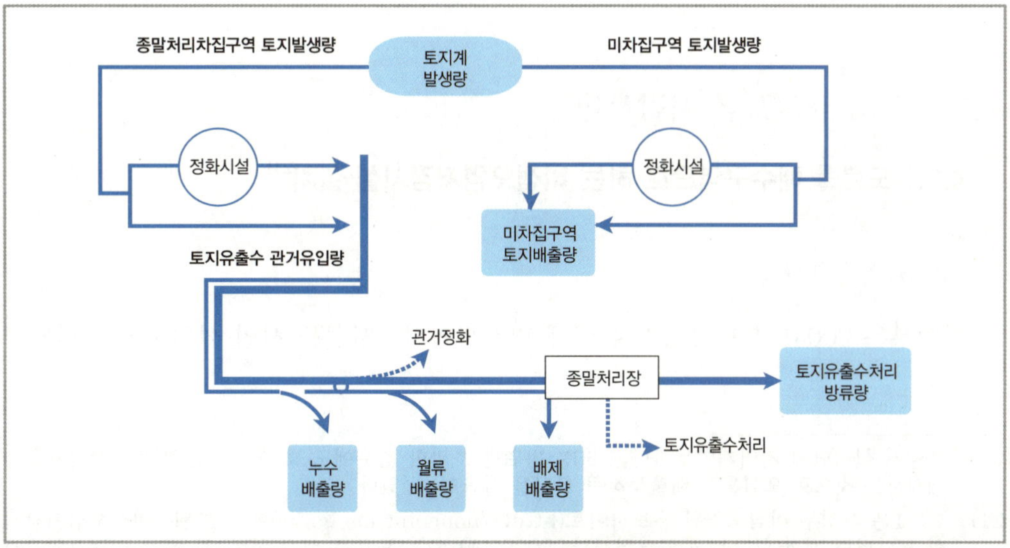

[그림 4-18] 토지계 오염물질 배출구조

◇ 수질오염총량제 협의

수계별 수질오염총량관리 기본방침에서는 '지역개발부하량의 관리'에 관한 내용을 제시하고 있다. 즉, 도로건설과 같이 지역개발사업을 추진하고자 하는 자는 해당 사업지역의 광역시장·시장·군수로부터 오염물질 배출부하량을 할당받아야 하며, 환경부장관 또는 지방환경관서의 장에게 지역개발사업에 대한 협의(환경성검토, 사전환경성검토서 및 환경영향평가서에 대한 검토·협의 등을 포함)를 요청할 때에는 할당받은 증빙서류를 첨부하여야 한다. 이러한 증빙서류에는 개발사업목록 또는 개발사업간 부하량조정내역서(시행계획 수립지역에 한함), 누적관리대장(수질개선 사업지역 또는 총량관리계획기간 이후 완공되는 사업에 한함)이 포함된다.

해당 수계지역의 시장·군수는 지역개발사업을 추진하고자 하는 자에게 지역개발부하량 범위 내에서 배출부하량을 할당할 수 있고, 시행청은 시행계획에 반영되어 있지 않은 개발사업의 오염물질 배출부하량 할당은 개발사업간 부하량 조정 내역서로 갈음할 수 있다.

한편, 시장·군수는 총량관리계획기간 종료 후에 오염물질이 배출되는 지역개발사업에 대하여는 동 계획기간의 지역개발부하량의 60% 범위 내에서 오염물질 배출부하량을 할당할 수 있다. 또한, 시장·군수는 지역개발부하량이 소진된 경우, 도로건설 등 공공 목적의 긴급한 개발사업에 대해서는 지역개발사업의 배출부하량에 상응하는 오염물질 추가 삭감 계획을 제시하는 것으로 오염물질 배출부하량 할당을 갈음할 수 있다[20].

4.3 도로의 수질오염 저감사례

4.3.1 도로를 배수구역으로 하는 비점오염저감시설 설치[21]

◇ 비점오염저감시설 설치비

환경부는 2004년부터 4대강 유역에 비점오염저감시설을 시범 설치하고 모니터링

20) 총량제 실시단계 지역개발부하량의 60% 범위를 초과한 경우에도 초과량 만큼의 추가삭감계획을 제시하는 것으로 오염물질 배출부하량 할당을 갈음할 수 있다

21) 4.3.1은 환경부 비점오염원 홍보사이트(http://nonpoint.me.go.kr)에 등록된 「비점오염저감시설 모니터링 결과(환경부 물환경정책과, 2009.10)」에서 도로를 배수구역으로 하는 비점오염저감시설에 한해 관련 시설정보 및 모니터링 결과를 활용하여 자체적으로 재분석한 것이다.

을 실시하고 있다. 그 중 한강수계에서 45번 국도 등 도로를 배수구역으로 하는 비점오염저감시설은 [표 4-10]에서 보는 바와 같이 자연형 4개소, 장치형 5개소가 있다[22].

[표 4-10] 도로를 배수구역으로 하는 비점오염저감시설 시범 설치 내역

구 분	시설종류	소재지	배수구역 (ha)	저감시설 설치비 (백만원/ha)
자연형	평균			53.54
	식생수로	용인 삼계	0.77	10.39
	침투도랑	용인 전대1	0.3	80.00
	침투도랑	이천IC	1.6	43.75
	침투도랑	용인 전대2	0.5	80.00
장치형	평균			136.48
	스크린형	용인 운학	0.3	216.67
	와류형	광주 상번천	1	49.00
	여과형	용인 삼계	0.77	63.64
	여과형	용인 왕산	0.65	287.69
	여과형	광주 추자	0.52	65.38

[출처] 환경부, 2009.10, 비점오염저감시설 모니터링 결과

[표 4-10]에서 배수면적당 비점오염저감시설 설치비를 비교해 보면, 자연형은 평균 53.54백만원/ha, 장치형은 136.48백만원/ha으로 자연형시설의 단위설치비가 장치형의 약 39% 수준임을 알 수 있다.

◈ 비점오염저감시설 처리효율

부하량 합산법(Summation of Loads, SOL)[23]으로 비점오염저감시설 처리효율을 산정한 결과는 [표 4-11]과 같다. 전반적으로 자연형 시설이 장치형 시설보

22) 장치형 시설이 총 6개소이나, 그 중 광주 장지에 소재한 여과형 시설(배수구역 0.32ha)은 배수구역 변동으로 강우유출수 대부분이 시설로 유입되지 않은 것으로 나타나 본 분석에서 제외하였다.

다 처리효율이 높은 것을 알 수 있으며, 자연형 시설의 경우 TSS, BOD, COD 3가지 항목 모두 시설 종류와 관계없이 최소 50% 이상의 처리효율을 보이고 있는 것이 주목할 만하다. 또한, 자연형 시설의 처리효율은 TSS 79.8~92.1%, BOD 59.2~86.9%, COD 61.0~89.5%, 장치형 시설의 처리효율은 TSS 29.0~87.4%, BOD 15.4~52.1%, COD 13.8~54.4%로 장치형 시설의 처리효율 편차가 자연형 시설에 비해 큰 편이다. 이는 결국 자연형 시설이 장치형 시설에 비해 비교적 안정적인 처리가 가능함을 의미한다고 볼 수 있다.

[표 4-11] 비점오염저감시설 처리효율

구분	시설종류	소재지	배수구역 (ha)	처리효율(%)		
				TSS	BOD	COD
자연형	평균			85.7	73.6	81.2
	식생수로	용인 삼계	0.77	89.6	62.3	89.5
	침투도랑	용인 전대1	0.3	92.1	86.9	86.0
	침투도랑	이천IC	1.6	79.8	59.2	61.0
	침투도랑	용인 전대2	0.5	81.4	85.9	88.3
장치형	평균			47.3	30.8	32.5
	스크린형	용인 운학	0.3	32.8	26.1	25.1
	와류형	광주 상번천	1	29.0	20.6	13.8
	여과형	용인 삼계	0.77	87.4	52.1	54.4
	여과형	용인 왕산	0.65	39.7	39.6	41.5
	여과형	광주 추자	0.52	47.8	15.4	27.5

[출처] 환경부, 2009.10, 비점오염저감시설 모니터링 결과

23) 비점오염저감시설 처리효율 평가 방식에는 제거 효율법(Efficiency Ratio, 모니터링 강우별 유입·유출 농도 산술평균 저감효율), 부하량 합산법(Summation of Loads, 모니터링 강우의 유입·유출 부하량 합에 대한 저감효율) 등이 있으며, 부하량 합산법이 저감효율평가에 가장 적합하다고 할 수 있다.

◇ 비점오염저감시설 운영관리비

자연형 시설과 장치형 시설에 대해 연평균 운영비(천원/년), 배수면적당 운영비(천원/년/ha), TSS 저감량당 운영비(천원/년/TSS-kg)를 [표 4-12]에서와 같이 비교해 보면, 자연형 시설이 장치형 시설에 비해 운영관리비가 상대적으로 저렴함을 쉽게 알 수 있다.

[표 4-12] 비점오염저감시설 운영관리비

구 분	시설종류	소재지	배수구역 (ha)	연평균 운영비 (천원/년)	배수면적당 운영비 (천원/년/ha)	오염물질 저감량당 운영비 (천원/년/TSS-kg)
자연형	평균			1,893	3,380	5.6
	식생수로	용인 삼계	0.77	2,547	3,308	9.0
	침투도랑	용인 전대1	0.3	1,786	5,953	2.0
	침투도랑	이천IC	1.6	1,614	1,009	1.7
	침투도랑	용인 전대2	0.5	1,624	3,248	9.5
장치형	평균			3,695	6,334	8.5
	스크린형	용인 운학	0.3	2,243	7,477	13.9
	와류형	광주 상번천	1	2,447	2,447	3.0
	여과형	용인 삼계	0.77	3,592	4,665	2.6
	여과형	용인 왕산	0.65	6,546	10,071	18.6
	여과형	광주 추자	0.52	3,646	7,012	4.2

[출처] 환경부, 2009.10, 비점오염저감시설 모니터링 결과

◇ 도로에 적합한 비점오염저감시설

이상에서 살펴본 바와 같이 도로를 배수구역으로 하는 비점오염저감시설(자연형 4개소, 장치형 5개소)의 설치비, 처리효율, 운영관리비를 종합적으로 비교·분석한 결과 [표 4-13]에서 보는 바와 같이 자연형 시설이 장치형 시설에 비해 설치비 및 유지관리비가 저렴하고 처리효율도 상대적으로 우수함을 알 수 있다. 환경부도 자연형 시설이 장치형 시설에 비해 여러 가지 측면에서 유리하다고 보고 있으며, 장치형 시

설은 유지관리의 정도에 따라 처리효율의 편차가 크게 발생한다고 보고 있다.

[표 4-13] 자연형 및 장치형 시설간 비교결과

구분	자연형	장치형	비교결과
설치비용 (백만원/ha)	53.5	136.5	39% 저렴
처리효율 (%, BOD 기준)	73.6	30.8	약 2배 수준
배수면적당 운영비 (천원/년ha)	3,380	6,334	약 1/2 수준

"도로에는 자연형 시설이 보다 적합"

「수질 및 수생태계 보전에 관한 법률」이 개정됨에 따라 도로건설사업의 경우에는 2007년 11월 30일 이후 환경영향평가서를 제출하는 사업자 및 환경영향평가서를 재작성해야 하는 사업자부터 비점오염원 설치신고를 하도록 되어 있다. 고속도로 건설사업도 이러한 개정안에 따라 2007년 12월 환경영향평가서를 제출한 남해고속도로(서김해~사상간) 확장사업 및 남해고속도로(서김해-남양산간) 확장사업부터 비점오염원 설치신고서를 관할지방환경청에 제출하고 있으며, 저감시설 설치 및 유지관리 측면에서 자연형 시설의 유리함을 충분히 인지하여 부득이한 경우를 제외하고는 자연형 비점오염저감시설 설치 계획을 수립하여 신고하고 있다.

4.3.2 도로건설사업 오염물질 발생부하량 및 배출부하량 산정

수계별 수질오염총량관리 기본방침에 따라 도로건설사업을 추진하고자 할 때에는 해당 사업지역의 광역시장·시장·군수로부터 오염물질 배출부하량을 할당받아야 한다. 따라서 도로 건설을 추진할 때 발생부하량 및 배출부하량을 산정하는 것은 가장 기초적인 단계라 할 수 있다. 따라서 여기에서는 15㎞ 연장의 고속도로를 건설한다고 가정하였을 때 최종적으로 추가 배출되는 BOD 부하량 산정 절차 및 방법을 소개하고자 한다.

■ A 고속도로 건설 (연장 15㎞, 왕복 4차로)
주요 시설물 : 교량 12개소, 영업소 1개소(B 영업소)

■ 고속도로 노선의 C군 편입면적 : 1.065㎢
(1) 시행전 : 전 0.28㎢, 답 0.09㎢, 임야 0.6㎢, 대지 0.015㎢, 기타 0.08㎢
(2) 시행후 : 도로 0.31㎢, 사면 0.62㎢, 교량 0.132㎢, 영업소:0.003㎢

■ BOD 저감계획
(1) 영업소에 자체 오수처리시설 설치
(BOD 방류수 농도는 10mg/ℓ 이하로 처리)
(2) 교량부 전체를 배수구역으로 하는 자연형 비점오염저감시설
(침투도랑, BOD 처리효율 70%, 설계기준강우 5㎜) 설치

◇ 도로건설 전·후의 발생부하량 산정

A 노선 건설전 발생부하량은 토지계만 해당이 되며, 건설후 발생부하량은 생활계 및 토지계로부터 기인한다. 사업 시행전 토지계 발생부하량은 지목별 편입부지 면적과 제2단계 수질오염총량관리기술지침에서 규정한 토지계 지목별 원단위 자료를 곱하면 계산할 수 있다.

토지계 발생부하량 = Σ (지목별 면적 × 지목별 연평균 발생부하 원단위)

따라서, 총 편입면적 1.065㎢를 전, 답, 임야, 대지, 기타 등 5가지 지목으로 구분하여 [표 4-14]의 방법으로 발생부하량을 산출하면 2.575kg/일이 된다.

[표 4-14] A 노선의 지목별 C군 편입면적 현황

구 분	계	전	답	임야	대지	기타
편입면적(㎢)	1.065	0.280	0.090	0.600	0.015	0.080
BOD 원단위 (kg/㎢·일)		1.59	2.3	0.93	85.9	0.96
BOD 발생부하량 (kg/일)	2.575	0.445	0.207	0.558	1.289	0.077

사업 시행 후 발생부하량은 고속도로 운영 시 B 영업소에서 발생하는 생활계 발생부하량과 편입용지의 도로, 사면 및 시설물 계획에 따른 토지계 배출부하량으로 구분할 수 있다.

먼저 고속도로 노선에서 발생하는 생활계 발생부하량은 영업소 운영에 의하여 발생하는 부하량이므로 영업인구에 해당된다. 오수발생량 산정 시에는 「건축물의 용도별 오수발생량 및 정화조 처리대상인원 산정방법(환경부고시 제2009-197호 2009.8)」의 오수발생량 원단위(ℓ/m²) 및 BOD 농도(mg/ℓ)를 이용한다. 영업소는 업무시설 중 일반사무소에 해당되므로 1일 오수발생량 15ℓ/m² 및 BOD 농도 100mg/ℓ를 적용하면 된다. 따라서, 영업소의 면적을 기준으로 [표 4-15]의 방법으로 발생부하량을 산출하면 4.5kg/일이 된다.

[표 4-15] 영업소의 발생부하량 산정

구 분	면적(m²)	오수발생원단위 (ℓ/m²)	오수량 (m³/일)	BOD농도 (mg/ℓ)	발생부하량 (kg/일)
B 영업소	3,000	15	45	100	4.5

한편, 본 고속도로 노선으로 인하여 발생되는 토지계 발생부하량은 도로, 사면, 교량, 영업소 등이며, 사면부는 녹화를 시행할 계획이므로 '기타', 나머지는 '대지'로 원단위를 적용할 수 있으며 [표 4-16]과 같이 계산하면 38.821kg/일이 된다.

[표 4-16] 사업 시행후 토지계 발생부하량

구 분	면 적 (㎢)	BOD 원단위 (kg/㎢·일)	발생부하량 (kg/일)	비고
계	1.065		38.821	
교 량	0.132	85.9	11.339	대지
도 로	0.310	85.9	26.629	대지
사 면	0.620	0.96	0.595	기타
영업소	0.003	85.9	0.258	대지

본 노선 사업 시행 전후 발생되는 부하량을 산정한 결과 [표 4-17]에서 보듯이 사업 시행전에는 토지계에서만 2.575kg/일이었으나, 사업 시행 후에는 43.321kg/일로 증가 되는 것을 예상할 수 있다.

[표 4-17] 총 발생부하량 (단위:kg/일)

구 분	계	생활계	토지계
사업 시행 전	2.575	-	2.575
사업 시행 후	43.321	4.5	38.821

◈ 도로건설 전·후의 배출부하량 산정

배출부하량은 각 오염원별로 발생되는 발생부하량에서 처리시설에서의 처리 또는 이송 등으로 인하여 해당 단위유역에서 최종 배출되는 부하량으로 본 노선은 점오염원 및 비점오염원에 의한 배출부하량이 발생된다. 본 사업노선에서 발생되는 점오염원(생활계)은 오수처리시설로 유입하여 처리할 계획이며, 토지형질 변화에 따라 발생하는 비점오염물질(토지계)은 자연형 비점오염저감시설로 저감할 계획이다.

우선 사업 시행 전에 발생한 토지계 배출부하량의 경우, 사업노선 구간 내 별도의 삭감시설이 없으므로 발생부하량(2.575kg/일)이 곧 배출부하량이 된다. 사업 시행후 배출부하량은 크게 생활계와 토지계로 구분할 수 있는데, 생활계 배출부하량의 경우 자체 오수처리시설의 BOD 방류수 농도를 10mg/ℓ 이하로 처리할 계획이므로 [표 4-18]에서와 같이 오수처리 후 삭감되는 부하량은 4.05kg/일이며, 생활계 배출부하량은 0.45kg/일이 된다.

[표 4-18] 생활계 배출부하량

구 분	발생 부하량 (kg/일) ⓐ	배출부하량(kg/일) ⓑ					삭감 부하량 (kg/일) ⓑ-ⓐ
		면적 (㎡)	오수발생 원단위 (ℓ/㎡)	오수량 (㎥/일)	방류수 농도 (㎎/ℓ)	배출 부하량 (kg/일)	
B영업소	4.5	3,000	100	45	10	0.45	4.05

한편, 토지계 배출원의 개별 삭감량은 강우시 가동되는 비점오염저감시설과 연중 가동되는 비점오염저감시설에 대하여 구분하여 산정할 수 있다.「제2단계 수계오염총량관리기술지침」에 따라 강우시 가동되는 비점오염저감시설의 삭감부하량은 삭감대상부하량과 저감효율(%)에 의하여 산정할 수 있다.

- 비점오염저감시설 삭감부하량 = 삭감대상부하량 × 저감효율
- 삭감대상부하량 = 삭감대상부하비 × 발생부하량

삭감대상부하비는 발생부하량 대비 처리대상강우에 포함된 부하량의 비를 말하며, 처리대상구역의 유량 및 수질 연속측정자료로부터 도출된 수문곡선과 오염부하곡선으로부터 산정한다. 여기서 발생부하량은 처리대상구역 면적에 대한 토지계 발생부하량을 말한다. 저감효율은 실측자료를 사용하는 것을 원칙으로 하며, 최소 3회 이상의 대표강우사상에 대한 수질 및 유량측정자료를 이용하여 산정한 평균저감효율을 사용한다. 단, 강우 시 가동되는 비점오염저감시설이 신규시설이거나 삭감부하량 산정을 위한 실측자료가 없을 경우에는 [표 4-19]의 저감효율을 적용하여 산정할 수 있다.

[표 4-19] 비점오염저감시설 저감효율

구분		BOD
저류형	습식연못	43
	저류조	25
	인공습지	18
침투형	유공성포장	60~90 (75)
	침투저류지	50~80 (65)
	침투도랑	50~90 (70)
식생형	식생여과대	0~50 (25)
	식생수로	25
장치형	여과형	54
	와류형	5~10 (8)
	스크린형	20
시설형	하수처리형(초고속응집·침전법)	80

주) 괄호안의 숫자는 저감효율 범위의 평균값임

또한, 삭감대상부하비는 강우처리비 산정식 및 삭감대상부하비 산정식에 따라 산정한다. 즉, 비점오염저감시설의 설계기준 강우량(mm) 또는 설계기준 강우강도(mm/hr)로부터 강우배출비를 산정하고, 이에 해당하는 삭감대상부하비를 산정한다. 설계기준강우 5mm를 기준으로 삭감대상부하비를 계산하면 약 0.30이 된다. 침투도랑의 처리효율 및 개별삭감대상부하비를 적용한 교량부 삭감부하량은 [표 4-20]에서와 같이 2.381kg/일로 산정되었으며, 사업 시행 후 배출부하량은 발생부하량에서 삭감부하량을 제외하면 된다.

[표 4-20] 비점오염저감시설(침투도랑)에 의한 삭감부하량

구 분	발 생 부하량 (kg/일)	삭감대상 부 하 비	삭감대상 부 하 량 (kg/일)	저감시설 처리효율	삭 감 부하량 (kg/일)
교 량	11.339	0.30	3.401	70%	2.381

계획노선의 토지계 추가 배출부하량은 [표 4-21]과 같이 사업 시행 후(저감시설 설치 포함) 발생되는 부하량에서 사업 시행전 배출부하량을 빼면 산정할 수 있다.

[표 4-21] 토지계 추가 배출부하량(kg/일) 산정결과

사업 시행전 배출부하량 ⓐ	사업 시행후 배출부하량			사업 시행후 추가 배출부하량 ⓑ-ⓐ
	삭감전 발생부하량 ⓒ	삭감부하량 ⓓ	삭감후 배출부하량 ⓑ=ⓒ-ⓓ	
2,575	38,821	2,381	36,440	33,865

결론적으로 [표 4-22]에 제시한 바와 같이 사업 시행 전에는 토지계에 의해 총 2.575kg/일의 부하량이 배출되지만, 사업 시행 후 생활계 및 토지계에 의해 총 36.890kg/일의 부하량이 배출되는 것으로 산정되었다(만약 영업소에 자체 오수처리시설이 없거나 침투도랑과 같이 비점오염저감시설이 설치되지 않는다면 배출부하량은 발생부하량값인 43.321kg/일까지 증가하게 된다). 따라서, 고속도로 건설에 따른 최종 추가 배출부하량은 34.315kg/일이 된다.

[표 4-22] 최종 추가 배출부하량 (kg/일)

구 분		생활계	토지계	총 계
사업 시행전	발생부하량	-	2.575	2.575
	배출부하량	-	2.575	2.575
사업 시행전	발생부하량	4.500	38.821	43.321
	배출부하량	0.450	36.440	36.890
최종 추가 배출부하량		0.450	33.865	34.315

4.3.3 터널유출수 처리

◈ 터널유출수 특성

[그림 4-19] 터널내부 세척

터널유출수는 터널지하수와 터널세척수로 크게 구분할 수 있다. 터널지하수는 지하수 등에 의하여 터널 내에서 자연적으로 발생하는 물에 해당하며, 터널세척수는 터널 내부 벽면에 대한 인위적인 청소작업에 의하여 발생되는 폐수로서 오염물질이 혼합된 물을 의미한다. 최근 건설 또는 계획 중인 고속도로는 장대터널을 포함하고 있는 경우가 많기 때문에 터널유출수의 발생량이 불가피하게 증가하는데 따른 적정한 대책 및 도로특성에 맞는 수처리가 요구된다고 할 수 있다.

고속도로 터널지하수 발생량 조사 결과, 지하수가 발생된 터널은 조사대상 185개 터널 중 76개소로서 전체의 약 41%에 해당한다. 이 중 지하수 발생량이 10ton/일 이하인 터널은 37개소로 약 49%(전체 터널의 20%), 10ton/일~30ton/일 이하인 터널은 25개소로서 약 33%(전체 터널의 13%), 30ton/일~100ton/일 이하인 터널은 7개소로서 약 9%(전체 터널의 4%), 100ton/일 이상인 터널이 7개소로서 약 9%(전체 터널의 4%)에 해당하는 것으로 확인되었고, 전체의 약 59%에 해당하는 109개의 터널에서는 지하수가 발생하지 않았다[24].

고속도로 터널은 터널별로 연간 약 2~3회 정도의 내부 세척을 실시하고 있는데, 주로 봄과 가을철에 이루어진다. 터널세척은 물탱크, 살수바, 물펌프 등의 세척장비가 부착된 차량에 의해서 이루어지며, 환경오염의 악화를 방지하기 위하여 별도의 세제를 사용하지 않고 분사압을 이용하여 실시하고 있다. 평균적인 세척용수의 사용량은 터널별 통행교통량, 도로의 종단경사 등에 의한 터널벽면의 오염정도에 따라 달라진다. 살수바에 부착된 노즐을 통하여 터널 벽면에 물이 분사되면 오염물질이 세척되고, 발생한 세척수는 터널 공동구 내 배수로와 노면을 따라서 터널지하수와 합쳐져 외부로 배출된다. 배출된 세척수는 도로와 인접하여 설치된 배수로를 따라 주변 수계로 유입되게 되며, 이 때 유출되는 오염물질에 의하여 주변 환경에 영향을 미치는 여

24) 이재복, 2010, 터널세척수 및 터널지하수의 오염물질 처리에 관한 연구

건이 유발될 수 있다.

◈ 터널유출수 처리시설

터널 굴착시 발생되는 폐수의 주 발생원은 암반 굴착 시 발생되는 석분, 토사류 등 무기성 오염물질과 숏크리트 작업 중 유입되는 시멘트류의 강알카리성 물질이며 지하수와 작업용수에 혼합되어 배출되게 된다. 따라서 배출되는 터널폐수를 처리하지 않고 방류할 경우 부유물질의 증가 및 하상퇴적으로 인해 주변 수생태계에 교란을 일으키는 등 환경적 악영향을 유발하므로 적정 위치에 [그림 4-20]과 같은 터널폐수처리시설을 설치할 필요가 있다.

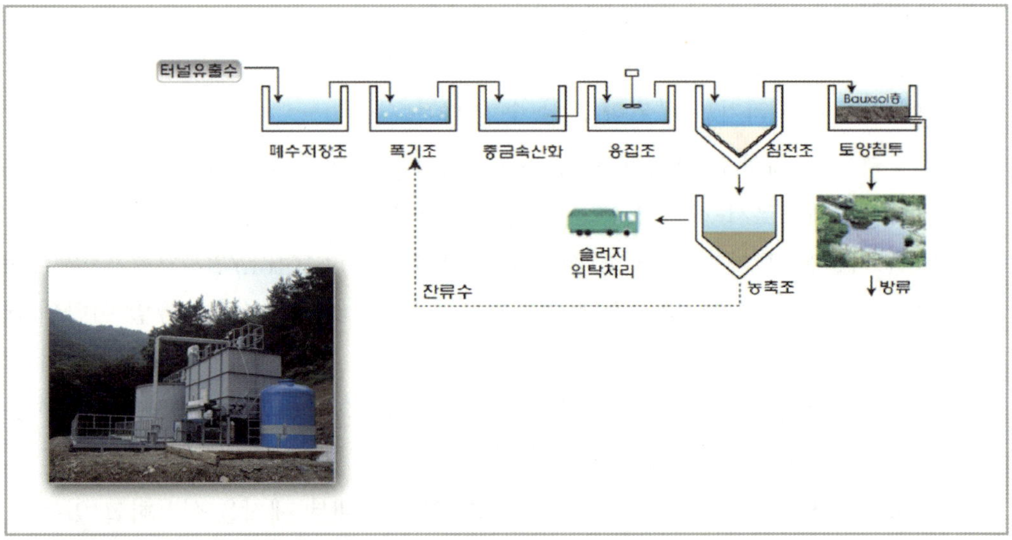

[그림 4-20] 폐수처리시설 처리 개요도 및 설치 사례

한편, 유지관리측면에서 수시 접근성이 불리한 특성을 가지고 있는 도로 터널은 가능한 필요인력을 최소로 하고 자연적인 힘에 의하여 처리가 가능한 오염물질 처리방식을 선택하여 적용하는 것이 가장 중요하다고 할 수 있다. 따라서 터널세척수에 포함된 오염물질의 효율적인 제거를 위하여 자연중력침전과 모래여과방식을 병행한 중력침전·여과방식 처리시설을 적용할 수 있다.

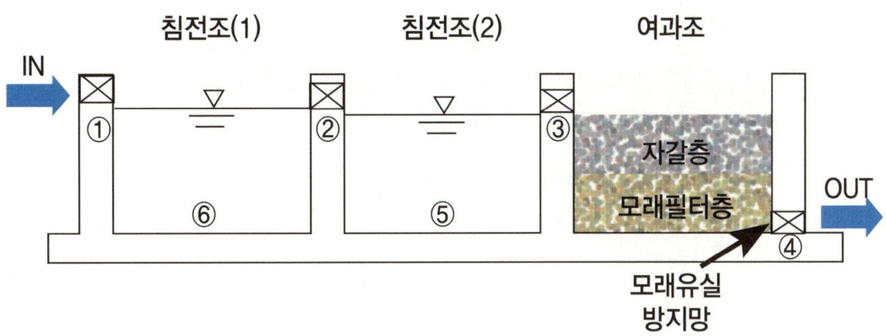

주1) 배출구 ①,②,③,④ : 상시 유출토록 개방

배출구 ⑤,⑥ : 필요시 유출가능토록 유지관리용으로 이용 (침전조 측면설치)

주2) 침전조 (1),(2) : 침전기능, 여과조 : 여과기능 (자갈:모래=1:1)

※ 본체구조 : 철근콘크리트 구조

※ 본체규격 : 3단(또는2단), 벽체 t=15cm, 바닥 t=20cm

※ 모래유실 방지망 : 모래의 투수계수(0.01m/sec) 정도를 가진 재료 선택

[그림 4-21] 터널세척수 처리시설 개념도

중력침전·여과방식은 응집제와 같은 화학약품의 추가없이 물리적인 처리 과정을 통하여 터널세척수 내에 함유된 입자상 물질을 제거하게 된다. 이 때 100㎛ 이상의 입자들은 침전을 통하여 제거하고, 1㎛~100㎛ 이하의 콜로이드성 입자들은 여과를 통하여 제거함으로써 오염물질을 처리할 수 있으며, 아울러 별도의 화학약품의 사용이 없으므로 저감시설의 구조를 단순하게 구성할 수 있다는 이점이 있어 도로 터널에 가장 적합하고 효과적인 시설이라 할 수 있다. 이러한 터널세척수 처리시설의 본체는 철근콘크리트 구조로 하여 현장에 직접 설치한다.

터널세척수 처리시설은 도로의 운영 및 유지관리가 용이한 위치에 설치되는 것이 바람직하다. 즉, 터널과 교량이 연결되는 경우에는 교량 하부공간에 설치하게 되고, 터널과 도로가 연결되는 경우에는 도로의 가장자리에 설치하도록 한다. 터널세척수 처리시설 설치를 위한 적정 위치를 나타내면 [그림 4-22]와 같다.

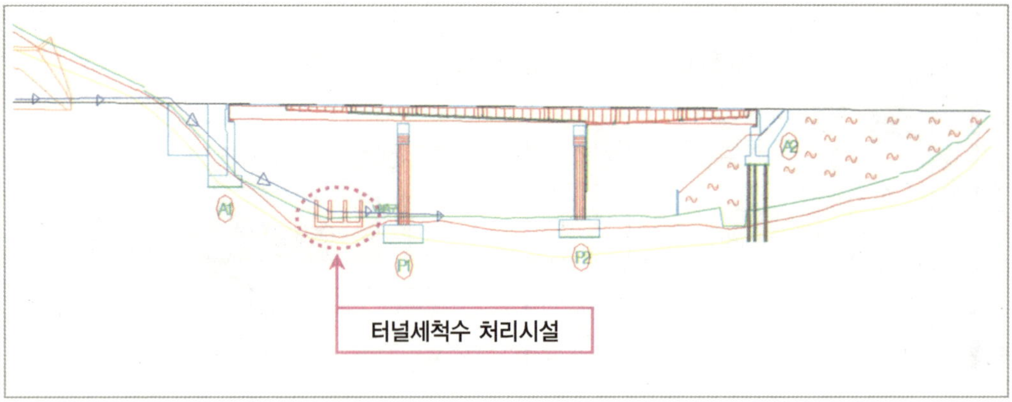

[그림 4-23] 터널세척수 처리시설 배치(예시)

또한, [그림 4-23]과 같이 터널지하수의 수소이온농도 안정화를 위하여 화학약품을 이용한 화학적 중화방식 처리시설을 적용할 수 있다. 염기성 물질을 중화하기 위해서는 산성의 화학약품을 사용하게 되는데, 일반적으로 시설 관리의 안전성과 편리성을 고려하여 농도 33% 내외의 황산을 사용하는 것이 적정하다고 판단된다. 또한 터널지하수 pH 저감시설도 터널세척수 처리시설과 연계가 가능하고, 저감시설의 규모를 최소로 할 수 있는 시설구조를 택하여, pH가 배출허용기준을 초과하는 터널의 지하수를 실시간으로 중화하여 저감시킬 수 있도록 한다면 현장적용성, 효율성, 안전성 및 경제성을 확보할 수 있다.

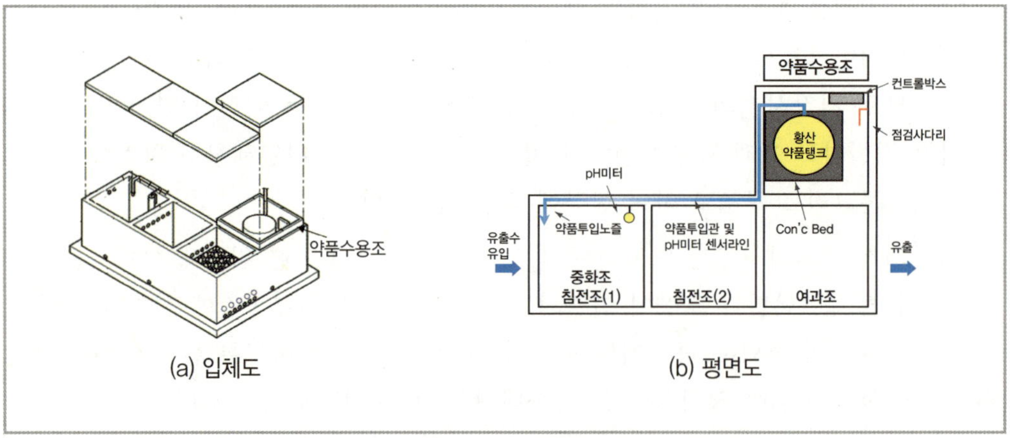

[그림 4-23] 터널지하수 pH 저감시설 입체도 및 평면도

4.3.4 공사 시 원격 수질모니터링

생태적으로 민감한 지역의 터널공사 시행 시, 이로 인한 하천·계곡의 수위 하락 및 탁수가 수생태계에 미치는 환경영향을 상시 관리하고 예기치 못한 환경변화에 적절하게 대응할 필요가 있다. 춘천-양양(동홍천-양양) 고속도로 건설사업의 경우, 지하수위의 흐름 및 변동 등에 대한 조사를 시행하고 지하수위의 저하·고갈, 하천·계곡수의 감소가 예상될 경우 대책을 수립한다는 조건으로 환경영향평가 협의를 2008년에 받은 바 있다. 이에 따라 해당 건설구간에 도입한 것이 원격 수질모니터링 시스템이다.

[그림 4-24]에서 보는 바와 같이 2009년에 현리1터널 상·하류 지점 각 1개소, 인제터널 상·하류 지점 각 1개소 이상 총 4개소가 원격 수질모니터링시스템 적용 대상지로 선정되었다. 계곡부 및 하천부 수위 하락 및 탁수발생 시 수생태계 영향 정도, 지하수 감소 또는 고갈로 인한 지하수 환경영향 우려 등을 종합적으로 검토하여 선정된 지점이다. 현리1터널은 내린천[25] 수계로 직유입되는 매화동천 하부를 통과하고 인제터널은 진동계곡과 연계되는 방태천[26] 하부를 통과하고 있다.

[그림 4-24] 현리1터널 및 인제터널 현황

25) 내린천 특성 : 1급수의 수질 및 자연환경이 잘 보전되어 있는 청정지역으로 천연기념물인 어름치 등 희귀 야생동·식물이 많이 서식한다.

26) 방태천 특성 : 백두대간 핵심구역에 연접하여 생태계 및 자연경관이 수려하고, 북한강 최상류의 어류상 특징을 대변하는 하천으로 열목어, 둑중개, 금강모치 등 맑은 계류에 서식하는 어종이 풍부하다.

모니터링 시스템 운영도 및 설치 사진을 [그림 4-26]을 통해 살펴볼 수 있는데, 이러한 원격 수질모니터링시스템의 목표는 터널공사 전·중·후 기간에 대한 지속적인 모니터링을 실시하고 데이터를 축적하여 수위 변동 및 탁수 발생 시 공사 시행에 의한 영향 여부를 즉각적으로 판단하고 문제점 발생에 대한 대책을 수립하기 위함이다. 모니터링 항목은 유량과 탁도이며, 원격 제어에 의해 24시간 감시된다.

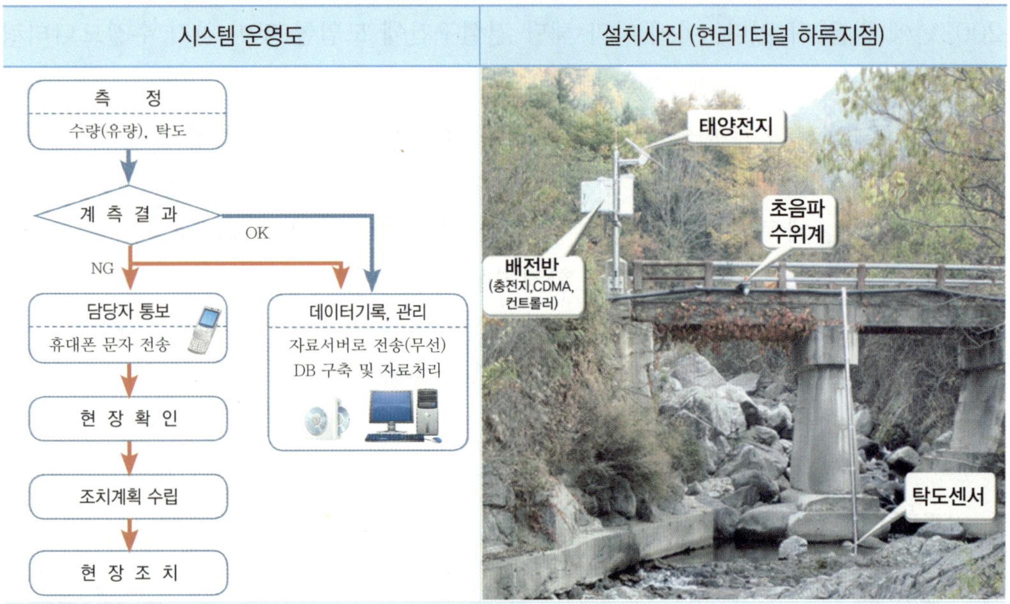

[그림 4-25] 모니터링 시스템 운영도 및 설치사진

제5장 폐기물 관리

제 5 장 폐기물 관리

5.1 폐기물 관리체계

일반적으로 폐기물이란 '인간 및 동물의 활동에 의해 야기되는 것으로 대개 고체이며 소용이 없거나 원치 않아서 내버리는 물질'을 뜻한다. 과거에는 물자가 부족하여 버려지는 자원이 거의 없었고, 또한 대부분 자연에서 얻어진 것이어서 쉽게 분해되었으나, 도시화로 인해 많은 사람들이 좁은 공간에서 생활하게 되고, 산업화에 따른 대량 생산으로 물자가 풍부해지면서 인공으로 합성되는 물질이 생산됨에 따라 폐기물 처리 문제는 큰 사회적 이슈가 되고 있다.

5.1.1 폐기물의 종류 및 처리

◈ 폐기물의 종류

폐기물관리법에서는 폐기물을 쓰레기·연소재·오니·폐유·폐산·폐알카리·동물의 사체 등으로서 사람의 생활이나 사업 활동에 필요하지 아니하게 된 물질로 정의하고 있다.

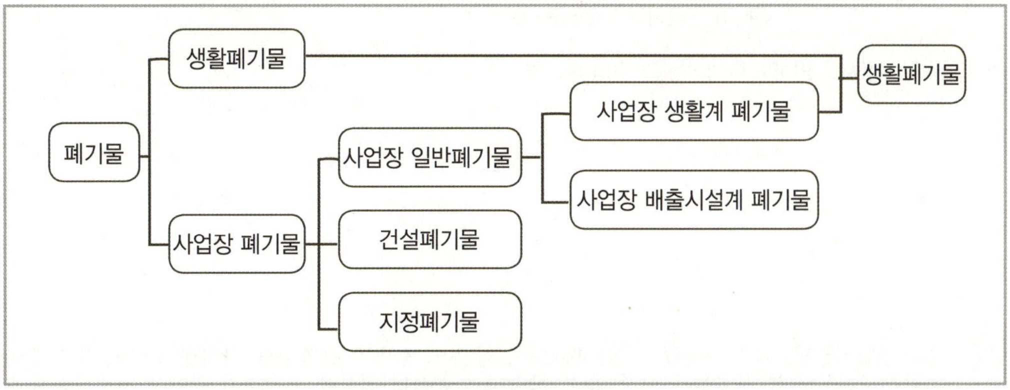

[그림 5-1] 폐기물의 종류

폐기물은 크게 생활폐기물과 사업장폐기물의 2가지가 있는데, 사업장폐기물은 「대기환경보전법」, 「수질 및 수생태계 보전에 관한 법률」 또는 「소음·진동관리법」에 따라 배출시설을 설치·운영하는 사업장에서 발생하는 폐기물을 말하며, 생활폐기물은 사업장폐기물 외의 폐기물을 말한다. 지정폐기물은 사업장폐기물 중 폐유·폐산 등 주변 환경을 오염시킬 수 있거나 의료폐기물 등 인체에 위해를 줄 수 있는 해로운 물질을 말하며, 건설폐기물은 「건설산업기본법」 제2조 제4호[27]에 해당하는 건설공사로 인하여 공사를 착공하는 때부터 완료하는 때까지 건설현장에서 발생되는 [표 5-1]의 5톤 이상의 폐기물을 말한다.

[표 5-1] 건설폐기물 종류 및 성상분류 (건폐법 시행령 별표1)

1) 폐콘크리트	2) 폐아스팔트콘크리트	3) 폐벽돌 : 내화벽돌은 제외
4) 폐블럭	5) 폐기와	6) 폐목재 : 거푸집, 나무창틀 등
7) 폐합성수 : 장판, 스티로폼 등	8) 폐섬유 : 유리섬유, 암면, 보온덮개 등	9) 폐벽지
10) 건설오니 : 슬라임, 무기성 오니 등	11) 폐금속류	12) 폐유리
13) 폐타일 및 폐도자기	14) 폐보드류 : 석고보드, 마감재 등	15) 폐판넬 : 샌드위치판넬 등
16) 건설폐토석 : 건설공사에서 발생되거나 건설폐기물을 중간처리하는 과정에서 발생된 흙·모래·자갈 등으로서 자연상태의 것은 제외		
17) 혼합건설폐기물 : 2종류 이상의 건설폐기물이 발생 당시 종류별·성상별로 분리 배출이 불가능하여 혼합되어 배출되는 것		
18) 건설공사로 인하여 발생되는 그 밖의 폐기물		

27) 「건설산업기본법」 제2조 제4호 : '건설공사'라 함은 토목공사·건축공사·산업설비공사, 조경공사 및 환경시설공사 등 시설물을 설치·유지·보수하는 공사(시설물을 설치하기 위한 부지조성공사를 포함한다) ,기계설비, 기타 구조물의 설치 및 해체공사 등을 말한다.

폐기물의 처리

폐기물은 소각·중화·파쇄·고형화 등 중간 처리(재활용 포함)를 하거나 매립, 해역으로 배출하는 등 최종 처리를 하게 된다.

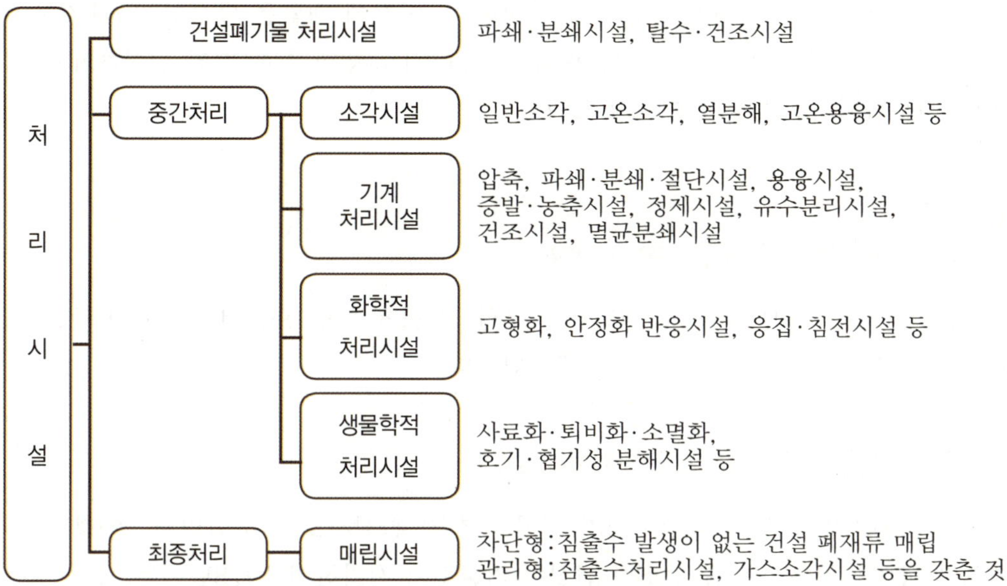

[그림 5-2] 폐기물 처리시설의 종류

관련 법령

도로건설현장에서 발생되는 폐기물은 대부분 건설폐기물로 특별법인 「건설폐기물의 재활용촉진에 관한 법률(건폐법)」에 우선적으로 적용받으며, 건폐법에 규정되지 아니한 내용은 「폐기물관리법」에 의해 규정된다.

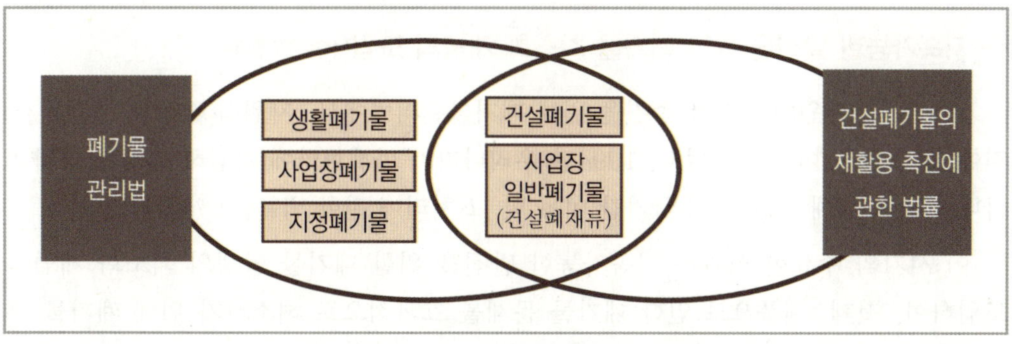

[그림 5-3] 폐기물의 종류별 법률간 적용관계

5.1.2 폐기물 관리 정책

우리나라의 폐기물 관리법은 '2원화→1원화→세분화'의 단계를 밟아왔다. 폐기물 문제가 심각하지 않았던 1980년 중반 이전에는 생활폐기물은 「오물청소법」, 사업장 폐기물은 「환경보전법」에 의하여 이원적으로 관리되었다가 1986년 「폐기물관리법」이 제정되면서 관리 체계가 통합되어 일원화 된 이후에 재활용 활성화 및 폐기물처리시설 설치 촉진을 위하여 「폐기물관리법」이 다시 분법화 함에 따라 법률체계가 세분화·전문화되어 오늘날에 이르고 있다.

◈ 방어적 위생개념의 도입(1963~1977)

1960년~1970년대는 청소 개념에 기초한 「오물청소법(1961년)」에 따라 주로 쓰레기 및 분뇨 처리가 주된 현안으로 대두되었다.

◈ 적극적 환경보전 개념의 도입(1978~1986)

1970년대 말에 들어 환경문제가 점차 사회적 관심사로 대두되면서 「환경법」의 제정과 중앙부처 단위의 환경조직 신설이 거론되기 시작하여 1978년에는 「환경보전법」이 제정되었고, 1980년에는 '환경청'이 발족되었다. 그러나 이 당시에도 생활폐기물은 여전히 「오물청소법」, 산업폐기물은 「환경보전법」에 의해 관리되었다.

◈ 재활용 개념의 도입(1986~1992)

1986년 환경청은 일원화된 폐기물 관리 체계를 구축하기 위해 「오물청소법」과 「환경보전법」상의 폐기물관련규정을 통합하여 「폐기물관리법」을 제정하였다. 이 법이 지닌 종전과 다른 특색은 재활용이란 개념이 법적으로 도입되었다는 점이다.

◈ 지속가능한 발전을 위한 폐기물 최소화 개념의 도입(1993~현재)

1992년 폐자원의 재활용 촉진을 위해 폐기물관리법에서 「자원의 절약과 재활용 촉진에 관한 법률」이 분법되었고, 1994년 우리나라가 바젤협약에 가입하면서 동 협약의 국내 이행을 위해 「폐기물의 국가간 이동 및 그 처리에 관한 법률」이 제정되었다.

이 시기의 주요한 성과는 지속가능한 발전을 위한 폐기물 발생의 최소화 개념을 도입하여, 첫째, 제품으로 인한 폐기물 문제를 효과적으로 해소하기 위해 폐기물 부담금 및 예치금 제도가 도입되었고, 둘째, 1995년 쓰레기종량제를 시행함으로써 폐기물 감량이 촉진되었을 뿐 아니라 재활용이 확대되었으며, 셋째, 생산·유통·소비의 전과정에 걸쳐 폐기물 발생을 최소화하는 자원순환형 사회 구축을 위한 기본틀을 마련하였다.

폐기물 정책의 최종적인 목표는 폐기물의 발생을 최소화하고, 발생한 폐기물을 안전하게 처리함으로써 환경을 보전하고 모든 사람이 쾌적한 환경 속에서 살아갈 수 있도록 하는 데에 있다. 이를 위해서는 단순히 발생된 폐기물을 처리하는 단계를 넘어서 「환경적으로 건전하고 지속가능한 발전」을 이념으로 하는 자원순환형사회의 틀을 확립하는 것이 필요하다.

자원순환형 사회란 폐기물 발생 억제, 순환적 이용 및 적정한 처리를 통해 환경 부하를 최소화하면서 자연자원을 가장 효율적으로 이용하는 사회형태를 말한다. 즉, 물질·에너지 흐름을 순환형(생산→소비→재활용→열회수→처리)으로 전환함으로써 순환적 이용율을 높여 폐기물 처리 등 환경문제를 해결하고, 아울러 자원의 절약과 국가경제에도 기여하는 사회형태를 추구하는 것이다.

지구적 차원의 자원·환경위기를 맞아 국내외적으로 '녹색성장(Green Growth)'이 화두가 되고 있으며, 우리나라의 경우에도 중요한 국가정책 목표의 하나로 부상하고 있다.

자원순환분야는 '폐기물도 자원이다'라는 새로운 명제 하에 대표적 녹색성장 정책분야로 인식되고 있고, 이러한 녹색성장의 기본 이념은 그동안 환경부가 견지하여 온 자원순환 정책기조인 '3R(Reduce, Reuse, Recycle)'과 가까운 개념이다.

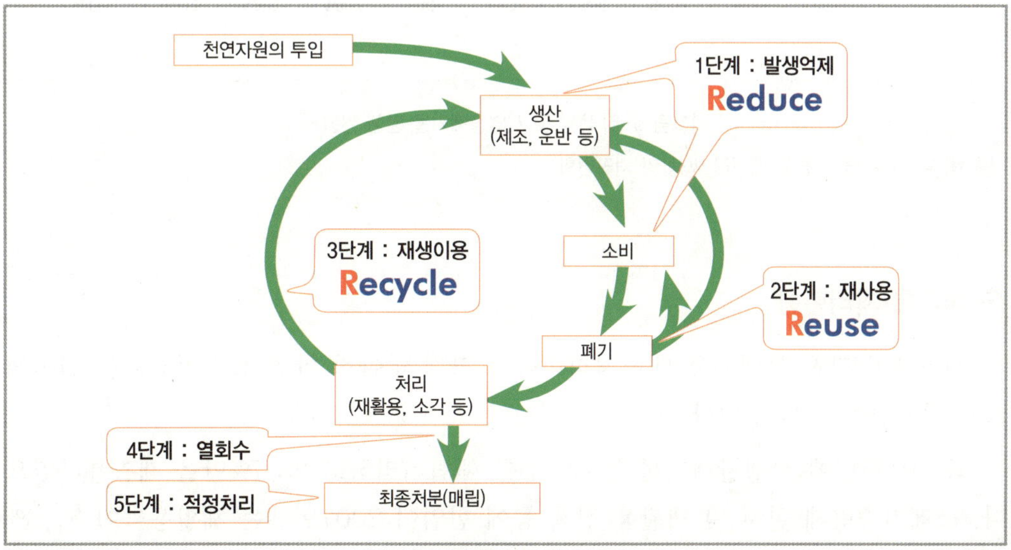

[그림 5-4] 자원순환형 사회의 개념도

5.1.3 폐기물 발생 및 처리현황

◈ 폐기물 발생현황

폐기물의 총 발생량은 점진적으로 증가하는 추세에 있으며 1인당 생활폐기물 발생량은 1994년에 1일 1.3㎏에서 2007년에는 1일 1.02㎏으로 감소되었다. 특히, 실제로 매립 또는 소각 처리되는 폐기물의 양은 1995년 종량제 시행 이후 재활용률의 지속적인 증가로 크게 감소하였다.

그러나 사업장일반폐기물과 건설·지정폐기물을 포함하는 사업장폐기물 중 건설폐기물의 발생량은 매년 점진적으로 증가 추세를 보이고 있다.

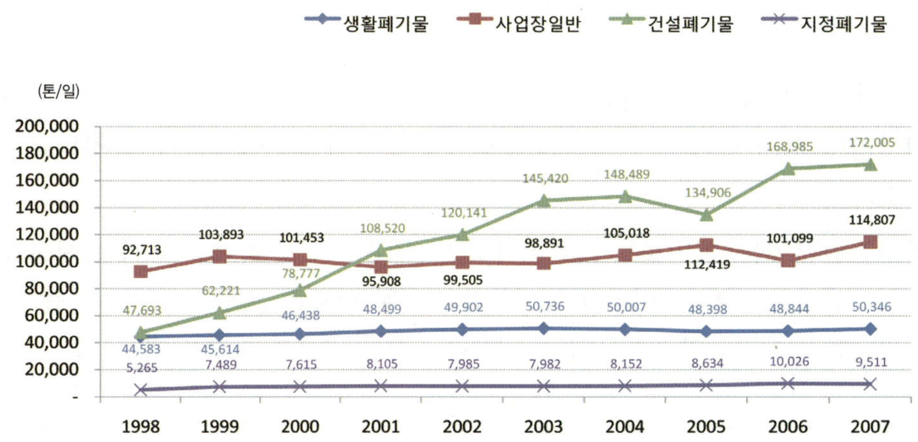

[그림 5-5] 생활 및 사업장폐기물 발생 현황

[출처] 환경부, 2007, 전국 폐기물 발생 및 처리현황

◈ 폐기물 처리현황

재활용이 크게 확대되고 매립처리비율이 크게 낮아진 반면 소각처리율은 점진적으로 증가하는 추세에 있다.

즉, 1995년에는 생활폐기물중 72.3%를 매립처리하고 23.7%만을 재활용하였으나, 쓰레기종량제 실시 및 재활용 정책 등에 힘입어 2007년에는 재활용률이 57.8%로 크게 증가하고 매립처리율은 23.6%로 낮아지는 등 폐기물 처리구조가 바람직한 방향으로 변화되고 있다.

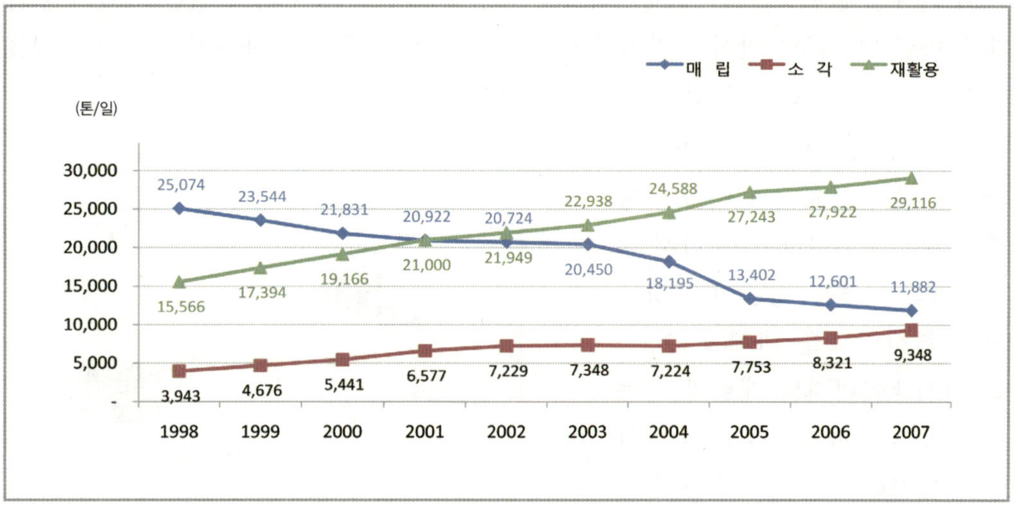

[그림 5-6] 생활폐기물 처리 현황

[출처] 환경부, 2007, 전국 폐기물 발생 및 처리현황

사업장폐기물도 생활폐기물과 유사하게 매립에 의한 처리는 지속적으로 감소하고 있으며, 재활용률은 지속적으로 증가하여 2007년의 경우에는 재활용률이 84.2%에 이르고 있다.

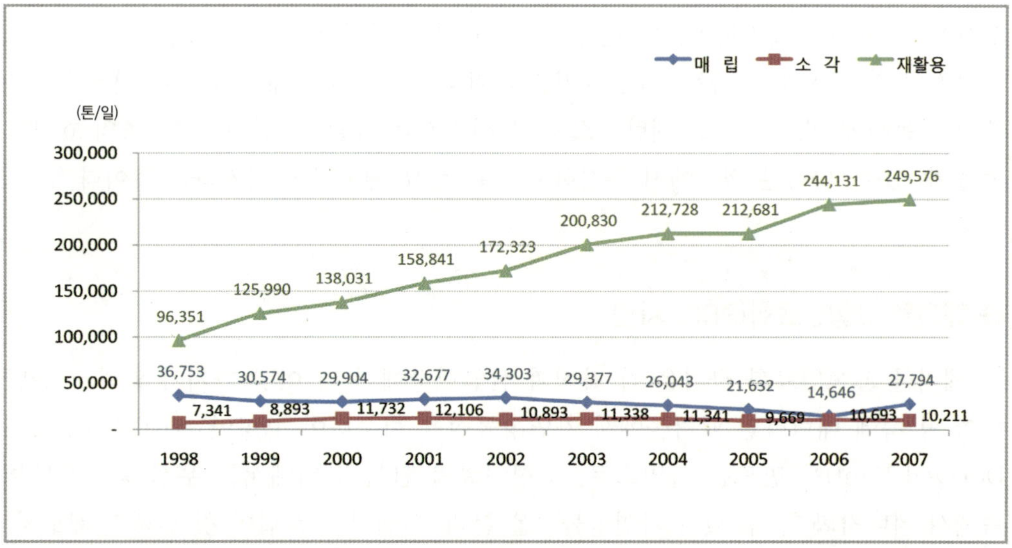

[그림 5-7] 사업장폐기물 처리현황

[출처] 환경부, 2007, 전국 폐기물 발생 및 처리현황

5.1.4 폐기물을 활용한 녹색성장

우리나라 뿐만 아니라 전세계적으로 매장에너지 고갈 우려로 인한 에너지 수급 대책 마련 및 지구온난화를 막기 위한 온실가스 관리대책 등 에너지 문제의 해결을 위하여 한 목소리로 '녹색성장'을 외치고 있다.

최근 경제위기로 원유가격이 급속한 하락을 보이고 있지만 향후 경제가 되살아나면 또 다시 원유가격의 급격한 상승이 예상되므로 화석연료를 대체할 수 있는 신재생에너지의 개발과 사용은 고유가의 파고를 넘고 온실가스를 줄임과 동시에 새로운 일자리도 창출할 수 있는 미래 한국을 위한 신성장 동력 산업으로 각광받고 있다.

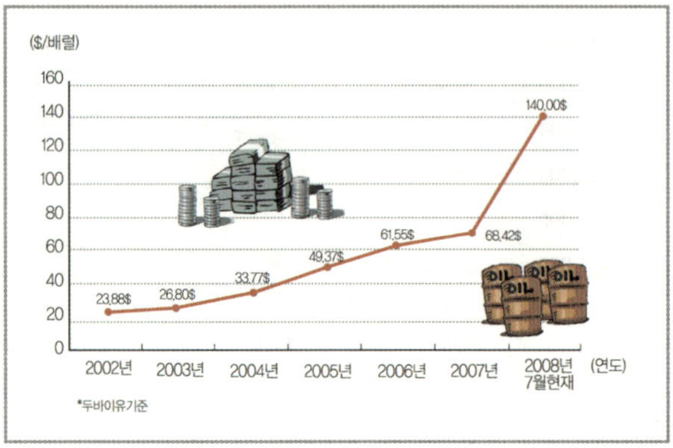

[그림 5-8] 연도별 원유가격 변동추이

[출처] 환경부, 2008, 폐기물 에너지로 저탄소 녹색성장을!

이러한 신재생에너지 산업에는 태양열, 지열, 풍력, 조력과 같은 자연력이나 폐기물, 가축분뇨 등의 폐자원 및 산림, 해조류, 농업부산물 등의 '바이오매스'를 이용하는 산업 등이 포함된다.

이 중에 환경오염의 주요 원인이었던 생활 및 산업폐기물로부터 신재생에너지를 생산하는 이른바 '폐기물에너지'는 짧은 기간 내에 저렴한 비용(태양광의 10%)으로 효과적인 성과 창출이 가능하고, 폐기물의 매립·소각·해양배출에 따른 환경오염을 줄이는 동시에 이산화탄소, 메탄가스 등 온실가스를 줄일 수 있어 1석 3조의 효과를 얻을 수 있다. 다음은 정부에서 추진하고 있는 주요 폐기물 에너지화 사업이다.

◈ 폐기물 고형연료화(RDF) 사업

폐기물 고형연료화 사업은 각 가정과 산업현장에서 더 이상 가치가 없다고 판단하여 땅 속에 매립하던 폐기물에서 가연성물질을 회수하여 고형연료(RDF, Refuse Derived Fuel)를 만드는 사업으로, 고형연료를 만들기 위해서는 우선 종량제봉투 속에서 에너지화 할 수 있는 가연성물질을 분리·선별하는 작업이 첫 번째 단계로서, 이 과정에서 다이옥신 등 발암물질 배출의 원인이 되는 PVC(염화비닐수지), 수분, 불에 타지 않는 철·캔 등 비가연성물질을 제거하게 된다. 그리고 선별된 가연성쓰레기를 모아 연료로서의 가치가 높은 고형연료(RDF)를 만들게 되는데, 성형상태의 펠렛타입과 미성형상태의 플러프타입으로 구분된다. 고형연료를 사용하게 되면 여러 종류의 혼합폐기물을 단순 소각할 때 보다 훨씬 높고 고른 발열량을 얻을 수 있고, 다이옥신 등의 발암물질 배출을 줄일 수 있어 에너지 효율성과 환경문제를 동시에 해결할 수 있다.

[그림 5-9] 고형연료RDF 제조과정

[출처] 환경부, 2008, 폐기물 에너지로 저탄소 녹색성장을!

◇ 폐기물 바이오가스화 사업

폐기물 바이오가스화 사업은 음식물 쓰레기, 가축분뇨, 하수슬러지 등의 유기성폐기물이 분해하는 과정에서 발생하는 바이오가스를 포집하여 전기, 열, 도시가스, 자동차연료 등으로 사용하는 사업으로, 유럽에서는 1999년 '매립지침(Landfill Directive)'을 발표하여 생분해성 폐기물의 직매립을 엄격하게 제한, 바이오가스화를 유도하고 있고, 일본도 2007년 역점사업으로 '바이오메스타운' 건설을 추진중이다. 우리나라도 부산과 광주, 울산 등지에 이 시설을 설치하여 연간 약 5억원 정도의 연료비를 절감하고 있다.

[그림 5-10] 광주 음폐수 바이오 가스화 시설

[출처] 환경부, 2008, 폐기물 에너지로 저탄소 녹색성장을!

◇ 매립가스 에너지자원화 사업

오래 전에 땅속에 묻힌 쓰레기에는 '메탄가스'가 발생하게 되는데, 이 메탄가스를 포집하여 전기를 생산하거나 정제하여 도시가스 등의 직접연료로 사용할 수 있도록 하는 것이 매립가스 에너지 자원화 사업이다. 매립가스의 활용은 그 자체로서의 경제적 수익 뿐만 아니라 탈취제 사용량 감소, 토지의 이용율 증대, 지구온난화 예방과 CDM사업을 통한 부가수익 창출 등 큰 이점을 갖게 되어 우리나라도 전국 227개 생활폐기물 매립장 중 14개의 매립장에서 매립가스를 회수하여 활용하고 있다.

[그림 5-11] 수도권매립지 발전시설

[출처] 환경부, 2008, 폐기물 에너지로 저탄소 녹색성장을!

◇ 소각장 소각여열 회수사업

기존 소각시설의 대부분은 소각여열 회수보다는 폐기물의 안전처리를 우선으로 설계(저압보일러 채택)되어 열 회수율을 높이는 데에는 한계가 있었고, 소각을 통해 나오는 스팀 역시 안정적이지 못해 에너지원으로서의 가치가 낮았다. 그러나 소각장 소각여열 회수사업을 통해 이미 소각여열을 회수하고 있는 소각시설에 대해서는 열 회수율이 좋은 보일러 등으로 교체하여 열 회수율을 높이고, 소각여열을 회수하지 않는 소각시설에는 여열회수 시설을 새로이 갖추는 방향으로 추진되고 있다.

◇ 폐기물 에너지타운 건설 및 운영

폐기물 에너지타운은 앞서 말한 시설물들을 한 곳에 모아 더 큰 시너지 효과를 창출할 수 있도록 한 것이다. 예를 들면 RDF 생산 시 발생되는 잔재물, 소각재 등을 쓰레기매립장에 매립하고, 유기성폐기물(폐수)을 매립장 침출수와 함께 처리하는 등 경제성을 확보하고 환경관리비용을 줄여 효과적인 에너지 사업을 추진하는 것이다. 이를 통해, 시설간의 정보공유, 공동 기술개발 등 추가적인 이점이 있다. 우리나라는 현재 수도권매립지를 수도권 폐기물 에너지타운으로 건설하는 방안을 구상 중에 있으며, [그림 5-12]와 같이 폐기물 처리장에 태양광, 풍력, 바이오순환림, 에코스타 프로젝트 실증플랜트 등을 동시에 유치하여 장차 세계적인 '환경·에너지 종합타운'으로 확대·발전시켜 국제적 브랜드화 할 계획이다.

[그림 5-12] 수도권 환경·에너지 종합타운 조성계획

[출처] 수도권 매립지 관리공사 보도자료, 2009

5.2 건설폐기물의 처리

5.2.1 건설폐기물 처리기준

◈ 성상별 처리방법

건설폐기물에 대해서는 다른 법률에 우선하여 「건설폐기물의 재활용촉진에 관한 법률」을 적용하고 재활용이 가능한 폐기물은 우선적으로 재활용(고품질 순환골재 및 고형연료 제품 생산유도)하고, 최대한 분리선별한 후 성상별로 처리할 수 있도록 중

간처리업체에 위탁하여 처리한다. 만약 재활용이 어려운 경우에는 소각하며, 소각이 불가능한 경우 매립하도록 한다.

[표 5-2] 성상별 처리방법

성 상	처 리 방 법
불연성 폐기물	▪ 종류 : 폐아스팔트, 폐콘크리트, 폐벽돌 등 ▪ 처리방법 : 현장 내 재활용 또는 위탁처리 ▪ 재활용 방법 - 기준 : 최대 크기 100㎜ 이하, 유기이물질 1% 이하
가연성 폐기물	▪ 종류 : 폐목재, 폐합성수지, 폐섬유 등 ▪ 처리방법 : 위탁처리
혼 합 건설폐기물	▪ 2종류 이상의 건설폐기물이 혼합되어 배출되는 것 ▪ 처리방법 : 위탁처리 ▪ 혼합건설폐기물 배출을 엄격히 제한 - 배출시 가연성 5% 이하 (2010.6.10 시행)
임 목 폐기물	▪ 사업장일반폐기물로 분류 (5톤 이상인 경우) ▪ 발주자 또는 시공사에서 재활용 처리 가능
석 면	▪ 석면 1% 이상 함유 제품 (반사형 방음판 등) ▪ 해체·제거 : 전문업체 위탁처리 - 처리와 별도로 발주자 또는 시공사 발주 가능 ▪ 처리 : 분리발주
운반 및 보관방법	▪ 보관방법 : 성상별 푯말 설치 ▪ 전자인계서 작성 의무화 (All-baro 시스템) - 2010. 6.10 부터 배출되는 폐기물부터 적용 ▪ 현장 내 운반은 공사차량으로 가능하나 현장 외 운반 시 반드시 전용 차량 사용

처리방법별 기준

건설폐기물 처리방법에는 중간 처리, 수집 및 운반, 그리고 최종 처리인 매립에 의한 방법이 있으며 처리 방법별 처리기준은 [표 5-3]과 같다.

[표 5-3] 처리방법별 기준

처리방법	처리기준
중간 처리	■ 건설폐재류 : 최대지름 100㎜ 이하, 유기이물질 함유량이 부피기준 1% 이하 ■ 건설폐토석 : 최대지름 100㎜ 이하, 유기이물질 함유량이 부피기준 5% 이하 ■ 건설오니 : 수분함량 70% 이하가 되도록 탈수·건조하여 폐관법 상 무기성오니 재활용 용도 및 방법으로 재활용
수집 · 운반	■ 수집·운반차량 표지 부착(회사명, 전화번호, 규격 : 100cm X 50cm 이상) ■ 건설폐기물 이외의 물건 적재 금지 ■ 건설폐기물 일시적 다량 배출 시 전용차량 대수의 2배수 범위에서 임시차량 사용 가능
매립	■ 건설폐재류 : 최대지름 50cm 이하의 크기 ■ 폐합성수지 : 최대직경 15cm 이하의 크기로 파쇄·절단 또는 용융 ■ 건설오니: 탈수·건조 등에 의하여 수분함량 85%이하로 사전처리

◇ 기존 매립폐기물 처리

건설 공사 중 과거에 매립(투기)된 폐기물이 발견되어 처리할 경우에는 「건폐법」에서 정하고 있는 당해 건설공사(분리발주 적용 등)와 관련한 '건설폐기물'로 분류하지 않으므로 발견된 폐기물의 성상에 관계없이 5톤 이상일 경우에는 '사업장폐기물'로, 5톤 미만일 경우에는 생활폐기물로 분류한다. 그리고 그 성상에 따라 사업장 생활계폐기물, 사업장 일반폐기물, 지정폐기물, 건설폐기물 등으로 분리·선별하여 각각 당해 폐기물의 종류에 따른 배출자 신고, 보관, 수집·운반, 처리 및 재활용 기준에 따라 적정 처리하고, 다만, 건설폐재류·폐토석 등이 혼합되어 분리·선별이 곤란한 혼합폐기물은 건설폐기물(혼합건설폐기물)로 분류하여 처리할 수 있다.

5.2.2. 건설폐기물의 적정 보관 방법

배출자는 공사현장에서 건설폐기물을 보관해야 하는 경우 적정하게 보관될 수 있도록 분류체계에 따라 보관시설(또는 별도의 보관장소)을 설치하여야 한다[28].

28) 당해 건설공사현장이 아닌 인근 장소를 보관장소로 이용하고자 하는 경우라면 본인의 소유이거나 임대차계약서 등으로 사용가능한 토지여야 하며(별도의 신고절차 없음), 건설폐기물 배출자가 스스로 당해 건설공사현장에서 발생한 건설폐기물을 건설공사 현장 부지를 벗어난 장소로 수집운반하고자 할 경우 수집운반증을 발급받은 차량으로 수집운반하여야 한다.

보관시설의 규모 및 설치 위치 등은 현장의 규모, 공사계획, 건설폐기물의 발생량 및 배출량을 고려한 배출계획에 따라 적정하게 정해야 한다.

[그림 5-13] 건설폐기물의 종류별 분리 배출 예시

[출처] 환경부, 2009.12.31, 건설폐기물 처리기준 및 방법 등에 관한 업무처리지침

- 배출자는 그의 사업장에서 발생하는 건설폐기물을 보관개시일부터 90일을 초과하여 보관하지 아니하여야 한다. 다만, 보관하는 건설폐기물의 양이 8톤(도로보수공사 과정에서 폐콘크리트 및 폐아스팔트콘크리트가 발생하는 경우에는 50톤) 미만이거나 천재지변 그밖에 부득이한 사유로 인하여 장기간 보관할 필요성이 있다고 시도지사가 인정하는 경우에는 그러하지 아니한다.
- 건설폐기물은 건설공사가 완료된 후 건설현장에 보관하지 아니하여야 하며, 구분하여 보관 중인 가연성폐기물과 비가연성폐기물을 혼합하지 않아야 한다.
- 건설폐기물을 중간처리하는 자가 위탁받은 건설폐기물을 보관하는 경우에는 그 건설폐기물처리시설과 동일한 사업장에 있는 보관시설에 보관하여야 한다.
- 침출수가 발생할 우려가 있는 건설폐기물을 보관하는 경우에는 외부로부터 지표수가 흘러 들어가지 아니하도록 그 주변에 배수로 등을 설치하여야 한다.
- 건설폐기물을 중간처리하는 자는 위탁받은 건설폐기물과 중간처리한 후 발생한 폐기물을 보관하는 시설을 설치하여 재활용대상, 소각대상 및 매립대상으로 각각 보관하여 처리하되, 보관시설에는 보관표지판을 설치하여야 한다.
- 건설현장에서 발생하는 건설폐기물 중 건설폐재류 등 분류가 명확하고 발생량이 많아 보관이 곤란한 경우에는 바로 배출할 수 있다.
- 건설폐기물의 현장보관은 암롤트럭이 운반하는 암롤박스를 배치하거나 공사현장 한편에 분류체계별로 구획하여 보관해야 한다.
- 분류된 건설폐기물은 식별이 용이하도록 암롤박스나 보관장소에 건설폐기물의 분류명을 각각 표시하여야 한다.

5.2.3 폐석면 처리

최근 석면제품의 유해성 논란 등 사회적 관심이 증대되고 있고, 관련 법규의 개정 등 정부에서도 석면에 대한 대책을 점차 강화하고 있다. 당초에는 고형화되어 비산 우려가 없는 폐석면은 사업장폐기물로, 부스러져 비산우려가 있는 경우 지정폐기물로 분류하였으나 현재는 석면이 단 1%라도 포함시 비산여부에 관계없이 지정폐기물로 처리하도록 하고 있다.

◈ 석면사용자재의 종류

석면은 [그림5-14]와 같이 지붕재의 슬레이트, 천장의 텍스, 바닥재의 아스태일, 칸막이용의 밤라이트, 방음재, 단열재, 보온재 등 다양한 곳에서 사용되고 있다.

슬레이트		밤라이트	
■ 용도 : 지붕재 ■ 10.5kg/㎡ ■ 석면 10% 함유		■ 용도 : 칸막이 ■ 9.43kg/㎡ ■ 석면 10% 함유	
텍 스		**아스타일**	
■ 용도 : 천장재 ■ 7.5kg/㎡ ■ 석면 5% 함유		■ 용도 : 바닥재 ■ 6.17kg/㎡ ■ 석면 10% 함유	
뿜칠재		**압출성형 콘크리트패널**	
■ 용도 : 뿜칠재 ■ 2.2ton/㎥ ■ 석면 90% 함유	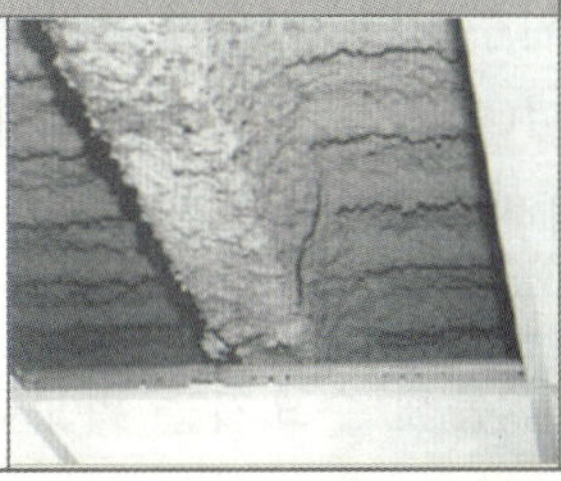	■ 용도 : 방음판 ■ 49kg/㎡ ■ 석면 10% 함유	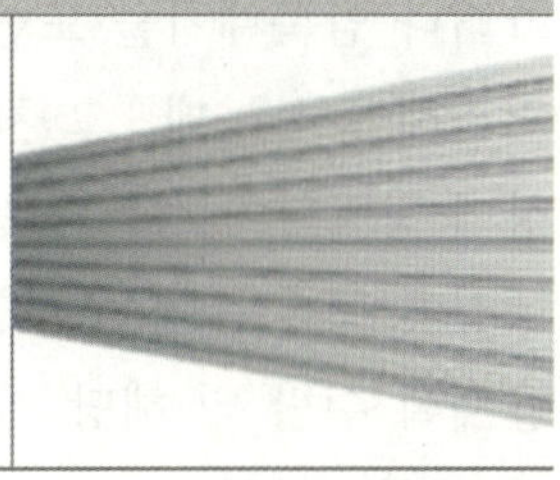

[그림 5-14] 석면사용자재의 종류

◇ 건설현장에서의 폐석면 해체 및 제거

폐석면을 해체하기 전에는 노동부에 작업 허가를 취득한 후 작업장을 차단하거나 습식작업 등의 비산방지 대책을 세우고, 근로자의 보건관리 및 관련 작업기준을 준수해야 하고, 폐석면의 해체·제거를 허가받은 업체에 위탁처리해야 한다.

처리 시에는 폐석면을 포장하여 수집·운반·보관하도록 하며, 지정폐기물임을 알릴 수 있는 보관표지를 설치하고, 지정폐기물매립장에만 매립하도록 한다. 또한 처리에 관련하여 폐기물관리법 제25조에 따른 석면을 영업대상으로 하는 폐기물처리업체에 위탁처리하도록 한다. 관련 세부내용을 [그림 5-15]와 [그림 5-16]에 나타내었다.

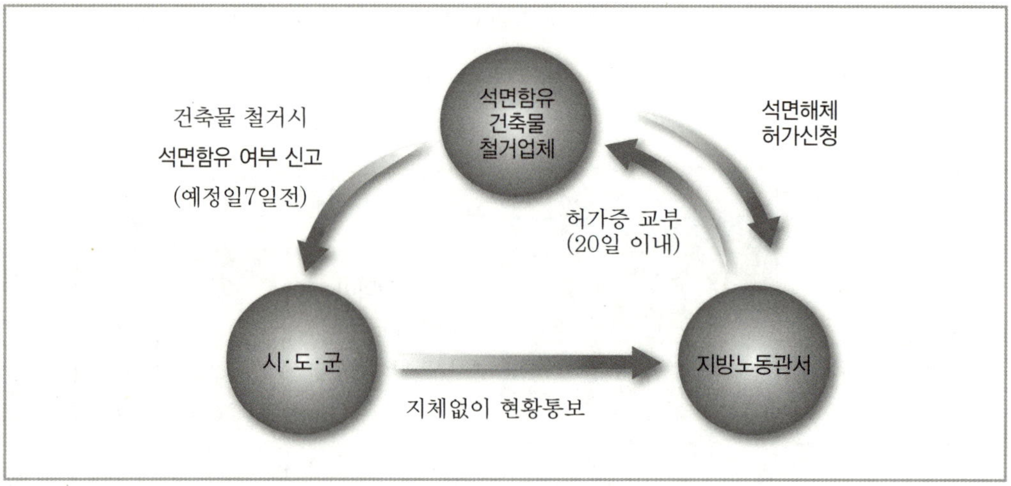

[그림 5-15] 석면해체제거 절차 흐름도

5.2.4 임목폐기물 처리

도로노선의 산림구간 통과 등으로 불가피하게 발생되는 임목폐기물은 일반적으로 폐기물이라는 인식이 부족하여 현장에 방치하거나 불법소각하는 경우가 많다. 그러나 임목폐기물 또한 사업장폐기물의 일부이며, 재활용처리되지 않을 경우 소각처리해야 하는데, 그 처리 비용이 고가이며(일반적으로 건설폐재의 10배 이상), 현장에 방치되어 성토재 등에 혼입될 경우 피해가 발생할 우려가 있다. 따라서 공사 시행전에 훼손 수목 조사를 통해 이식가능한 양호한 수목의 수량을 파악하고, 자체 활용계획 수립 및 해당 지자체 등과의 협의를 통해 수요처를 확보하여 임목폐기물 발생을 최소화한다. 그리고, 불가피하게 발생하는 임목폐기물은 성상별로 구분(뿌리, 줄기 등)하여 건조 후 재활용하거나 위탁처리 한다. 임목류의 재활용 용도로는 목재,

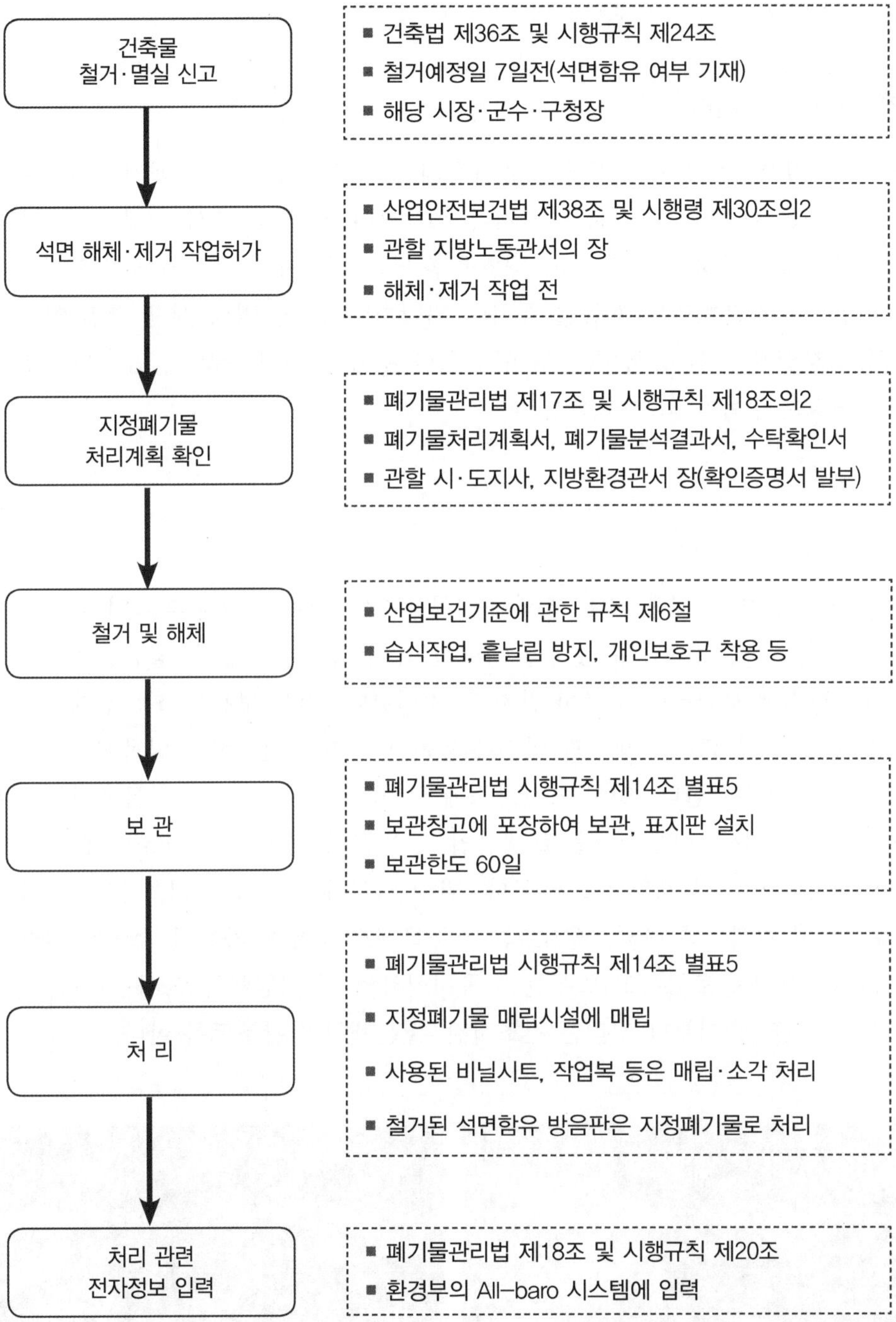

[그림 5–16] 폐석면 해체·제거 시 절차

제지원료, 나무제품 제조원료(파티클보드, MDF 원료 등), 산업용 연료(도자기, 내화물 등), 가정용 연료, 톱밥 제조 원료 등이다

◈ 임목폐기물의 처리

공사 중 발생하는 임목폐기물은 폐기물의 분류상 사업장 일반폐기물에 포함되며 이들 폐기물은 원칙적으로 재활용하거나 소각처리 한다. 따라서 발생하는 임목폐기물은 성상별로 구분하여 보관하고, 재활용후 남은 임목폐기물은 자체 소각시설(허가받은 시설) 및 전문처리업체 등을 통하여 위탁처리 한다. 벌개 제근 작업 이전에 주변지역 조경업자 등을 통하여 수형이 양호한 수목을 재활용할 수 있도록 유도하여 벌개 제근되는 수목을 최소화한다.

◈ 처리방법

공사중 주로 벌개 제근 시 발생하는 임목폐기물은 토사 등에 혼입되거나, 임의로 훼손되지 않도록 단계적으로 공사를 시행하고, 발생한 폐기물은 성상별로 분리하여 임시 보관장소에 보관하여 충분히 건조 후 처리한다. 임시 보관장소는 경계부에 방진망이나 띠 등을 설치하고, 채광과 배수가 용이한 지역을 선정하여 임목폐기물이 썩거나 유출되지 않도록 한다. 임시 보관장소에서 일차적으로 건조된 임목폐기물은 목재가공업체, 제지회사, 나무제품원료 생산업체, 도자기 및 내화물 제조업체(연료사용) 등과 연계하여 최대한 재활용토록 한다. 발생 임목폐기물 중 줄기, 가지, 뿌리 등은 분리수거하여 처리토록 하되, 줄기부는 가공목재로 활용이 가능한 수목에 대하여 목재로 가공하여 활용토록하고 일부는 수목이식작업 시 버팀목재로 사용한다. 활용이 어려운 잔목들의 줄기부나 뿌리는 건조시킨 후 분쇄하여 활용토록 한다.

[그림 5-17] 훼손수목 이식 및 임목폐기물 분리 재활용 사례

5.2.5 폐유 처리

도로공사 중 투입장비의 오일교환 등에 의해 발생하는 폐유류는 발생량은 적으나 소량으로도 토양 및 수계 등에 치명적인 영향을 미칠수 있으므로 철저한 관리가 요구된다. 따라서 덤프 등 이동이 용이한 장비는 오일교환 시 가능한 주변의 정비업소를 이용하고, 불가피하게 발생하는 폐유류는 전량 수거하여 지정된 보관시설(폐유저장소 설치)에 보관한 후 주기적으로 지정폐기물 처리업체에 위탁처리하여 무단투기 및 유출 등으로 인한 피해가 발생하지 않도록 한다.

◈ 수집·운반

액상의 지정폐기물을 수집·운반하는 경우에는 누출의 우려가 없는 전용의 탱크·용기·파이프 또는 이와 유사한 설비를 사용하고 혼합 또는 유동에 의해 발생하는 위험이 없도록 한다. 지정폐기물 수집·운반차량의 차체는 황색으로 도색한다(다만, 임시로 사용하는 운반차량의 경우에는 제외한다).

지정폐기물의 수집·운반차량 적재함의 양쪽 옆면에는 지정폐기물 수집·운반차량, 회사명 및 전화번호를 부착 또는 표기하되 그 크기는 가로 100cm 이상, 세로 50cm 이상이어야 하며 글씨의 색깔은 검은색으로 한다(임시 운반차량의 경우에도 동일하게 적용한다).

◈ 보관

폐유는 다른 폐기물과 구분하여 폐유에 의하여 부식 또는 손괴되지 않는 재질로 된 시설 또는 용기를 사용하여 보관한다.

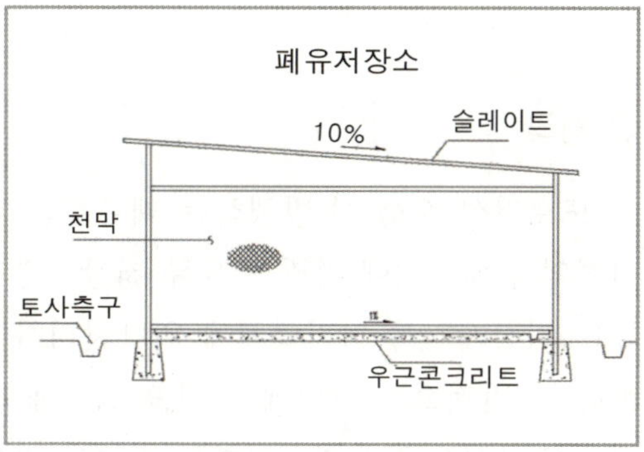

[그림 5-18] 공사현장의 폐유저장소 설계 사례

또한 자체하중 및 보관하고자 하는 폐기물의 최대량 보관 시 적재하중에 견딜 수 있고 물이 스며들지 않도록 시멘트·아스팔트 등의 재료로 바닥이 포장되고 지붕과 벽면을 갖춘 보관창고에 보관한다(다만, 드럼통 등 보관용기에 보관해 내용물이 유출될 우려가 없고 용기 외부에 지정폐기물이 묻어 있지 않은 경우에는 그러하지 않는다).

[표 5-4] 보관창고 표지판 예시(배출자용)

지정폐기물 보관표지	
① 폐기물종류:	② 총보관량: 톤
③ 보관기간:	④ 관리책임자:
⑤ 취급시 주의사항 ■ 보관시: ■ 운반시:	
⑥ 운반 예정 장소 :	

폐유는 보관개시일부터 45일을 초과하여서는 안되며 보관표지는 [표5-4]와 같이 보관창고에 보관중인 폐기물의 종류별로 양과 보관기간 등을 기재한 표지판을 설치한다. 다만 드럼통 등 보관용기를 사용하여 보관하는 경우에는 용기별로 폐기물의 종류·양 및 배출업소 등을 알 수 있는 표시를 하고, 폐기물의 종류가 같은 용기가 여러 개 있는 경우에는 폐기물의 종류별로 폐기물의 종류·양 및 배출업소 등을 알 수 있도록 표시한다. 보관창고에는 보관표지판을 사람이 쉽게 볼 수 있는 위치에 설치한다[29].

◈ 처리

도로건설 시행 시 발생하는 폐유류는 지정폐기물로 분류되므로 지정폐기물 보관시설의 설치기준에 따라 폐유류 저장소를 설치하여 전량 수거토록 하고 수거된 폐유류는 지정폐기물 처리업체에 위탁처리하여 토양에 투기되는 일이 발생하지 않도록 한다. 일반적으로 장비에서 배출되는 폐오일류는 재활용이 가능하여 대부분 처리업체에서 무상으로 수거처리하는 경향이 많아 처리비용이 크지 않다. 따라서 최종처리보다는 철저한 수거 및 보관 관리가 중요하다.

29) 표지의 규격 : 가로 60cm 이상 × 세로 40cm 이상(드럼통 등 소형용기에 부착하는 경우에는 가로 15cm 이상 × 세로 10cm 이상), 표지의 색깔 : 황색 바탕에 흑색선 및 흑색 글자

5.3 건설폐기물의 재활용

5.3.1 건설폐기물 재활용 방법의 결정

건설폐기물의 재활용 방법은 현장 재활용과 위탁처리 후 재활용으로 구분되고, 배출자는 당해 건설현장에서 발생하는 건설폐기물을 스스로 처리하거나 처리업 허가를 받은 자 등에게 위탁하여 처리하여야 한다.

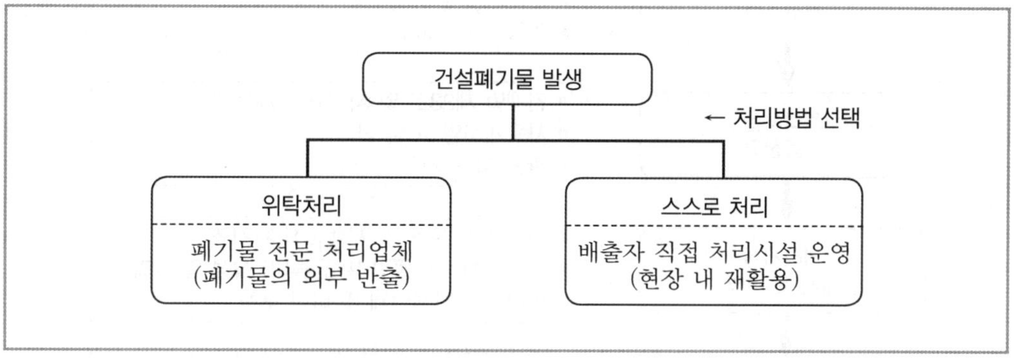

[그림 5-19] 건설폐기물 처리 흐름도

5.3.2 건설폐기물의 현장 내 재활용

배출자(발주자)가 건설공사 현장에서 건설폐기물 처리시설을 직접 설치·운영하여 건설폐기물을 재활용하고자 할 경우에는 건폐법 제27조의 규정에 따라 다음과 같이 설치·운영하여야 한다.

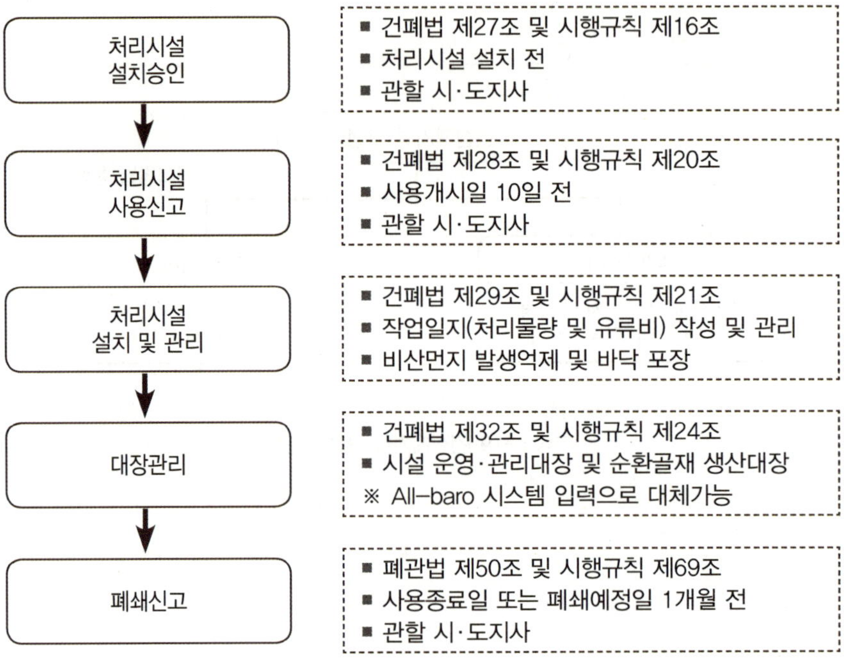

[그림 5-20] 건설폐기물 처리시설 설치 및 운영절차

◇ 장비선정 및 운영인력

건설폐기물 파쇄장비는 [그림 5-21]과 같이 조크라샤, 임팩트크라샤, 콘크라샤 등 여러 가지 종류가 있으며, 2종류 이상이 혼합되어 있는 장비도 있다. 장비선정 시에는 재활용 용도에 따라 적합한 장비를 비교·검토 후 사용한다. 단, 파쇄·분쇄시설은 파쇄·분쇄된 골재의 크기를 조절할 수 있는 장치를 설치하여야 하며, 투입·파쇄·이송·토출장치 및 분리·선별시설 등을 설치해야 한다. 또한 건설폐기물처리시설을 직접 설치·운영하고자 하는 경우 운영인력은 발주자 직원 또는 직접 고용한 인원만 가능하다.

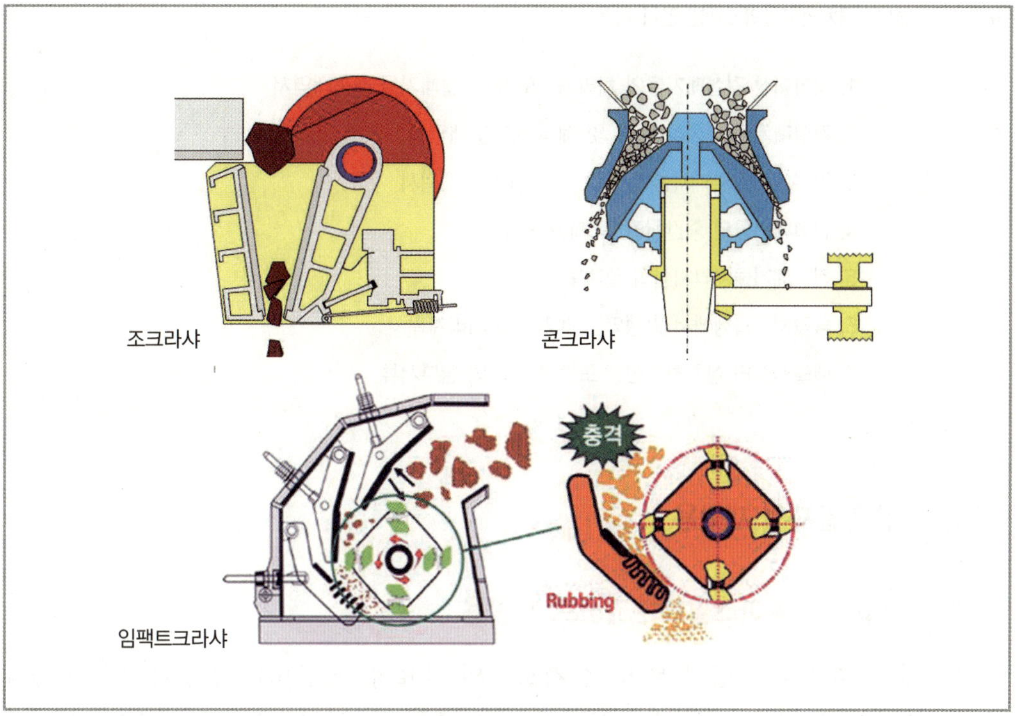

[그림 5-21] 크라샤의 종류

처리시설 설치 및 운영

처리시설에 대한 승인신청 시에는 시설물의 소재지를 관할하는 시·도지사에게 다음 [표 5-5]의 사항들을 제출해야 한다.

건설폐기물처리시설 설치 시에는 건설폐기물이 흩날리거나 흘러나오는 것을 방지하기 위한 시설을 설치하고, 처리시설의 바닥은 시멘트·아스팔트 등의 재료로 포장해야 한다. 다만, 토양오염의 우려가 없는 단순 파쇄·분쇄시설을 설치할 경우에는 합성수지, 합성고무 등 불투수성재료로 포장할 수 있다.

[표 5-5] 건설폐기물처리시설의 설치승인시 제출서류

1. 처리대상 건설폐기물의 처리공정도 및 건설폐기물 배출내역서
2. 건설폐기물의 성상·종류 및 예상배출량 내역서
3. 건설폐기물처리시설의 설치 및 장비확보 계획서
4. 건설폐기물의 중간처리 및 재활용 계획서
5. 건설폐기물처리시설의 설계도서
6. 중간처리과정에서 발생되는 폐기물의 처리계획서
7. 배출시설의 설치허가신청 또는 신고시의 첨부서류

5.3.3 순환골재의 재활용

◈ 폐콘크리트 및 폐아스팔트콘크리트 재활용

재활용은 폐기물 매립지 부족, 환경보전의 필요성, 급증하는 건설폐기물의 골재 자원으로의 활용, 자원 순환형 건설산업 체제 구축에 크게 기여할 수 있으며, 도로건설공사는 대부분 「건설폐기물의 재활용 촉진에 관한 법률」에 제시된 순환골재 의무사용 건설공사이므로 순환골재 품질기준(국토해양부)에 맞게 가공하여 재활용하도록 한다.

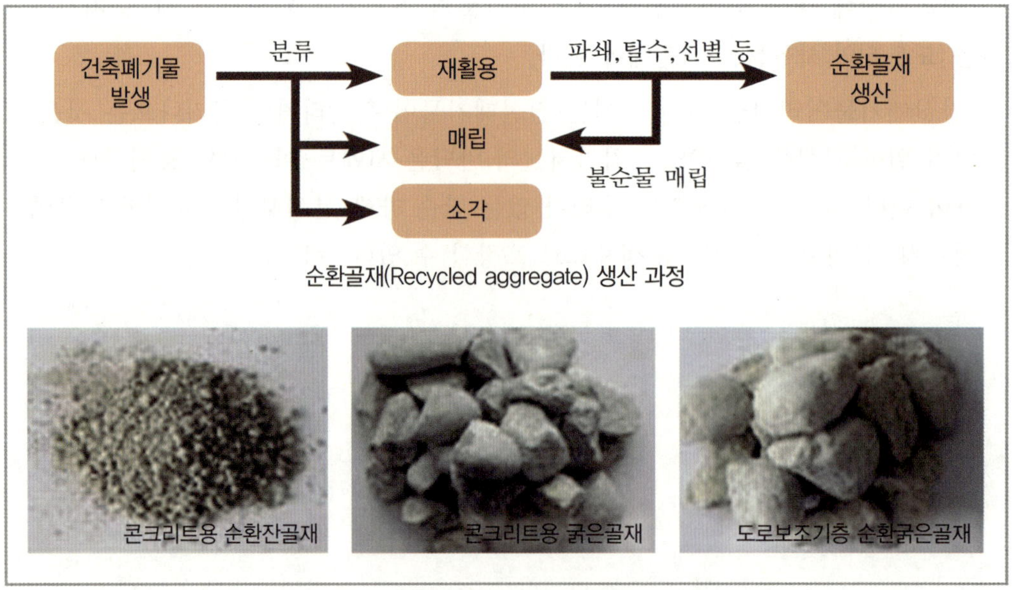

[그림 5-22] 순환골재 생산과정 및 생산물 예시도

절삭 아스팔트의 재활용

절삭 아스팔트는 아스팔트 포장도로의 재포장 공사 시 표층을 절삭하는 과정에서 발생되는 폐아스팔트를 말하는 것으로 이물질이 전혀 혼합되어 있지 않고 40㎜ 이하로 잘게 부수어져 있으므로 도로공사의 성토용이나 일반도로나 주차장 등의 포장재로서 천연골재를 대체할 수 있는 고급 재료이다.

[그림 5-23] 절삭 아스팔트의 발생 및 형상

절삭 아스팔트가 재활용 품질기준 이내(최대크기 100㎜ 이하, 이물질 1% 이하)로 발생될지라도 노면절삭기(로드커터)가 「건설폐기물의 재활용촉진에 관한 법률」에서 규정하는 건설폐기물 처리시설에 해당되지 않으므로 불필요한 중간처리시설을 거치지 않으면 당해 현장에서 재활용할 수 없으며, 기존 아스팔트를 절삭하고 바로 아스팔트 덧씌우기를 하는 아스팔트 재포장 현장의 특성상 성토 등 재활용 할 수 있는 공종이 없어 법률에 따라 위탁처리 할 수밖에 없다.

재포장 공사 시 발생되는 절삭아스팔트의 경우 재활용 품질기준 이내로 생산되기 때문에 그 자체로는 별도의 중간처리 과정 없이 재활용이 가능한 상태이며, 폐기물처리업체에 위탁처리 되는 경우 업체에서도 별도의 중간처리 없이 재활용 순환골재로 판매가 가능할 것으로 판단된다. 따라서 재포장 공사 시 발생되는 절삭아스팔트는 발생 시 품질기준 이내라면 별도의 중간처리 과정 없이 당해 현장 뿐만 아니라 타현장에서도 재활용이 가능한 순환골재로 사용될 수 있도록 관련 법을 개정하여 고급자원이 효율적으로 재활용되고 불필요한 폐기물처리비용을 낭비하지 않도록 해야 할 것이다.

5.3.4 순환골재의 의무사용

◈ 순환골재 의무사용 건설공사의 범위

국가, 지방자치단체 공공 투자·출연기관 및 사회기반시설에 대한 민간투자법 제2조 제7호에 따른 사업 시행자가 발주하는 건설공사로서 「도로법」 제2조 또는 제7조의 규정에 따른 도로 중 공사구간이 1㎞ 이상인 신설공사 및 확장공사, 「국토의 계획 및 이용에 관한 법률 시행령」 제2조 제2항 제1호의 규정에 의한 도로 중 1㎞ 이상인 일반도로, 자동차전용도로, 보행자전용도로, 자전거전용도로의 신설 또는 확장공사 등이 순환골재 의무 사용 범위에 해당된다.

◈ 순환골재 및 재생 아스팔트의 의무 사용량

보조기층용 순환골재는 소요되는 보조기층의 15% 이상을 의무 사용하도록 규정하고 있으며, 재생 아스팔트 또한 제품 소요량의 15% 이상을 의무 사용하도록 규정(환경부 및 국토해양부 공동고시, 2010. 6. 21)하고 있다.

도로와 환경

제6장 대 기 질

제 6 장 대기질

6.1 대기오염과 영향인자

6.1.1 대기오염의 정의 및 원인

대기오염의 정의는 국가나 단체 또는 학자에 따라 그 정의가 조금씩 다를 수 있으나 이를 종합하면 "대기 중의 오염물질인 매연, 먼지, 가스 및 악취 등이 불특정 다수인에게 불쾌감을 주거나 사람의 건강과 보건위생상에 위해를 주며 인간의 생활과 밀접한 관계가 있는 재산과 동·식물 및 그 생육 환경에 해를 미칠 정도로 어떤 지역에 다량으로 외기에 존재하는 현상"으로 요약할 수 있다.

[그림 6-1] 대기오염

[출처] 기상청 기후변화정보센터 홈페이지

대기오염의 원인이 되는 물질은 우리나라 대기환경보전법에서 "대기오염이 되는 가스·입자상 물질"로 규정하고 있으나, 일반적으로 물리적인 성상에 의한 것과 생성 과정에 의한 것으로 분류된다. 전자는 또한 가스상 물질(gaseous pollutants)과 입자상물질(particulate matter)로 분류되고, 후자는 1차 오염물질(primary pollutants)과 2차 오염물질(secondary pollutants)로 분류된다. 1차 오염물질이란 공장의 굴뚝, 자동차의 배기관 등을 통하여 대기로 직접 배출된 물질을 말하며, 2차 오염물질은 1차 오염물질이 대기 중에서 물리·화학적인 변환(conversion)에 의하여 생성된 것을 말한다.

우리나라는 1970년대 이후 급속한 공업화와 대도시 인구집중 등에 의해 대기오염배출시설과 화석연료 사용량이 증가하여 먼지, 아황산가스(SO_2) 등 1차 오염물질에 의한 대기오염이 사회적 문제로 대두되었으며, 1988년 서울올림픽을 계기로 천연가스의 보급 확대, 저유황유 사용 지역의 확대, 대기오염 배출기준 강화 정책 등을 시행하여 과거에 비해 대기질이 많이 개선되었다.

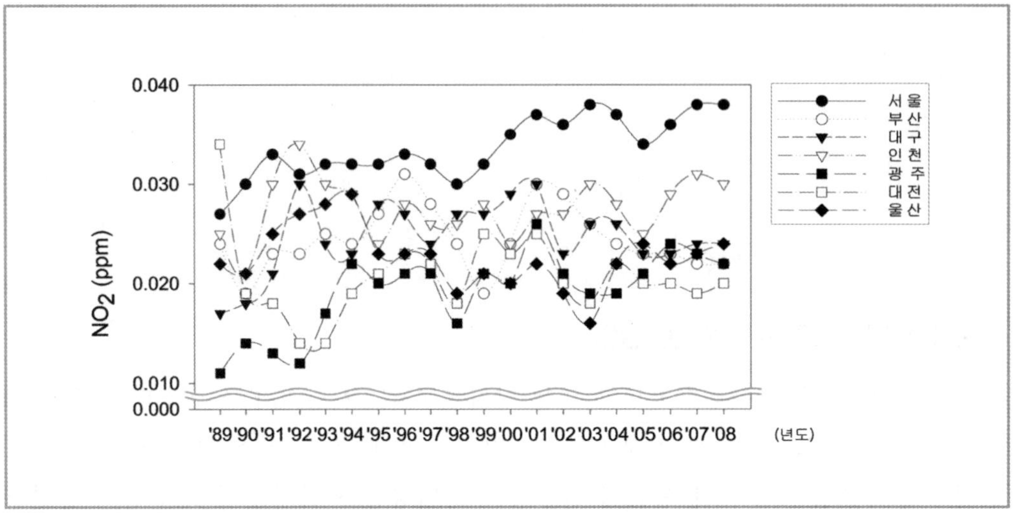

[그림 6-2] 우리나라 주요도시에서의 연간 대기오염도 변화

[출처] 대기오염실시간 공개시스템(http://www.airkorea.or.kr)

그러나 서울올림픽 이후 자동차의 수가 급격히 증가되었으며, 자동차 운행에 따라 발생하는 오염물질로 인해 2차 오염물질인 오존(O_3), PAN[30] 등이 증가하여 대도시 지역에서 과거 런던형 스모그[31] 형태에서 LA형 스모그[32] 형태로 대기오염 양상이 변화되고 있다. 또한 우리나라 서울의 미세먼지(PM10)는 런던의 2배, 이산화질소(NO_2)는 파리의 1.5배로 나타나 OECD 국가 중에서 하위권에 있는 것으로 나타났다.

30) PAN(Peroxy Acetyl Nitrate) : 질산과산화 아세틸, 1차 오염물질인 질소산화물(NOx), 황산화물 등과 태양광선의 자외선에 의해 생성되는 2차 오염물질, smog 속의 독성이 강한 요소로 존재함

31) 런던 스모그 : 화석연료(석탄, 석유)의 사용에 의해 발생되는 먼지, 황산화물(SOx), CO 성분에 의한 오염으로 발생조건은 기온 0~5℃, 습도 85%이상, 바람이 없는 날에 발생하기 쉬우며, 주로 겨울철(12~1월) 일광이 없는 새벽에 발생된다. 시정거리는 100m이하로 호흡기 자극, 만성기관지염, 폐염 등 심각한 질병을 일으킴.

32) LA 스모그 : 석유계연료(자동차)의 사용에 의해 발생되는 NOx, SOx, O_3 등의 물질이 강한 햇볕의 의한 광화학반응을 하여 발생되며, 발생조건은 기온 24~32℃, 습도 70%이하, 풍속 3m/s이하 일 때 발생하기 쉬우며, 주로 여름(8~9월)날 많이 발생된다. 시정거리는 0.8~1.6㎞이하로 눈, 코, 기도의 점막자극, 시정악화, 고무제품 손상, 건축물 손상을 초래하게 됨.

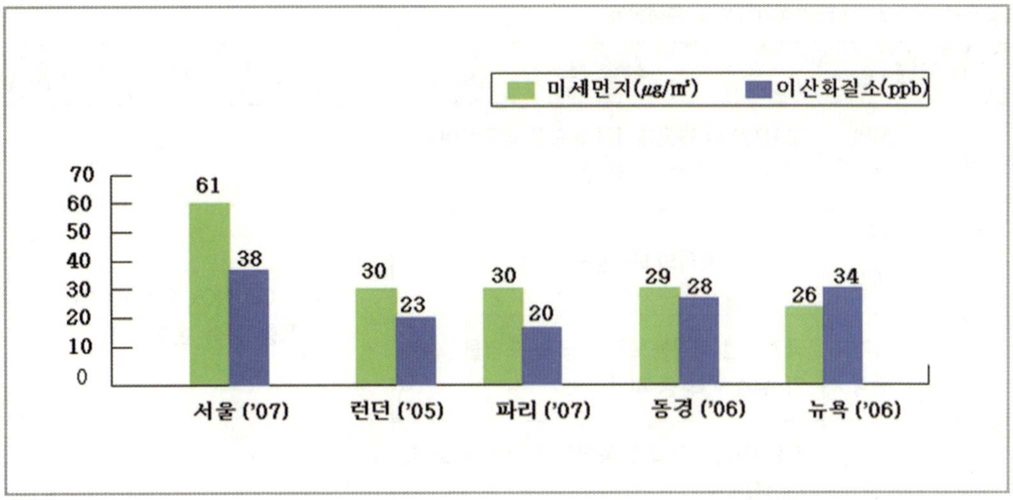

[그림 6-3] 선진국 주요도시와 연간 대기오염도 비교

6.1.2 대기오염 측정망

우리나라는 전국 주요 도시 지역의 대기오염도 및 산성강하물질의 현황을 파악하고 지구온난화 물질의 농도 측정, 장거리 이동 오염물질의 영향 등을 분석·평가하여 적정한 대기보전정책의 수립·시행 및 국가간 환경보전 협력 방안 관련 대책의 기초자료로 이용하기 위하여 대기오염 측정망을 운영하고 있다.

대기오염 측정망은 설치 목적에 따라 대기환경기준물질을 측정하는 일반대기오염측정망과 대기환경기준물질이외의 물질을 측정하는 특수대기오염 측정망으로, 설치·운영기관에 따라 국가 측정망과 지자체 측정망으로 구분하고 있으며, 현재 대기오염측정망은 지역대기측정망, 지역배경농도측정망, 국가배경농도측정망 등 총 10종의 측정망이 있으며 전국 각 시·군에 총 419개소의 측정소가 설치되어 운영되고 있다.

[표 6-1] 대기오염측정망 설치목적 및 측정항목

구 분		설치목적	측 정 항 목
일반대기오염측정망	지역대기	도시지역의 평균대기질 농도를 파악하여 환경기준 달성여부 판정	SO2, CO, NOx, PM-10, O_3, 풍향, 풍속, 온도, 습도
	지역배경	광범위한 지역의 배경농도 파악	
	국가배경	국가적인 배경농도와 외국의 오염물질 유입, 유출 상태 등 파악	
	도로변	자동차 통행량과 유동인구가 많은 도로변 대기질 파악	
특수대기오염측정망	유해대기	도시지역, 주요 산단에서 특정대기유해물질에 의한 오염 실태 파악	VOCs
			PAHs[4)]
	중금속	도시지역 또는 산단 인근지역에서 중금속 오염실태 파악	Pb, Cd, Cr, Cu, Mn, Fe, Ni
	광화학	VOCS의 농도를 파악하여 오존예보 등을 위한 기초자료로 활용	NOx, NOy, PM-10, O_3, CO, VOCs, 풍속, 온도, 습도, 일사량 등
	산성강하물질	대기로부터 오염물질의 건성침착량 및 습성침착량 파악	PM-2.5, Cl^-, NO_3^-, SO_4^{2-}, Na^+, K^+, Ca^{2+}, Mg^{2+}
	지구대기	지구온난화물질, 오존층파괴물질의 대기 중 농도 파악	CO_2, CFC, N_2O, CH_4
	시정거리	도시대기의 시정거리를 측정하여 체감오염도 파악	시정거리, PM-2.5

[출처] 환경부, 2005. 11, 대기오염측정망 기본계획 2006~2010

6.1.3 대기환경기준

우리나라는 국민의 건강을 보호하고 쾌적한 환경을 조성하기 위하여 환경정책기본법 시행령 제2조에 의하여 [표 6-2]와 같이 국가 대기환경기준을 설정하고 있으며, 각 시·도는 지역에 맞게 국가 환경기준보다 강화한 기준을 지역 조례에 의해 설정하고 있다.

[표 6-2] 우리나라 대기환경기준(환경정책기본법)

구 분	설 치 목 적	측 정 항 목
아황산가스(SO_2)	연평균	0.02ppm 이하
	24시간 평균	0.05ppm 이하
	1시간 평균	0.15ppm 이하
미세먼지(PM10)	연평균	50㎍/㎥ 이하
	24시간 평균	100㎍/㎥ 이하
일산화탄소(CO)	8시간 평균	9ppm 이하
	1시간 평균	25ppm 이하
이산화질소(NO_2)	연평균	0.03ppm 이하
	24시간 평균	0.06ppm 이하
	1시간 평균	0.10ppm 이하
오존(O_3)	8시간 평균	0.06ppm 이하
	1시간 평균	0.1ppm 이하
납(Pb)	연평균	0.5㎍/㎥ 이하
벤젠	연평균	5㎍/㎥ 이하

[비고] 1. 1시간 평균치는 999천분위수(天分位數)의 값이 그 기준을 초과하여서는 아니되고, 8시간 및 24시간 평균치는 99백분위수의 값이 그 기준을 초과하여서는 아니된다.

2. 미세먼지는 입자의 크기가 10㎛ 이하인 먼지를 말한다.

6.1.4 대기질 확산에 영향을 미치는 인자

대기오염 배출원에서 방출된 대기오염물질은 기상 특성, 지형 특성 등에 따라 이동·확산된다.

◈ 기상특성

대기에서의 오염물질 확산은 오염물질을 하류로 이동시키는 공기의 일반적인 운동과 오염물질을 모든 방향으로 확산시키는 난류의 속도변화, 그리고 농도 차이로 인한 물질의 확산 등 3가지 작용에 의하여 결정된다. 또한 크기, 형상, 무게 등 일반적인 기체역학적 특성이 비기체 상태의 입자가 지면으로 침전하거나 다시 공기 중으로 부상하는 데에 영향을 미친다. 따라서 바람과 대기의 난류현상은 대기오염물질의 확산에 절대적인 영향을 미치게 된다.

대기에서 오염물질의 분석을 정확히 예측하기 위해서 풍속은 물론 풍향의 빈도분포를 아는 것이 대단히 중요하며, 풍속 및 풍향 정보는 지역 및 시간에 따라 매월 변동이 심하다.

어느 지역에서의 풍향과 풍속 정보를 한눈에 볼 수 있게 표현한 것이 바람장미도(Wind Rose)로, 이는 특정지역에 매시간 간격으로 관측된 풍향, 풍속자료를 8개의 주방향과 8개의 보조 방향으로 나누어 각 방향별 풍향 빈도와 풍속의 크기를 살(Spoke)로 나타낸 그림을 말한다.

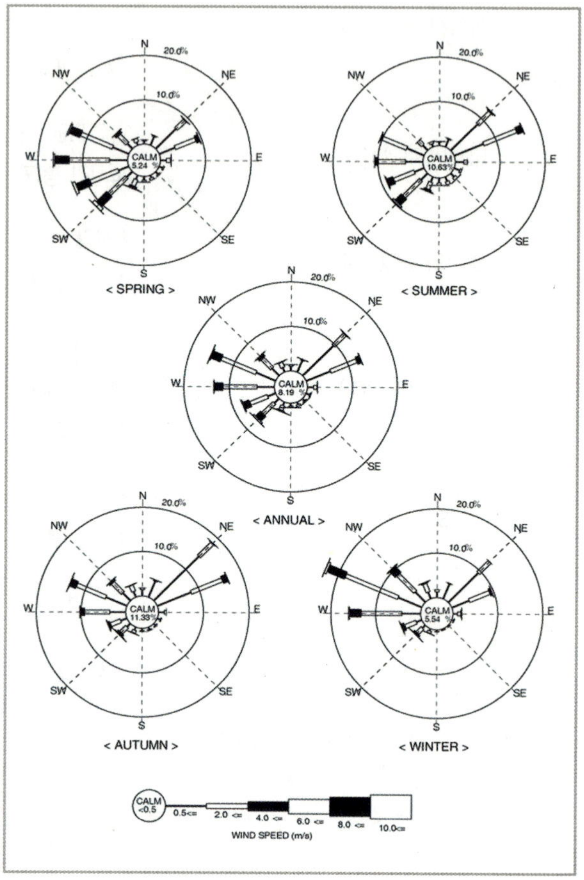

[그림 6-4] 바람장미도(Wind Rose)의 예

[출처] 서울기상대

바람장미도의 표시는 풍향의 경우 무풍률을 포함한 전체 바람량을 100%로 하여 막대의 길이로 나타내고, 바람이 불어오는 쪽으로 표시하며 막대의 길이가 가장 긴 방향이 그 지역의 주풍향이 된다. 또한 풍향별 풍속은 살(Spoke)의 굵기로 구분하며, 풍속이 보통 0.5m/sec 이하일 때는 무풍 상태로 간주하여 동심원의 중앙에 숫자로 표시하게끔 되어 있다.

◈ 지형특성

지표면의 상태는 바람에 큰 영향을 미친다. 해안이나 큰 호숫가에서는 해풍(sea breeze)이 불게 되는데 이는 물이 땅보다 온도 변화가 느리기 때문이다. 즉 해변에서는 태양복사열이 많은 낮 동안 바다 위의 기온이 육지의 기온보다 낮다. 따라서 육지의 따뜻한 공기는 찬 바다 공기에 의해서 대치되어 상승한다. 해풍은 지상 수백m

까지만 영향을 미치며, 대기오염물도 이 고도의 범위 내에서 방출된다. 여름에 주로 일어나는 해풍은 낮에 생기기 시작하여 오후 중간쯤 가장 강하고, 밤에는 강하지는 않지만 반대방향이 된다. 해풍과 반대로 육풍은 해안에서 멀리 떨어진 내륙에서 일어나며, 여름철보다는 겨울철에 더 강하다.

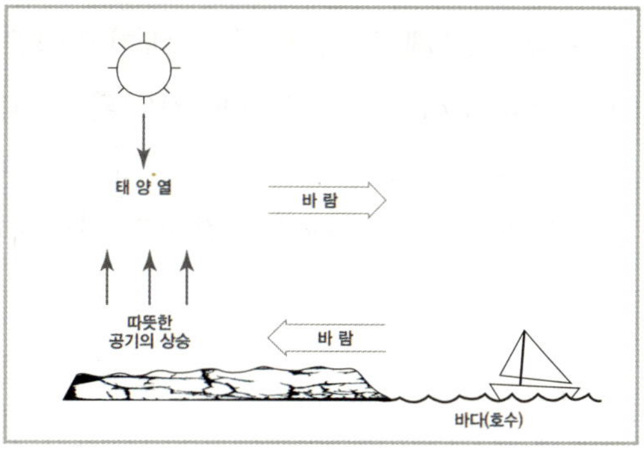

[그림 6-5] 해풍의 발생

지형의 영향으로 생기는 바람의 두 번째 예는 산곡풍(mountain-valley wind)이다. 이 경우 바람은 [그림 6-6]에 나타낸 바와 같이 밤에는 낮은 계곡 쪽으로 불게 된다. 왜냐하면 밤에는 계곡의 높은 곳이 낮은 곳보다 더 기온이 낮기 때문이다. 한편, 낮에는 햇빛에 의하여 따뜻해진 계곡의 공기가 산 능선 쪽으로 상승하므로 바람의 방향은 반대가 된다. 그러나 낮에는 열난류가 강해서 산곡풍의 영향을 감소시키므로 결국 산곡풍은 낮보다는 밤에 더 세게 분다.

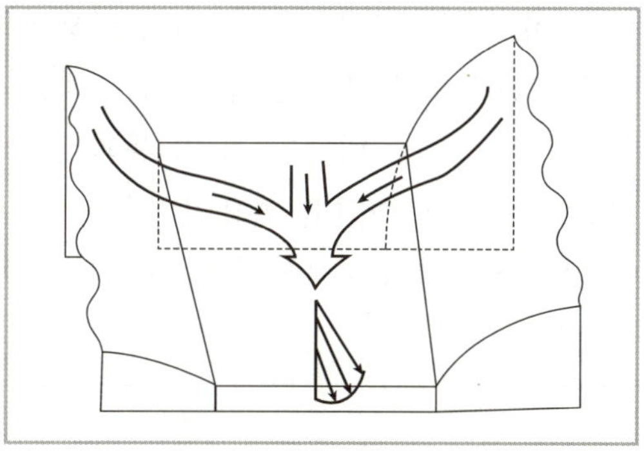
[그림 6-6] 밤에 계곡으로 불어내리는 산바람

6.1.5 대기오염물질 배출원

◇ 자연적 배출원

자연배출원은 식물 성장, 토양 미생물 활동, 가축생장 활동 등에 의해 배출되는 생물배출원(biogenic source)과 화산활동에 의한 먼지나 이산화황 발생, 번개에 의한 질소산화물 생성, 황사현상 등 생물배출원을 제외한 모든 자연적 대기오염 배출원을 말한다.

이와 같이 인간의 활동과 관계없이 오염물질을 발생시키는 배출원을 자연적 배출원(natural source)이라고 하며, 이들 배출원은 그 배출 기작(Mechanism)이 충분히 규명되어 있지 않고 인위적인 개입이 불가능하기 때문에 일반적으로 관리 대상에서 고려하지 않고 있다.

◈ 인위적 배출원

오늘날 문제가 되고 있는 대기오염은 대부분 인간활동에 의한 인위적 배출원(anthropogenic source)에 기인된다. 대기오염과 관련된 인간활동은 크게 생활활동, 생산활동, 에너지 소비활동으로 나누어 볼 수 있는데, 이로부터 발생되는 대기오염의 원인과 형태는 매우 복잡하고 다양하다.

◈ 배출형태

배출원을 물리적 배출 형태로 분류하면 크게 고정배출원(stationary source)과 이동배출원(mobile source)으로 나눌 수 있으며, 이들을 다시 점오염원(point source), 선오염원(line source), 면오염원(area source)으로 구분한다. 점오염원에는 화력발전소와 같이 굴뚝 형태로 배출되는 대형 배출 시설이 해당되고, 선오염원은 자동차, 기차, 비행기, 선박 등과 같이 일정한 길을 따라 이동하면서 연속적으로 배출하는 것을 말하며, 면오염원은 도시지역에서 일반 주택과 같이 소규모 배출시설이 밀집하여 널리 분포되어 있을 때를 말한다.

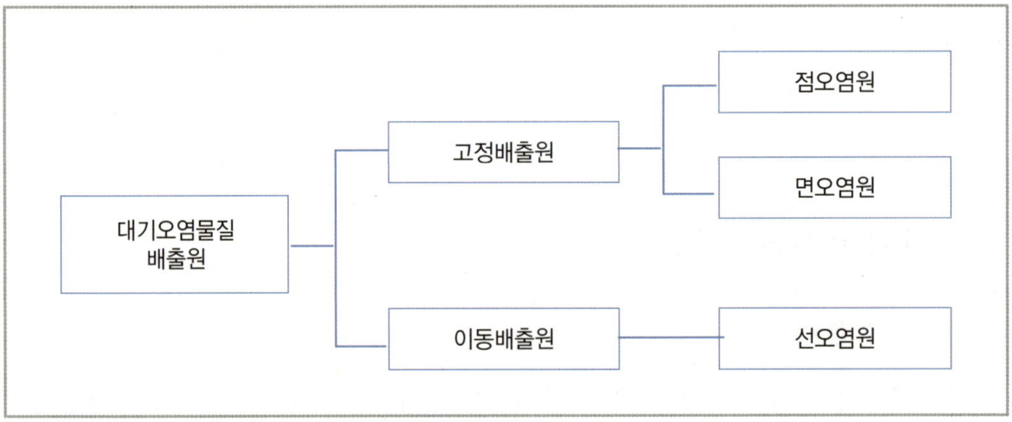

[그림 6-7] 배출원의 분류

6.2 대기오염물질과 영향

6.2.1 가스상 대기오염물질

◇ 일산화탄소(CO)

일산화탄소는 무색무미무취의 기체로서 보통상태에서는 화학적으로 불활성이며 식물, 물질 등에 영향을 미치지 않는다. 다만 혈액에서는 혈액중의 헤모글로빈(Hb)과 반응하여 혈액의 산소운반 능력을 감소시킨다. 헤모글로빈의 일산화탄소에 대한 친화성은 산소에 비해 210배 높다.

◇ 이산화탄소(CO_2)

이산화탄소는 자연적 발생원인 미생물의 분해작용과 인위적 발생원인 화석연료의 연소 및 산림파괴에 의하여 배출되고, 해양이나 식물에 흡수되어 대기 중에서 제거되며, 지구온난화의 주요 원인물질이기도 하다.

◇ 탄화수소(HC : hydrocarbon)

탄화수소는 수소와 탄소로 된 유기화합물이다. 탄화수소는 직접 공기중으로 배출되는 1차 오염물이고 광화학적 산화제는 1차 오염물과 반응하여 생성된 2차 오염물이다. 탄화수소의 유해성은 탄화수소 자체가 아니라 탄화수소가 대기 중에서 반응하여 생성되는 광화학적 생성물 때문이다.

◇ 질소산화물(NOx)

대기중에 존재하는 기체상 질소산화물에는 NO, NO_2(이 둘을 합하여 NOx라 함), N_2O, CO_3, C_2O_3, N_2O_4 및 N_2O_5 등이 있다. 이 중에서 NO와 NO_2는 저층 대기인 대류권에서 중요한 오염물질로서 LA에서 광화학스모그가 발생한 이래 주목을 받게 되었다. N_2O는 대류권에서는 온실가스로 알려져 있으며 성층권에서는 오존층 파괴물질로 알려져 있다.

◈ 암모니아(NH_3)

암모니아는 자연발생원으로는 질소를 함유한 유기화합물이 토양에 유입되면 토양 박테리아의 작용에 의하여 NO, N_2O와 함께 대기 중에 배출되며 인위적 발생원에는 폐기물 처리 및 연소가 있다.

◈ 황산화물(SOx)

황산화물 중 대기오염에 영향이 있는 것은 이산화황(SO_2)과 삼산화황(SO_3)이다. 이산화황은 무색, 비가연성, 비폭발성 기체로서 질식할 것 같은 냄새를 가지고 있다. 이산화황은 비교적 안정하지만, 대기중의 광화학적 또는 촉매작용에 의하여 황산, 황산염을 생성하며 이는 기관지염과 폐기종 같은 만성호흡 질환을 유발한다.

◈ 오존(O_3)

오존은 공기오염에서 기본적으로 관심의 대상이 되는 광학적 옥시던트(Oxidont)로서 상층대기 중에서는 태양광선에 의하여 생성되며, 그 중 소량이 아래로 확산된다. 오존은 성층권에서는 태양의 자외선을 막아주는 고마운 존재이지만, 지상에서는 광화학 오염물질로서 인간에게는 기침, 호흡곤란, 두통, 폐기종 장애 등을 일으키며, 식물에서는 식물세포의 대사를 방해하는 오염물질이 된다.

6.2.2 입자상 대기오염물질

◈ 입자상 오염물질 정의

인간 주변의 입자상 오염물질은 다양한 경로를 통해 생성된다. 알레르기를 일으키는 진드기, 각종 질병을 일으키는 박테리아와 바이러스, 봄철에 산을 자욱하게 할 정도의 꽃가루 등의 생물성 먼지를 비롯하여 파도가 부서질 때마다 생성되는 소금알갱이(해염)도 수 백 ㎞를 이동하여 항상 우리 주변에 존재한다. 뿐만 아니라 자동차의 매연, 아파트 굴뚝에서의 연기, 제철소, 채석장, 시멘트 공장의 먼지, 낙엽과 쓰레기 소각시 발생되는 연기 등이 있으며, 걸을 때, 움직일 때, 요리할 때, 책장을 넘길 때에도 수없이 많은 먼지가 발생된다. 황사는 쉽게 한국으로 건너오며, 하와이를 거쳐 심지어 미국 대륙까지도 장거리 이동한다.

◈ 입자상 오염물질(particulate matters)의 분류

입자상 물질을 분진 또는 에어로졸(aerosol)로 부르고 있다. 입자상 오염물질은 미스트(mist), 연기(smoke), 훈연(fume), 안개(fog), 박무(haze)[33], 스모그(smog) 등과 같은 상태로 존재한다. 이들 입자상 물질은 불완전 연소과정, 기계적 분쇄과정, 응축 및 고온 화학반응을 거쳐 생성되며, 물리화학적 특성만으로도 구별이 가능하다. 비록 입자상 오염물질은 대기오염물질 총량의 약 10%정도만을 차지하지만 인간의 건강, 재산 및 가시도 등에 직·간접적으로 영향을 준다.

6.2.3 대기오염물질의 영향

◈ 기후에 대한 영향

1) 입자성 물질의 영향

입자성 물질은 지구표면과 지구표면으로부터 복사되는 에너지에 현저한 영향을 주므로 지구의 전반적인 온도와 기후를 결정하는 주요 인자들이다. 햇빛 복사열이 대기에 부딪치면 그것은 우주공간에 반사되거나 지구표면까지 도달된다. 빛은 입자성 물질(구름의 상층표면, 연무층, 먼지 등)에 의해 반사되며, 반사가 많을수록 지구는 더 적은 에너지를 받게 된다. 이것이 입자성 물질의 주요 역할 중의 하나이다. 따라서 입자성 물질이 많을수록 지구 표지까지 도달하는 에너지는 적게 되므로 온도가 내려가게 된다.

2) 온실효과(green house effect)

이산화탄소는 입자성물질과는 반대적인 영향을 미친다. 지구에 도달하는 에너지는 대부분이 빛의 형태이며, 지구에 도달하면 대부분의 빛은 흡수되어 여러 가지 경로를 거쳐 열로 바뀐다. 그 열은 적외선(열선) 형태로 지구로부터 재 방출되는 과정에서 대기 중에 있는 이산화탄소는 지구표면으로부터 방출되는 적외선 에너지를 흡수하므로 적외선의 통과를 막는다. 이것은 단파장의 빛이 내부로 들어올 수 있지만 거꾸로 장파장인 적외선이 대기권 밖으로 나가기는 매우 어렵다는 것을 의미한다. 따라서 열의 외부방출이 봉쇄되어 대기온도와 지구표면 온도는 더욱 증가하게 된다.

---

33) 박무(薄霧) : 엷은 안개라는 뜻으로 상대습도 75% 이상이면서 시정 5/8 mile(1km) 이상 7 mile 미만일 때를 말한다.

이러한 현상은 온실이나 승용차 내부의 온도가 햇빛에 의해 온도가 상승하는 것과 비슷하므로 온실효과(green house effect)라 부른다.

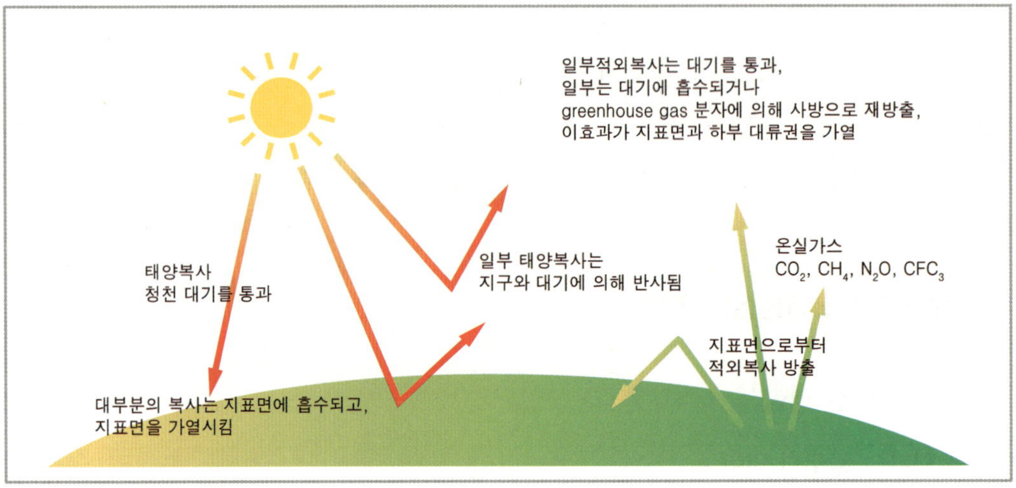

[그림 6-8] 온실효과

[출처] 기상청 기후변화정보센터

◈ 오존층에 대한 영향

대기층의 낮은 곳에서 생성된 오존은 식물과 동물에 독성이 강한 오염물질이지만 성층권에 있는 오존층은 자외선을 막아주는 차단막의 역할을 하는 절대적으로 필요한 물질이다. 자외선은 파장은 짧고 다른 가시광선보다 고에너지를 함유하고 있어 생체조직에 위협적이며 돌연변이를 야기 시킬 수 있다. 자외선의 대부분은 성층권에 있는 오존층에 의하여 흡수되고 걸러지기 때문에 자외선 피해가 거의 없이 지내고 있지만 이러한 오존층이 없어진다면 식물과 동물에 미치는 생물학적 피해는 절망적일 것이다.

◈ 인간에 대한 영향

대기오염물질의 주요 표적이 되는 것은 호흡기 계통의 기관이며, 호흡기 계통은 입자상이나 기체상 오염물질에 의해 해를 입을 수 있다.

◈ 식물에 대한 영향

농작물, 관상식물, 수목들이 대기오염에 의하여 심한 피해를 입거나 폐사되는 사례는 수없이 많으며, 눈에 보이는 피해보다는 피해나 비정상적인 증상이 나타나지 않은 상태에서 식물생장의 감소에 영향을 미치고 있다.

[표 6-3] 입도별 인간에 대한 영향

입 도	설치 목적	측 정 항 목
10㎛ 이상	굵은 먼지, 플라이 애쉬 (육안 관측 가능)	코 앞 부분의 털이 10㎛ 이상의 입자는 모두 제거한다.
2~10㎛	연무, 먼지, 연기 입자	섬모의 운동으로 점액을 쓸어 올리면서 입자를 기관에서 입으로 운반하며, 삼킬 수 있게 한다.
2㎛	에어로졸, 연무	폐와 임파세포 및 식세포가 초미세 입자의 일부를 공격한다.

6.3 도로의 대기질 영향평가 및 저감방안

도로건설에 따라 배출되는 대기오염물질로는 공사 시 장비 가동에 따른 비산먼지 및 배기가스 배출과 운영 시 도로를 주행하는 차량에 의한 배기가스가 있다. 또한 이들 오염원은 도로건설사업 특성상 계획 노선을 따라 배출되는 선오염원 형태를 띄고 있으며 운영 시 환경기준을 초과할 경우 명확한 저감대책이 없기 때문에 도로계획 단계인 환경영향평가 단계에서 면밀한 검토가 필요하다.

6.3.1 영향조사

◈ 조사항목

「환경정책기본법」 제2장 제1절 '환경기준' 및 동법 시행령 제2조에 의한 대기질 환경기준 설정 항목인 미세먼지(PM-10), 아황산가스(SO_2), 이산화질소(NO_2), 일산화탄소(CO), 오존(O_3), 납(Pb) 등 6개 항목에 대해 현황 조사를 실시하고 지역별 환경기준, 규제기준, 방지대책 상황을 조사한다. 영향예상지역은 주거지역, 학교 어린이집, 양로원, 병원 등으로 설정한다. 대기환경기준 항목 이외에도 사업특성에 대한 기타 항목의 조사가 필요한 경우 항목을 추가하여 조사한다.

◈ 조사범위

도로건설사업에 따른 대기질 조사범위는 사업 시행으로 인하여 주변지역에 영향을 미칠 것으로 판단되는 지역을 포함하는 범위로 기상, 지형, 기존의 발생원, 주택의 밀집도, 토지이용 실태 등을 감안하여 설정하는데 일반적으로 비산먼지 및 가동장비·운행차량 배출가스의 확산으로 인한 영향이 예상되는 범위(도로단에서 200m 이내)를 영향권역으로 하며, 터널 설치의 경우는 터널의 길이에 따라 영향권역(터널연장 1㎞ 이하 : 터널의 갱문에서 300m 이내, 터널연장 1㎞ 이상 : 터널의 갱문에서 500m 이내, 터널연장 3㎞ 이상 : 터널의 갱문에서 2㎞ 이내)을 설정한다[34].

◈ 현지 측정지점 선정

대기질 현지 시료 채취 장소 및 지점수는 대상 지역의 대기오염원 분포, 기상조건 및 지리적, 사회적 조건을 고려하여야 하며, 대기오염공정시험기준에 제시된 인구비례에 의한 방법, TM(Transverse Mercator)좌표에 의한 방법(Grid System), 중심점에 의한 동심원을 이용하는 방법, 대상지역의 오염 정도에 따라 공식을 이용하는 방법, 과거의 경험이나 전례에 의한 선정 방법 등을 이용한다.

◈ 조사횟수

도로사업에서 대기질 현지 측정조사의 횟수는 2계절 3일 이상 측정을 실시한다[35]. 단, 사업지구 인근에 대기오염자동측정망이 운영되고 있을 경우 동 측정망 자료와 1계절 측정 자료와의 상관성을 분석한 후 상관성이 있을 경우 이를 활용할 수 있다. 또한 사업 대상지역 인근에서 최근에 시행된 환경영향평가대상사업의 평가서나 환경영향조사결과보고서, 사전환경성검토서의 대기질 현황 측정 자료를 인용할 수 있다.

---

34) 건설교통부·환경부, 2006, 환경친화적인 도로건설 지침

35) 환경부고시 2009-269호 「환경영향평가서 작성등에 관한 규정」

◈ 도로변 대기측정

대기질 측정망의 일종으로 교통량이 많은 도로변의 자동차 배출가스 오염물질을 측정하기에 적정한 지역을 선정하여 설치한다.

도로변 측정망 설치 지점으로는 교통량이 많은 교차지점, 지역을 대표하는 간선도로, 주택 밀집 지역을 통과하는 도로, 대형 자동차의 통행량이 많은 지점, 오염물질이 확산되기 어려운 지점 등이 있다.

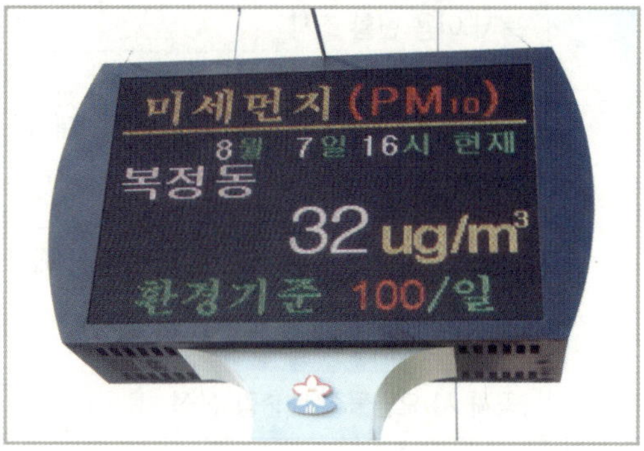

[그림 6-9] 대기질 현황 전광판 표출

6.3.2 영향예측 및 평가

도로건설사업으로 인한 대기질 영향은 공사 시와 운영 시로 구분하여 예측하며 평가흐름도는 [그림 6-10]과 같다. 또한 2개 이상의 오염원에 의하여 중복적인 영향을 받는 지역은 누적하여 평가한다.

[표 6-4] 도로사업 시 주요 대기오염원과 배출 오염물질

구 분	공 정	주요 오염원	주요 오염물질
공사 시	계획노선 공사 시	투입되는 장비의 가동, 토사이동	PM-10, NO_2
	B/P, C/R장 운영	비산먼지 발생	PM-10
	사토장 개발	투입되는 장비의 가동, 토사이동	PM-10, NO_2
	항타 작업	파일 항타	NO_2, PM-10
운영 시	계획노선 교통량	차량 배기가스	PM-10, NO_2
	터널운영 (출구부, 환기탑)	환기풍에 포함된 오염물질	PM-10, NO_2

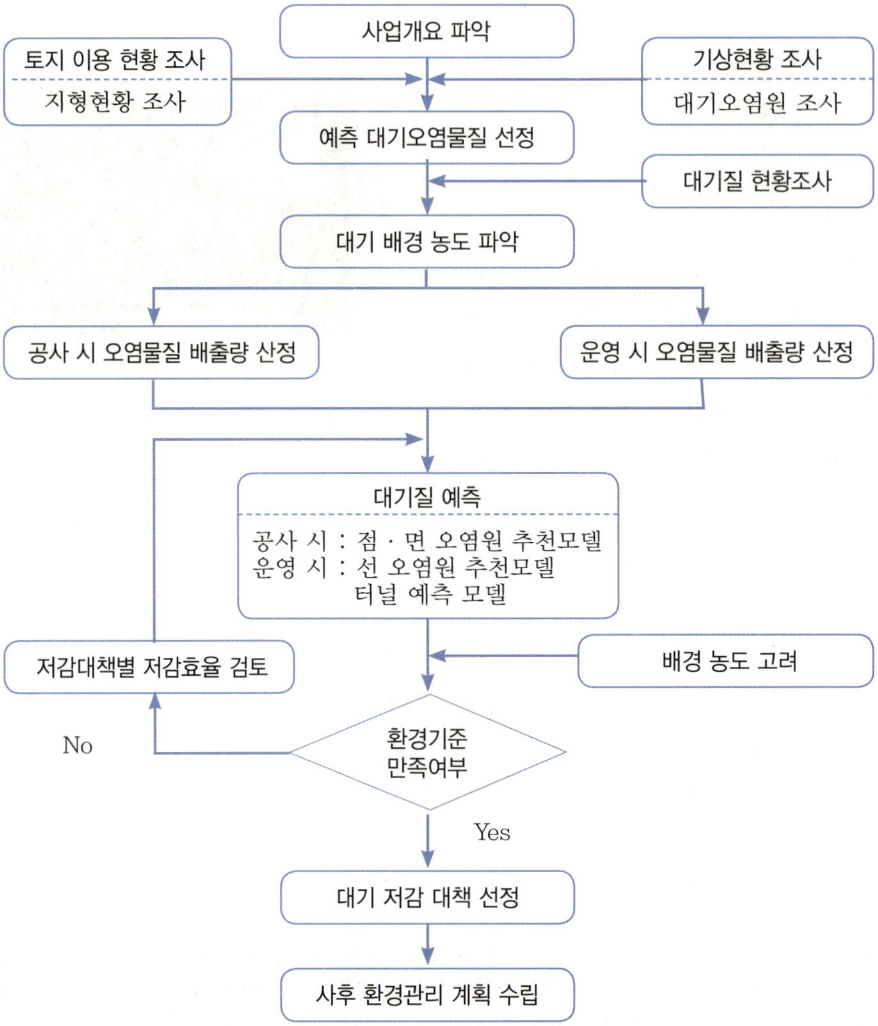

[그림 6-10] 도로사업 시 대기질 영향평가 흐름도

◈ 공사 시 예측 및 평가

공사 시에 대기질 영향 예측 항목은 토공작업 시 투입장비 가동에 따라 배기가스와 토사 이동에 따른 먼지 등의 배출이 예상되므로 미세먼지(PM-10)와 NO_2를 선정한다. 예측범위는 계획노선의 경계로부터 200m~300m 이내에 위치한 주거지역 및 학교 등을 영향 예측 대상으로 하며 다수의 마을 및 시설들이 계획노선으로부터 일직선상에 위치한 경우 최단거리의 마을 및 시설을 영향 예측 대상으로 선정한다.

오염물질 배출량 산정은 투입장비에 의한 오염물질 배출량과 작업 공정에 따른 비산되는 미세먼지 발생량으로 구분하여 산출한다. 건설장비의 연료사용에 따른 오염물질 배출량은 투입장비를 기준으로 산출하며, 장비별 연료 사용량은 “건설공사 표준품셈”을 이용하고 오염물질 배출계수는 “U.S. EPA Emission Factors”를 이용하여 산정한다.

[표 6-5] 장비별 오염물질 배출계수

장 비 명	규 격	배출계수(g/ℓ)	
		TSP	NOx
백 호 우	0.7㎥	3.61	59.20
로 더	2.87㎥	3.51	48.90
불 도 저	19ton	1.77	53.90
덤프트럭	15ton	2.12	62.80

[출처] Compilation of Air Pollution Emission Factors, U.S. EPA.

공사 시 비산먼지는 기계를 이용하여 지표면에서 공사하는 경우(절·성토, 부지정지, 덤프트럭 이동, 그 외 공사장비 이동 등)와 토공물량 상·하적 시, 토사 적치장에서의 바람에 의한 경우에 발생하는데 주로 비포장 도로에서의 덤프트럭 통행과 불도저 등과 같은 건설장비가 토사를 취급할 때 많이 발생한다. 바람에 의한 발생량은 장비 등에 의하여 발생하는 양에 비하여 보통 1%정도이므로 평가시 고려하지 않는다.

공사 시 대기질 예측 모델은 U.S. EPA에서 권장하고 있는 우선 모델(Preferred Air Quality Model) 중 면오염원에 의한 영향을 예측하기 위해 AERMOD(AMS/EPA Regulatory Model Improvement Committee(AERMIC) Model)[36]를 예측모델로 선정한다.

36) AERMOD : 미국기상학회와 미국환경보호청이 공동으로 ISC3모델의 단점을 보완하기 위해서 개발한 대기질 확산모델로 ISC3모델에서는 공간적으로 수평연기확산계수 및 연직연기확산계수가 일정하다는 가정을 사용하였으나, 실제 대기에서는 고도에 따라 그 값들이 크게 변하는 특성이 있으므로 고도에 따른 연기확산계수 및 풍속의 변화를 대기경계층 상사이론(Similarity theory)을 이용하여 계산해 확산모델에 반영하도록 개정된 모델이다.

◇ 운영 시 예측 및 평가

운영 시 차량 이동에 의한 주요 발생오염물질은 PM-10, NO_2, CO이나, 환경기준과의 초과여부를 비교하는데 의미가 있는 PM-10과 NO_2를 주요 예측 항목으로 선정한다.

예측 범위는 본선 구간의 도로중심으로부터 300m이내와 접속 구간(IC) 주변 지역을 예측 대상으로 선정하며 계획 노선 중 양방향 분리차선 구간은 각 방향의 영향을 예측한 후 누적하여 평가한다.

오염물질별 배출량은 각 구간별 목표년도의 일평균 및 첨두시 교통량과 차종별 오염물질 배출계수를 이용하여 오염물질 발생량을 산정한다. 운영 시 대기질 예측모델은 U.S. EPA에서 권장하고 있는 우선모델(Preferred air quality model)중 선오염원을 예측하기 위해 CALINE3모델을 예측모델로 선정한다.

◇ 터널운영에 따른 예측 및 평가

터널 운영 시 내부 환기를 위한 환기풍에는 대기오염물질이 포함되어 방출되며 출구부에 위치한 주거지역 등에 대기오염을 야기시키는 것으로 알려져 있다. 따라서 터널 운영에 따른 영향 항목으로 환기풍 중 발생량이 비교적 많은 PM-10, NO_2를 예측 항목으로 선정하고, 터널의 길이에 따라 영향권역을 설정하여 영향권역내의 정온시설을 예측 지점으로 선정한다. 터널에 의한 대기질 영향을 예측하기 위해 터널 환기탑의 경우 AERMOD모델을 선정하고, 터널 출구부의 경우 분류-등가배출강도 모델[37)]을 선정한다. 운영 시 누적 영향은 도로부와 터널부로 구분하여 예측한 결과를 환경기준과 비교하며 도로부와 터널부의 영향이 동시에 예상되는 경우는 누적평가를 실시한다.

37) 분류-등가배출강도 모델 : 터터널 출구로부터 배출되는 오염물질의영향을 분류모델과 등가배출강도 모델로 구분하여 예측한 후 거리에 따라 차등 적용하는 합산 모델이다. 분류모델은 터널 출구에 가상의 점오염원을 배치하고 이 가상의 점오염원으로부터의 확산에 의한 오염물질의 영향농도를 계산하는 모델이며, 등가배출강도 모델은 터널출구 외부의 도로부에 가상의 연속되는 점오염원들을 배치하고, 이 가상의 점오염원들로부터의 확산에 의한 오염물질의 영향농도를 계산하는 모델이다.

[표 6-6] CALINE3모델의 특징

구분	내 용
모델의 개요	■ 도로 통행차량에서 발생하는 비반응성 오염물질의 영향 농도 예측 ■ 단순지형에서 평탄, 성토, 교량, 절토 등 선형 조건에 따른 예측 농도를 steady state Gaussian Model을 이용하여 산출
사 용 범 위	■ 도로상의 선오염원 ■ 단순 지형의 도시, 농촌 지역에 적용 ■ 예측 평균시간은 1시간부터 24시간까지 가능
입 력 자 료	■ 오염원 : 20개까지의 예측구간별, 도로 선형조건(평탄, 성토, 교량, 절토)에 따른 예측구간별 좌표, 교통량, 배출계수, 오염원 높이, 혼합층 폭 ■ 기상자료 : 풍속, 풍향, 대기안정도 등급, 혼합고, 배경농도

6.3.3 대기질 환경영향 저감방안

◈ 공사중 대기질 저감방안

공사 시에는 대기환경보전법 제43조 "비산먼지의 규제" 및 시행규칙 제58조 4항 [별표 14] "비산먼지의 발생을 억제하기 위한 시설 설치 및 필요한 조치에 관한 기준"에 의거 저감 방안을 수립한다.

1) 이동식방진망 설치

대기환경보전법 시행규칙 [별표 16]에는 분체상 물질을 야적하는 경우 공사장 경계에는 높이 1.8m(공사장 부지 경계선으로부터 50m이내에 주거·상가 건물이 있는 곳의 경우에는 3m) 이상의 방진벽을 설치하도록 되어 있으며 설치하는 방진시설과 동등하거나 그 이상의 효과를 가지는 시설의 설치를 하는 경우에는 대치가 가능하도록 규정되어 있다. 이에 따라 비산먼지의 영향이 예상되는 주요지역에 비산먼지 확산을 방지하기 위한 방진망을 설치하여 최대한 비산먼지에 의한 주거지, 상가, 농작물에 대한 영향을 최소화하도록 계획하고, 설치 시에는 가설방음판넬 설치위치를 고려하여 가설방음판넬 상단에 병행 설치토록 한다.

방진망과 가설방음판넬 병행설치 구간의 경우 가설방음판넬 상단에 방진망을 설치하여 합산높이를 3m이상 유지하고(TYPE-A), 방진망 단독설치 구간의 경우 방진막(또는 방진벽, 2m) 등의 상단에 방진망(1m)을 설치하여 합산높이를 3m이상 유지(TYPE-B)한다.

방진망 설치는 바람에 의해 비산되는 먼지를 가장 양호하게 저감시킬 수 있는 시설로서 실제 풍동실험 결과 방진망 설치 시 비산먼지 저감효율이 약 14~30% 정도인 것으로 보고되고 있다[38].

[그림 6-11] 방진망 설치 전경

2) 살수

[그림 6-12] 살수차 운영

살수는 물과 대기중 먼지입자를 접촉시켜 먼지의 비산을 방지하는 방법으로 비산먼지 저감효과가 포장 다음 좋은 것으로 보고되고 있다. 그러나 공사장에 살수를 과다하게 실시할 경우 주변 하천으로의 부유토사 유입과 동절기에 결빙으로 인한 안전사고 위험이 발생할 수 있다. 일반적으로 함수율과 비산율의 관계를 고려하여 함수율 6% 정도로 살수를 실시할 경우 가장 효과적인 것으로 보고되고 있다.

주요 살수지역은 진입로 및 차량 이동로에 살수하며 살수 주기는 적어도 1일에 2회 이상 살수하도록 하고 필요시 수시로 살수한다. 또한 토사적치나 골재적치 등 바람에 의해 영향을 많이 받는 구간은 스프링쿨러를 설치한다.

38) 대한건축학회, 1999, 건설공사장 방진망 성능평가에 관한 연구

3) 토사운반차량의 규제

공사 시 토사운반차량에 대한 규제 없이 차량을 운행할 경우 적치물의 흘림 또는 비산이 발생될 수 있으므로 차량에 적재시 덮개를 설치하여 적재물이 외부에서 보이지 않고 흩날림이 없도록 하고, 적재물이 적재함 상단으로부터 수평 5㎝이하까지만 측면에 닿도록 적재하며, 자동덮개가 부착된 덤프트럭을 투입한다.

[표 6-7] 차량속도별 저감 효과

속도제어	저감효과 (%)	비 고
30mph	25	
20mph	65	
15mph	80	

[출처] NOYES DATA CORPORAYION, 1983, Fugitive dust control technology

4) 세륜·세차시설

세륜·세차시설은 기존 도로와 접속되는 공사구역 진·출입부 등에 설치한다. 수송차량은 세륜·세차 후 운행토록 하며 세륜시설은 자동식으로 설치하여 세륜·세차 후 발생하는 세수는 자체순환식으로 부족분만을 보충토록하여 배출수가 발생하지 않도록 한다.

[그림 6-13] 세륜세차시설

5) 효율적 장비투입

공사장비는 일시적인 집중 투입을 억제하고 분산투입 될 수 있도록 계획하며, 작업장 내 투입장비의 공회전을 금지한다. 특히 일시적으로 예측한 1시간 NO_2예측농도가 환경기준을 초과할 경우 장비투입대수와 작업 시간을 조정하는 계획을 수립한다.

6) 야외도장 시 방지막 설치

교량공사 시에 대기환경보전법 제28조2의 휘발성유기화합물 규제에 포함되는 시설인 도장시설(건조시설 포함, 용적 5㎥혹은 동력 3마력 이상)이 포함 될 경우 휘발성유기화합물이 외부로 확산되는 것을 방지하기 위하여 방지막을 설치후 공사를 시행하도록 계획한다.

7) 터널 공사 시 저감방안

터널 공사 시 작업자에 미치는 영향을 최소화하기 위한 유해가스 및 분진 허용 농도는 다음 [표 6-8]의 근로환경 관계 법규에 지정된 기준치 이하가 되도록 하며, 발파시에는 비산먼지 저감을 위해 갱구부방음문 또는 비산먼지방지워터커튼을 설치한다. 또한 터널작업장내 충분한 산소공급을 위한 송풍기와 유해가스측정장비를 설치한다.

[표 6-8] 터널내 공사 시 물질별 허용농도

유 해 가 스	허 용 농 도
CO	50ppm
NOx	25ppm
CO_2	5,000ppm

[출처] 한국산업안전 보건법 규제치

[그림 6-14] 터널공사 시 비산먼지 방지대책

◇ 운영 중 대기질 저감방안

터널 인근의 마을의 영향을 최소화하기 위해 터널출구부 및 환기탑으로 배출되는 오염물질을 수집·처리하는 저감시설을 설치하거나 절·성토부 등에 환경정화수종을 식재하여 최대한 대기오염을 저감하며, 터널 이용자에게 쾌적하고 안전한 통행 환경 조성을 위해 터널 내 환기설비를 설치한다.

[그림 6-15] 터널 환기탑

1) 터널별 환기계획

각 터널의 주행 상태에 따른 소요 환기량 규모를 산정하여 다음과 같이 검토 단계 결과를 반영한 환기 계획을 수립한다.

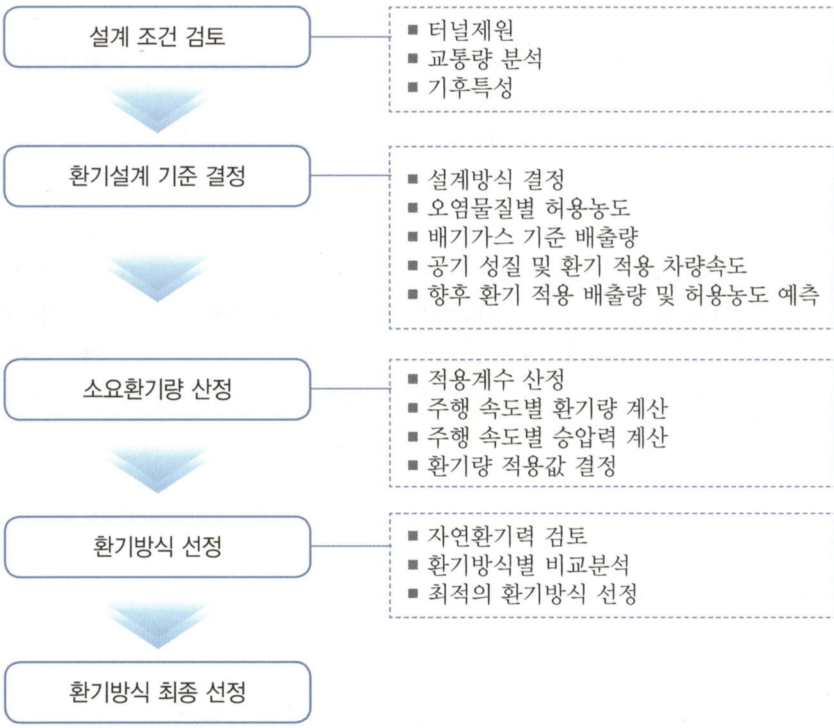

[그림 6-16] 터널 환기방식 결정 흐름도

2) 터널출구 및 환기탑 오염물질 저감시설 검토

터널출구부 및 환기탑으로 배출되는 오염물질을 수집·처리하는 저감시설은 입자상오염물질을 처리하는 시설과 가스상 오염물질을 처리하는 시설, 동시에 처리하는 시설로 구분할 수 있으며, 방식에 따라 전기집진설비, 세정처리시설, Twin System, 토양처리시설 등이 있으나 매우 고가이다.

[표 6-9] 터널 저감시설 비교

구 분	전기집진기	세정처리시설	Twin System	토양처리시설
대상 오염 물질	입자상물질	가스상 물질	입자상 물질 가스상 물질	입자상 물질 가스상 물질
처리 효율	〉90%	〉80%	gas : 〉85% PM : 〉90%	gas : 〉85% PM : 〉90%
초기 설비비	소	중	대	소
유지 관리비	소	대	대	소
장 점	▪ 입자상물질에 대한 처리효율 우수	▪ 여러 가스상 물질의 동시 처리 가능	▪ 가스상물질에 대한 높은 처리효율	▪ 처리 효율을 확보한 높은 경제성
단 점	▪ 가스상 물질 처리 못함	▪ 높은 유지관리비	▪ 높은 유지관리비	▪ 별도의 부지필요 ▪ 동계 미생물 활성저하로 처리효율이 저하

3) 환경정화수

터널 입·출구부 절·성토 법면 등에는 느티나무, 은행나무 등의 환경정화수종을 식재하여, 자동차 배출가스 등에서 배출되는 오염물질을 정화한다.

[표 6-10] 지역별 추천 환경정화수종

구 분		공장, 도로변 등 오염이 심한 지역	주택가 등 오염이 심하지 않은 지역
전국 분포	교 목	은행나무, 튜립나무, 양버즘나무, 은단풍나무, 가죽나무, 상수리나무, 졸참나무, 참느릅나무(8종)	느티나무, 팽나무, 오동나무, 배롱나무, 밤나무, 백목련, 벚나무, 서어나무, 회화나무, 감나무 등 (14종)
	관 목	무궁화, 개나리, 낙상홍, 라일락, 산수유(5종)	매화나무, 박태기, 자목련(3종)
남부 지방 분포	교 목	소귀나무, 가시나무류, 태산목, 녹나무, 후박나무, 먼나무, 아왜나무(7종)	
	관 목	꽝꽝나무, 사철나무, 광나무, 협죽도, 차나무, 팔손이, 철쭉류(7종)	

[출처] 환경부, 2000, 영향평가실무편람 (I)

4) 도로 재비산먼지 저감

도로의 재비산먼지를 저감하기 위하여 습식 진공 청소와 물청소를 주기적으로 실시한다. 특히, 다량의 오염물질이 침적하게 되는 길어깨, 곡선외측, 종단오목구간, 방음벽, 방호벽, L2측구 구간, 터널공동구 상면 등을 집중적으로 실시한다.

[그림 6-17] 도로노면 청소

◇ 사후환경영향조사

사업시행으로 인한 주변 지역의 대기질에 미치는 영향을 예측하고 그에 따른 저감방안을 계획하였으나 예기치 못한 영향에 대한 대책 및 계획한 저감방안의 적절한 시행 여부의 관리를 위하여 사후환경영향조사 계획을 수립한다.

1) 공사 시

토공공사가 이루어지는 인근 지역에서 매분기 3일 연속 측정하며, 그 외 조사지점에서는 일일 연속 측정토록 계획한다. 측정 결과가 대기질 유지 목표 농도를 초과하는 지역에 대하여 살수량 및 살수 횟수의 조절, 차량의 이동속도 제한 등의 추가적인 저감방안을 실시토록 계획한다.

2) 운영 시

운영 시는 계획노선 주변 지역 중 예측 결과가 환경기준을 초과할 것으로 예측된 지역을 대상으로 매분기 1일 연속(매시간별) 측정하여 환경기준을 초과할 경우 적절한 저감방안을 강구한다.

[표 6-11] 사후환경영향조사계획(공사 시)

구 분		사후환경영향 조사내용	비 고
공사시	조사항목	■ PM-10, NO_2	-
	조사내용	■ 대기질 유지목표농도 준수 ■ 저감시설의 적정운영 여부	-
	조사지역 및 지점	■ 예측결과 환경기준 초과지역 ■ 토취장 주변지역 ■ B/P, C/R장 주변지역	-
	조사기간	■ 착공시부터 공사완료시까지	-
	조사주기	■ 매분기 1회이상	연속 3일 이상
	조사방법	■ 대기오염공정시험방법 ■ 현장조사	-

[표 6-12] 사후환경영향조사계획(운영 시)

구　분		사 후 환 경 영 향 조 사 내 용	비　고
운영 시	조 사 항 목	■ PM-10, NO_2	-
	조 사 내 용	■ 대기질 유지농도 준수여부	-
	조사지역 및 지점	■ 대기질 현황 측정 : ○○개소 - 예측 시 공구별 최대 영향 예측지점	"사후조사지점 위치도" 참조
	조 사 기 간	■ 운영 시부터 3년까지	-
	조 사 주 기	■ 매분기 1회이상	연속 3일 이상
	조 사 방 법	■ 대기오염공정시험방법 ■ 현장조사	-

제7장 일조장해

제 7 장 일조장해

7.1 일조권의 이해

7.1.1 일조권 및 일조장해

일조란 태양광선이 구름이나 안개로 가려지지 않고 지상을 비추는 것으로 태양복사선 중에서 특히 광, 열효과 등을 갖는 것을 말한다. 이러한 일조의 광효과, 보건효과, 열효과, 심리효과 등은 건강과 쾌적한 생활을 위하여 필요한 요소이다. 일조권이란 자연채광을 받아 여러가지 혜택을 누릴 수 있는 권리를 뜻한다.

일조장해는 이러한 일조권이 방해받는 것을 의미하며, 도로의 경우 자연환경과 생태계 훼손을 최소화하기 위하여 교량 등 구조물의 설치 비율이 증가되고 있는 추세로 구조물에 인접한 지역에서는 태양광이 유입되지 않거나 그 양이 현저하게 줄어들어 일조장해 피해가 발생하고 있다.

[그림 7-1] 도로 구조물로 인한 농작물 일조장해

7.1.2 국내외 일조관련 규정

◈ 국내의 일조 규정

우리나라의 일조 규정은 "모든 국민은 건강하고 쾌적한 환경에서 생활할 권리를 가진다"는 내용의 환경권이 헌법 제35조에 규정되어 있어 일조와 관련된 권리도 환경권으로 볼 수 있다.

주거지역과 관련된 일조 규정은 크게 인동간격과 일조시간의 2가지로 명시되어 있으며, 건축법 제61조와 건축법 시행령 제86조의 '일조 등의 확보를 위한 건축물의 높이 제한 규정'에서 각 건축물의 간격을 일정거리 이상 띄어서 건축하도록 하고 있다.

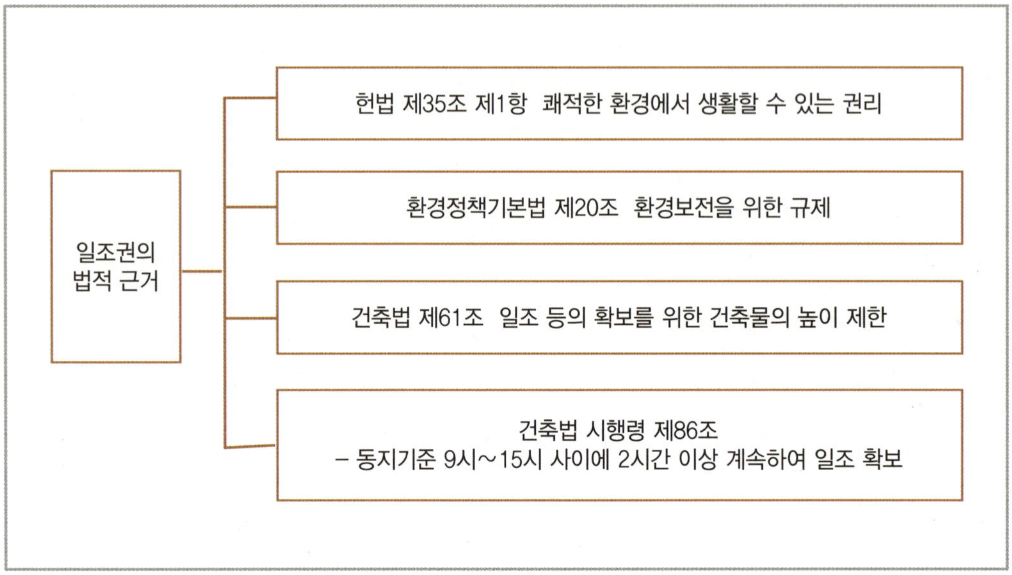

[그림 7–2] 일조권의 법적 근거

또한 법원의 판례[39]를 살펴보면 [표 7–1]과 같이 일조권에 대한 수인한도를 규정하고 있다.

[표 7–1] 일조권의 수인한도

– 동지일 기준

- 9시~15시 사이에 연속 2시간 이상 일조시간 확보
- 8시~16시 사이에 총 4시간 이상 일조시간 확보할 경우,

공동주택에서는 이를 수인한도 이내로 판단하고 있으며, 두 가지 중 어느 것에도 속하지 않는 일조장해의 경우에는 수인한도를 넘는 것으로 판단하고 있다.

39) 대법원 2004.09.13. 선고 2003다64602 판결

한편, 주거지역에서 건축물에 의한 일조장해는 법적으로 보호받고 있으나, 주거지역 외에서 구조물에 의한 농작물 등의 일조장해에 대해서는 관련 법규나 피해규모 산정기준 등이 마련되어 있지 않다. 따라서 일조장해로 인하여 농작물 등의 피해가 발생한 경우에는 환경분쟁조정 등의 제도를 통하여 처리하게 된다.

◈ 국외의 일조 규정[40]

1) 일본

일본은 「건축기준법」을 통해 건물이 인접건물에 미치는 일영의 영향을 시간수로 규제하고 있다. 이때의 기준은 동짓날 진태양시[41]로 8시~16시 사이의 8시간이며, 각 지방의 기후, 풍토, 토지이용 상황 등을 고려하여 지방자치단체가 「건축기준법」상의 기준 내에서 일영시간의 규제를 정할 수 있도록 하고 있다.

이를 일조시간으로 환산하면, 각 용도지역별로 건물높이가 7~10m 이상인 경우, 지상 1.5~4m, 건물 외벽으로부터 10m 떨어진 곳에서 하루 최소 3~5시간의 일조를 받아야 한다.

2) 영국

영국은 모든 주택에서 1개소 이상의 창이 연중 10개월은 일일 1시간 이상의 일조시간을 확보하여야 한다고 명시하고 있으며, 구체적으로는 1월 21일에서 11월 22일 기간 사이에 최소한 하루 1시간 이상의 일조를 요구하고 있다. 또한 「공영주택법」에서는 건축물간의 인동거리와 건물높이가 이루는 각도가 18도 이하가 되도록 규정하여 일조권을 확보하도록 하고 있다.

3) 기타

동남아시아에 속해 있는 태국, 필리핀, 싱가포르 등의 국가는 위도가 낮아 더운 나라이므로 일조를 덜 받기를 원하고, 미국은 지역이 넓어 건축물로 인한 일조가 차단될 우려가 적으며 생활풍습상 창문을 크게 하기를 원하지 않는 경우도 있다.

홍콩의 경우는 위치상으로 더운 나라에 속하며, 인구밀도가 높아 토지의 효율적

---

40) 정수연 외, 2005, 일조가치 산정기법에 관한 연구, 한국부동산연구원.

41) 지구에서 보아 진태양이 자오선을 통과하는 때를 기준으로 하여 정한 시법(時法)

인 이용도를 높이는 것이 중요하므로 일조 확보의 필요성은 심각하지 않다.

7.2 일조영향 및 조사·분석

7.2.1 일조영향

◇ 주거환경

지상에 도달하는 태양복사의 파장은 자외선, 가시광선, 적외선으로 나뉘며, 열효과, 광효과, 생리적 효과 등의 작용을 한다.

1) 열효과

태양광은 건물의 창을 통해 직접 실내로 입사하거나 벽면, 지붕면을 통해 실내의 온도와 습도를 쾌적하게 유지시켜주므로, 건물의 배치에 의해 실내의 쾌적성을 증가시키고 난방비를 경감할 수 있는 이점이 있으며, 세탁물이나 침구류 등의 건조, 건물의 습기 방지 등에도 효과가 있다.

2) 광효과

인간의 생활에 있어 빛은 작업 능률과 작업자의 쾌적성, 피로, 안전 등과 직접 관련된 중요한 환경요소이다. 건물의 창을 통해 빛을 내부로 확보하는 것을 채광이라고 하며, 채광에 있어 건물의 방위와 형태, 창의 위치 등은 중요한 요소이다.

3) 생리적 효과

직사광선 중에 포함되어 있는 자외선은 비타민 D를 생성하며, 이는 체내의 칼슘과 인을 흡수하여 혈액속에 보관해서 뼈를 튼튼하게 만든다. 그 밖에도 햇빛은 우울증 치료와 자살률 저하 등의 효과가 있고, 고혈압, 심장질환 등 각종 질환의 치료에도 도움을 준다고 알려져 있으며, 살균력이 있어 보건 위생상의 효과도 있다.

4) 간접적 효과

일조의 확보는 건물 전면에 일조를 차단하는 장애물 없이 하늘을 바라볼 수 있는 환경조건을 유지시켜줌으로써 주거지내에 밝은 분위기를 확보할 수 있고 장애물에 의한 압박감과 폐쇄감이 없이 통풍과 조망이 양호한 주거환경을 확보하여 주는 효과가 있다.

[표 7-2] 주거환경에 영향을 미치는 태양복사의 파장별 작용

구 분	자외선	가시광선	적외선
파장범위(nm)	300~400	400~700	700~6700
대기투과량(%)	1.2	37	51
작 용	살균작용으로 쾌적한 주거환경 조성	조명효과(밝기)로 심리적 안정감 부여	열환경 영향으로 주택 유지비용에 영향

[출처] 중앙환경분쟁조정위원회, 2004, 구조물의 일조방해로 인한 농작물 등의 피해 평가에 관한 연구

◈ 식물생육

1) 일조작용

식물의 광합성은 복사에너지가 광화학 및 생화학 반응에 의해 이산화탄소와 물을 탄수화물로 변환시키는 에너지 전달 과정이다. 지구상의 모든 식물은 그 생활에너지원을 태양에 의존한 광합성 작용으로 물질을 생산하여 살아가고 있다.

[표 7-3] 식물생육에 영향을 미치는 태양광의 파장별 작용

구 분	파장(nm)	식물에 대한 작용
적 외 선	1,000 이상	▪ 식물체에 흡수되면 열로 변함
	1,000~700	▪ 식물을 신장시키는 작용, 기공개폐 촉진
가시광선	700~610 (빨강)	▪ 광합성, 광주성에 가장 유효
	610~510	▪ 광합성에 그다지 유효하지 않음
	510~400 (청색)	▪ 광합성에 비교적 유효
자 외 선	400~315	▪ 키를 짧게 하고 잎을 두껍게 함
	315~280	▪ 식물에 유해함
	280 이하	▪ 식물을 고사시킴

[출처] 중앙환경분쟁조정위원회, 2004, 구조물의 일조방해로 인한 농작물 등의 피해 평가에 관한 연구

일조는 식물의 생육에 기본이 되는 광합성을 비롯하여 조직이나 기관의 분화, 종자의 발달 등 식물의 형태 형성에 관여한다. 특히 일조시간이 식물에 크게 영향을 미치는 시기는 개화 후 10일부터 40일까지로 이 시기에 일조시간이 길수록 결실이 증가한다.

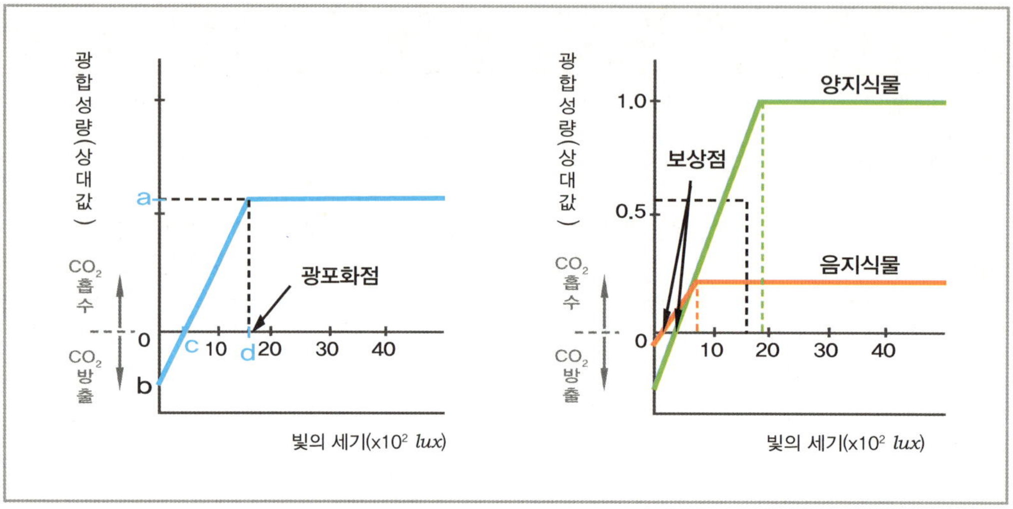

[그림 7-3] 빛의 세기에 따른 광합성량

또한 농작물별 생장 특성에 따라 양지, 반음지, 음지식물로 구분할 수 있으며, 식물에 따라 요구하는 일조량이 상이하여 음지식물은 일조가 수확에 미치는 영향이 적다고 할 수 있다.

[표 7-4] 양지식물·음지식물의 구분

구 분	양지식물 (80,000~130,000lux)	반음지식물 (50,000lux 내외)	음지식물 (10,000lux 이내)
식량작물	쌀, 콩, 팥, 고구마, 감자	-	-
채소류	수박, 참외, 토마토, 딸기, 고추, 상추 등	고사리	-
특용·화훼류	참깨, 땅콩	-	버섯, 인삼
과실류	사과, 배, 복숭아, 포도, 감 등	밤, 잣	-

[출처] 중앙환경분쟁조정위원회, 2007, 환경피해 평가방법 및 배상액 산정기준의 합리적 조정방안 연구

2) 일조 부족으로 인한 농작물의 영향[42)]

가) 과수

과수는 일장이 부족하면 꽃눈의 형성과 결실이 불량하며, 과실의 품질도 불량하여 경제적인 재배가 곤란해지며, 과수 발육기인 6월 중순부터 7월의 장마철에는 일조부족 현상이 나타나기 쉽다. 개화기간 중 차광을 하면 화기(花期)에 악영향을 끼쳐 결실이 불량해지며, 개화 후 1개월 정도 지나 차광하면 과실비대(果實肥大)가 억제되고 동시에 과실의 생리적 낙과현상이 발생된다. 이 시기에 차광의 정도가 자연광의 50%이하가 될 경우, 과실의 품질은 껍질의 착색이나 당분 등의 함량, 향기 및 비타민C의 함량 등이 부족하게 된다.

나) 채소

채소는 광도가 낮아짐에 따라 광합성 작용이 저하되므로 탄수화물의 생성이 불충분하여 생육이 불량해지고 수량이 감소되며, 그 정도는 품종에 따라 차이가 매우 크다. 그러나 일반적으로 잎이 커지고 엽육[43)]이 엷어지고 줄기의 지름이 작아지며, 뿌리의 발육이 불량하게 되고 무게도 줄어든다. 또한 영양기관 뿐만 아니라 꽃이 피는 시기에도 영향을 미치게 되고 개화시 낙화율이 높아진다.

다) 화훼

1, 2년생 초화류나 개나리, 목련, 매화 등의 꽃나무류는 양지식물(80,000 ~ 130,000*lux*)이 대부분이고, 화분에 식재하여 잎을 감상하기 위하여 재배되고 있는 열대성 관엽식물류는 일반적으로 반음지식물(50,000*lux* 내외)이 많으며, 고사리와 같은 양치식물은 음지식물(10,000*lux* 이내)에 속한다.

화훼작물의 경우 최종산물은 단순히 생체량의 증가가 아니라 '개화'라는 질적 변화와 더불어 착생된 꽃의 수와 아름다움(품질)에 의해 가격이 결정된다. 따라서 일조량 부족은 개화가 이루어졌다 하더라도 꽃의 수가 적거나 모양이 불량하여 관상가치를 상실하면 단순한 가격하락이 아니라 근본적인 판매가 불가능한 특성을 지니고 있다.

42) 환경부, 2007, 환경피해 평가방법 및 배상액 산정기준의 합리적 조정방안 연구

43) 잎의 아래 위 겉껍질 사이를 채우고 있는 연하고 얇은 부분

[그림 7-4] 일조부족으로 인한 농작물 피해사례

[출처] 부여군 농업기술센터, 2010. 3, 일조부족에 따른 시설채소류 피해현황 및 대책

7.2.2 일조장해조사 및 피해규모 산정

일조장해조사

도로, 철도, 건축물 등을 건설하고자 할 때 일조장해에 대한 조사 및 분석을 통하여 법적 규제를 충족시키기 위한 대안을 찾고, 인근 주거지역, 농경지 등의 피해를 줄이기 위한 대책을 수립하는 과정이 필요하다. 이를 위해 객관적인 조사 방법을 사용하여 일조장해를 분석하게 되며, 크게 일조시간 분석과 일영 분석으로 구분할 수 있다.

1) 일조시간 분석

일조시간 분석은 주변 건물, 구조물에 의해 차단되어지는 태양광을 시간대별로 측정하여 대상건물이 확보할 수 있는 일조시간을 평가하는 것이다. 특정 대상건물, 구조물의 관점에서 연중 일조평가를 정량적으로 수행할 수 있어 일조시간의 판단이 용이하지만 대상 관측점이 많을 경우 관측점마다 분석을 해야 하는 어려움이 있다.

가) 점분석 방법

점분석은 일조시간 분석을 위하여 건물의 경우 창문의 중앙지점 등 분석대상면을 대표할 수 있는 관측점을 지정하여 일조시간을 계산하는 방법이다. 이 방법은 전체 일조시간 분석과 연속 일조시간 분석이 모두 가능하나, 창의 어느 위치에 관측점을 지정하느냐에 따라 일조시간이 다소 변할 수 있다.

나) 면분석 방법

면분석은 분석 대상면에 대한 일조면적을 5분~15분 간격으로 나누어 측정하는 방법으로 점분석과는 달리 측정된 음영면적의 범위를 백분율로 표시한다. 이때 일조면적이 창에서 햇빛이 시간대별로 몇 %의 면적에 비춰지는지를 분석하여 일조시간으로 산정하는 방법이다. 이 방법은 전체 창에 대한 실제적인 일조 영역을 표현하기 위하여 최근 국내에서 제안된 방법으로 연속 일조시간 분석이 불가능하고 정확한 일조시간 산정이 어렵다는 단점이 있다.

[표 7-5] 점분석 및 면분석 방법

구 분	분 석 방 법
점분석 방법	▪ 분석대상 일조면을 대표할 수 있는 중심점에서 태양의 궤적과 건물의 차폐여부로 일조시간 분석
면분석 방법	▪ 분석 대상 일조면의 태양노출 비율을 전체 면적에 대한 비율로 일조시간 분석

[출처] 김경상 외, 2008, 일조시간 분석의 객관화를 위한 점분석 방식 개선방안 연구, 한국건축친환경설비학회

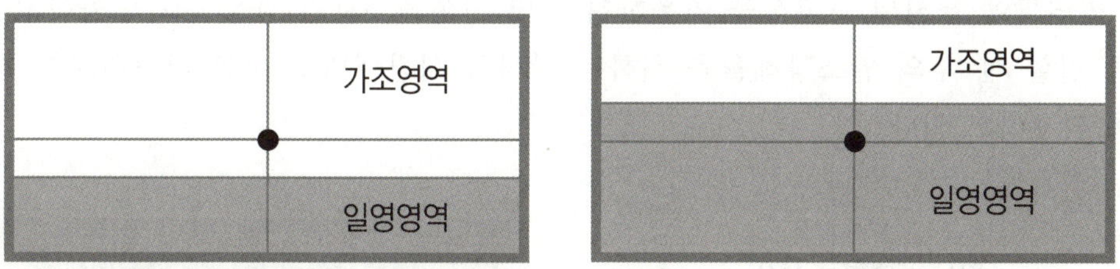

(A) (B)

분석방법	일 조 율
점분석방법	100%
면분석방법	65%

분석방법	일 조 율
점분석방법	0%
면분석방법	45%

[그림 7-5] 점분석 방법과 면분석 방법의 비교

[출처] 조용성, 2007, 주거환경 Computer Simulation 분석방법 및 기준 제시, 부동산연구

2) 일영분석

일영분석은 특정 시간대에 있어서 시설물에 의해 생성되는 그림자의 형태를 평가

하여 인접 건물이나 대지 내·외의 일조장해 여부를 분석하는 것으로 평가도구는 평면 및 입체 일영도가 사용되고 있으며, 매 시각별로 일영분석을 수행함으로써 대상 건물, 구조물의 일조장해 여부를 가시적으로 확인할 수 있지만 정량적인 일조시간의 판단이 어려워 정성적인 분석에 주로 활용되고 있다.

일영도는 표현하는 방법에 따라 평면 일영도, 입체 일영도, 동영상 일영도 등으로 구분된다. 평면 일영도는 시각에 따른 일조 영향을 평면상으로 표현하여 분석할 수 있으나, 주어진 날짜에 대한 평가만 가능하고 일조 영향의 정량적인 평가가 어렵다는 단점이 있다. 입체 일영도는 건물과 대지에 드리워지는 그림자의 형태를 3차원 그래픽으로 표현한 것으로 그림자의 영향이 미치는 범위를 분석하기 위한 것이다. 따라서 일조장해가 발생하는 위치를 파악하여 적절한 인동간격이나 측면 이격거리를 산정하는 것이 가능하다. 동영상 일영도는 연중 시간의 변화에 따라 생성되는 그림자의 형태를 3D 실시간 영상으로 표현한 것으로 그림자의 형태 변화를 동영상으로 연출하여 직관적이고 정성적인 평가를 가능하게 한다.

한편 중앙환경분쟁조정위원회에서는 일조장해로 인한 농작물 피해 등 환경분쟁 사건의 증가로 인하여 직접 산정할 수 있는 프로그램을 개발하여 사용하고 있다. 이 프로그램은 구조물의 2차원 평면도면을 3차원으로 구현하여 날짜, 시간대별로 피해 지역의 일조장해율을 계산할 수 있어 위도·경도 등 분석대상 지역의 정보, 교량 높이, 평면도에 표시된 등고선을 이용하여 주변 지형을 3차원 형상으로 변환하고, 구조물 건설 전·후의 일조장해율을 원하는 날짜와 시간대별로 비교 가능하도록 개발하여 활용하고 있다.

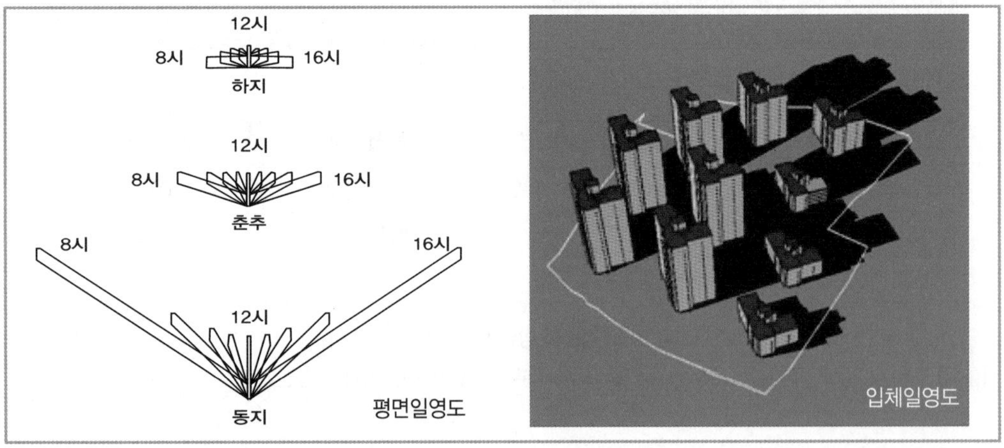

[그림 7-6] 평면일영도와 입체일영도 비교

[출처] 중앙환경분쟁조정위원회, 2004, 구조물의 일조방해로 인한 농작물 등의 피해 평가에 관한 연구 ; 박철용 외, 2008, 일조분석 프로그램(해바라기) 개발, 건설기술 쌍용

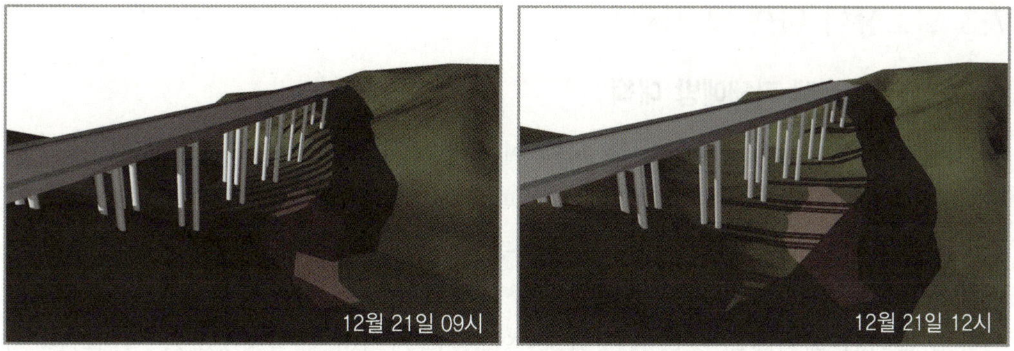

[그림 7-7] 교량 건설에 따른 시간대별 일조영향 분석사례

[출처] 중앙환경분쟁조정위원회, '환경분쟁과 조정', 2008년 13호 : 일조방해율 산정 프로그램 개발 활용

◇ 피해규모 산정

일조장해로 인한 피해는 크게 주거 및 상업행위와 관련한 생활환경 피해와 농작물의 생육과 관련한 피해로 구분할 수 있다. 농작물의 경우 피해 규모 산정에 관한 구체적인 기준이 없어 일반적으로 환경분쟁조정위원회에서 피해 정도를 조사·분석하여 배상결정을 내리게 되며, 조사 방법은 다음과 같다.

일조장해 정도 조사
- 재배작물의 위치별 광도와 온도값을 조사
- 작물 재배기간 중 전체 일조장해율과 온도변화를 분석

▼

작물별, 생육단계별 생육차이 조사
- 여러 개의 지점을 설정하여 현장조사 시행
- 작물별 생육 후기에 전량 수확하여 상품의 특성을 조사

▼

일조장해율에 따른 수확량 및 상품성에 대한 상관성 조사
- 작물별 대조구와 일조장해율에 따른 생육특성과 과실의 품질 특성 등을 비교하여 분석

▼

일조장해율에 따른 작물별 수확량 감소표 작성
- 일조장해율에 따른 수확량 감소의 관계를 회귀식 유도 및 분석
- 회귀식과 작물별 평균 수확량과의 비교로 일조장해율에 따른 작물별 수확량 감소표 작성

[그림 7-8] 농작물 생육 피해 조사 방법

7.3 일조장해 대책 및 사례

7.3.1 일조장해 피해예방 대책

일조장해를 예방하기 위해서는 사업 이전에 대책을 강구하는 것이 중요하다. 택지개발의 경우 사업예정구역 외곽에 일조피해가 예상될 때, 사업구역 남쪽으로 고층건물을 배치하고 북쪽으로는 저층 건물 혹은 공원을 확보할 수 있다. 도로의 경우 구조물이 주변 농경지에 미치는 영향을 최소화하기 위하여 환경영향평가 단계에서 구조물의 높이와 배치형태 등을 조정할 수 있고, 불가피하게 일조장해가 일어나는 지역에 대해서는 필요구간을 대상으로 용지를 추가 매수 하거나 피해율을 감안한 보상방법을 제시하여 원만한 합의를 도출할 수도 있다. 또한 도로건설 중 일조장해가 발생할 경우에는 사후환경영향조사를 통해 피해지역이 건축물인 경우에는 동지일을 기준으로, 농경지인 경우에는 경작기간을 감안하여 매월 1회 또는 절기에 따라(춘분, 하지, 추분, 동지) 관측하고 필요시 추가적인 저감대책을 수립하여야 할 것이다.

한편, 건설이 완료되어 이용 중인 도로에서 일조장해가 발생할 경우에는 환경분쟁조정제도를 통하여 분쟁사건을 처리하고 있다. 그러나 환경분쟁조정제도의 재정결과는 현재까지의 피해에 대하여만 판단하고 있어, 해당 구조물이 존재하는 한 향후 동일지역에서 발생할 지속적인 피해에 대하여는 언급하지 않는 한계점을 가지고 있다.

따라서 교량 등의 일조장해로 인한 농작물 피해는 환경분쟁조정제도의 재정결과에 대하여 당사자간 배상기간, 배상금액 등에 의견이 일치하지 않을 경우 소송을 통해 해결하게 되며, 그로 인해 분쟁 사건이 장기화되는 경우도 있다. 또한 일조장해로 인한 법적인 분쟁과 관련하여 피해자가 취할 수 있는 권리구제는 행정심판 및 행정소송, 공사중지가처분 등의 민사상의 가처분 신청, 일조권 침해 등으로 인한 재산적, 정신적 손해에 대한 민사상의 손해배상청구 등이 있다.

7.3.2 주요 분쟁사례

◇ 주거환경 관련

울산–포항간 고속도로 건설사업 구간에 계획된 연장 330m 교량의 인근에 위치한 OO축산 기숙사 건물에 대하여 음영길이 예측식을 활용한 일조영향을 검토한 결과, 교량 설치 시 기숙사는 9시~15시까지 연속 2시간, 8시~16시까지 총 4시간 미만의 일조를 받아 1일 최소 일조시간을 확보하지 못하는 것으로 조사되었다. 따라서 한국도로공사는 기숙사 부지를 계획노선에 편입하고, 기숙사를 이전하도록 하여 일조 장해로 인한 주거환경 피해를 사전에 해결하였다.

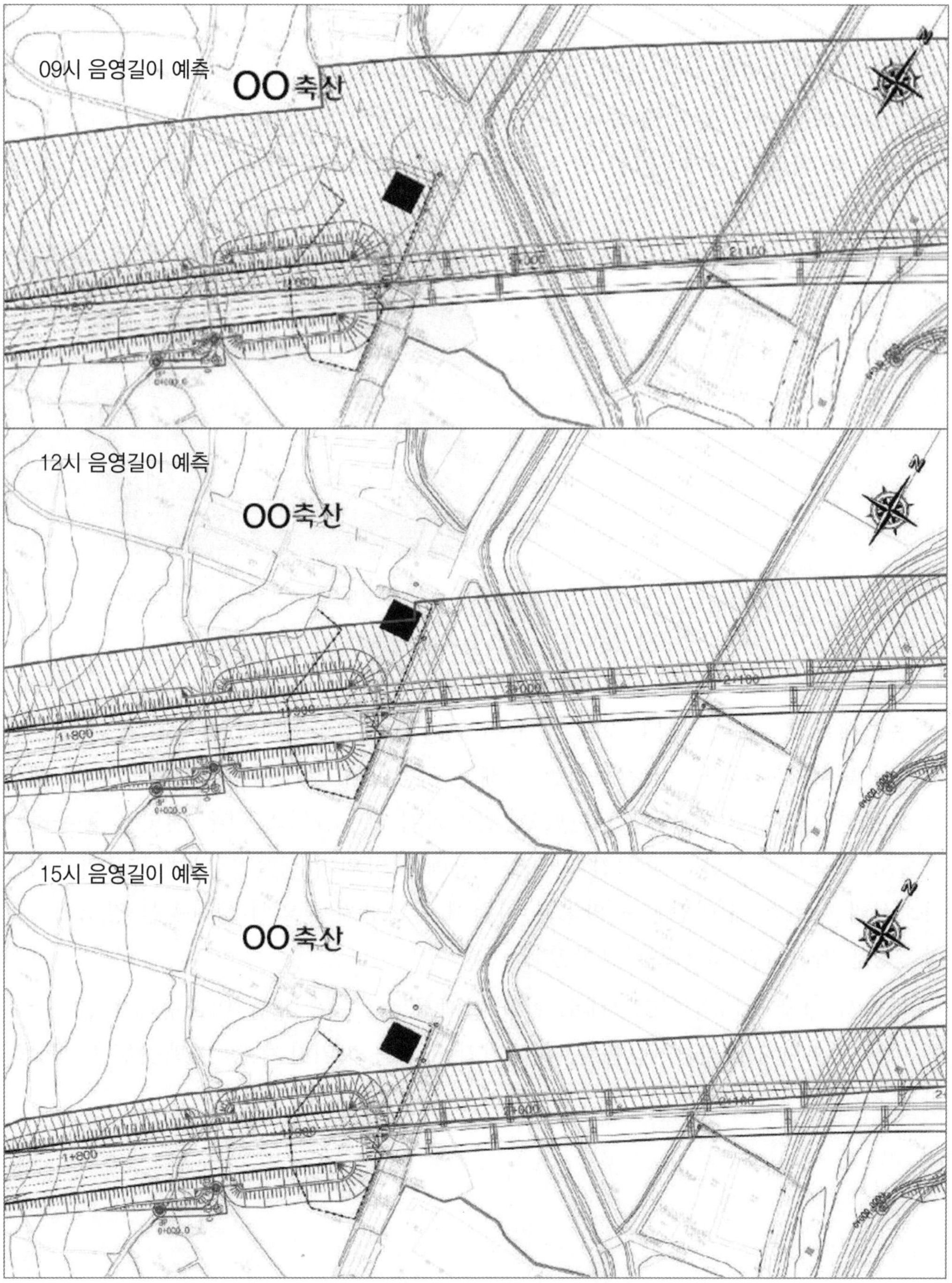

[그림 7-9] 시간대별 음영길이 예측

◈ 농작물 관련

1) 경북 김천시 도로교량 일조장해로 인한 포도 피해

경부고속도로 추풍령대교 설치 후 일조량 부족으로 포도피해를 입었다며 25백만원의 피해 배상을 요구한 사건이다. 중앙환경분쟁조정위원회에서는 포도의 당도가 본격적으로 축적되는 6~8월에 일조장해 비율이 50%를 넘는 시간이 매일 3시간 정도인 것으로 나타나 일조 부족에 의해 품질이 떨어진다고 판단하였으며, 피해 기간을 3년으로 하고 피해배상액은 총 12백만원으로 산정하여 한국도로공사에 배상판결을 내렸다.

그러나 한국도로공사에서는 일조장해 농경지 중 일부 불법으로 점용한 하천부지의 포도피해에 대하여 배상하는 것은 부당하다고 판단하여 법원에 소송을 제기하였으며, 법원에서는 분쟁토지 중 불법으로 점유한 면적에서 발생된 피해금액을 제외하고 850만원을 지급하라고 판결하였다.

[그림 7-10] 분쟁 사례지 현황

2) 경북 성주군 도로교량 일조장해로 인한 참외 피해

중부내륙고속도로 용봉1, 2교 설치 이후 일조량이 감소되어 하우스 참외의 수확시기가 늦어지고 수확량이 감소하는 피해를 입었다며 총 194백여만원의 피해 배상을 요구한 사건이다. 중앙환경분쟁조정위원회에서는 참외의 경우 햇빛을 좋아하는 작물로 교량으로 인한 오후시간대의 일조장해는 참외의 생육을 저해하고 열축적을 감소시켜 하우스 내 야간온도 확보를 어렵게 함으로써 참외의 생산량을 감소시키고 상품성을 저하시킨 것으로 판단하였다.

따라서 대상 농지의 일조장해로 인한 경제적 손실률은 평균 일조장해율(7~11%)에 따른 수확량 감소율, 비상품률, 피해기간(3년)을 고려하여 총 13백만원을 배상하라고 조정 결정을 하였으며, 한국도로공사는 이를 수용, 배상하였다.

제8장 생태복원

제 8 장 생태복원

8.1 생태복원의 이해

8.1.1 생태복원의 개념

정의

생태복원은 생태계 복원 혹은 생태적 복원을 의미한다. 생태계는 광의적으로는 생물로 대표되는 자연이며, 복원은 훼손되기 이전의 상태로 되돌린다는 의미이다. 따라서 생태복원의 기본적 의미는 훼손된 자연을 훼손되기 이전 원래의 상태로 되돌리는 것이라 할 수 있다. 미국의 생태복원학회는 생태복원을 "생태적 건강성의 재생과 유지[44]"라고 정의하였다.

생태복원은 기본적으로 변화 이전의 상태로 돌아가는 것을 의미하지만 그 수준과 달성 정도에 따라 [표 8-1] 및 [그림 8-1]과 같이 구분할 수 있다.

[표 8-1] 생태복원 단계

구 분	내 용
복원 (restoration)	▪ 교란 이전의 상태로 정확하게 돌아가기 위한 시도 ▪ 시간과 비용이 많이 소요되기 때문에 쉽지 않음
복구 (rehabilitaion)	▪ 완벽한 복원보다는 못하지만 원래의 자연상태와 유사한 것을 목적으로 하는 것
대체 (replacement)	▪ 현재 상태를 개선하기 위하여 다른 생태계로 원래의 생태계를 대체하는 것 ▪ 구조에 있어서는 간단할 수 있지만 보다 생산적일 수 있음

44) 생태계 자체의 본성을 이해한다는 것 뿐만 아니라 피해의 근원은 무엇이며, 어떻게 고칠 것인지를 이해해야 한다는 점에서 종합적인 접근과 지적 사고의 대상이라는 의미까지 포함하고 있다고 해석되기도 한다.

복원은 훼손되기 이전의 상태로 되돌리는 것, 교란 이전의 원(原) 생태계의 구조와 기능을 회복하는 것을 말하는데, 현실적으로는 거의 불가능한 것으로 본다. 복구는 완벽한 복원이 아니라 원래의 자연 생태계와 유사한 수준으로 회복하는 것을 목적으로 하며, 비교적 쉽게 달성할 수 있다. 대체는 원래의 생태계와 구조적으로는 다르지만 기능적으로 동등 이상의 생태계로 조성하는 것을 의미한다. 대체는 상당히 쉽게 목적을 달성할 수 있고 가장 현실적인 대안으로 선택될 수 있다.

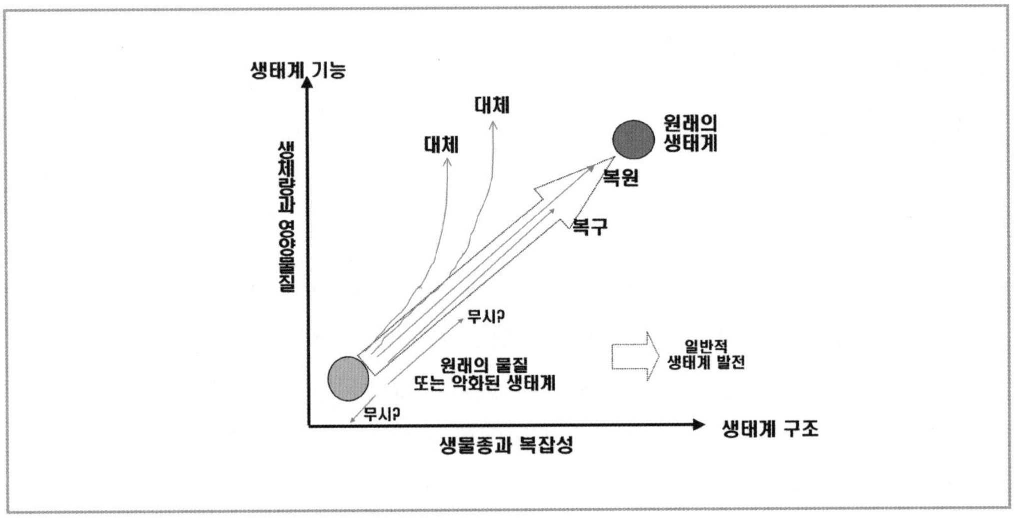

[그림 8-1] 생태복원 단계

[출처] Bradshaw, A. D., 1987, Krystana M. Urbanska et al., 1997.

도로는 건설과정에서 필연적으로 생태계를 파괴하고 단절을 유발한다. 각종 절성토로 인한 비탈면 훼손, 도로에 의한 산림 단절 및 야생동물 이동로 차단, 폐도로의 존치로 인한 토양의 생태적 기능 저하 등이 그것이다. 자연환경이 공익에 적합하게 보전되고 현재와 미래 세대를 위한 지속가능한 개발이 되기 위해서는 파괴 전 계획단계에서 환경 영향을 최소화할 수 있어야 한다. 이와 더불어 훼손되기 이전의 상태로 되돌리려는 노력이 중요한데, 단순히 녹지 면적을 늘리거나 훼손지를 복구하는 수준이 아닌, 서식처를 복원하고 생태적 기능과 가치를 증대시키는 적극적인 의미의 복원 노력은 이제 선택이 아니라 필수가 되었다.

유형

생태복원은 각종 개발사업과 같은 인간의 영향으로 완전히 황폐화된 지역의 복원에서부터 상대적으로 인간의 간섭이 많이 미치지 않는 지역의 관리에 이르기까지 그 대상과 범위가 광대하다. 그 중 도로변에서 행해질 수 있는 생태복원의 주요 유형은 크게 서식처 복원과 생물종 복원으로 구분할 수 있다.

서식처 복원은 도로건설은 물론이고 자연재해로 인해 훼손되거나 황폐화된 지역에 기존 식생과 야생동물 서식처를 회복하는 것을 말한다. 오염된 지역에서 야생동·식물의 가치를 향상시키거나 변화된 지역에서 변화 이전에 서식한 생물종의 서식처를 창출하는 것도 포함된다. 생물종 복원은 멸종위기에 처한 생물종이나 인공증식이 필요한 생물종을 복원하는 것이다. 도로에서의 생태복원 유형은 [표 8-2]와 같다.

[표 8-2] 생태복원 유형

구 분	종 류	내 용
서식처 복원	비탈면 복원	■ 산사태, 홍수, 지진 등 자연적 원인이나 도로건설에 따른 훼손지의 비탈면 복원 예) 비탈면 녹화
	습지생태계 복원	■ 도로건설로 훼손되었거나 소멸된 습지의 생태적 기능을 회복하고 인공습지 조성 예) 생태습지 조성
	폐도 복원	■ 기능을 상실한 도로의 생태적 기능 회복 예) 폐도 복원
	생태통로 조성	■ 생태계 단절에 따른 야생동물의 보호 및 이동 통로 확보 예) 육교형, 터널형 등
	인공지반 복원	■ 자연지반과의 생물학적 교류가 차단되어 형성된 인공구조물 위 지반의 복원 예) 입면 녹화, 옥상 녹화 등
	기타	■ 자연자원 등을 활용한 대체 서식처 조성 예) 자생수목 이식, 비옥토 활용 등
생물종 복원	자생식물종 및 식물보호	■ 멸종위기, 희귀 식물상을 보호, 보전하고 종의 보전을 위한 연구 및 기술개발 예) 멸종위기종 이식 및 모니터링, 보호수 관리

◇ 절차

일반적으로 생태계를 복원하기 위한 절차는 [그림 8-2]와 같은 과정을 따른다.

1단계	**대상지역의 여건분석** ■ 주변지역과 대상지역에 관한 기존계획의 파악 ■ 대상지역의 자연, 문화적 특성 등 광역적 자연성 맥락의 연계성 파악 ■ 복원을 위한 필요 정책 요건의 도출
2단계	**부지현황조사 및 평가** ■ 생태계 구조와 기능의 파악 주변지역의 생태계 유형 및 서식처 대상지 물리적 조건, 서식지형태, 특성 및 조건 접근도로, 인공구조물과 인간의 이용 ■ 생태계의 중요성 평가 생태적 연령, 자생종, 서식지의 크기, 연속성, 빈도, 다양성 등
3단계	**복원목적의 설정** ■ 일반적 고려사항 ■ 현재조건의 시사성 ■ 복원여건과 장점의 수립 ■ 복원목적과 현실성 있는 복원목적의 수립
4단계	**복원계획의 작성** ■ 복원지역의 물리적 배치 ■ 중요 서식처 보호 ■ 어떠한 서식처를 향상시키고 새로운 서식처를 어디에 창출할 것인가 결정 ■ 인간의 접근과 영향 ■ 훼손된 서식처의 복원을 위한 세부 복원계획의 작성
5단계	**시행, 관리, 모니터링의 실시** ■ 복원계획의 수행 및 시공 ■ 장·단기 관리계획수립 ■ 모니터링

[그림 8-2] 생태복원 절차

[출처] 김귀곤, 조동길, 2004, 자연환경·생태복원학 원론

이 그림에서는 총 5단계로 구분하였는데, 복원이 시행되기 이전까지의 과정이 매우 중요한 비중을 차지하고 있음을 알 수 있다.

고려사항

성공적인 생태복원이 이루어지기 위해서는 계획 단계에서부터 다음과 같은 요소들을 고려하여야 한다.

1) 대상지 선정

대상지는 역사적 기준이나 기능적 기준에 따라 선정할 수 있다. 역사적 기준이라 함은 복원하고자 하는 지역이 예전에도(평균 약 100년) 그곳에 서식처가 있었던 지역을 대상으로 하여 선정하는 방법이다. 이러한 경우에는 역사적 기록을 조사하고 분석하는 방법에 따라 선정하게 된다. 기능적 기준은 역사적 기준으로 대상지역을 선정할 수 없을 때 활용하며, 생물 서식공간으로서의 기능을 최대화시킬 수 있는 지역을 선정하는 방법이다. 역사적 기준에 비해 상당히 오랜 시간이 필요하며, 전문가들의 평가가 필요하다.

2) 대상지 조사

대상지 조사에는 크게 지역적 맥락 조사, 역사적 기록 조사, 생태조사가 있다. 지역적 맥락 조사는 광역적 맥락에서 해당 지역의 생태적 목표 달성 방향이나 정책 요건 등을 조사하는 것이다. 역사적 기록 조사는 자연환경복원계획에 있어 중요한 항목 중의 하나로서, 훼손되기 이전에 서식하였던 지형 구조, 수분 조건과 같은 환경조건과 그곳에 서식하였던 생물종 등에 대한 정보를 찾는 것이다. 생태조사는 지형, 토양, 수리, 기상 등 생태기반환경과 서식처, 식물상, 동물상 등 생태환경 조사를 의미한다.

이러한 대상지 조사 시에는 각 입지별로 대표되는 생태적 특성을 인식하여야 하고, 다른 지역과 차별화 되는 자연적 특성을 고려하여야 한다. 대상지역의 생태적 현황을 바탕으로 한 계획수립이 복원의 성패를 결정짓는 중요 요인으로 작용할 수 있기 때문이다.

[그림 8-3]은 영동고속도로 폐도복원 사업계획 시 대상지 선정을 위한 조사 사례로, 지역적 맥락 측면에서는 대상지의 위치와 광역생태축, 강원도 정책 등을 조사하

였으며, 역사적 기록 측면에서는 1980년대말과 1990년대말의 토지피복도를 비교하여 대상지 주변의 토지이용변화를 검토하였다.

지역적 맥락 조사

■ 강원도 평창군 속사나들목 부근
- 동쪽으로 백두대간 축이 지나며 주변에 오대산국립공원, 태백산맥, 차령산맥이 위치
- 강원도 종합계획(청정강원 21)에서 지정한 동계스포츠밸리 등에 포함됨

역사적 기록 조사

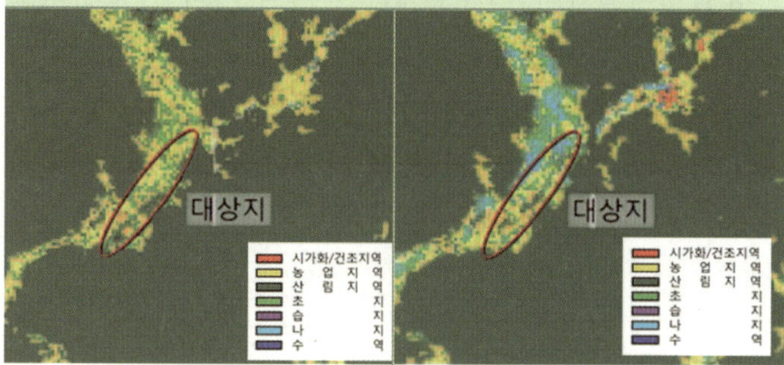

〈80년대말〉 〈90년대말〉

■ 토지피복도 시계열 분석

■ 80년대 말, 90년대 말의 토지피복도를 비교하여 대상지 주변 토지이용 변화 검토
- 대상지 주변의 산림지역은 변화가 미비하나 주변 농경지는 많은 부분이 나지로 변화됨

[그림 8-3] 대상지 조사 사례 (영동고속도로 폐도복원 사업)

3) 서식처 원형 파악

생물서식공간을 조성하거나 생태복원을 할 때 중요한 사항은 자연적인 서식처에서 볼 수 있는 구조와 기능의 모습으로 조성하는 것이며 이를 위해서 필수적으로 요구되는 것이 바로 서식처 원형(prototype)의 파악이다. 서식처의 원형을 새로운 생물서식공간 조성이나 생태복원에 활용하기 위해서는 조성 대상지역의 인근 지역에서 훼손되지 않은 서식처의 환경조건과 그곳에 서식하는 생물상에 대한 체계적인 조사와 분석이 이루어져야 한다. 특히, 여기서 중요한 것은 조성 인근지역에서 서식처의 원형을 찾아야 한다는 것인데, 대상지에서 지리적으로 너무 떨어진 곳을 참조하는 것은 바람직하지 않다.

4) 복원목표 설정

복원사업 목표를 정하는 것은 복원사업에서 가장 중요한 부분이 될 수 있다. 복원목표가 사업의 효과를 결정하고 실행계획에 영향을 미치며 사업 후 모니터링의 종류와 범위를 결정하기 때문이다. 따라서 복원목표를 설정할 때에는 대상지역에 대한 현황조사 및 평가 자료를 바탕으로 하여, 그 대상지역의 생태적 변화상을 살피면서 복원되어야 할 생물종이나 대상에 대한 수준을 제시하게 된다. 이 때 복원목표는 계량화되거나 수학적으로 정의되기 힘들기 때문에 목표종이 곧 복원목표가 되는 경우가 많다. 복원목표는 구체적이고 정량화될수록 좋은데, 목표가 되는 종은 [표 8-3]과 같은 종류가 있다.

[표 8-3] 복원 목표종

구 분	내 용
생태적 지표종 (ecological indicators)	▪ 유사한 서식지나 환경조건에 발생하는 군락을 대표하는 종
중추종; 핵심종 (keystone species)	▪ 생물군집에 있어서 생물간 상호작용의 필요가 있고, 그 종이 사라지면 생태계가 변질된다고 생각되는 종
우산종 (umbrella species)	▪ 영양단위의 최상위에 위치하는 대형포유류나 맹금류 등 서식에 넓은 면적을 필요로 하며, 지키면 많은 종의 생존이 확보된다고 생각되는 종
상징종; 깃대종 (flagship species)	▪ 종의 아름다움이나 매력에 의해 일반사람들에게 서식지의 보호를 호소하는 데에 효과적인 종
희소종 (threatened species)	▪ 서식지의 축소, 생물학적 침입, 남획 등으로 절멸의 우려가 있는 종

[출처] 龜山 章 編, 2006, 생태공학

5) 설계 및 시행

생태복원을 위한 설계에서는 생물종의 서식을 고려한 기반환경에 대한 복원과 생물종 도입, 기타 관련 기법들의 설계로 구분해 볼 수 있다. 기반환경의 복원은 지형이나 토양의 조작이나 수리·수문 환경의 설계를 포함하며, 생물종 도입에는 식생 복원과 필요시 목표종이 되는 야생동물종을 이주시키는 내용이 포함되어야 한다. 외부로부터 야생동물을 이입시키지 않더라도 생물다양성 증진 차원에서 다공질 공간과 생물서식처를 함께 설계해주면 좋다. 식재설계시에는 가능한 향토종 및 자생종을 우선적으로 사용하도록 한다. 또한 개별적인 생물학적 구성요소보다 생태계의 전체적이며 스스로 유지되는 성질의 회복에 중점을 두고 설계하도록 한다. 기타 설계에는 생태복원에 대한 설명을 담는 해설, 안내판과 체험 및 교육의 공간 등이 해당한다. 시행단계에서는 관련 전문가뿐만 아니라 인근 지역주민, 시민단체 등의 참여를 유도하여 파트너십을 구축한다.

6) 관리

복원을 시행하는 또 다른 목적 중의 하나는 생태적으로 지속가능한 복원을 통하여 저비용, 저관리형 공간을 창출하는 것이다. 따라서 복원 완료 후 단기간은 식생활착 등을 위한 필수적인 관리가 필요하지만 중장기적으로는 스스로 유지되어 최소한의 관리 혹은 관리를 하지 않아도 되는 방안을 모색하도록 한다.

8.1.2 생태복원의 주요 용어와 이론

생태복원은 학문으로서의 역사는 길지 않지만, 환경에 대한 관심이 높아지면서 최근에 매우 활발하게 연구되고 있다. 생태계를 주 대상으로 다루므로 생태학의 지식과 방법을 기초로 하며 복원생태학에 근원을 두고 있다. 또한 보전생물학, 경관생태학, 습지생태학 등 다양하고 이질적인 학문집단에 의해 연구되고 있기 때문에 다양한 지식과 이론이 요구된다. 이번 장에서는 생태복원을 이해하는 데 있어서 우선적으로 파악해 둘 필요가 있는 주요 용어와 이론에 대해 소개하고자 한다.

◈ 생물의 사회

1) 종(種, species)

생물의 종이란, 생물 분류의 기준이 되는 단위이고, 형태적으로 다른 집단과 구분되어 그 집단중에서도 서로 교배가 가능하고 자손을 생산할 수 있는 개체군 또는 개체군의 집단을 말한다. 즉, 종은 상호 유전자를 교환할 수 있는 집단이며, 유전적 정보의 집합이라고 할 수 있다.

생물의 모든 종에는 국제적인 규약에 의한 학명이 붙여지며 학명은 이명법(二名法)으로 불리는 방법에 의해 라틴어로 기재한다. 소나무의 경우 학명은 *Pinus densiflora*인데, *Pinus*는 라틴어로 나무라는 뜻으로서 소나무의 속명이고 *densiflora*는 소나무의 암꽃과 수꽃의 모양을 나타내는 말로서 꽃이 빽빽하게 모여 있다는 뜻의 형

용사로 종의 특징을 나타내는 종명이다.

2) 개체(individual)

생물의 구체적인 모습이라 할 수 있는 것은 개체이다. 개체는 생물의 생활 단위가 되는 생명체라고 할 수 있다. 개체는 극히 많은 유전적 정보를 가지고 있고, 그 일부가 개체의 형태적 특징으로 사용된다. 따라서 동일한 부모 밑에서 태어난 개체 사이에서도 그 크기·형태·능력 등에서 차이를 보이는데 이렇게 개체 간에 볼 수 있는 차이를 변이라고 한다.

동물에서는 한 마리의 개체를 다른 개체와 구별하기 쉬우나, 식물은 대나무류와 같이 지상부에서는 복수의 개체처럼 보여도 지하부의 뿌리가 연속되어 있는 것도 많아 정확한 개체인식이 쉽지 않다.

[표 8-4] 한반도 생물종 현황

<table>
<tr><th colspan="2">대분류군</th><th colspan="2">소분류군</th><th colspan="2">종수</th><th colspan="2">대분류군</th><th>소분류군</th><th>종수</th></tr>
<tr><td rowspan="14">동물
(18,117)</td><td rowspan="4">척추
동물
(1,528)</td><td colspan="2">포유류</td><td colspan="2">123</td><td rowspan="9">식물
(8,271)</td><td rowspan="4">고등식물
(4,662)</td><td>단자엽식물</td><td>842</td></tr>
<tr><td colspan="2">조류</td><td colspan="2">457</td><td>쌍자엽식물</td><td>2,815</td></tr>
<tr><td colspan="2">양서·파충류</td><td colspan="2">43</td><td>양치·나자식물</td><td>314</td></tr>
<tr><td colspan="2">어류</td><td colspan="2">905</td><td>선태류</td><td>691</td></tr>
<tr><td rowspan="8">무척추
동물1
(3,564)</td><td>해면</td><td>204</td><td>자포</td><td>224</td><td rowspan="5">하등식물
(3,609)</td><td>규조류</td><td>1,512</td></tr>
<tr><td>편형</td><td>123</td><td>윤형</td><td>159</td><td>편모조류</td><td>316</td></tr>
<tr><td>구두</td><td>1</td><td>내항</td><td>1</td><td>담수녹조류</td><td>1,064</td></tr>
<tr><td>태형</td><td>145</td><td>완족</td><td>9</td><td>윤조류</td><td>27</td></tr>
<tr><td>성구</td><td>9</td><td>연체</td><td>997</td><td>해조류</td><td>690</td></tr>
<tr><td>환형</td><td>380</td><td>완보</td><td>49</td><td colspan="2" rowspan="3">균류
(지의류포함)</td><td rowspan="5">3,528</td><td rowspan="3">1,625</td></tr>
<tr><td>절지</td><td>1,028</td><td>모악</td><td>39</td></tr>
<tr><td>극피</td><td>107</td><td>미색</td><td>89</td></tr>
<tr><td rowspan="2">무척추
동물2
(13,025)</td><td colspan="2">곤충</td><td colspan="2">11,853</td><td colspan="2">원생생물</td><td>736</td></tr>
<tr><td colspan="2">거미</td><td colspan="2">1,172</td><td colspan="2">원핵생물</td><td>1,167</td></tr>
<tr><td colspan="10">총 29,916종</td></tr>
</table>

[출처] 환경부, 2005, 야생동·식물보호 기본계획 수립을 위한 연구

3) 개체군(population)

생물은 하나의 개체만으로는 존속 할 수 없다. 개체가 하나라면 그 사망과 동시에 종도 소실하기 때문이다. 따라서 생물은 동일종의 복수개체가 집단을 만들어 생활하는데, 이처럼 같은 공간에서 생육·서식하는 동일종의 개체집단을 개체군이라고 한다. 예를 들어 집에서 쥐가 한 마리 발견되면 실제로 집에 남은 쥐는 7마리라고 하는 것처럼 쥐의 집단이 각각 쥐의 생활을 구성하는 것이다.

개체군 중에서 최소 단위를 국지개체군(단위개체군)이라 하고 이 국지개체군이 모여 상위 레벨의 개체군인 지역개체군을 형성한다. 이러한 지역개체군의 상위 레벨이자 유전자가 교류할 수 있는 최상의 개체군을 메타개체군이라고 한다.

4) 경쟁밀도효과

동일종의 개체는 동일한 자원을 필요로 하기 때문에 가깝게 모여 사는 경우가 많다. 개체군을 형성하는 개체수를 개체군의 크기라고 하고, 단위 면적당 개체수를 개체군 밀도라고 한다. 개체군 밀도가 높아지면 자원을 둘러싼 경쟁이 일어나고 고사하는 개체가 생긴다. 이것을 경쟁밀도 효과라고 한다.

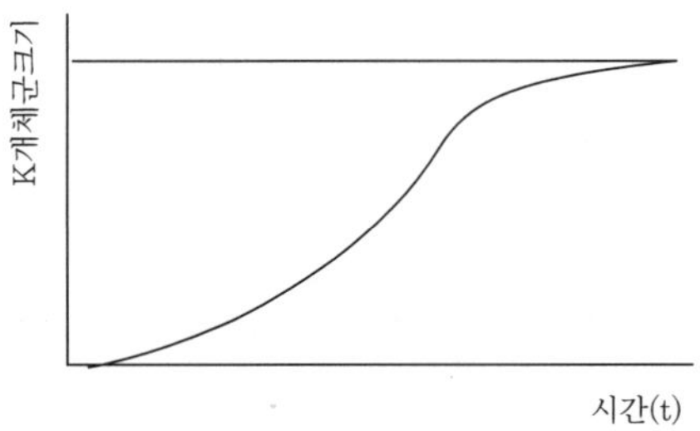

- 개체군의 성립가능한 입지에 침입하는 초기의 개체수는 기하급수적으로 증가하고,
- 환경수용력에 가까워지면 그 증가 속도가 크게 저하된다.

[그림 8-4] 로지스트형 개체군 성장모델 곡선[45)]

5) 개체군의 소실

개체군을 유지하는데는 적절한 개체수가 필요하다. 개체수가 감소하면 유전적 정보가 감소하여 개체군을 유지할 수 없게 되고, 그 장소에서 종이 소실하는 원인이 된다. 또한, 개체군 크기가 작아지면 그 영향이 보다 크게 작용하고 증폭되어 국지개체군이 절멸하게 된다.

45) 개체군 생태학에서 개체군의 증가율을 설명하는 모델. 1838년 Verhulst가 고안하였다.

이러한 개체군 소실을 회피하기 위해서는 종의 최소 생존가능개체수(Minimum Viable Population : MVP)를 알 필요가 있는데, MVP는 국지개체군이 존속하기 위해서 최소한으로 확보해야만 하는 개체군 크기로서, 환경변화, 유전적 변동과 자연적인 격변(홍수, 화산폭발 등) 등에 의해 생기는 종의 생존 위기를 확률적으로 추정하여 얻어진 것이다.

6) 생물군집(Community)과 상호작용

생물은 일정 장소에 단독의 종으로만 생활하고 있는 것이 아니라, 다른 많은 종이 모여서 나름대로의 상호관계를 가지면서 조직화된 집단 단위로서 존재한다. 이러한 집단을 군집이라고 한다. 군집은 종간의 상호관계에 의해서 조직화 되어 필연적으로 생긴 집단이며, 자원과 생활공간을 둘러싼 상호작용에는 [표 8-5]와 같은 종류가 있다.

[표 8-5] 생물간 상호작용

상호작용 종류	내 용
경쟁 (competition)	■ 두 개체군이 서로를 억제하거나 어떤 부정적인 영향을 줌 ■ 생장률이 높고 환경에 대한 적응력이 우수한 종이 유리
포식 (predation)	■ 먹고 먹히는 관계, 먹이그물(food-web) 또는 먹이연쇄(food-chain) ■ 포식자에게는 긍정적이고 피식자에게는 부정적임
기생 (parasitism)	■ 기생체가 숙주를 이용하여 생장함 ■ 숙주에게는 부정적이고 기생체에게는 긍정적임
공생 (symbiosis)	■ 상리공생 : 두 생물종 모두 서로 이익을 주고받는 관계 ■ 편리공생 : 한 종에게는 이익이 되고 타 종에게는 영향이 없음

[출처] 유진 오덤 저, 이도원 외 공역, 2007, 생태학, 일부 수정

7) 생태적 지위(Niche)와 길드(Guild)

생태적 지위란, 생물군집에 있어서 생물종이 해야 하는 기능상의 역할을 말하며, 길드는 군집에서 동일한 생활자원을 비슷한 방법으로 이용하는 생물종 그룹을 뜻한다. 핵심종과 함께 생태적 지위, 길드는 자연생태계 보전행위의 기본적인 과제라 할 수 있으며, 세부 내용은 [표 8-6]과 같다.

[표 8-6] 생태적 지위와 길드

구분	생태적 지위 (Niche)	길드 (Guild)
정의	■ 생물종이 해야하는 기능상의 역할 ■ 생물이 맡고 있는 생태적 역할 ■ 먹이연쇄 속의 위치	■ 같은 환경자원을 비슷한 방법으로 사용하는 같은 영양단계에 있는 생물종 ■ 유사생활종, 지위유사종
특징	■ 생태계내에서 차지하는 공간적 지위에서는 경쟁이 발생함 ■ 경쟁배타의 원리(가우스 법칙)	■ 생물종 관계 파악에 중요 ■ 고정적이지 않고 생활패턴 및 단계에 따라 달라짐
예시	■ 개구리 포식자인 뱀과 백로 ■ 메뚜기·거미 포식자인 개구리, 직박구리 ■ 생물종의 먹이연쇄로 보면 같은 먹이자원을 이용하는 서로 동일한 생태적 지위에 있다고 볼수 있음	■ 나비의 경우 – 유충일 때 : 식물의 잎을 먹이자원으로 하는 길드에 속함 – 성충일 때 : 꽃의 꿀을 이용하는 길드에 속함

[출처] 龜山 章 編, 2006, 생태공학, 일부 수정

8) 생물학적 침입

생물학적 침입은 생물종이 새로운 생태계 내에 침입하여 정착하는 것을 의미한다. 생물학적 침입을 이해하기 위해서는 이입종, 귀화종/침입종, 재래종/자생종에 대한 정의가 선행되어야 한다. 이입종은 인위적인 요인에 의해 본래의 분포지가 아닌 장소로 이입된 생물종이며 이입종이 야외에서 번식할 수 있게 되면 귀화종 또는 침입종이라고 부른다. 귀화종에 반하여 원래 그 지역에 분포하고 있던 종은 재래종 또는 자생종이라고 한다.

생물학적 침입은 인위종의 반입과 생태계로의 정착, 이 두 가지가 요건이 있어야 성립된다. 종의 반입은 목적을 가지고 의도적으로 반입하는 것과, 사람이나 화물 등에 부착되어 들어오는 의도하지 않은 반입이 있다. 이입종은 환경여건이 맞지 않거나 해당 지역의 재래종과의 경쟁에서 패하는 경우에는 정착할 수 없다.

침입종은 같은 환경자원을 이용하여 생활하고 있는 재래종의 강력한 천적이 되며, 재래종의 먹이나 서식장소를 빼앗고, 재래종과의 사이에 중간적인 종을 만들어 유전적 교란을 야기한다. 따라서 진출한 곳의 생태계에서 종종 재래종을 멸종으로 몰아가며 생물다양성을 위협한다.

[표 8-7] 환경부 지정 생태계교란 야생동·식물

구분	종 명
포유류	1. 뉴트리아 *Myocastor coypus*
양서·파충류	1. 황소개구리 *Rana catesbeiana* 2. 붉은귀거북속 전종 *Trachemys spp.*
어 류	1. 파랑볼우럭(블루길) *Lepomis macrochirus* 2. 큰입배스 *Micropterus salmoides*
식 물	1. 돼지풀 *Ambrosia artemisiaefolia var. elatior* 2. 단풍잎돼지풀 *Ambrosia trifida* 3. 서양등골나물 *Eupatorium rugosum* 4. 털물참새피 *Paspalum distichum var. indutum* 5. 물참새피 *Paspalum distichum var. distichum* 6. 도깨비가지 *Solanum carolinense* 7. 애기수영 *Rumex acetosella* 8. 가시박 *Sicyos angulatus* 9. 서양금혼초 *Hypochoeris radicata* 10. 미국쑥부쟁이 *Aster pilosus* 11. 양미역취 *Solidago altissima*

우리나라에서는 야생동·식물보호법에서 침입종을 생태계교란 야생동·식물로 정의하고 있으며 동법 시행규칙 제3조에 의해 포유류, 양서·파충류, 어류, 식물에 걸쳐 총 16종을 교란종으로 지정하였다. 교란종은 자연환경에 풀어놓거나 식재하면 안 되며, 이미 생물학적 침입이 일어나고 있는 경우에는 제거해야 한다.

◇ 생물과 환경

생물은 살아가는데에 적당한 생육공간이 필요하다. 생물의 생육공간에서는 생육공간의 질적 문제와 상호 위치관계가 중요하다.

1) 서식처(Habitat, Ecotop)

서식처는 다양하게 쓰이는 개념으로 비오톱과 유사한 의미이다. 비오톱은 어떤 일정한 생명 집단 및 사회 속에서 입체적으로 다른 것들과 구별할 수 있는 생명 공간(Schaeffer, 1992) 혹은 어떤 종에 의해 점유된 지역에 존재하는 자원과 환경조건(이동근 등, 2004) 등으로 정의되는데, 기본적으로는 생물공동체의 서식처(Dahl, 1908)를 의미한다. 비오톱은 군집 차원의 생태계를, 서식처는 개체 차원의 생태계를 일컫기도 한다.

자연환경보전법에서는 소생태계로 정의하고 있는데, 소생태계는 생물다양성을 높이고 야생동·식물 서식지간의 이동가능성 등 생태계의 연속성을 높이거나 특정한 생물종의 서식조건을 개선하기 위하여 조성하는 생물서식공간을 말한다.

2) 서식처의 구성요소

서식처는 식물의 경우 주로 생육공간의 위치를 나타내고, 동물의 경우 이동성을 고려하여 생활권을 핵으로 하는 행동권으로 구분한다. 생활권은 개체 또는 개체군 유지를 위해 반드시 필요한 공간으로 휴식처, 먹이터, 번식처 등으로 이루어지며, 행동권은 생활권의 유지를 위해 매일 또는 주기적으로 서식처를 바꾸는 공간이다. 야생동물의 서식처 구성요소에는 공간, 은신처, 먹이, 물 등이 있다.

[표 8-8] 서식처 구성요소

공간	은신처	먹이	물	코리더
▪ 행동권과 세력권에 관계됨 ▪ 서식환경의 질	▪ 잠자리, 피난처 ▪ 다양한 유형의 자원 필요	▪ 생존의 기본요소 ▪ Niche & Guild	▪ 생존과 밀접 ▪ 서식지 필수요소	▪ 이동통로 ▪ 서식, 먹이제공, 여과, 은신처 기능

[출처] 龜山 章 編, 2006, 생태공학, 일부 수정

3) 서식처의 크기와 형태

지표면은 수많은 생태계로 뒤덮여 있는데, 그 공간적인 분포패턴은 일정한 질서를 가지고 있다. 반복하여 나타나는 생태계의 출현패턴을 경관(landscape)이라고 하는데 여기서의 경관은 풍경이나 조망이 아닌, 지형, 수문, 식생, 동·식물, 군집 등 지표면에 존재하는 모든 사물이나 형체를 만드는 시스템으로 지역의 생태계복합체로서 파악되는 것이다.

경관은 그 수평적인 형상을 기준으로 패치, 코리더, 매트릭스로 구분하며, 경관 속에서의 물질과 에너지 흐름, 생물의 분포 및 생태를 다루는 생태학은 경관생태학의 한 분야이다.

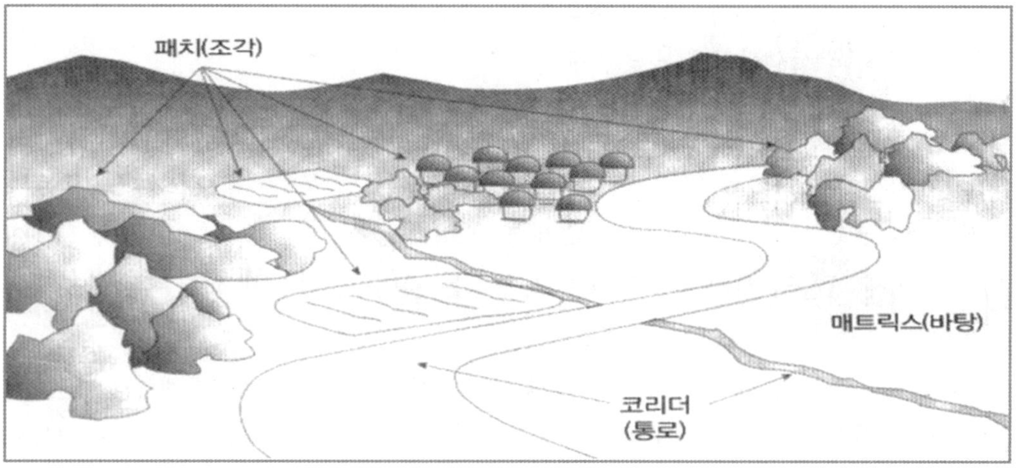

[그림 8-5] 경관의 구조

[출처] 한국환경복원녹화기술학회, 2004, 경관생태학

서식처는 면적이 넓을수록 많은 종이 서식하는데, 경관생태학적인 측면에서 얘기한다면 큰 패치가 작은 패치보다 더 많은 서식처를 가지게 되므로 더 큰 개체군을 유지한다. 즉, 큰 패치일수록 다양한 비오톱을 포함하여 서식처 다양성이 높아지고 종다양성도 높아진다.

작고 고립된 서식처에서는 동·식물의 종수가 적은데 이는 섬의 생물지리학(도서생물지리학)에서 유추하여 생각할 수 있다. 바다에 떠있는 섬에 생존하는 종수는 종의 공급원인 대륙으로부터의 종의 이입 확률과 섬에서의 절멸 확률의 정도로 결정되어, 대륙으로부터의 거리가 가까우면 가까울수록 종 이입이 쉬우며, 섬의 면적이 클수록 멸종하기 어렵다.

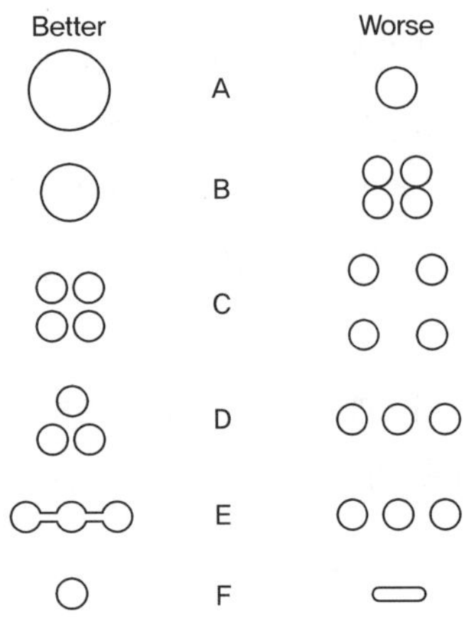

A. 큰 패치가 작은 패치보다 좋다

B. 하나의 큰 패치(Single Large)가 여러 개의 작은 패치(Several Small)보다 좋다[46].

C. 패치간 거리가 먼 것 보다는 가까운 것이 좋다

D. 패치는 개별적, 직선적인 배치보다는 집단적으로 형성될 수 있게 배치하는 것이 좋다.

E. 격리된 패치보다는 상호 연결된 패치가 좋다.

F. 패치의 형태는 일직선, 사각형의 형태보다 원형이 좋다

[그림 8-6] 도서생물지리학을 응용한 보호구 설계지침(Diamond, 1975)

[출처] 한국환경복원녹화기술학회, 2004, 경관생태학

4) 서식처 영향

서식처 영향에는 소실, 단편화, 교란 등이 있다. 서식처 소실은 지형이나 식생의 변화에 의해 생물의 서식처가 작아져 사라지는 것이다. 서식처 소실은 생물군집을 구성하는 생물 종수의 감소를 초래한다.

서식처 단편화는 서식처가 잘게 잘라지는 현상이다. 서식처가 잘게 잘라지게 되면 서식처 면적이 줄어 개체수나 종수가 감소한다. 서식처간 거리가 멀어져 생물의 왕래가 저하되고 따라서 개체의 생존이나 번식에 영향을 미치기도 한다. 또한 잘게 잘라짐에 따라 가장자리 비율이 높아져, 서식처의 안정된 내부 환경을 좋아하는 종이 서식하기 어려워진다.

서식환경의 교란은 물리적인 파괴나 화학적인 오염에 의해 환경이 변화하는 현상을 말한다. 도로의 경우 건설로 인한 환경영향도 있지만, 건설 후 고속도로를 달리는 자동차에 의한 대기오염, 소음, 진동 등으로 생물의 서식환경을 오염시킬 수 있다. 따라서 도로 부근에서 포유류나 조류와 같은 고등동물의 번식이 저하되기도 한다.

46) 총 면적이 같은 경우, 하나의 큰 패치와 작은 여러개의 패치 중 어느 것이 생태적으로 건전한가에 대해서 치열한 논쟁이 있었다. 결론적으로 큰 패치가 없는 경관은 기본적인 토대가 없어서 불안정하고, 큰 패치만 있는 경관은 서식처의 다양성이 부족할 가능성이 있다. 여러개의 작은 패치가 큰 패치가 가지지 못하는 이점을 주는 것은 사실이기 때문에 여러 개의 작은 패치를 큰 패치의 대체물이 아니라 보완물로 생각해야 할 것이다(Forman, 1995:48).

[그림 8-7] 서식처 파편화의 개념

[출처] Management Committee COST 341, 2000

5) 생물의 이동

생물은 유전자를 이동시킴에 따라 단위개체군의 상호간에 유전적 정보를 전달하는 것이 가능하게 되고, 단위개체군의 유전적 정보의 고립화를 막을 수 있다. 이러한 생물의 유전자 이동은 식물과 동물에 따라 다르다.

식물의 경우 꽃가루와 종자에 의해 유전자가 운반된다. 꽃가루는 바람, 곤충, 조류, 물에 의해 이동되는데, 곤충이나 조류는 운반자[47](폴리네이터, pollinator) 역할을 하고 꿀이나 꽃가루 일부를 식료로 섭취한다. 이 경우 식물과 동물 사이에는 상리공생이 성립된다. 종자는 바람, 중력, 동물, 물, 기계적 튕김에 의해 운반되어 진다. 동물에 의해 운반되는 경우, 동물의 몸에 부착되어 이동되거나 섭취 후 배설물에 의해 이동되기도 한다.

동물의 경우는 개체가 유전자를 가지고 스스로 이동하므로 이동수단과 이동공간과의 관계가 중요하다. 동물의 이동수단에는 수중, 공중, 육상의 세 가지 형태가 있다. 어류, 양서류, 수생곤충 등은 물 속이 생활장소이자 물을 이동경로로 하는 수중이동동물이며, 조류, 곤충류, 포유류 일부는 공중을 날아서 이동하는 공중이동동물이다. 포유류, 양서류, 파충류는 육상으로 이동하는 육상이동동물인데, 이들은 서식장소의 인위적인 단편화 영향을 가장 많이 받는다. 특히 도로와 같은 선형 인공물은 이동에 방해가 되므로 생태통로나 생태적 회랑 설치 등의 조치가 필요하다.

47) 최근 농약 등 환경적 영향에 의해 곤충 등의 폴리네이터 소멸로 인하여 식물유전자 이동이 어려워지고, 결실이 감소하고 있다. 건강한 종자의 생산을 위해 폴리네이터와 서식지의 보호가 중요하다.

생물과 시간

1) 천이(遷移, succession)

천이란 종 조성이나 구조가 변화되어 한 생물공동체가 다른 생물공동체로 변화해 하는 시간적 변화의 과정을 말한다. 식생천이의 경우 일반적으로 선구식생에서 중간 식생을 거쳐 극상에 이르는데 이러한 과정을 천이계열이라고 한다. 식생천이는 진행 단계에 따라 출현하는 식물종이 다른데, 초기에는 불안정한 환경에 잘 적응하는 종자를 지닌 식물이 유리하며, 후기에는 내음성이 높고 종간의 경쟁력이 우수한 종이 유리하다.

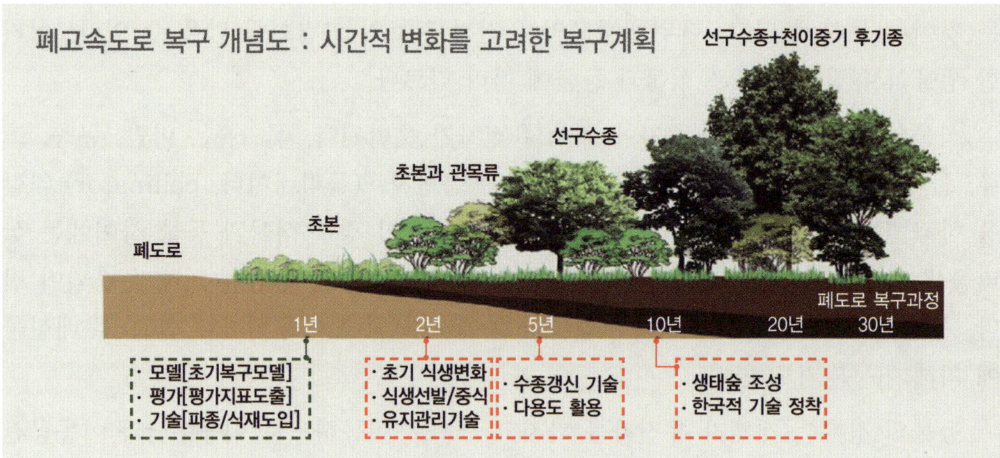

[그림 8-8] 폐고속도로 복구에 사용된 천이 개념도

천이 초기에는 입지조건과 이입, 그리고 정착 과정이 중요하다. 종의 공급원이 그 토지나 주위에 존재하는가 어떤가에 따라 천이의 진행 방법은 크게 달라질 수 있기 때문이다. 극상은 천이계열의 최종적인 또는 안정적인 상태로 규정되고 있으나, 그 내부는 물질의 순환과 흐름이 빠르게 진행되며 먹이연쇄는 복잡하고 소천이를 내포한 동적인 구조로 파악되고 있다.

이러한 천이는 복원을 위한 식재 설계 기법의 마련이나 전략을 도출하는데 유용하며 바람직한 관리 방향을 제시하는 데 큰 도움이 될 수 있다. 또한 천이의 진행에 따라서 그곳에 서식하는 야생동물의 수도 증가하는 경향을 보이므로 생태복원에 있어 매우 중요한 개념이라 하겠다.

2) 생활사 전략

생물이 거치게 되는 출생-성장-생식-노화-사망의 전 생활과정, 즉 생활하고 있는 기간의 활동이나 행동 및 생활방법을 생활사라고 한다. 각각의 종은 환경에 대한 적응도를 최대로 하기 위해 여러 가지 전략을 가지고 있는데 이것을 생활사전략(life history strategy)이라고 한다.

[그림 8-4]의 로지스트형 개체군 성장모델 곡선에서 내적증가율(r)을 크게 하려고 하는 종을 r 선택종이라고 하고, 환경수용능력(K)에 가까이 하려고 하는 종을 K선택종이라고 한다. r선택종은 새로운 서식지나 불안한 서식지에 적합하고 소형, 다산, 조기성숙의 특징을 지닌다. K선택종은 안정된 서식지에서 개체밀도가 평행상태인 경우에 적합하며 대형, 소산, 천천히 성숙하는 특징을 지닌다. Grime은 식물 생육 장소의 교란 정도와 환경스트레스 정도의 2가지 축을 이용하여 [그림 8-9]와 같이 생활사 전략을 3가지로 분류하고 있다.

약한 스트레스·약한 교란의 생육장소에서는 경쟁능력이 큰 전략(C전략)종이 유리하고, 약한 스트레스·강한 교란의 생육장소에서는 교란의존전략(R전략)종이 유리하며, 강한 스트레스·약한 교란의 생육장소에서는 스트레스에 잘 견딜 수 있는 성질을 지닌 스트레스 내성전략(S전략)종이 유리하다.

[그림 8-9] Grime에 의한 식물의 생활사전략의 3가지 분류

[출처] 龜山 章 編, 2006, 생태공학

기타

1) 생물다양성

생물다양성이란, 생명체 다양성과 서식처 다양성의 총칭이다. 일반적으로 서식처 복원을 통해 가능한 많은 종을 도입하는 것을 생물다양성의 개념으로 이해하는 경우가 있는데, 이것은 생물종다양성에 대한 개념으로 생물다양성의 광범위한 개념 중의 하나라고 볼 수 있다. 생물다양성은 생명체를 보는 단계에 따라 유전자 다양성, 종 다양성 및 생태계 다양성으로 구분된다.

UN은 1992년 유엔환경개발회의(UNCED)에서 생물다양성에 관한 협약(The Convention on Biological Diversity)을 채택하였다. 이 협약을 계기로 생물다양성의 지속적인 손실과 이로 인한 사회, 경제, 환경, 문화적 영향에 대한 우려를 표명하며 국제적인 대처방안을 논의하고 있으며, 우리나라는 1994년 10월 154번째로 이 협약에 가입하여 생물다양성에 대한 국민의 인식과 관심을 제고하고 국제적 보전 노력에 주도적으로 참여하고 있다. 특히, 유엔은 환경오염, 생태계 파괴와 기후변화 등으로 위협 받고 있는 생물다양성의 손실 속도를 줄이고 우리 삶에서 차지하는 생물다양성의 중요성에 대한 인식을 높이고자 2010년을 '생물 다양성의 해(International Year of Biodiversity)'로 정한 바 있다.

[그림 8-10] '2010 생물다양성의 해' 포스터
[출처] 유네스코 한국위원회 홈페이지

2) 저감 조치(Mitigation)

일정 규모 이상의 도로를 신설하거나 확장할 때, 사업 시행에 앞서 도로건설이 환경에 주는 영향을 미리 조사·예측·평가하고 그 사업으로 인한 영향을 저감하기 위한 방안(사전환경성 검토, 환경영향평가 등)을 검토하게 되는데, 이러한 환경보전 조치를 저감 조치 혹은 미티게이션(mitigation)이라고 한다.

저감 조치는 회피, 저감, 대체의 3가지로 구분하는데, 도로를 예로 들면 회피는 보전해야 할 생태계 지역이 있을 경우 당초 노선을 변경하는 것이다. 저감은 영향의 최소화를 꾀하는 것으로, 도로의 선형이나 구조를 검토하여 동물의 이동경로나 서식 지역을 보전하는 것 등의 조치가 이에 해당한다. 이런 저감조치의 대표적인 방법이 생태통로를 조성하는 것이다. 대체는 불가피하게 생태계를 훼손시킬 때 새로운 서식처를 인접 지역에 조성하여 기존의 환경이 가진 생물적인 기능을 보상하는 것이다. 저감조치를 검토할 때는 회피·저감·대체의 우선순위를 명확하게 하여, 처음에 회피를 검토하고 다음에 저감을 검토하며, 대체는 검토를 하고 난 이후에도 아직도 영향이 남아 있을 경우에 실시한다.

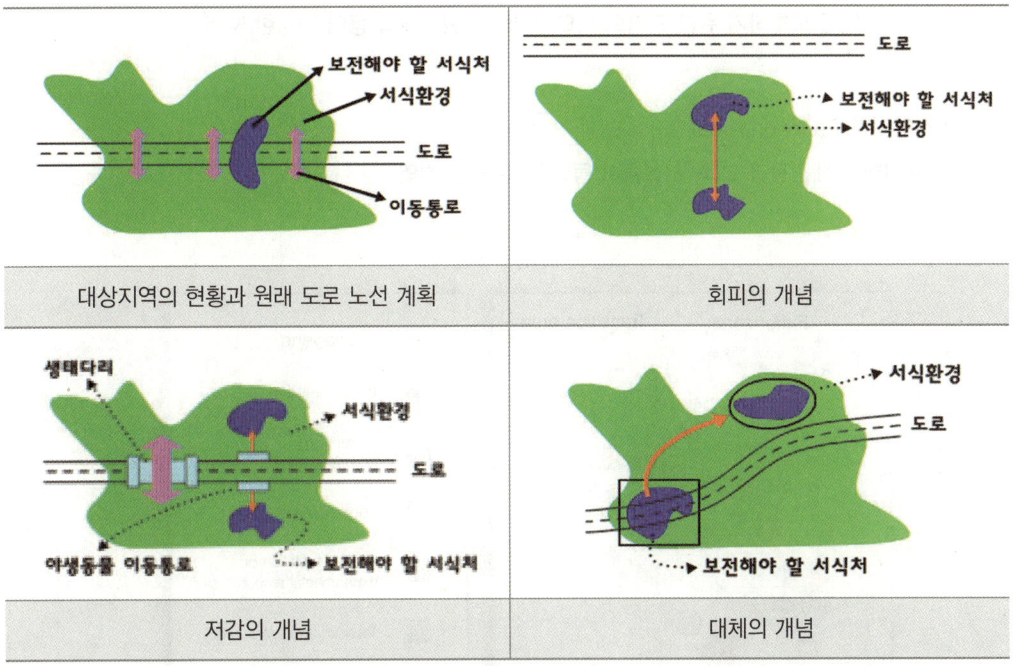

[그림 8-11] 도로건설에 따른 영향의 회피, 저감 및 대체의 개념

[출처] 사이버환경정책교육원 홈페이지

3) UNESCO MAB

UNESCO MAB(Man and the Biosphere Programme)은 생물권보전지역 사업을 수행하고 있는 정부 간의 프로그램이다. 동식물, 대기, 해안 등의 자연 뿐 아니라 인간을 포함한 전체의 생물권에 인간이 어떻게 영향을 미치는지를 연구하고 더 이상의 생물권 파괴를 막기 위하여 전 세계가 함께 일하고자 출범하였다.

UNESCO MAB은 생물다양성의 보전과 지속가능한 이용을 성취할 수 있도록 구체적이고 정교한 생물권 보전지역(Biosphere Reserve)을 지정하고 있는데, 이 모델은 간단하면서도 유용성이 높아 자연생태계 보전지역 이나 관리지역 설정 등에 많이 사용하고 있다.

생물권 보전지역은 보전등급 및 이용 행태에 따라 다음과 같이 구분한다.

■ 핵심지역(Core Area)

: 생물종의 보전과 관련된 연구 이외에는 어떠한 행위도 허용되지 않는 엄격한 보전지역

■ 완충지역(Buffer Area)

: 핵심지역을 보호하기 위한 지역으로 모니터링과 환경교육 등이 가능한 지역

■ 전이지역(Transition Area)

: 활발한 생태관광과 교육, 시설들이 들어설 수 있는 지역

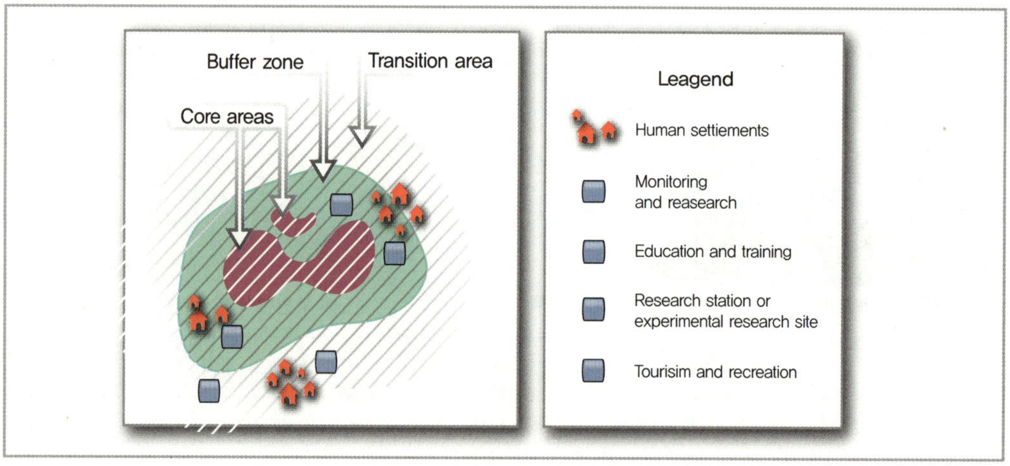

[그림 8-12] 생물권 보전지역 예시

[출처] 유네스코 홈페이지

4) 생태네트워크

생태네트워크란 다종다양한 서식지가 적정하게 배치되고 서식지간의 연속성이 확보된 시스템을 의미한다. 인위적인 영향을 받지 않은 생태계를 보호하고, 인위적인 영향으로 생물다양성이 저하된 생태계를 복원하며, 파편화된 생태계를 연결시키

는 것, 이들 전체를 계획적으로 시행하는 것이 바로 생태네트워크이다.

기존에는 생태적으로 중요한 서식지나 생태계를 패치상태로 남겨왔다. 그러나 장기적으로 보면 남겨둔 패치는 생물의 왕래가 어려워져 고립되며 결국은 개체군이 쇠퇴하게 된다. 이러한 단점을 극복하기 위해서는 각 서식지에서 개체군의 존속에 필요한 서식지의 질과 면적을 확보하고, 서식지를 상호 연결하여 생물의 유전적 교류의 기회나 긴급시의 피난경로를 확보하는 조치를 취할 필요가 있다. 생태네트워크는 그것을 시스템으로 구체화하는 방법이다.

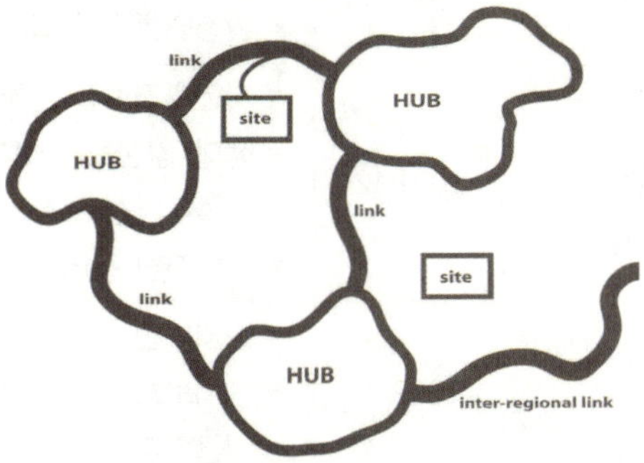

핵심지역+연결지역+소규모지역+광역연결지역
(Benedict and Mchahon, 2006)

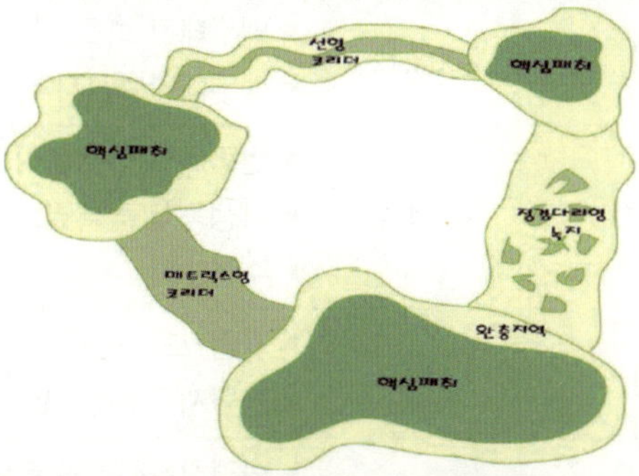

핵심지역+연결지역+완충공간
(자료 : 환경부, 2002)

[그림 8-13] 생태네트워크의 구성요소

[출처] 사이버환경정책교육원 홈페이지

8.1.3 생태복원 관련 법령 및 지침

생태복원과 관련된 법령 지침의 종류와 주요 내용은 [표 8-9]와 같다.

[표 8-9] 생태복원과 관련된 법령 및 지침

구 분		제정년월	주 요 내 용
법령	환경정책기본법	1990. 8	▪ 환경정책의 기본방향 ▪ 사전환경성검토 협의내용 수록
	환경영향평가법	1999.12	▪ 환경영향평가서 작성, 협의 ▪ 환경영향평가 절차, 협의내용 관리
	자연환경보전법	1991.12	▪ 자연환경보전 원칙, 계획 수립 ▪ 생태·경관보전지역 관리 ▪ 생물다양성 보전 ▪ 자연자산 관리
	습지보전법	1999. 2	▪ 습지보전 기본계획 수립 ▪ 습지보호지역 지정 및 관리 ▪ 인공습지 조성 권장
	독도 등 도서지역의 생태계보전에 관한 특별법	1997.12	▪ 생태계 우수 무인도서의 조사 ▪ 특정도서 지정 및 보전계획 수립
	백두대간 보호에 관한 법률	2003.12	▪ 백두대간 보호 기본계획 수립 ▪ 백두대간보전지역 지정 및 훼손지복원
	야생동·식물보호법	2004. 2	▪ 멸종위기 야생동식물 보호 ▪ 야생동식물 특별보호구역 지정 ▪ 수렵관리
	자연공원법	1980. 1	▪ 국립·도립·군립공원 지정 ▪ 공원지구 지정 및 행위의 제한
지침	환경친화적인 도로건설 지침	2010. 7	▪ 환경친화적인 도로노선 선정 ▪ 항목별 도로설계기법 및 환경훼손 저감방안
	도로비탈면 녹화공사의 설계 및 시공 지침	2009. 6	▪ 비탈면녹화공사 설계, 시험시공, 시공, 유지관리 세부기준
	생태계보전협력금 반환사업 가이드라인	2010.3	▪ 생태계보전협력금 반환사업 유형 계획, 설계·시공 기준
	생태통로 설치 및 관리지침	2010. 6	▪ 생태통로 정의 및 필요성 ▪ 생태통로 역할 및 종류 ▪ 생태통로 설치

8.2 도로의 생태복원

생태복원의 대상과 유형은 매우 다양하지만, 도로에서 주로 시행되는 복원 유형과 기법을 중심으로 소개하고자 한다.

8.2.1 비탈면 복원

◇ 개요

비탈면 복원은 인위적으로 또는 자연적으로 훼손된 지역에 각종 재료와 기술을 투입하여 비탈면을 복원하는 것으로, 녹화가 어려운 장소나 곤란한 시기 등 다양한 제약조건을 극복하면서 조기에 바람직한 식물군락을 복원하는 기술이다.

도로에서 비탈면이 점하는 비율은 대단히 많다. 우리나라는 국토의 약 70%가 산지로 되어 있어 많은 노선이 산악지대를 통과하게 되고, 그 과정에서 지형의 변형이 이루어져 비탈면이 훼손된다. 훼손된 비탈면은 나지가 드러나 미관을 해치고 토사 유실, 침식, 붕괴 등의 위험이 있으며, 해당 지역을 서식처로 하던 야생동·식물에게 영향을 미치게 된다. 따라서 비탈면복원은 훼손된 비탈면을 빠르고 안전하게 피복하여 침식과 붕괴현상을 방지하고 경관을 회복시키며, 단절된 자연환경과 생태계를 복원하는데 목적이 있다.

비탈면 복원은 도로에서 시행하는 복원 공법 중 비교적 역사가 긴 편이다. 우리나라에서는 1970년대 경부고속도로를 조성하면서 발생한 비탈면을 녹화하기 위한 것이 본격적인 시작이라 볼 수 있는데, 초기에는 단순히 녹화하는 수준이었으나 점차 경관을 고려하고 자연환경을 보호하는 방향으로 발전해가고 있다.

비탈면복원 분야에서 전환기는 국토해양부(당시 건설교통부)에서 2005년 제정한 「비탈면 녹화설계 및 시공 잠정지침」을 들 수 있다. 학계, 설계 및 시공업계 전문가로부터 자문을 듣고 잠정 지침을 제정·시행하였고, 그 후 3년여의 결과를 종합적으로 분석하여 2009년 「도로비탈면 녹화공사의 설계 및 시공지침」을 제정하였다. 적용대상은 고속도로, 일반국도, 국도대체우회도로, 국가지원지방도로이며 자연친화적이고 자생적이며 아름다운 비탈면 복원에 기여할 것으로 기대된다. 본 지침에 따른 비탈면 복원공사의 업무 흐름도는 [그림 8-14]와 같다.

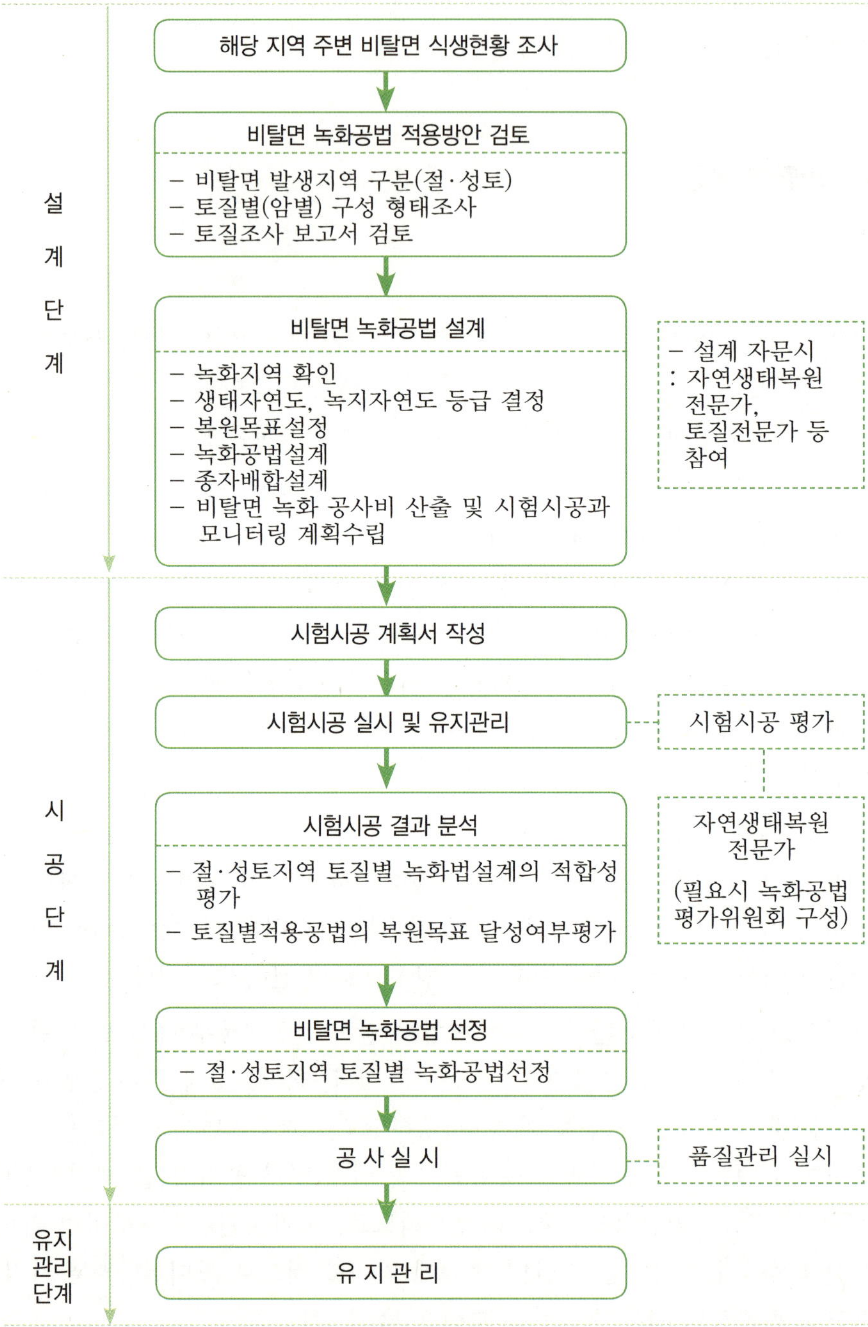

[그림 8-14] 비탈면 복원공사 업무 흐름도

설계

훼손된 자연환경을 개선하고 자연친화적인 도로로 복원하기 위해서는 절·성토 비탈면의 크기를 최소화하는 등 생태적 복원 효과를 고려한 비탈면 설계가 선행되어야 한다. 또한, 비탈면은 주변 자연환경과의 연계성을 가지고 있으므로 자연적인 생태 천이를 유도하여 도로와 주변 자연환경과의 완충지대로서의 역할을 담당할 수 있도록 다양한 목본과 초본이 생육할 수 있는 생육환경을 제공하도록 하여야 한다.

설계단계에서는 우선 복원 대상지를 확인하고 비탈면, 토질 특성, 경사도, 주변환경, 지역여건, 식생기반재의 적정 두께 등을 종합적으로 고려하여 최적 복원공법과 종자배합 등을 설계한다.

복원목표는 복원지역과 생태자연도 등급에 따라 초본위주형, 초본·관목혼합형, 목본군락형, 자연경관복원형으로 구분한다. 복원지역은 분류 기준에 의해 기후환경, 지역환경, 산림환경, 토질조건 등을 고려하여 태백산맥을 중심으로 한 국토핵심생태녹지축지역, 해안일대와 도서지역을 포함한 해안생태계지역, 내륙생태계지역으로 구분되는데, 여기에 생태자연도 등급을 고려하여 대상지별로 복원목표를 다르게 적용한다. 대상지의 복원지역 구분과 생태자연도 등급은 환경지리정보서비스(EGIS, http://egis.me.go.kr/egis)를 참조한다.

그 다음 절·성토 비탈면을 구분하고 토질특성, 경사도를 파악하여 복원공법을 선정한다. 세부절차 및 주요공법은 [그림 8-16]과 같다. 급속히 풍화가 진행될 우려가 있는 사면이나 이암 등 특수 암질인 경우에는 유사사례를 조사, 분석하고 전문가의 자문을 받아 적정한 복원공법을 선정한다.

공법이 선정된 다음에는 목표 달성을 위한 종자배합을 설계하고, 시험시공계획 및 모니터링계획, 유지관리계획을 수립하여 세부수량을 산출한다. 복원공법별 종자배합은 도로 주변 환경을 고려하고, 복원지역, 복원목표, 비탈면 토질 및 경사도에 따라 적합하게 설계한다. 종자의 배합비율은 계절, 토질, 기후특성 등을 고려하며, 혼합한 후 종자가 골고루 살포되도록 하고 시공 후 주위 경관과 조화할 수 있도록 적용한다.

도면과 전개도 작성은 절토와 성토로 구분하여 작성하고, 토질 종류별로 구분하여 비탈면 면적으로 수량을 산출하며 시험시공과 모니터링 비용을 설계에 반영한다.

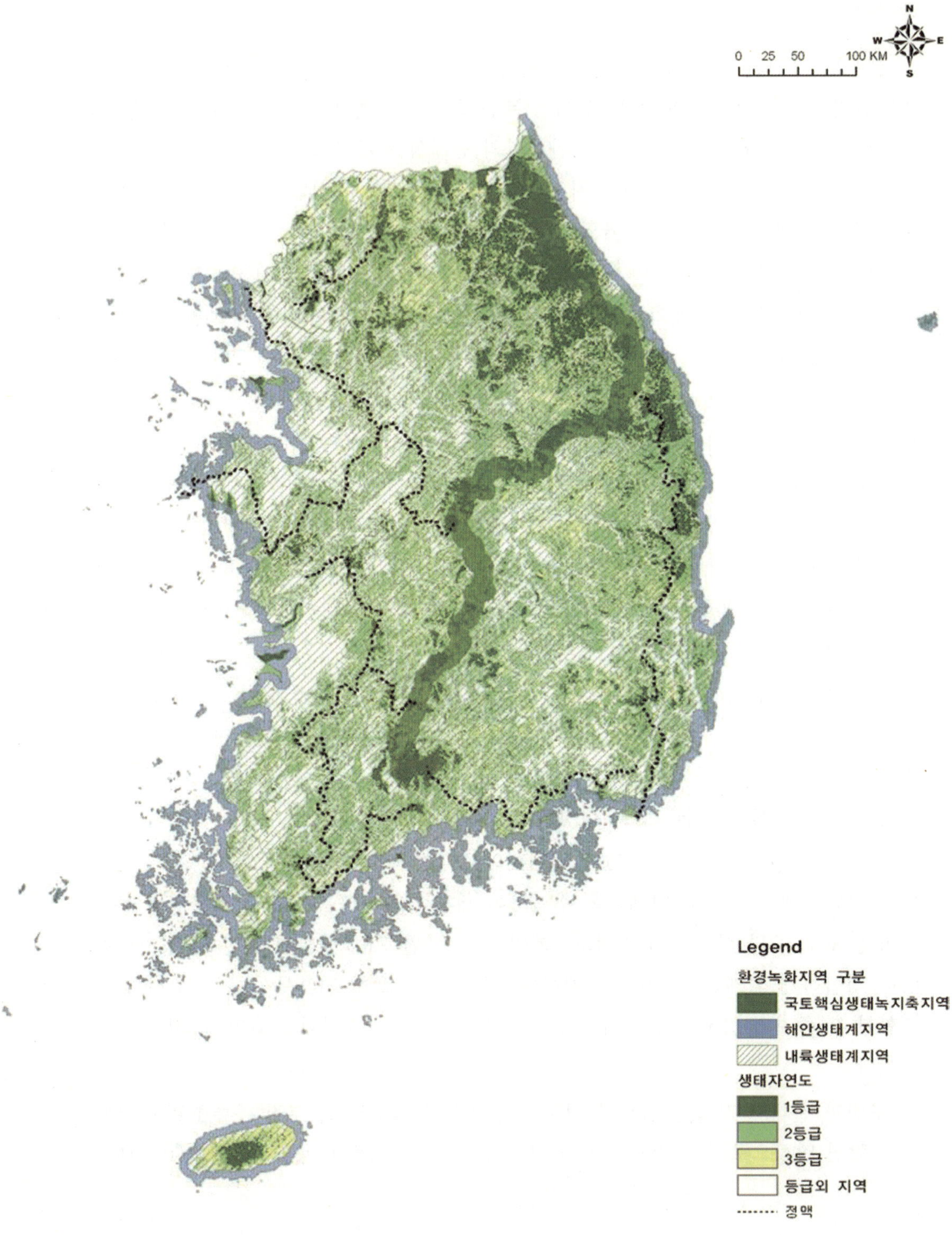

[그림 8-15] 복원지역 구분과 생태자연도 등급 분류도

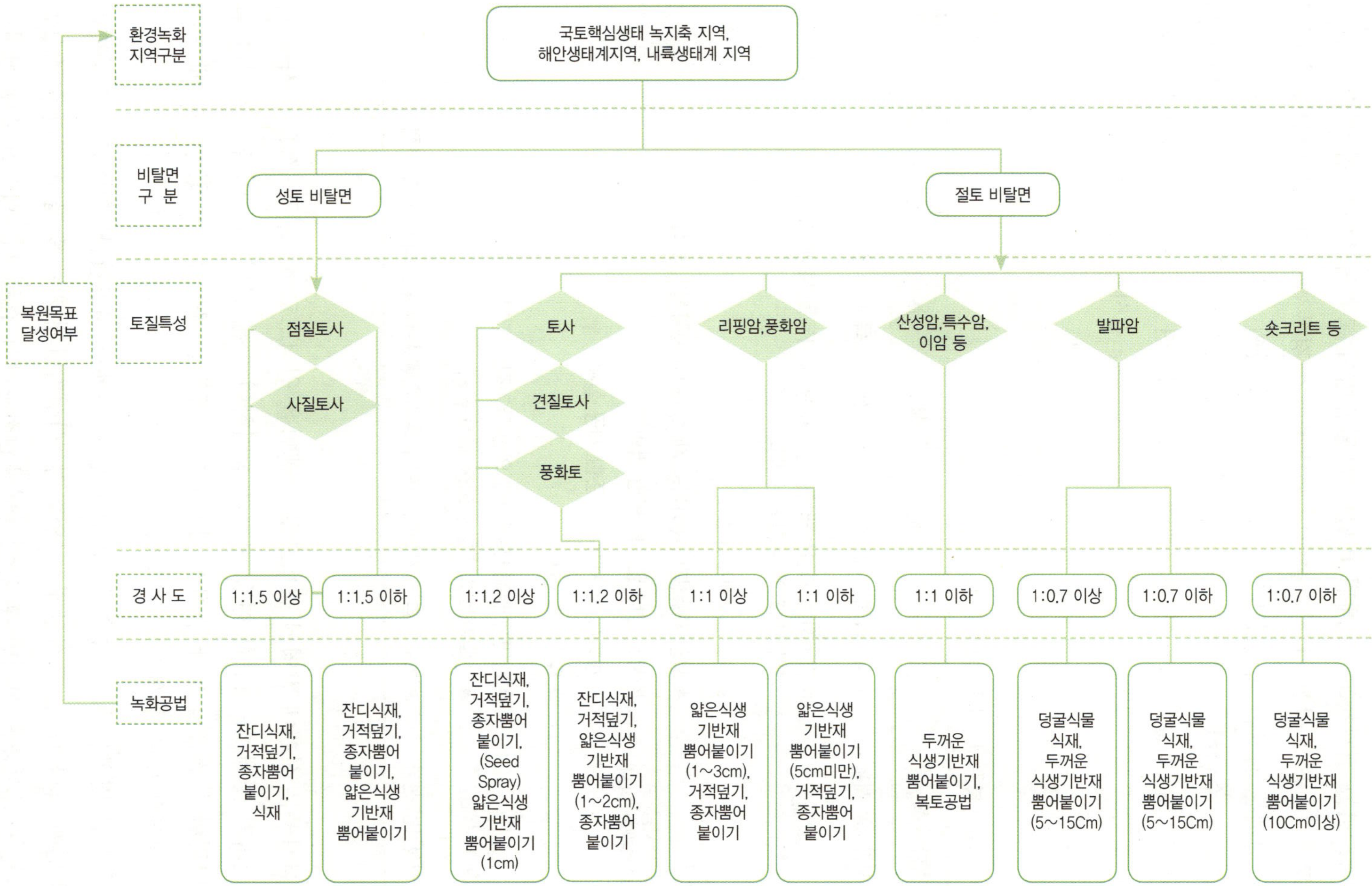

[그림 8-16] 비탈면 복원공법 선정절차

◇ 시험시공

설계도서를 검토하고, 설계된 비탈면 복원공법이 복원목표에 부합될 수 있는지를 검토한다. 공법 선정 시 신기술이나 특허공법의 경우 보호기간을 확인하며 턴키 발주로 설계된 지역은 적정공법으로 설계되었는지 확인한다. 또한 시험시공 및 모니터링 계획을 수립하고, 유지관리계획을 마련한다. 종자, 식생기반재 등 복원재료에 대해서는 소요 품질을 반드시 검사하여 양호한 재료만을 사용하며, 현장에서 시험이 어려운 경우에는 공인시험기관에 의뢰하여 품질을 검사한다. 시험시공 절차는 [표 8-10]과 같다.

[표 8-10] 비탈면 복원 시험시공 절차

항 목	내 용
1. 시험시공 계획	■ 시공목적, 시공대상지, 환경조건, 복원목표 등 검토
2. 공법의 선정	■ 감독자는 자연생태복원전문가 등의 자문을 통해 복원 목표에 부합되는 공법 선정
3. 시험시공 및 유지관리 실시	■ 시험시공계획서 작성 및 분석 ■ 시공 재료(뿜어붙이기용 재료, 종자) 시공전후 분석 ■ 시공 장비 및 시공방법 협의 ■ 계획서 및 시방서에 준한 시공 실시 ■ 유지관리 실시
4. 시험시공 결과 분석	■ 자연생태복원전문가에 의한 주기적인 평가 ■ 생육판정 기준표에 의한 분석 실시
5. 최적공법 선정	■ 녹화공법 평가표에 의한 현장여건에 부합하는 최적 공법 선정

시험시공은 설계에 반영된 공법으로 시행함을 원칙으로 하고, 절·성토 공사를 시행한 결과가 설계 시 예상한 현장 여건과 상이하여 다른 공법 적용이 필요하거나 설계에 반영한 복원공법 보다 품질이 양호하며 경제적인 복원공법이 있는 경우에는 시험시공 대상으로 추가 선정할 수 있다.

시험시공 면적은 공법 당 100~200㎡ 범위 내에서 시공한다. 뿜어붙이기 두께는 복원공법에 따라 암질, 토질상태, 자연환경, 식생기반재 기준 등을 고려하여 조정할 수 있다. 시험시공을 실시한 후 자연생태복원전문가와 감독자는 합동으로 시험시공 결과를 평가한다. 발주자는 품질 및 경제성을 합쳐서 복원평가점수가 75점 이상인 복원공법 중에서 선정하고 품질 및 경제성이 적합하면서 복원목표를 효과적으로 달성할 수 있는 공법은 모두 승인한다.

시공 및 관리

본 시공계획은 시험시공을 통해서 선정된 복원공법을 반영하여 비탈면 복원목표를 충분히 달성할 수 있도록 수립한다. 비탈면복원은 시공시기와 기상조건에 영향을 받으므로 시공시기를 충분히 검토하여 공사가 순조롭게 달성될 수 있도록 하며 시험시공 한 결과와 본 시공의 결과가 상이하지 않도록 시행한다. 복원식생 조성에 대하여는 판정시기와 판정기준을 참고하여 평가하고 시공 후의 복원공법, 시공시기, 도입식물, 시공 후의 기상, 식생기반재의 지속성 등을 적절하게 고려하여 평가하며, 시공자는 시공완료 후 시험시공결과와 일치여부를 평가하고 그 결과를 기성검사 또는 준공검사 시 제출한다.

비탈면복원은 식물천이를 유도하여 자연 상태의 환경으로 조성하는 것으로, 점검과 유지관리 등의 과정이 적절하게 수행되어야 한다. 시공 후에도 준공할 때까지 지속적인 점검과 멀칭, 관수, 생태계 교란종 제거 등의 관리를 시행하고, 미래에 식생천이가 정상적으로 진행되어 복원 목표를 달성할 수 있도록 관리한다.

8.2.2 습지생태계 복원

개요

습지에 대한 정의는 매우 다양하고 복잡하게 나타나고 있는데, 대표적인 습지 정의로는 국제적 기준이라고 할 수 있는 람사르협약[48]에 의한 정의, 미국 국가습지목록 구축을 위한 Cowardin System[49], 그리고 우리나라 습지보전법에 의한 정의를 들 수 있다. 그 중 우리나라 국가표준이라고 할 수 있는 습지보전법 제2조에 의하면, 습지란 담수·기수 또는 염수가 영구적 또는 일시적으로 그 표면을 덮고 있는 지역을

48) 1971년 이란의 람사르에서 체결된 '물새 서식지로서 특히 국제적으로 중요한 습지에 관한 협약'. 이 협약에 따르면 습지란 '자연 또는 인공이든, 영구적 또는 일시적이든, 정수 또는 유수이든, 담수, 기수 혹은 염수이든, 간조시 수심 6m 를 넘지 않는 곳을 포함하는 늪, 습원, 이탄지, 물이 있는 지역'을 말한다.

49) 미국 국가습지목록 구축을 위한 습지유형분류체계로서, 이 정의에 의하면 습지는 수환경과 육지환경 사이의 전이지역으로 지하수위가 지표면 근처까지 유지되거나 지표가 얕은 물에 의해 덮이며, 생태학적 관점에서 수문, 식생, 토양의 3요소를 갖춘다(구본학, 2009).

말한다. 습지에는 내륙습지와 연안습지가 있는데, 내륙습지는 육지나 섬 안에 있는 지역이고 연안습지는 만조시와 간조시에 수위선과 지면이 접하는 부분의 지역이다.

도로와 습지는 어울리지 않는 대상 같지만, 한국도로공사에서 조성하여 관리하는 고속도로변 습지의 경우 2010년 현재 24개소에 달한다.

도로변 습지는 조성 목적에 따라 크게 두 가지로 구분할 수 있다. 하나는, 서식처 조성을 위한 생태습지로, 생물서식공간에 물을 도입하는 것은 생물다양성 증진을 위해서 가장 효과적인 기법 중 하나이다. 이것은 습지가 다른 생태계에 비해서 보다 더 많은 생물종을 보유하고 있고, 다양한 생물들이 서식할 수 있는 기회요소를 제공한다는 점에서 기인한다. 습지를 조성함으로써 수생 및 습지식물의 서식처, 수서곤충, 어류, 양서류의 서식처와 조류의 휴식처 등이 창출될 수 있다.

[그림 8-17] 고속도로변 생태습지
(중부내륙고속도로 현풍분기점)

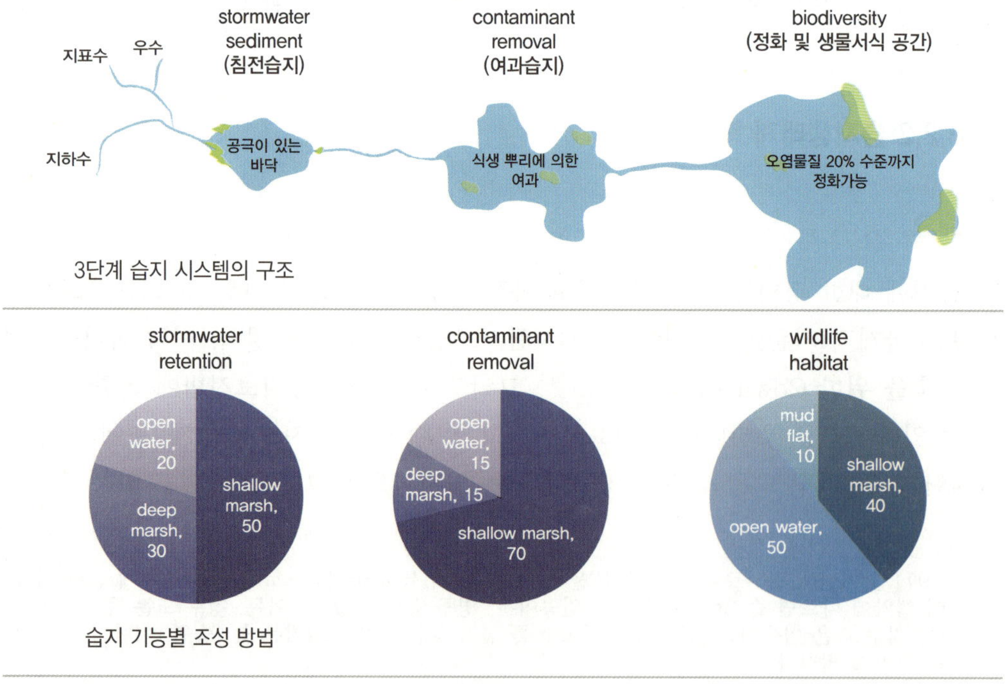

[그림 8-18] 습지의 시스템 및 기능에 따른 조성 방법

[출처] Rovert L. France, 2003

다른 하나는 수질정화를 위한 비점오염저감 습지이다. 비점오염저감 습지는 도로 포장으로 인해 불투수성 표면이 증가하여 우수의 직접적이고 빠른 유출이 진행되고, 이 과정에서 오염원이 그대로 수계로 유입되는 것을 걸러주는 역할을 한다.

습지는 조성목적과 기능에 따라 구조가 달라지므로, 각각의 기능이 극대화 되도록 조성 방법을 달리할 필요가 있다.

◈ 생태습지 조성

습지생태계 복원을 위하여 도로변에 생태습지를 조성하고자 할 때는 다음과 같은 사항을 고려하여야 한다.

1) 입지선정

입지선정 시 주로 고려하여야 하는 요소는 위치와 수원이다. 위치는 나들목이나 분기점 녹지대 내부, 본선 하단부, 교량 하부, 생태통로 주변 등이 적합하다. 그리고 산림이나 하천 등에 인접하여 생물종 유입이 용이한 곳을 선정하도록 한다. 또한 어느 정도의 수위는 습지 기능 유지에 관건이라 할 수 있으므로 안정적인 수원 확보가 가능한 곳에 조성하도록 한다. 수원으로는 지하수 같은 자연용출수가 최적이며 보조수원으로 빗물 등을 이용할 수 있다.

위치 (예:분기점 녹지대 내부에 조성)

수원 (예:지하수 활용)

[그림 8-19] 생태습지 위치 선정 시 고려 요소

2) 수환경 조성

습지 형태는 자연스러운 모양으로 다양한 굴곡을 형성하도록 하며 수면적은 최소 100㎡, 수면 폭은 최소 5m 이상 되도록 한다. 수심은 다양한 깊이로 조성하되 1m

이상인 곳을 일부 조성하여 겨울철 동결을 방지한다. 바닥 방수가 필요한 경우는 점토방수, 벤토나이트류방수 등 친환경적인 방수를 우선적으로 검토하여 적용하며, 인위적인 방수는 피하도록 한다.

<table>
<tr><th>자연적인 생태습지 형태</th><th>환경부 기준에 따른 규모 구분</th></tr>
<tr><td></td><td>
<table>
<tr><th>구분</th><th>수면적</th></tr>
<tr><td>대규모</td><td>2,500㎡이상</td></tr>
<tr><td>중규모</td><td>500㎡~2,500㎡미만</td></tr>
<tr><td>소규모</td><td>500㎡미만</td></tr>
</table>
</td></tr>
</table>

[그림 8-20] 습지 형태 및 규모

3) 호안부 및 주변부 조성

호안부와 주변부에 대한 명확한 정의는 없지만, 호안부는 일반적으로 홍수위시 수위면이 지면에 접하는 부분까지를 말하고 주변부는 그 바깥쪽 녹지대 주변으로 본다. 호안부는 경사를 완만하게 조성하며 특히 1:3 이상의 급경사는 식생 활착이 어려우므로 지양하도록 한다. 곤충류·어류 등의 서식처 조성을 위하여 자연석, 자갈, 통나무 등 다양한 재료를 사용하여 호안을 조성하고 자연적인 천이 진행을 위하여 잔디식재는 지양한다. 주변부는 동물의 서식과 은신을 위하여 키 큰 초화류나 관목류를 군식한다.

4) 수생식물 식재

수생식물은 생활형에 따라 정수식물, 부엽식물, 침수식물, 부유식물로 나뉜다. 수종 선정 시에는 자생종 위주로 다양한 생활형을 가진 식물종을 도입하며 종당 개체수 최소 20본 이상이 되도록 한다.

생물종다양성을 위해서는 수면 위에 아무것도 덮여 있지 않는 부분, 이른바 개방수면 비율이 50% 이상 확보되어야 한다. 따라서 수생식물은 수면적의 40% 이하로 식재하며, 부들이나 연꽃처럼 번식력이 강한 일부 수종은 확산방지를 위하여 통나무 방책 설치나 바닥 자갈깔기 등의 조치를 취하도록 한다.

구분	적정수심	수생식물 종류	습지 내 분포 유형
정수식물	0~0.3m	갈대, 부들, 미나리 등	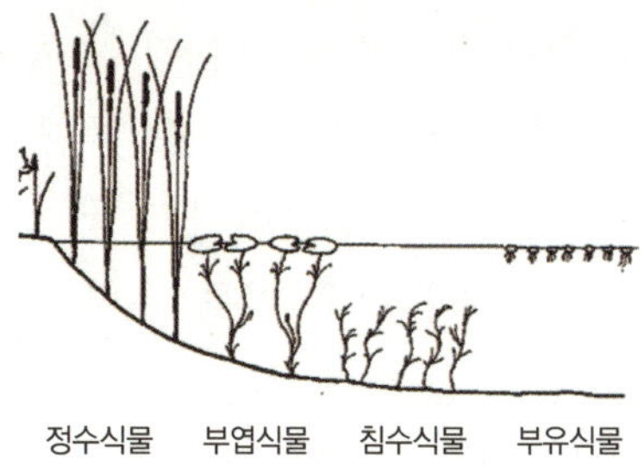
부엽식물	0.3~0.6m	수련, 왜개연꽃 등	
침수식물	0.4~0.9m	말즘, 나사말 등	
부유식물	–	개구리밥, 생이가래 등	

[그림 8-21] 습지 내 수생식물 분포 유형

[그림 8-22] 번식력 강한 수종의 확산 방지 방안

5) 동물 서식처 조성

[그림 8-23] 습지 내 섬 조성 모습
(중부내륙고속도로 현풍분기점)

야생동물 서식처는 종별로 특성을 달리하는데, 곤충류의 경우 돌무더기나 통나무 쌓기 등의 다공질 공간을 조성하여 산란과 월동을 돕도록 한다. 양서·파충류의 경우 연못 주변에 교목으로 인한 그늘이 생기지 않도록 한다. 조류 서식처는 수면적 500㎡ 이상의 중규모 습지에 도입하도록 하며 수면적 2,500㎡ 이상의 대규모 습지일 경우는 수면적의 5% 이하 크기로 습지 안에 섬(중도)을 조성하여 조류의 휴식처 역할을 하도록 한다.

6) 기타

도로에 의한 서식환경 교란을 저감하기 위하여 고속도로와 습지 사이에 수목을 식재한다. 수목이 차량 주행으로 인한 불빛과 소음을 차폐하여 그로 인한 영향을 저감할 수 있다. 또한 주변에 유도울타리나 생태통로가 있을 경우 습지 주변까지 이동로가 연결되도록 하여 동물 이용을 증진시키도록 한다.

[그림 8-24] 차폐식재 및 유도시설 연결

7) 유지관리

생태습지 조성 후 모니터링을 시행한다. 모니터링은 식물상, 동물상으로 구분하여 시행하는데 식물상은 수생식물의 활착 여부, 확산 정도, 신규 출현종을 관찰하여 식생변화를 기록하도록 한다. 동물상은 발자국이나 배설물 등의 확인을 통하여 이용종을 파악하도록 한다.

식생관리는 준공 후 초기에 수목에 관수를 하고 시비와 삭초작업을 시행한다. 수생식물의 경우는 일부종의 번식력이 강해 확산속도가 빠를 경우 적절한 방지 조치를 취하여 개방수면이 50% 이상 확보되도록 한다. 개망초, 미국가막사리 등 생태계위해 외래종은 출현 즉시 제거한다.

서식처 관리를 위해서는 야생동물의 은신과 휴식을 위해 조성한 통나무더미, 돌무더기 등의 상태를 확인한 후 필요시 보완한다. 황소개구리, 붉은귀거북 등 환경부 지정 생태계교란종 발생시 제거한다.

기타 사항으로, 지속적인 물 순환이 가능하도록 유입부와 유출부를 청소하며 일반 이용자가 접근할 수 있는 곳은 주의 안내판을 설치하여 안전사고를 예방하도록 한다.

8.2.3 폐도 복원

개요

폐도란 더 이상 사용되지 않는 도로를 의미한다. 폐도는 도로의 신설 및 확장, 기존 도로의 선형 개량 등으로 발생되는데 도로의 연장이 증가하고 직선화됨에 따라 폐도 발생도 늘고 있다.

폐도가 발생하면 활용방안을 검토하게 되는데, 일차적으로는 도로 유지관리를 위한 작업공간이나 부체도로 등으로 활용한다. 협의를 통하여 폐도가 위치한 지방자치단체에 이관하기도 하며 수요가 있을 때는 매각하는 경우도 있다.

그러나 접근성이 떨어지거나 경제성이 약한 폐도는 오랜 기간 활용되지 않고 존치하게 되는데, 이 경우 일부 개소는 부지 내 쓰레기 불법 투기와 각종 폐기물 적치로 주변 토양이나 수질을 오염시키기도 한다. 또한 절토 비탈면 등에 위치한 폐도는 경관을 저해하고 포장체 잔재물의 낙석 위험으로 운전자의 안전을 위협하기도 한다.

[그림 8-25] 폐도로 전경

따라서 활용 계획이 없고 주변 자연환경이 우수한 폐도는 생태복원을 계획하게 된다. 포장체를 제거하고 식생을 도입하는 폐도복원을 통하여 폐도공간의 생태적인 가치가 증가하고 경관이 향상되며, 오염원과 이산화탄소를 흡수하는 탄소흡수원으로 탈바꿈될 수 있다.

폐도 복원은 최근에 관심을 갖게 된 분야로, 2007년 환경부 자연환경복원포럼에서 생태 복원의 방안으로 폐도 복원이 논의된 이후 이에 대한 관심이 증가하였다. 폐도처럼 국토의 효율적 관리와 이용에서 충분히 복원과 재활용이 가능한 공간을 지속가능한 국토 공간으로 환원시키고 활용하는 것은 사회공헌 차원에서 높은 의미를 지니며 기후변화와 저탄소 녹색성장이라는 화두에 맞는 실천사업이 될 수 있다.

독일 B313도로

미국 Mon-Fayette Expressway

[그림 8-26] 폐도복원 사례

◈ 대상지 선정

국내 고속도로의 경우, 1989년부터 2008년 말까지 발생된 폐도로는 모두 195개소 274km에 달한다. 이 중 대부분은 매각·이관이 완료되었거나 자체적으로 활용 중이지만, 일부 개소는 미활용 상태이다. 고속도로가 신설·확장됨에 따라 폐도 발생도 증가할 것으로 예상되는데, 이는 국도나 지방도의 경우도 마찬가지이다. 폐도복원에는 많은 비용과 시간이 소요되므로 발생되는 모든 폐도를 복원할 수는 없다. 따라서 우선순위를 정하여 순차적으로 복원해 나가야 한다. 폐도복원의 대상이 되는 장소는 미활용 개소 중에 매각, 이관 등 향후 활용계획이 없는 개소여야 하며 주변 자연환경이 우수하거나 도로에 의하여 산림축이 단절되어 복원할 경우 효과가 높은 지역을 우선적으로 선정한다.

복원유형 선정

폐도 위치, 주변 지형, 경제성과 생태환경 등을 고려하여 선정한다.

(※ 단가 : 2009년 기준)

구 분	포장체 제거	원지반화	수림대 조성	생태공원 조성
개 념	▪ 콘크리트 또는 아스팔트 제거 ▪ 보조기층 ▪ 이하 유지	▪ 포장체 제거 ▪ 성토 ▪ Seed-spray	▪ 포장체 제거 ▪ 성토 ▪ 수목식재	▪ 포장체 제거 ▪ 성토 ▪ 수목식재 ▪ 생태습지 조성
내 용	▪ 포장체 깨기 ▪ 포장체 적재 및 운반 ▪ 폐기물 위탁처리	▪ 녹화기반 조성 ▪ 자생종 파종	▪ 자생종 식재 (수고3.0m미만) ▪ 식재간격 3~4m	▪ 생물서식지 조성 ▪ 학습, 탐방 및 휴게 시설 조성
단면도	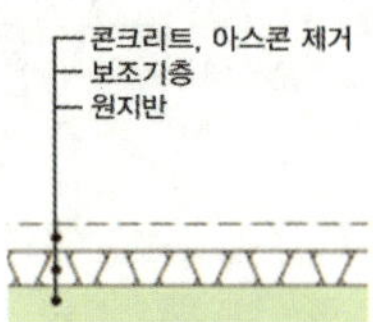			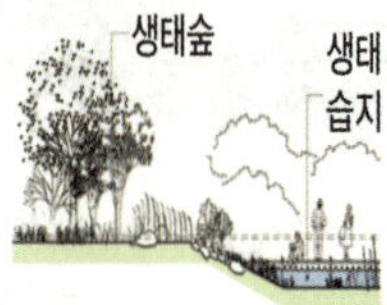
단가 아스팔트 포장	25,000원/㎡	34,000원/㎡	43,000원/㎡	53,000원/㎡
단가 콘크리트 포장	37,000원/㎡	49,000원/㎡	58,000원/㎡	68,000원/㎡
장단점	▪ 저비용 ▪ 식생활착 곤란 ▪ 식생복원에 장기간 소요	▪ 비교적 저비용 ▪ 식생활착 용이 ▪ 복원속도 비교적 느림(10년 이상)	▪ 비교적 고비용 ▪ 기능성 우수 (CO_2저감 등) ▪ 경관성 우수	▪ 고비용 ▪ 유지관리 필요 ▪ 관광 및 교육 연계

[그림 8-27] 폐도복원 유형

포장체 제거

복원유형에 따라 식재와 시설물 도입 여부가 달라지지만, 어떠한 유형을 선택하든 폐도복원의 가장 기본은 포장체 제거라고 할 수 있다. 아스팔트나 콘크리트로 포장된 도로는 불투수성 공간으로 강우시 많은 양의 표면 유출수가 하천으로 직접 전달되어 유량을 증가시킨다. 빗물은 지하로 들어가지 못하여 지하수위, 토양 수분함량, 하천의 평수량 등이 감소하는 등 물 순환을 어렵게 한다.

또한 도로 하부 토양은 경도가 높다. 경도가 높은 토양이란 토양 공극이 거의 없거나 매우 적은 토양을 의미한다. 이러한 토양은 통기성이 불량하여 물, 양분, 공기의 흐름을 저해하고 식물의 뿌리가 침입할 수 없으며 수분이 부족하여 식물이 자라기 힘들다. 따라서 폐도의 아스팔트나 콘크리트 포장체를 걷어내는 것이 폐도복원의 시작이다.

폐도 부지의 포장체 자체는 폐기물로 간주되지 않지만, 일단 포장체를 깨거나 자르게 되면 폐기물이 된다. 폐도 복원 과정에서 발생하는 폐아스팔트, 폐콘크리트 포장체의 처리는 「건설폐기물의 재활용 촉진에 관한 법률」의 적용을 받는다.

건설폐기물이란 건설공사로 인하여 공사를 착공하는 때부터 완료하는 때까지 건설현장에서 발생되는 5톤 이상의 폐기물을 말한다(「건설산업기본법」제2조제4호). 이러한 폐기물은 배출자가 직접 폐기물 처리시설을 설치·운영하여 처리하는 현장 내 재활용과 전문처리 업체를 통해 외부로 반출하는 위탁처리의 두 가지 방법이 있다. 처리방법은 경제성을 검토하여 선택하되, 위탁처리 시에는 폐포장체 양이 100톤 이상일 경우 「건설폐기물의 재활용 촉진에 관한 법률」 제15조 및 시행령 11조에 의거, 본 공사와 분리발주 하여야 한다.

[그림 8-28] 포장체 제거

8.2.4 생태통로 조성

개요

생태통로란 도로·댐·수중보·하구언 등으로 인하여 야생동·식물의 서식지가 단절되거나 훼손 또는 파괴되는 것을 방지하고 야생동·식물의 이동 등 생태계의 연속성 유지를 위하여 설치하는 인공 구조물·식생 등의 생태적 공간을 말한다(자연환경보전법 제2조).

생태통로는 단절된 서식처간의 정기적이고 규칙적인 이동을 가능하게 하여 야생동물의 개체군을 보전하고, 간접적으로 식물종자의 분산에 기여하여 그들의 유전적 다양성을 유지하고 생존력을 높이는데 목적이 있다. 생태통로의 이용 대상은 기본적으로 이동성이 있는 모든 야생동물을 대상으로 하지만 포유류와 양서·파충류에 있어 특히 중요한 역할을 한다. 야생동물은 그들의 생태적 특성에 따라 선호하는 통로 유형이 다르기 때문에 목표종에 따라 생태통로 유형을 결정하는 것이 좋다.

생태통로는 설치 위치와 공법에 따라 육교형과 터널형으로 구분된다.

[그림 8-29] 생태통로 종류

육교형 통로는 일반적으로 야생동물의 이용만을 목적으로 설치하지만, 경관을 연결하기 위하여 대규모 구조물을 설치하기도 하고 개착식 터널을 보완하여 생태통로 기능을 부여하기도 한다.

터널형 통로에는 포유류의 이동을 목적으로 조성된 것과 양서·파충류의 이동을 목적으로 하는 것이 있는데, 포유류 통로의 경우 장소에 따라서 물이 흐르는 곳에 설치할 때 야생동물의 자연스런 접근을 유도하여 더 큰 효과를 볼 수도 있다. 양서·파충류 통로는 대개 도로 하부에 소규모 박스형 또는 파이프형으로 조성되며, 목표 종에 따라 단순 통로형으로 하거나 통로내부에 햇빛이 투과하도록 만드는 경우가 있다.

생태통로 유형별 특성은 [그림 8-30]과 같다.

<table>
<tr><th>분류</th><th>대상
동물</th><th colspan="2">설치 목적 및 시설규모·종류</th><th>형태</th></tr>
<tr><td rowspan="3">육교형</td><td rowspan="3">포유류</td><td colspan="2">■ 포유동물의 이동
■ 너비
– 일반 지역: 7m 이상
– 주요 생태축: 30m 이상</td><td></td></tr>
<tr><td rowspan="2">기타 유형</td><td>〈경관적 연결〉
■ 경관 및 지역적 생태계 연결
■ 너비: 보통 100m 이상</td><td></td></tr>
<tr><td>〈개착식 터널의 보완〉
■ 개착식 터널의 상부 보완을 통한 생태통로 기능 부여
■ 너비: 보통 100m 이상</td><td>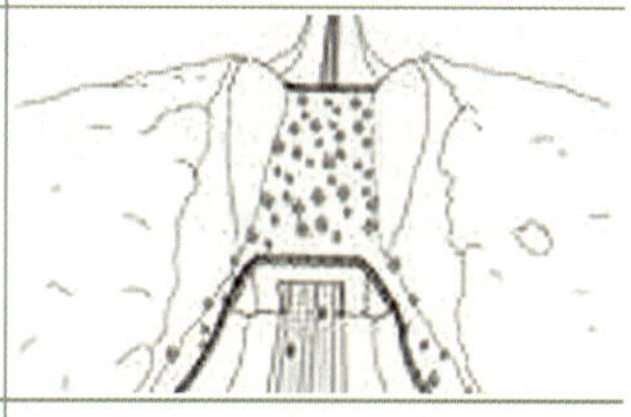</td></tr>
<tr><td rowspan="3">터널형</td><td>포유류</td><td colspan="2">■ 포유동물 이동
■ 개방도 0.7 이상
(개방도=통로 단면적/통로 길이)</td><td></td></tr>
<tr><td rowspan="2">양서·파충류</td><td rowspan="2">■ 양서류, 파충류용 터널
■ 왕복2차선: 폭 50cm 이상
■ 왕복4차선 이상: 폭 1m 이상
■ 통로 내 햇빛 투과형과 비투과형</td><td>햇빛 투과</td><td>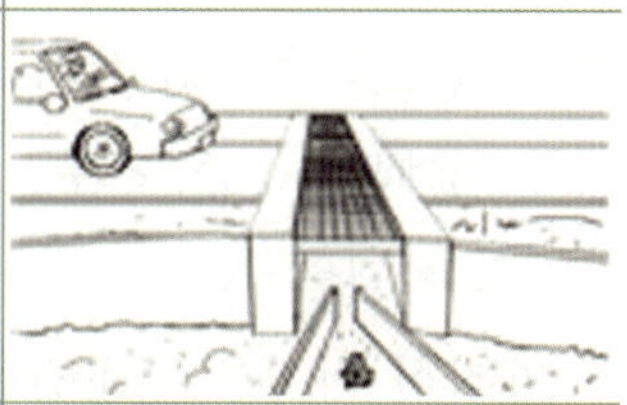</td></tr>
<tr><td>비투과</td><td></td></tr>
</table>

[그림 8-30] 생태통로 유형별 특성

[출처] 환경부, 2010, 생태통로 설치 및 관리지침

◇ 육교형 생태통로

생태통로의 설계 및 시공은 환경부의 「생태통로 설치 및 관리지침」(2010.6)에 준하여 시행한다.

1) 일반적 육교형 생태통로

통로 설치 시 중앙부의 최소 폭은 7m 이상으로 하고, '주요 생태축[50]'을 통과하는 경우에는 최소 폭을 30m 이상으로 한다. 보행자 및 차량의 접근과 이용을 최대한 배제해야 하는데, 보행자가 생태통로를 이용할 수 있도록 조성하는 경우에는 보행자 동선을 폭 3m 이내의 흙길로 조성하고 생태통로의 중앙부 폭은 30m 이상의 대형으로 조성한다. 폭이 30m 이상인 경우 양서·파충류 및 소형포유류의 이동을 위해 주변의 소규모 도랑을 통로 내부로 유도하거나, 물웅덩이와 나무 그루터기 더미를 길고 연속적으로 조성한다.

2) 기타 육교형 생태통로

경관적 연결을 위한 생태통로는 생태계의 공간적 연속성 확보가 중요한 구간, 도로에 의한 능선부 절개로 훼손된 경관 또는 풍수지리적 가치 제고가 필요한 구간에 조성한다. 도로에 의해 훼손된 절개면, 능선, 식생 등이 원래에 가깝게 복원되도록 하고 성토를 충분히 하며 폭은 가급적 100m 이상으로 한다. 통로 내부는 포유류의 이동 외에도, 곤충, 조류, 양서류, 파충류 등 다양한 생물이 서식 및 이동할 수 있는 조건을 조성한다.

개착식 터널은 도로건설 당시 절토비탈면의 토사 붕괴를 우려하여 도로 위를 콘크리트 구조물로 덮은 것이다. 개착식 터널은 그 상부에 흙을 덮고 식물을 식재하는 등 대개 100m 이상의 큰 규모로 조성되기 때문에 기능을 보완할 경우 대형 생태통로 역할을 할 수 있다. 개착식 터널을 보완할 때에는 동물이 쉽게 진입할 수 있도록 주변 자연지형이 진입부나 통로 내부와 자연스럽게 연결되도록 한다.

---

50) 자연환경보전법 시행규칙 제28조 ①항의 1~7조에 해당하는 지역. 다만, 해당 구간에서 지형적인 여건에 따라 동 기준을 준수하지 못하는 경우에는 환경영향평가협의 등 개발사업 협의 시 생태통로의 적정한 규모에 대하여 환경부와 협의하여 조정할 수 있다.

중부내륙고속도로 146.9k

동해고속도로 30.4k

[그림 8-31] 일반적 육교형 생태통로

3) 공통사항

차량의 접근은 원칙적으로 배제하고, 보행로 조성 시 동선은 폭 3m 이내의 흙길로 조성하며 야생동물과 보행자의 동선을 성토와 식재 등을 통해 공간적으로 분리한다. 통로 입·출구부는 통로 내부보다 넓게 하여 야생동물을 자연스럽게 유도하고 진입부는 인접한 자연지형과 자연스럽게 연결하되, 경사를 완만하게 한다. 진입부와 내부의 식생은 주변과 유사하게 식재하고 통로 내 식재지에서의 토심은 식생의 안정적인 성장을 고려하여 70cm 이상을 확보한다.

차단벽을 생태통로 양편에 설치하여 차량의 불빛과 소음의 영향을 줄이고, 생태통로와 이어지는 도로 구간에 유도울타리를 설치하여 야생동물의 이동을 유도한다. 마지막으로 생태통로 조성을 위해 임시로 만들어진 도로는 원상태로 복구하고 생태통로의 진입부에는 향후 차량의 진입이 불가하도록 큰 돌과 같은 차단물을 배치한다.

경관적 연결을 목적으로 하는 생태통로 예시

개착식 터널의 보완을 통한 육교형 생태통로 예시

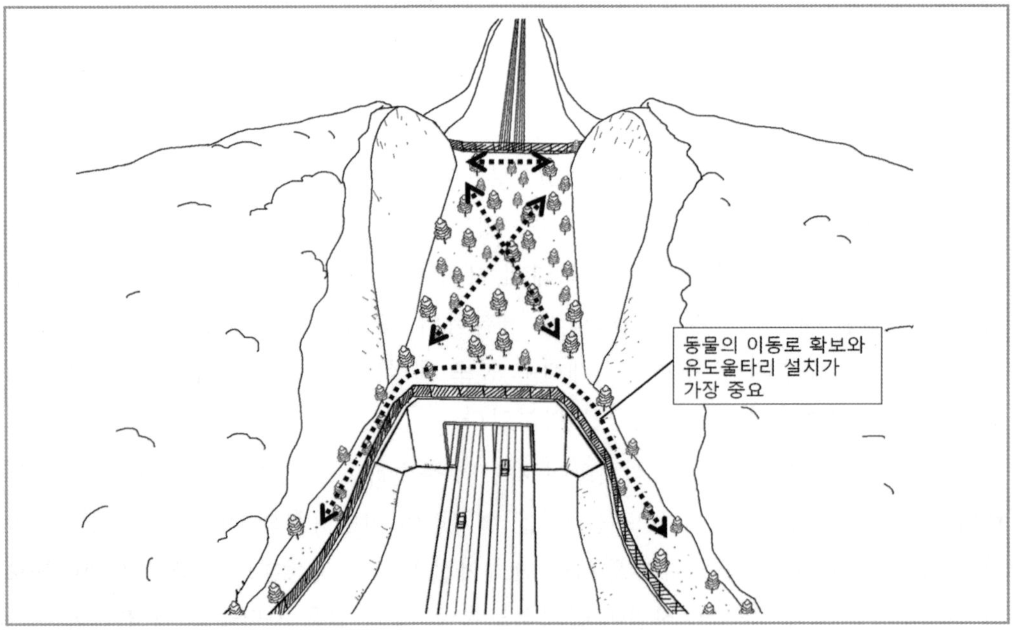

[그림 8-32] 기타 육교형 생태통로

[출처] 환경부, 생태통로 설치 및 관리지침, 2010

◇ 터널형 생태통로

1) 포유류용 통로

모든 야생동물의 이용이 가능하도록 개방도 0.7 이상의 규격으로 조성하되, 성토 높이가 15m를 초과할 경우 개방도를 0.6 이상으로 조정할 수 있다. 수로 위치에 설치할 때는 수로의 연간 최대용량보다 훨씬 큰 규모로 설계하여 통로 내에 물이 흐르지 않는 바닥 부분이 항상 존재하도록 한다. 통로의 맞은 편은 시각적으로 트이도록 하여 좁은 통로를 이용하는 동물이 건너편의 환경을 미리 인지함으로서 통로 진입 시의 거부감을 줄이는데 도움이 되도록 한다.

통로 내부는 경사가 최대한 완만하되 배수가 잘되어 안에 물이 고이지 않아야 하고, 빗물 등의 흐르는 물에 내부의 흙이 쓸려 내려가지 않도록 하여야 한다. 바닥에는 배수가 잘되는 흙을 10cm 이상 깔아준다. 폭이 7m 이상인 경우 양서·파충류 및 소형포유류의 이동을 위해 주변의 소규모 도랑을 통로내부로 유도하거나, 나무 그루터기, 돌무더기 등을 길고 연속적으로 배치하고, 주변에 유도울타리를 설치한다.

[그림 8-33] 포유류용 터널형 생태통로

2) 양서·파충류용 통로

양서·파충류의 집단 산란지로의 왕래가 단절되거나, 동물사고가 빈번하게 발생될 우려가 있는 곳에 설치한다. 규격은 왕복 2차선 도로에서는 너비 50cm 이상, 왕복 4차선 이상 도로에서는 너비 1m 이상으로 하여 도로의 폭이 넓을수록 넓게 한다. 통로 내부에 햇빛이 들어와야 이용률이 높아지는 종을 대상으로 하는 경우에는 천장에 햇빛이 투과할 수 있는 구조로 조성한다.

통로 형태는 통로 지면의 넓이를 키울 수 있도록 원형보다는 가급적 사각형 통로를 조성하고, 통로의 너비가 2m 이상일 경우 통로의 진입부와 내부에 나무

[그림 8-34] 양서·파충류용 터널형 생태통로

그루터기와 돌무더기 등을 배치하여 은신하며 이동할 수 있도록 한다. 동물이 통로 맞은편의 환경을 미리 인지함으로서 통로 진입의 거부감을 줄이는데 도움이 될 수 있도록 건너편이 시각적으로 트이도록 한다. 인근에 측구 수로가 있을 경우에는 생태통로로 유도할 수 있는 지점에 탈출용 경사로를 다수 설치한다.

◇ 관리 및 모니터링

생태통로는 설치뿐만 아니라 설치 후에도 주 이용대상 동물을 파악하고 개선해 나가는 것이 중요하다. 따라서 생태통로 시공 후에는 통로 주변을 보수하고 정비하는 등 지속적인 관리를 통해 야생동물의 이용을 유도하고 생태통로의 효율성이 최대로 발휘될 수 있도록 하여야 한다. 또한 이용 동물의 모니터링을 통해 개선과 보완에 필요한 자료를 확보하고, 향후 우리나라 생태계 특성에 맞는 효과적인 생태통로 건설을 위한 설계 자료로 활용할 수 있다.

생태통로 관리는 자연의 변화 및 동태에 맞추어 순응적으로 관리하는데, 야생동물은 시간이 흐름에 따라 시설물에 대한 적응을 하기 때문에 다소 낡아 보이더라도 새것처럼 유지되는 것보다 기능적 측면에서 유리하다. 통로 내부나 주변에 야생동물의 이동을 방해하는 요인이 없도록 관리하고 차량이나 사람의 출입을 제한하기 위해 설치한 구조물이 제 기능을 할 수 있도록 지속적으로 확인하고 보완한다.

모니터링은 인접지역에 서식하는 동물종의 확인, 생태통로를 이용하는 동물종의 확인, 해당 도로에서의 로드킬 현황 파악을 포함한다. 모니터링 방법은 족적판을 이용한 발자국 조사, 무인센서카메라, CCTV, 원격 무선추적, 포획 후 재포획, 눈 위의 발자국 조사, 로드킬 조사 등이 있다.

[그림 8-35] 다양한 모니터링 시설

8.2.5 자연자원 활용

◈ 개요

도로 공사 시 자연자원을 활용하는 사례는 크게 두 가지로 구분할 수 있다. 자생수목 이식과 표토 이식이 그것이다.

자생수목은 어떤 지역에 예전부터 자라고 있던 수목을 말한다. 도로 선형이 결정되고 나면 노선으로 인하여 훼손된 지역에 복원계획을 수립하게 되는데 이때 해당지역에서 자라고 있던 자생수목을 이식하여 활용하면 주변 생태환경과 기후 등이 잘 맞아 생육에 유리할 뿐만 아니라 원래의 자연생태계와 유사한 형태로 복원할 수 있다.

표토는 토지를 형성하는 여러 단층 중 최상단부에 위치하는 토양층을 의미한다. 표토는 비옥토라고도 하는데, 물리적으로 생물이 생존하는데 필요한 통기성과 보수성이 풍부할 뿐만 아니라 생물학적으로 지역 고유의 토양 동물과 미생물, 각종 식물의 종자와 동물의 알 등을 함유하고 있어 식물생육에 최적의 조건을 제공한다. 생태복원에 대한 관심이 높아지면서 표토의 중요성에 대한 인식도 향상되었는데 표토는 해당 서식처의 원형을 되살린다는 복원의 관점에서도 중요하고 건설현장에서 양질의 토사 확보가 어려운 상황에 우수한 식재기반으로 활용될 수 있다는 점에서도 활용가치가 높다고 하겠다. 이 책에서는 물리적 의미의 표토와 구분하기 위해, 이식하고 활용되는 표토를 '비옥토'라는 용어로 통일하고자 한다.

◈ 자생수목 이식

1) 설계

자생수목 이식량은 계획노선으로 인하여 훼손되는 수목량을 산정한 후 결정하는데, 훼손수목량과 이식계획량 모두 표본 조사에 의한 추정량으로 산정한다.

훼손수목량 조사에는 군락조사 시 방형구내 조사된 개체수의 평균 개체를 이용하여 훼손수목량을 산정하는 표본조사와 조경수로서의 가치가 있는 수목을 모두 조사하는 전수조사가 있는데 일반적으로 방형구를 통한 표본조사 방식으로 진행되며 교목을 대상으로 규격별로 산정한다. 노선측량에 의한 편집용지 확정에 따라 실제 훼손수목량은 달라질 수 있다.

이식수목량은 훼손수목량 중 식재림 및 터널입·출구 지역과 토양상태가 불량하여 분뜨기가 곤란한 지역을 제외하고, 상태가 양호하며 이식 후 생육하는데 지장이 없는 수목을 대상으로 훼손수목량의 약 5%~10% 범위에서 이식량으로 산정한다.

2) 시공

자생수목 이식 수종과 수량은 표본조사에 의한 산정 결과이므로 실제로 어떠한 위치의 수목을 이식해야 하는지는 현장에서 직접 조사하여 결정하여야 한다. 자생수목은 자연생 입목으로 용지 매수 시 별도의 보상 대상이 아니므로, 토지와 동시에 거래되는 관행이 있어 이를 일체로 평가하여 보상이 이루어진다. 따라서 도로구역 결정 여부와 토지보상 완료 여부가 대상 수목 선정에 영향을 미치기 때문에 반드시 현장조사를 통해 대상수목을 선정하도록 한다.

이식 수목은 조경수로서 가치를 충분히 발휘할 수 있도록 수형, 수세, 수령 등 미적 구비요건을 고려하여 선정한다. 굴취·이식은 수목식재 적기를 고려하되, 공사구간 내 벌목 작업로 설치 등을 고려하여 현지 실정에 맞게 시행한다. 뿌리분은 분의 파손 방지를 위하여 새끼, 철선 등 결속 부자재로 견고히 결속하여야 하며, 비포장도로 운반 시 뿌리분이 충격을 받지 않도록 완충재를 사용한다. 굴취수목은 현지 가식장에 식재 관리 후 조경공사에 재활용하는데, 굴취 후 가식장으로 당일 운반식재를 원칙으로 한다. 가식수목은 집단식재이므로 버팀목은 가급적 연계형으로 설치하며 추후 재활용 시 작업이 용이하도록 규격별로 식재한다. 대형목은 원활한 활착을 위하여 1차 뿌리돌림 후 세근발달을 촉진시킨 후 이식하는 등 특수설계를 하여야 한다.

가식장은 작업장 여건과 추후 관리를 고려하여 선정하는데 공사구간의 용지를 최우선으로 활용하도록 하며 토질이 수목 생육에 적합한 경작지 등을 가식장으로 선정하도록 한다. 가식장 운영기간은 굴취·이식일로부터 자생수목 재활용 시까지로 하는데 약 4년 정도 소요된다. 가식장에 식재된 자생수목에 수목하예, 병충해방제, 시비, 관수 등의 유지관리를 시행하며 향후 휴게소, 나들목·분기점 녹지대 등 다양한 조경공사에 활용한다.

[그림 8-36] 자생수목 가식장

비옥토 이식

1) 설계

계획노선의 편입으로 사업대상지에서 발생하는 비옥토의 발생량을 산정한다. 비옥토는 유기물질 함유뿐만 아니라 자생종 함유 가능성이 높으므로 식재기반 조성에 우선적으로 활용한다. 비옥토 발생지역은 유기물질이 다량 함유된 농경지의 표토층을 들 수 있으며, 산지의 표토는 수목이나 암반 등이 분포하고 토양 형성층이 얇아 비옥토 활용이 어려우므로 산지부의 표토는 비옥토 산정에서 제외하도록 한다.

비옥토 산정 시 분포 면적은 계획노선에 편입되는 밭 토양의 면적으로 하고, 분포심도는 표토층 상부 15cm("한국토지공사(1996), 환경친화적 단지계획기법"에 제시된 비옥토 추정심도)로 가정한다. 비옥토 발생량은 토목 공구별로 비옥토 수량을 명기하여 활용을 확대하도록 한다.

2) 시공

비옥토 채집은 설계서에 지정된 장소에서 채취하고 수집하여야 한다. 비옥토로서의 적합성 여부는 유기물, 무기물, 유해물질의 존재 여부 및 총량 등으로 결정하며 사용 용도에 맞게 적용한다.

채집대상인 비옥토는 약산성·약알칼리성이 되도록 하여야 하는데, 산성 또는 알

칼리성인 경우에는 석회 분말 또는 적당한 산화물로 중화시켜 사용한다. 비옥토 채취는 강우로 인해 토양이 습윤 상태이거나 먼지가 날 정도의 이상건조일 경우에는 채취 작업을 피해야 하고 지하수위가 높은 평탄지나 토사유출에 따른 재해 예상 구역에서도 가능한 채취를 피해야 한다. 비옥토 채취 시에는 낙엽 등 부산물이 섞이지 않아야 하며, 3cm 이상의 잔돌 등이 없어야 한다.

채취한 비옥토는 배수가 양호하고 평탄하며 바람의 영향이 적은 장소에 임시 적치장을 조성하여 보관한다. 비옥토는 채취 즉시 활용대상지로 반입하는 것이 이상적이지만 공정을 고려하여 일반적으로 가적치 후 활용하고 있다. 임시적치 기간 중에는 비옥토의 성질 변화, 바람에 의한 비산, 우수에 의한 유출, 양분의 유실 등에 유의하여 방진덮개, 비닐 등으로 덮어 주고 가적치 두께는 1.5m를 기준으로 하여 최대 3.0m를 초과하지 않도록 한다. 비옥토의 운반거리는 최소로 하고, 운반시에는 덮개를 설치하여 적재물이 외부로부터 보이지 않고 흘림이 없도록 한다. 또한 토양이 중기사용에 의하여 식재에 부적당한 토양으로 변화되지 않도록 채취, 운반 등의 작업순서를 정한다.

비옥토 덮기면의 경사가 1:3보다 급한 경우에는 공사 전에 설계도서에 표시된 깊이까지 비탈면을 긁어 일으켜야 한다. 하층토와 복원표토와의 조화를 위해 최소한 깊이 200㎜ 이상의 지반을 경운한 후 그 위에 비옥토를 포설한다. 식재 기반조성 시 비옥토를 적정한 두께로 펴주는데, 두께는 식재수목의 종류에 따라 결정하며, 다짐은 수목의 생육에 지장이 없는 정도로 시행한다. 지반 또는 표토가 얼었거나 심하게 젖어 있을 때에는 비옥토를 포설하여서는 안 된다. 포설 작업이 끝나면 큰 흙덩어리, 큰 돌, 나무뿌리, 그루터기 및 기타 불순물을 긁어내어 제거하여야 한다.

[그림 8-37] 비옥토를 활용한 식재기반 조성

8.2.6 인공지반 복원

개요

인공지반은 인공적으로 구축된 지반이며, 토목, 건축 구조물에 유래하는 식재를 위한 지반이다. 인공지반은 건물의 옥상이 주가 되지만, 그 밖에도 주차장 위의 공원, 오수처리장 위의 녹지, 방음벽 등도 대상공간으로 활용되고 있다.

지금까지의 인공지반 복원은 건축물을 녹화함으로써 얻어지는 냉난방 비용의 절감, 상층의 실내온도 저감 등에 관심이 높아지면서 건축물을 녹화한 건물과 그렇지 않은 건물과의 비교로 에너지 절감 효과를 강조해왔다. 그러나 실제로 건축물을 녹화함으로써 얻어지는 효과는 생물다양성 증진과도 밀접한 관련이 있다. '생물다양성 협약'이 발효된 이후에 더 이상의 생물종의 소실을 막고, 현존하고 있는 생물종들을 잘 보호하고 복원하기 위한 방법이 다양한 차원에서 나오고 있는데, 인공지반 복원은 물리적인 생태공간을 확보하기 어려운 도시 및 도로 공간에 생명을 주는 것이라고 할 수 있다.

대표적인 인공지반 복원으로는 입면녹화와 옥상녹화를 들 수 있는데, 이 책에서는 입면녹화를 중심으로 살펴보고자 한다.

유네스코빌딩 옥상녹화

선유도공원 입면녹화

[그림 8-38] 인공지반 복원 사례

입면녹화

입면녹화란 건축물의 벽면, 각종 울타리, 방음벽, 콘크리트 옹벽 등의 수직면과 사면 등 인공적으로 만들어진 입면에 대하여 식물을 도입하여 녹음으로 피복하는 것을 말한다. 이것은 특히 도시에서 부족한 녹지공간 해소의 한 방안으로 매우 유용하며 녹지공간의 제공을 통한 생물서식공간의 형성, 경관향상 및 녹지공간 확보 등 도시공간에서 생태적 가치를 향상시킬 수 있는 유력한 대안으로 인정되고 있다.

도로 공간에 적용할 수 있는 입면녹화에는 벽면녹화, 옹벽녹화, 방음벽 녹화 등을 들 수 있다. 벽면녹화는 생태복원의 관점에서는 벽면의 생물서식공간화라고 할 수 있다. 옹벽녹화는 콘크리트 구조물로 옹벽의 안정성을 확보하던 것에서 벗어나 옹벽구조물을 식재가 가능한 형태로 변경하여 녹화하는 방법을 이용하려는 것이다. 방음벽 녹화는 도로변에 위치한 방음벽을 자연적인 소재로 조성하고 이곳에 녹화를 하는 것이다.

이러한 입면녹화는 주로 수직적인 공간을 생물서식처로 조성하게 되는데, 한편으로는 수직적인 공간의 위와 아래에 조성된 생물서식처를 연결하는 기능도 한다. 이러한 기능은 기존의 수직적 입면녹화에서 나타난 생물서식처로서의 한계성을 극복하는데 매우 유용한 전략이 될 수 있다. 또한 녹화를 통한 대기오염 감소 및 방음 효과 증대를 기대할 수 있으며, 도로 이용객들에게는 정서적, 심리적인 안정감을 줄 수 있다.

녹화유형은 담쟁이나 미국담쟁이 등을 이용한 부착형 덩굴식물녹화, 일본인동이나 능소화 등을 활용한 개화형 덩굴식물녹화, 송악, 헤데라 등을 식재하는 상록부착형 덩굴식물녹화, 개나리나 공조팝 등을 활용한 낙하형 일반식물녹화 등이 있다. 독일이나 일본의 경우 각종 등반보조재를 활용하여 입면녹화를 실시하고 있으며 초본류뿐만 아니라 목본류를 이용한 녹화도 시행하고 있다. 반면 우리나라의 경우에는 대부분 담쟁이덩굴을 식재하고 있는데, 녹화대상 확대와 녹화유형 다양화가 필요하다.

[그림 8-39] 도로변 입면녹화 사례

8.3 생태복원 사례

8.3.1 고속도로변 생태습지 조성

◇ 익산분기점 생태습지

익산분기점 생태습지는 고속국도 제20호선 익산포항고속도로 익산분기점에 위치하며, 행정구역은 전라북도 익산시 왕궁면에 속한다.

도로변 습지는 계획 단계에서 환경영향평가서 상에 반영되어 조성되는 경우도 있지만, 도로건설 중에 지하수위가 높고 땅이 습하여 성토나 수목식재가 어려운 경우 대안으로서 조성되기도 한다. 익산포항선 생태습지는 후자에 해당하며, 주변에 기존 습지가 존재하고 있었고, 토양이 습하여 수목 식재가 어렵고 성토 비용이 과다하다는 점에 착안하여 습지를 계획하게 되었다. 기본 계획 개념은 총 세 가지였다. 첫째, 기존 측구를 계류로 조성하여 유입수의 용존산소량을 증대하고 정화기능을 강화한다. 둘째, 야생동물 서식공간을 조성한다. 셋째, 지역의 랜드마크로서 특화된 경관을 조성한다. 이 습지는 2007년에 조성되었으며 사업비는 7억원이 소요되었다.

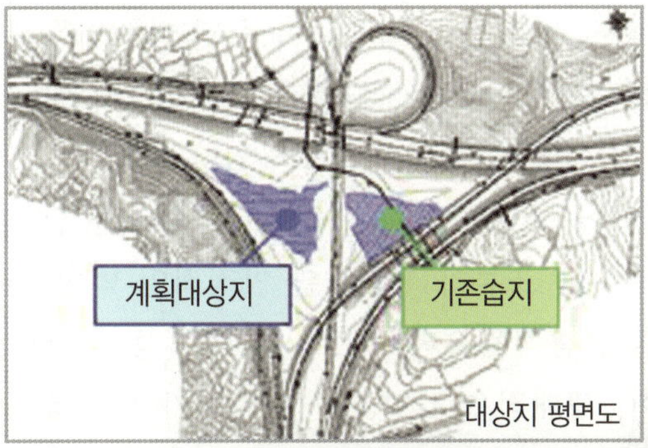

[그림 8-40] 대상지 평면도 및 조성 전 전경, 조감도

습지가 조성된 위치는 분기점 녹지대 내부로 해당 램프구간 면적은 80,000m^2, 수면적은 35,400m^2인 대규모 습지이다. 수원은 지하용출수로 별도의 방수처리 없이 일정한 수위가 유지되며, 습지 형태는 다양한 굴곡을 지닌 자연스러운 형태로 조성하였다. 호안부는 자연석, 자갈 등 다양한 자연재료를 활용하였으며 측구에는 공사 중에 발생한 자연석을 활용하여 계류를 조성하였다. 배수로 연결부에는 오버플로우를 설치하여 수위를 일정하게 유지하고 집중호우시 배수가 원활하도록 하였다.

[그림 8-41] 조성 후 전경

습지에는 부들, 꽃창포, 물억새 등 다양한 수생식물을 식재하여 수질정화 기능을 강화하였고 주변부에는 관목류를 군식하여 동물의 서식과 은신 장소를 제공하였다. 특히 습지 안에는 인공섬을 조성하여 조류의 이용과 휴식을 도모하였다. 조류는 포유류와 함께 고차원 소비자로서 서식처에 있어 중요한 역할을 하는데, 물과 유실수목, 곤충, 어류, 양서류 등을 먹이로 하기 때문에 조류가 서식하면 안정적인 먹이 사슬이 형성되고 있다고 볼 수 있다. 조성 후 흰뺨검둥오리, 백로, 오리류 등 다양한 종류의 조류가 목격되거나 흔적이 확인되어, 생태적으로 양호한 서식처가 되었음을 확인할 수 있다.

[그림 8-42] 야생동물 이용 확인(조류 관찰 및 포유류 흔적)

◈ 영동선 여주분기점 부근 생태습지

고속국도 제50호선 영동고속도로 89k 지점에 위치하며, 행정구역은 경기도 여주군 가남면에 속한다.

영동선 생태습지는 야생동식물 서식처 조성을 통한 생물다양성 증진 기능과 함께 고속도로에서 발생하는 오염물질이 주변 수질에 미치는 영향을 저감하기 위한 수질정화 기능에도 초점을 맞추고 있다. 고속도로는 콘크리트나 아스팔트로 포장되어 있기 때문에, 비가 올 때 고속도로를 이용하는 차량에서 발생하는 오염물질이 땅으로 투수되지 않고 지표유출수와 함께 인근 수계로 흘러들게 된다. 도로와 같은 불특정 장소에서 불특정하게 수질오염물질을 배출하는 비점오염원은 오염물질의 유출 및 배출경로가 명확하게 구분되지 않아 수집이 어렵고, 발생량 및 배출량이 강수량 등 기상조건에 크게 좌우되기 때문에 점오염과 달리 체계적인 관리가 어렵다. 따라서 영동선 생태습지는 이러한 비점오염물질 저감을 위하여 수질정화 기능을 강화하는 방향으로 조성되었다. 2008년에 시공되었으며 사업비는 5억 원이 소요되었다.

[그림 8-43] 대상지 조성 전 모습 및 조감도

대상지는 본선 성토부 하단에 위치하며, 기존 토지이용형태는 30%가 도로부지, 20%는 산림, 나머지 50%는 경작을 중단한 밭이었다. 면적 6,670㎡의 부지에 수면적 3,700㎡의 대규모 습지를 조성하였는데 수원은 지하용출수로 연중 물이 차 있는 곳이다. 영동선 생태습지는 수질 정화 기능을 강화하기 위하여 유입 및 유출수로를 설치하였고, 여과-침전-방류의 3단 구조로 물의 체류시간을 증대시킬 수 있도록 하였으며 수질정화 효과가 높은 수종 위주로 약 2만여 본의 수생식물을 식재하였다. 습지 내부에는 구불구불한 모양으로 깊은 수심을 형성하여 다양한 생태환경을 조성하였다. 습지 주변에는 안내표지판과 관찰데크, 파고라 등을 설치하여 이용객의 편의를 도모하였고, 본선 성토법면에는 차폐식재를 하여 도로의 소음과 자동차 불빛으로부터의 영향을 저감할 수 있도록 하였다.

[그림 8-44] 대상지 조성 전·후 사진

2009년 계절별 모니터링 결과, 식물상에서는 부들, 물달개비, 갈대가 주로 자라고 있었고 노랑꽃창포, 수크령, 털부처꽃, 검정말의 성장이 활발하였다. 또한 물억새 군락이 형성되어 경관이 우수하였다. 동물상으로는, 고라니, 멧토끼 등의 포유류 흔적이 발견되었고 흰뺨검둥오리, 멧새 등이 관찰되었다. 물방개, 먹줄왕잠자리, 실잠자리 등 다양한 곤충도 볼 수 있었다. 습지 주변부에서는 경사가 급한 일부 구간에서 흙이 패여 식생 활착이 불안정하였으나, 1:3 이상의 완경사 지역은 대부분 생육이 활발하였다. 식생이 보다 안정되면 야생동물의 이용이 늘어나 생물다양성 증진에 기여할 것으로 기대된다.

8.3.2 폐 고속도로 복원

폐고속도로의 생태복원은 2009년에 최초로 시행되었다. 대상지 선정은 단계별로 이루어졌는데, 백두대간과 주요 정간을 지도에 표시한 후 생태자연도와 녹지자연도 등을 바탕으로 생태환경 우수 구간을 나타내었다. 그리고 폐고속도로 위치를 중첩시킨 결과, 광역 생태축에 위치하면서 주변 자연환경이 우수한 강원도 내 영동고속도로 192.4k 속사나들목 부근 폐도부지를 복원 최적지로 선정하게 되었다.

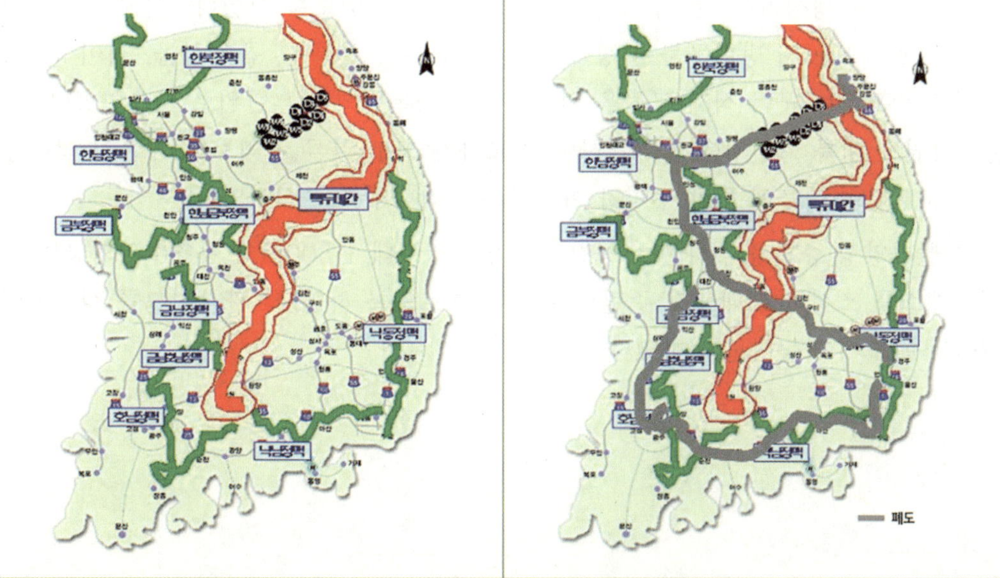

백두대간	백두대간과 폐도 중첩

[그림 8-45] 사업대상지 선정 과정

대상지는 연장 2km, 면적 4만m²의 대규모 부지로 1999년 영동고속도로 확장공사로 인하여 폐도가 되었는데, 그 후 매각이나 이관되지 않고 남아있어 각종 폐기물 적치와 쓰레기 투기로 환경오염이 우려되었다. 사업의 기본 방향은 생태숲·생태습지 조성과 더불어 교육과 체험이 이루어질 수 있는 생태공원 유형을 적용하였다. 사업기간은 2009년 3월~10월, 사업비는 21억원이 소요되었는데, 생태계보전협력금제도[51]에 의한 반환사업[52]으로 추진하여 준공 후 환경부로부터 사업비 전액을 반환받았다.

[그림 8-46] 대상지 전경

대상지의 아스팔트 포장은 평균 두께 35cm이고 자갈이 혼합된 보조기층으로 배수가 용이하였다. 포장체는 폐기물 전문업체에 위탁처리하여 제거한 후, 포장체를 걷어낸 부지에 성토를 하여 식생기반을 마련하였다.

생태숲은 수목 36,000여주와 초화류 113,000본을 식재하여 조성하였는데, 수종은 자생종 위주로 선정하되, 이산화탄소 흡수량이 많은 활엽수와 어린나무 위주의 다층구조림을 형성하여 탄소흡수원으로 탈바꿈될 수 있도록 하였다. 식생모듈 구간에는 10m×10m의 방형구를 설정하고 각각 낙엽수, 상록수, 음지식물, 식이식물을 우점종으로 하는 군락 식재 모듈을 설정하여 식생복원의 기본단위로 사용하였다. 또한, 강원도 내륙 고원지대에 위치하여 일교차가 크고 다른 지역보다 기온이 낮다는 점을 고려하여 겨울에 하얀 수피가 아름다운 자작나무를 군식하였다.

생물다양성 증진을 위하여 수공간도 도입하였는데 1,500m의 자연수로와 생태습지 3개소를 조성하여 대상지 주변으로 물이 흐르도록 하였고, 관찰데크를 설치하여 학습과 관찰이 가능하도록 하였다.

---

51) 생태계보전협력금 제도(자연환경보전법 제46조) : 개발로 인한 야생동·식물의 서식지 등 자연생태계의 훼손을 최소화하고, 자연의 훼손이 불가피한 경우에는 원인자부담원칙에 따라 훼손한 만큼의 비용을 개발사업자에게 부과·징수함으로써 훼손된 자연생태계의 복원사업 등 자연환경보전사업에 사용, 활용되는 제도이다.

52) 생태계보전협력금 반환사업(자연환경보전법 제50조) : 생태계보전협력금 납부자 또는 자연환경보전사업 대행자가 환경부장관의 승인을 얻어 대체 자연의 조성, 생태계의 복원 등 대통령령이 정하는 자연환경보전사업을 일정 기준과 순서에 따라 수행하고, 평가 후 생태계보전협력금 중 대통령령이 정하는 일부 금액을 반환받는 사업이다.

식생모듈을 활용한 생태숲

생 태 습 지

[그림 8-47] 생태숲·생태습지 사진

준공 후 모니터링 결과 전 구간에 걸쳐 다양한 동물 흔적이 확인되었고 식생이 안정화되고 있음을 알 수 있었다.

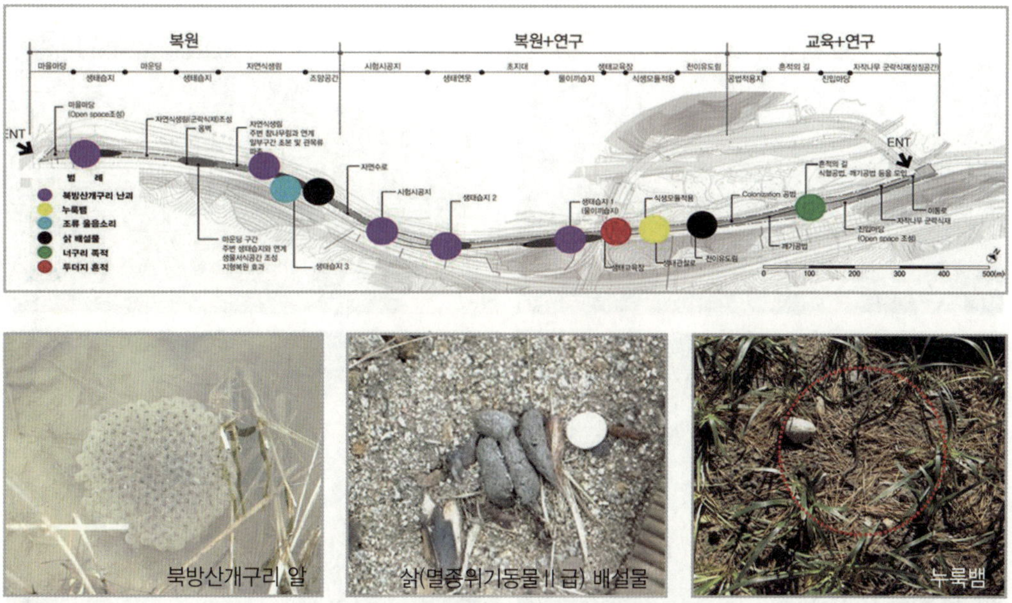

[그림 8-48] 야생동물 출현 및 흔적 확인

8.3.3 고속도로변 생태통로 설치

◇ 육교형 생태통로

평택제천고속도로 35.2k 부근에 위치하는 곳으로 행정구역은 경기도 안성시 미양면에 속한다. 2008년에 조성되었으며 사업비는 13.5억원이 소요되었다. 연장 43.5m, 폭원 30m의 대형 생태통로로 도로건설에 의해 양쪽 모두가 절토된 지역에 조성되었다.

생태통로 내부에는 도로의 불빛과 소음으로부터 야생동물을 보호하기 위하여 목재 방음벽을 설치하였고 먹이가 되는 식이식물을 비롯하여 아교목, 관목 위주의 다층구조림을 형성하였다. 또한 생태연못을 조성하여 물을 좋아하는 포유류를 유인하고 양서·파충류의 서식처 역할이 가능하도록 하였다. 통로 주변으로는 야생동물이 도로로 진입하는 것을 방지하고 생태통로 쪽으로 유도하기 위한 울타리를 설치하여 생태통로 이용률이 높아질 수 있도록 하였다.

생태통로 설치 후 조성 효과를 분석하기 위하여 모니터링 시설인 CCTV와 모래족적판을 설치하였다. CCTV는 무선연결시스템으로 인근 관리사무소에서 원격 조정과 영상 확인이 가능하며 컴퓨터 파일 형태로 저장하고 편집할 수 있다. 모래족적판의 경우 발자국을 통해 이용 동물종과 빈도를 확인할 수 있다. 모니터링 결과, 2010년 1분기에만 226건이 촬영되어, 야생동물 이용이 빈번함을 알 수 있다.

[그림 8-49] 생태통로 모습과 모니터링 결과

◇ 터널형 생태통로

중부고속도로 143.4k 부근에 위치하며 행정구역은 전북 장수군 계북면에 속한다. 2001년에 조성되었으며, 사업비는 65백만원이 소요되었다. 연장 34.5m, 높이와 너비는 각각 4.0m이다.

생태통로 외부에는 야생동물의 도로 진입을 방지하고 생태통로로 유도하기 위하여 울타리를 연결하여 설치하였으며, 인공 구조물로 인한 이질감을 최소화하기 위하여 조팝나무 등 800여주를 식재하였다. 통로 내부에는 야생동물의 원활한 이동을 위하여 복토를 하고 나뭇가지 등을 쌓아 은신처를 마련하였다.

[그림 8-50] 생태통로 모습 및 모니터링 결과

모니터링 시설로 CCTV와 모래족적판이 설치되어 있는데, 인근에 백두대간이 지나는 덕유산 국립공원이 있고, 생태자연도 1, 2등급 지역이 위치하고 있어 터널형 생태통로 임에도 불구하고 너구리, 삵 뿐만 아니라 고라니, 멧돼지 등의 중대형 포유류의 이동도 빈번하게 나타나고 있다.

제9장 기후변화 대응

제 9 장 기후변화 대응

9.1 기후변화의 이해

9.1.1 기후변화의 원인

기후변화에 관한 정부간 협의체(IPCC, Intergovernmental Panel on Climate Change)에서는 4차례 보고서를 통해 기후변화의 원인이 인간의 활동에 의한 화석연료 및 온실가스 배출로 인한 것임을 과학적으로 증명하고 있다. 즉, 산업혁명 이후 화석연료 사용 증가가 대기 중 온실가스 농도를 높여 지구의 기후변화를 일으킨다. 온실가스란 대기를 구성하는 여러 가지 기체들 가운데 온실효과를 일으키는 기체로 제3차 당사국총회(COP, Conference of the Parties)에서 이산화탄소(CO_2), 메탄(CH_4), 아산화질소(N_2O), 수소불화탄소(HFCs), 과불화탄소(PFCs), 육불화황(SF_6)을 6대 온실가스로 지정하였다.

온실가스가 지구온난화에 기여하는 정도는 IPCC가 제시한 지구온난화지수(Global Warming Potential, GWP)를 통해 알 수 있으며, 이산화탄소를 1로 보았을 때, 메탄은 21, 아산화질소 310, 불소계가스 1,300 ~ 23,900이다. 주요 온실가스의 배출원은 [그림 9-1]과 같으며 에너지를 사용하는 차량 및 산업공정에서 전체 온실가스의 85%를 차지하고 있다.

[그림 9-1] 주요 온실가스 배출원

대기 중의 온실가스는 [그림 9-2]와 같이 태양으로부터 들어오는 단파장의 태양 복사에너지를 통과시키며, 반대로 지구로부터 방출되는 장파장의 복사에너지를 흡수하여 지표면을 보온하는 역할을 한다. 이러한 온실효과는 지구의 평균 기온을 현재와 같이 15℃로 유지시켜 주는 역할을 한다. 온실가스 농도가 증가하게 되면 방출되어야 할 복사에너지가 줄어들어 지구의 온도가 올라가게 된다.

지구온난화의 약 60%는 이산화탄소에 의한 것이며, 이는 주로 화석연료의 사용에 따른 것으로 대기 중의 이산화탄소 농도는 산업혁명 이전의 280ppm에서 2005년 379ppm으로 35%가 증가된 상태이다. 향후 2100년까지 평균 기온은 20세기말 대비 1.1 ~ 6.4℃, 해수면은 18~59cm가 올라갈 것으로 예측되고 있다. 이러한 기온상승 속도는 과거에 지구가 변해온 과정과 비교해 볼 때 무려 100배나 빠른 것이다.

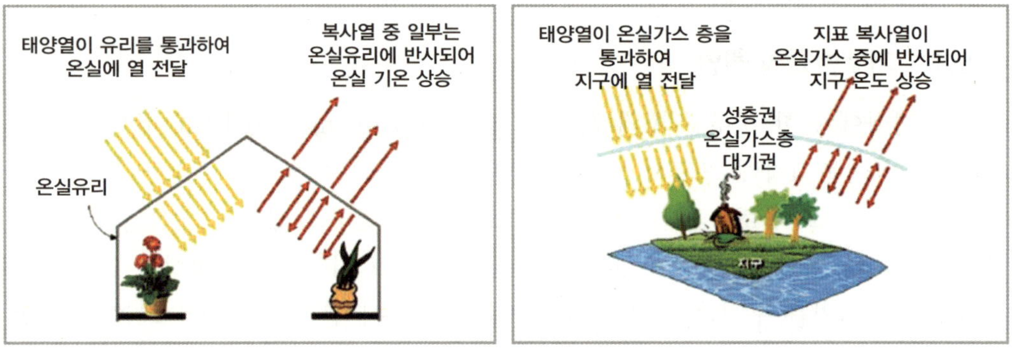

[그림 9-2] 온실효과와 지구온난화

9.1.2 기후변화의 영향

기후변화로 인해 극지방과 고산지대의 빙하와 적설지대가 감소하고, 결빙기간 및 겨울철이 짧아졌다. 대신에, 식물의 생육기간은 늘어났고 집중 호우와 같은 극한 기상현상이 자주 발생하였다. 우리나라도 1912년 이래로 지구온난화와 도시화 효과로 평균기온이 1.5℃가 상승하여 전세계 평균기온 상승폭보다 높다. 1990년대의 겨울은 1920년대에 비하여 약 한달 정도 짧아진 반면, 여름과 봄은 길어져 개나리, 벚꽃 등 봄꽃의 개화시기가 빨라졌다. 특히 여름철보다는 겨울철의 최저 기온이 크게 상승하였고, 강수의 횟수보다는 집중호우 발생의 증가로 강수량이 증가하였다.

이러한 기후변화는 해수면 상승, 홍수, 가뭄, 생태계 변화, 빙하 해빙과 함께 각종 질병을 증가시키는 등 인류가 직면한 가장 심각한 환경위기라고 할 수 있다.

9.1.3 기후변화의 대응방안

기후변화 문제에 대한 대처방안으로는 원인이 되는 온실가스 배출을 줄이는 완화

방안(Mitigation)이 가장 중요한 정책이다. 완화 정책은 기름, 석탄과 같은 화석에너지 사용을 줄여 온실가스 배출량을 감축시키고, 태양, 바람, 물, 지열, 식물 등을 이용한 자연에너지 활용을 증가시킬 뿐만 아니라, 발생된 온실가스를 포집 및 저장 등을 통하여 줄여 나가는 것이다.

그러나 온실가스가 대기 중에 머무는 시간은 수십 년에서 수백년 정도로 지금부터 배출을 감축한다 하더라도 향후 100년간 지구온난화는 계속될 것이며, 현 상황에서 최소한 향후 50년간은 온난화를 피할 수 없을 것이다. 따라서 이러한 기간 동안 발생될 수 있는 물 부족, 생태계 변화, 질병, 집중호우 등에 대한 적응(Adaptation)이 필요하다.

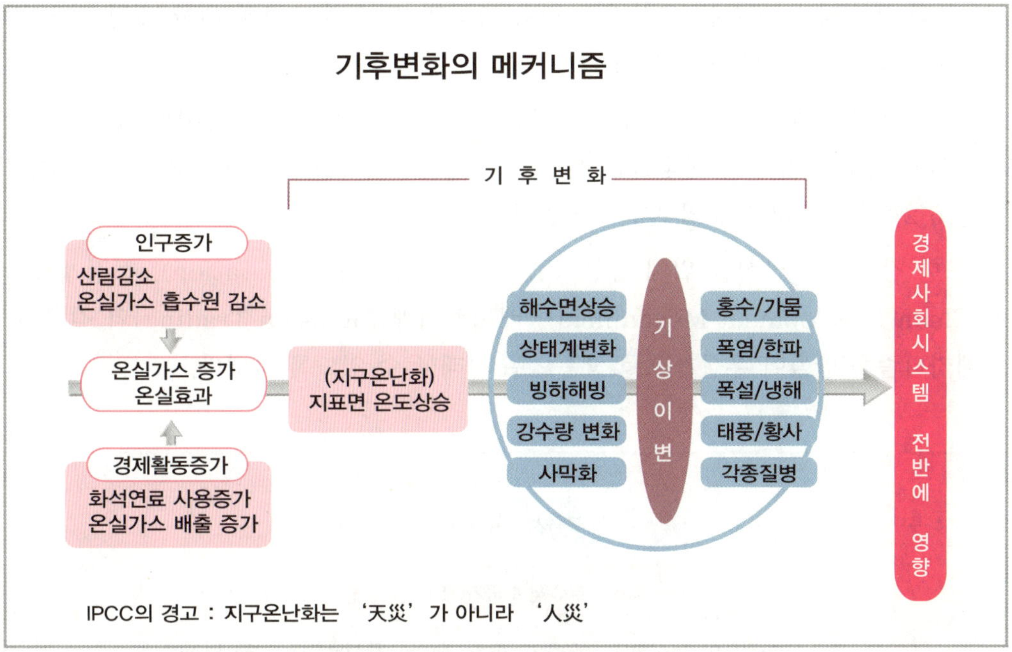

[그림 9-3] 기후변화 메카니즘

9.1.4 국제사회의 움직임

기후변화는 개별 국가의 문제가 아니라 모든 국가가 함께 영향을 받는 문제로 전 지구적인 공동 대응이 필요하다. 지구온난화의 과학적 근거 조사를 위해 1988년 유엔 산하기구인 유엔환경위원회(UNEP, United Nations Environment Programme)와 세계기상기구(WMO, World Meteorological Organization)가 공동으로 '기후변화에 관한 정부간 협의체(IPCC, Intergovernmental Panel on Climate Change)'

를 설립하여 1990년 1차 평가보고서를 시작으로 2007년까지 4차 평가보고서를 발간하였다.

IPCC 조사 결과에 따라 1992년 6월 브라질에서 열린 리우 유엔환경개발회의에서는 범 지구적인 공동 노력의 필요성이 제기되어 '기후변화에 관한 국제연합기본협약(UNFCCC, United Nations Framework Convention on Climate Change)'을 채택하였고, 우리나라는 1993년 12월 세계 47번째로 가입하였다. UNFCCC에 가입한 당사국들은 매년 당사국 총회(COP, Conference of the Parties)를 개최하여 기후변화에 관한 합의 등을 도출하고 있다. 기후변화협약에서는 가입 당사국을 [그림 9-4]와 같이 부속서(Annex) I 국가와 비(非)부속서(non-Annex) I 국가로 구분하여 각기 다른 의무를 부담하기로 결정하였으며, 우리나라는 비부속서 I 국가에 해당한다. 특히 부속서 II 국가는 온실가스 감축 노력과 함께 개도국에 대한 재정 지원 및 기술이전의 의무를 갖도록 하였다.

1997년 일본에서 열린 제3차 당사국총회에서는 교토의정서를 채택하였으며, 역사적인 책임을 이유로 선진국들은 온실가스 배출량을 1990년 대비 2008~2012년 평균 5.2%를 감축하도록 의무를 부여받았다.

또한 감축목표 달성을 위해 공동이행제도(Joint Implementation), 청정개발체제(Clean Development Mechanism), 배출권거래(Emission Trading)와 같은 교토메카니즘을 만들어 온실가스를 상품으로 거래할 수 있도록 하였다.

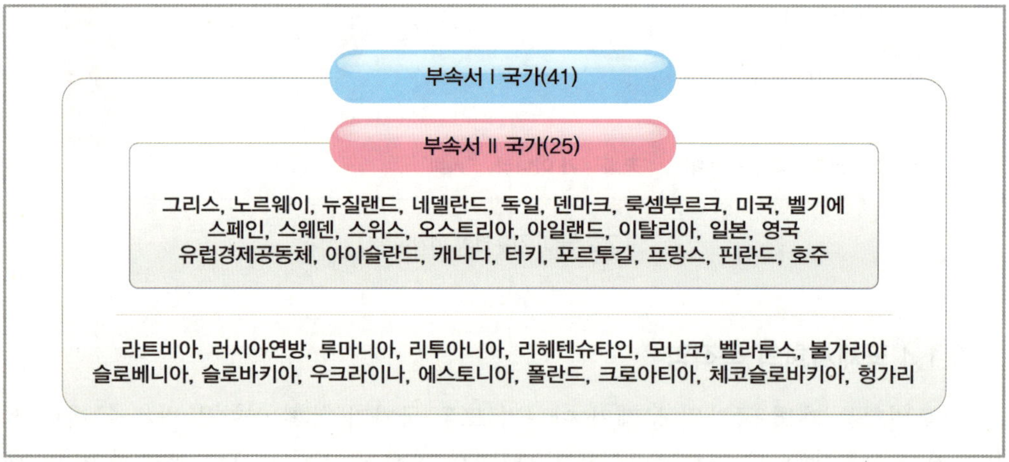

[그림 9-4] 기후변화협약에 의한 국가 분류

2007년 인도네시아 발리에서 열린 제13차 당사국총회에서는 '발리로드맵'을 채택하여 교토의정서상 의무부담이 만료되는 시점인 2012년 이후(포스트교토체제, POST-2012) 의무 감축에 대한 로드맵을 제시하였다. 구체적인 온실가스 배출량 감축 기준을 결정하기 위해 2009년 덴마크 코펜하겐에서 열린 제15차 당사국총회는 아무런 성과 없이 끝났지만 향후에도 국제적인 감축협상은 지속될 것이다.

9.1.5 우리나라의 대응

우리나라는 1993년 12월 지구온난화 방지를 위한 국제적 노력에 동참하고자 기후변화협약에 가입하였고, 2002년 10월에는 교토의정서를 비준하였다. 국제사회의 의무감축국 편입 압박에 대비하고 에너지 다소비 산업구조 개선과 온실가스 감축을 위한 녹색산업 및 기술개발을 위해 2009년 7월에는 녹색성장 5개년 계획을 발표하였으며, 국가 온실가스 감축 목표를 2020년까지 배출전망치(BAU, Business As Usual) 기준으로 30%를 감축하는 안을 발표하였다.

또한 화석연료 사용 중심의 경제 성장을 탈피하여 환경개선의 선순환 경제발전을 위해 「저탄소 녹색성장기본법」을 제정하여 2010년 4월부터 시행에 들어갔다. 「저탄소 녹색성장기본법」은 기업의 녹색인증제, 녹색산업 지원, 국가 온실가스 관리와 중기 감축목표 명시, 온실가스 및 에너지 목표관리제의 내용을 담고 있으며 국가 온실가스 종합정보센터를 환경부가 관리하도록 하고 있다. 또한 정부는 온실가스 배출권 거래와 관련된 법률도 별도로 준비하고 있다.

환경부는 2008년 「환경영향평가법」 개정을 통해 2010년 1월 1일 이후 평가계획서를 최초로 제출하는 사업부터 온실가스를 환경영향 평가항목에 추가하였다. 온실가스 항목의 추가로 인해 환경영향평가 시 온실가스 배출량에 대한 고려를 하고 이를 중점항목으로 다루는 사업에 있어서는 대안을 제시하여야 한다.

9.1.6 도로와 온실가스의 관련성

자동차 온실가스 배출 특성을 보면 이산화탄소(CO_2)는 자동차에서 배출되는 온실가스 중 대부분을 차지하고 있는데, 이는 이산화탄소가 연료의 연소에 의해 배출되기 때문이다. 따라서 차량의 연비(㎞/L)와 반비례하는 것으로 연료소비와 밀접한 관련이 있다.

메탄(CH_4)은 대부분 엔진 내에서 연료의 불완전 연소에 의해 발생된다. 대부분의 국가에서 THC(총탄화수소) 또는 NMHC(Non-Methane Hydro Carbons)로 규제하고 있으며, 강화되는 규제로 인해 연소기술과 촉매기술이 점차 개선되어 자연히 메탄도 감소하고 있다. 또한, 연료 종류 측면에서 보면 휘발유와 경유보다 메탄의 주성분인 CNG 차량에서 많이 배출되기 때문에 가솔린, 디젤 차량의 저감기술 향상으로 메탄의 저감이 예상되지만 CNG 차량의 이용 증가는 메탄의 배출량을 증가시킬 것으로 예상된다.

아산화질소(N_2O)는 엔진 내에서 배출은 적으나 대부분 낮은 온도의 삼원촉매에서 NOx 환원 시 생성된다. 따라서 아산화질소는 연료에 의한 영향은 적으며, 촉매를 장착하지 않은 경유 차량보다 촉매를 장착한 휘발유나 LPG 차량에서 더 많이 생성된다. 높은 온도의 내연기관에서는 NO, NO_2(NOx) 형태로 생성되고 N_2O는 매우 적거나 거의 나오지 않는다. N_2O는 엔진 온도가 낮은 냉간 시동에서 많이 생성되는 것으로 알려져 있다(국립환경연구원).

우리나라의 수송부문에서의 온실가스 배출량은 1억98만톤으로 우리나라 전체 온실가스 배출량의 19.8%를 차지하고 있으며, 1990년도에 비하여 2.4배가 증가한 실정이다. 수송 수단별로는 도로 7,848만 tCO_2(77.7%), 해운 1,286만 tCO_2(12.7%), 항공 897만 tCO_2(8.9%), 철도 67만 tCO_2(0.7%) 순으로 [그림 9-5]와 같이 차량이 다니는 도로가 가장 큰 비중을 차지하고 있다[53].

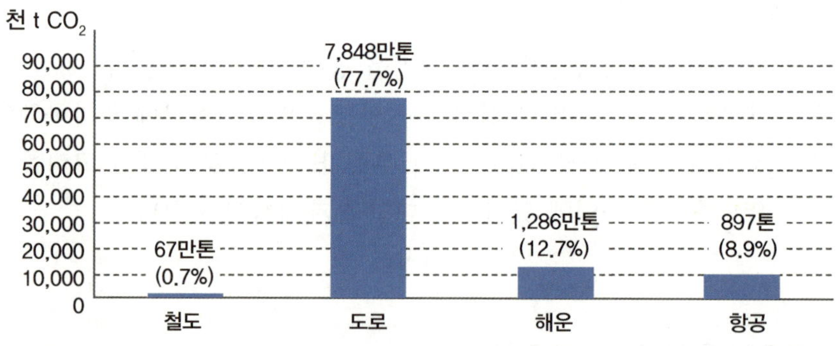

[그림 9-5] 수송수단별 온실가스 배출량 (2007년 기준)

도로를 이용하고 있는 자동차 등록 현황은 [표 9-1]과 같이 2008년 기준 약 1,700만대이며 우리나라 도로 총연장은 2008년 기준 약 10만3천㎞이다.

53) 한국교통연구원, 2009, 교통부분 온실가스 배출량 조사

[표 9-1] 차량 등록 현황 (단위 : 대)

구분 / 연도	승용	승용	화물	특수	계	전년 대비 증가	
						대수	%
2004	10,620,557	1,204,313	3,062,314	46,908	14,934,092	347,297	2.4
2005	11,122,199	1,124,645	3,102,171	47,700	15,396,715	462,623	3.1
2006	11,606,971	1,105,636	3,133,201	49,426	15,895,234	498,519	3.2
2007	12,099,779	1,104,949	3,171,351	52,098	16,428,177	532,943	3.4
2008	12,483,809	1,096,698	3,160,338	53,374	16,794,219	366,042	2.2

[출처] 국토해양부, 자동차 관리현황 및 자동차 등록 현황

도로 종류별로 온실가스 배출량을 보면 [그림 9-6]과 같이 2007년도 기준으로 고속도로 3,368km(민자노선 포함)에서 1천6백만톤, 국도 13,832km에서 1천4백만톤, 지방도 18,174km에서 7백5십만톤이 발생되는 것으로 나타나고 있다[54].

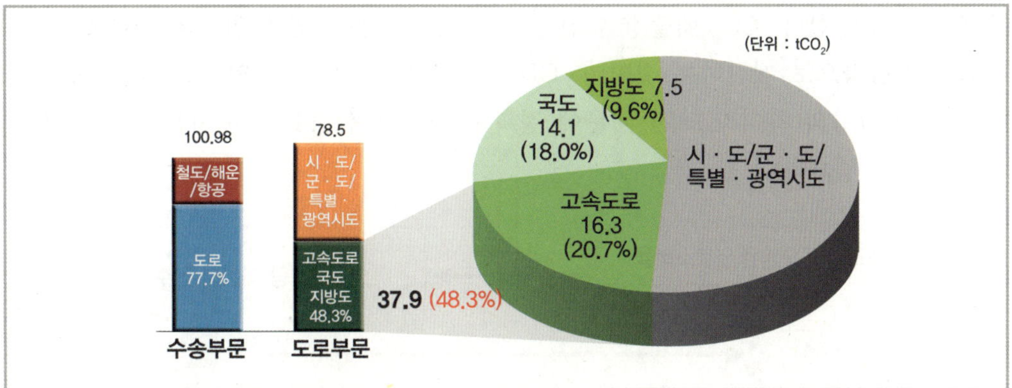

[그림 9-6] 도로등급별 온실가스 배출량

건설공사 과정에서 발생되는 온실가스 양은 도로가 완성된 후에 차량이 이동하여 발생되는 양에 비해 훨씬 적기는 하지만 흙의 굴착, 이동, 쌓기와 공사자재 운반시 사용되는 건설장비의 연료소모와 시멘트, 철근, 아스팔트 생산시 사용하는 고온의 에너지 때문에 온실가스를 직·간접적으로 배출하고 있다.

54) 도로교통연구원, 2009, 고속도로 온실가스 배출량 및 CDM방법론 조사연구

9.2 온실가스 산출 및 관리 방법

9.2.1 산정 기본 개념[55)]

기후변화에 관한 정부간 협의체(IPCC)에서는 1996년에 'Revised 1996 IPCC Guidelines for National Greenhouse Gas Inventories' 보고서를 발표하고 부문별 온실가스 배출량 산출을 위한 기본적인 방법론과 이에 사용되는 배출계수 및 활동도 자료 등을 제시한 바 있다.

이후 2000년 'Good Practice Guidance and Uncertainty Management in National Greenhouse Gas Inventories' 보고서를 통해 온실가스 배출 통계를 구축하는 국가들의 배출량 산정 과정에서 발생할 수 있는 배출량의 과소 또는 과대평가를 방지하고 관련 자료의 불확실도를 줄일 수 있는 방법론을 제시하고 있다.

각국에서는 IPCC의 방법론을 바탕으로 배출통계를 구축하고 있으나 최근 각 국가별로 개별적인 배출계수를 산출하는 추세를 보이고 있으며, 특히 미국 등은 자체적인 시험결과 등을 토대로 자국의 실정에 적합한 배출계수를 개발하고 있다.

도로이동오염원은 상당한 양의 CO_2, CH_4, N_2O를 배출하기 때문에 신뢰성있는 배출량 산정이 필요하며, 물질별 연소 및 배출특성에 따라 적절한 배출량 산정방법을 선택하여야 한다. CO_2 배출량을 산정하는 가장 좋은 방법은 연료의 종류와 양 그리고 탄소함량으로 계산하는 것이며, CH_4와 N_2O는 적용기술, 연료, 운전특성 등에 따라 그 배출량의 차이가 크기 때문에 정확한 배출량 산정을 위해서는 복잡한 배출계수 산정이 필요하다.

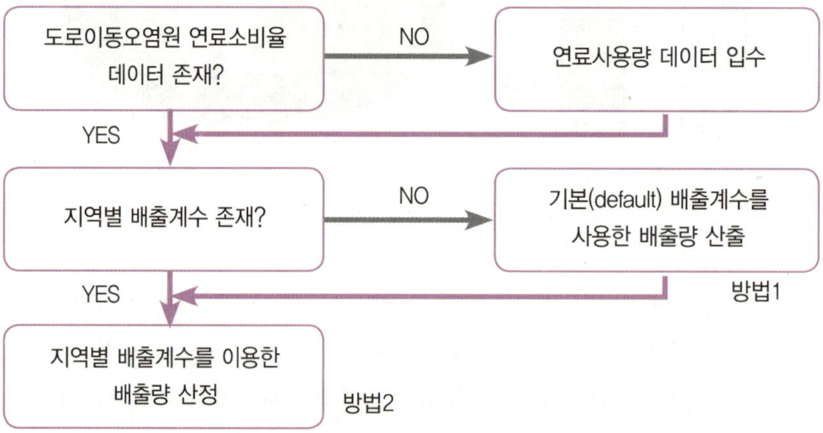

[그림 9-7] 도로이동오염원 CO_2 배출량 산정 방법 수용도

55) 환경부·국립환경과학원, 2008, 국제환경현안대응 해결기술 환경부문 온실가스 배출량 inventory 작성 및 배출계수 개발

배출량 산정 방법은 배출원의 중요도에 따라 구분하여 결정할 수 있는데, 'IPCC Good Practice Guidance'에서는 주요 배출원을 Key Source Category로 구분하여 배출량 산정시 우선순위를 두고 있다. '2006 IPCC Guidance'에서 제시하고 있는 이동오염원의 온실가스 배출량 산정 방법은 티어(Tier) 1, 2, 3 방법으로 각 국가별로 보유하고 있는 배출계수와 같은 기초자료의 종류와 형태 등을 고려하여 적절한 것을 사용하도록 권고하고 있다.

Tier 1 방법

Tier 1 방법은 에너지 부문의 배출량 산정 방법과 동일하며, 기초자료가 미비할 때 주로 사용하는 방법으로 에너지 소비량에 배출계수를 곱하여 산출하는 가장 기본적인 산출방식이다.

$$CO_2 = \sum_{i=0}^{N} \text{연료소비량}i \times \text{배출계수}i \times \text{산화율}i \times \text{탄소몰입량}i \times \frac{44}{12}$$

$$i = \text{연료종류}(1,2,3...N)$$

여기에서, 연료소비량은 해당 국가의 연료 형태별 소비총량을 추정하는 것으로서 1차 연료소비량과 2차 연료소비량으로 나뉘어진다. 1차 연료소비량은 생산량과 수입량을 합한 값에 수출량, 국제벙커링, 재고 변동량을 뺀 값이다.

1차 연료 소비량 = 생산량 + 수입량 − 수출량 − 국제 벙커링 − 재고 변동량

이 중 국제벙커링은 국제민간항공이나 해상선박에서 국제운송을 위해 사용된 연료를 의미하며, 이러한 국제벙커링 연료에 의한 온실가스 배출량은 연료를 판매한 국가에서 추정하도록 IPCC는 요구하고 있다. 1999년 국제벙커링 총량은 국내 석유류 수요의 약 7%에 해당하는 49백만 bbl(배럴)[56]에 이른다. 2차 연료소비량은 국내 생산으로부터 얻어진 2차연료(휘발유, 경유, 윤활유 등)가 아닌 경우를 고려한 것으로 수입량에서 추출량, 국제벙커링, 재고변동량을 차감하는 것이다.

56) 석유단위 (1배럴= 158.9L)

2차 연료 소비량 = 수입량 − 수출량 − 국제 벙커링 − 재고 변동량

배출계수는 IPCC가 제시한 연료형태별 탄소배출계수를 사용하며, 연소시 연료가 완전 연소되지 않고 일부는 불완전 연소되어 CO_2로 전환되지 않기 때문에 이를 보정하기 위한 것으로서 IPCC에서 연료별 평균산화율을 제시하고 있다. 또한, 화석연료를 연료로 사용하지만 실제로 연료의 연소 과정에 이용되지 않고 다른 제품의 중간재나 최종 제품으로 사용되어 탄소 배출과 관련이 없을 수 있기 때문에 이를 보정하기 위해 IPCC에서 제품별 탄소몰입량을 제시하고 있다. 44/12는 탄소량(C)을 CO_2량으로 환산하기 위해 CO_2와 C와의 질량비를 나타낸 것이다.

IPCC에서 제시하는 Tier 1 방법에 따르면, CH_4와 N_2O의 배출량은 사용연료 종류별 해당 온실가스의 배출계수와 연료사용량을 에너지량으로 환산한 값과의 곱으로 계산된다. [표 9-2]에 IPCC가 권장하는 CH_4과 N_2O의 연료별, 부문별 배출계수를 나타내었다.

$$Non\ CO_2 \text{ 배출량} = \Sigma(EF_{ab} \times Activity_{ab})$$

EF = 배출계수(kg/TJ)[57]

$Activity$ = 투입에너지(TJ)[58]

a = 연료종류

b = 부문별 Activity

57) 'IPCC Reference Manual(1996)'에서는 열량단위 GJ(또는 TJ)을 공통단위로 통일하고 있다.

58) TJ(Terra Joule)이란 대략 24톤 분량의 석유량과 동일한 에너지 단위를 뜻한다.

[표 9-2] IPCC의 CH_4과 N_2O 배출계수

배출계수		CH_4 배출계수 (kg/TJ)				N_2O 배출계수 (kg/TJ)			
연료구분		석탄	천연가스	석유		석탄	천연가스	석유	
				휘발유	경유			휘발유	경유
수송	항공	–	–	0.5		–	–	2	
	육상	–	50	20	5	–	0.1	0.6	0.6
	철도	10	–	5		1.4	–	0.6	
	해운	10	–	5		1.4	–	0.6	

◈ Tier 2, 3 방법

Tier 2 방법은 연료소비를 기술 및 표본에 따라 구분하는 방법이며, Tier 3 방법은 연료소비를 기준으로 하지 않고 Activity(주행거리 등) 자료를 기초로 하여 측정된 배출계수와의 곱으로 계산하는 방법이다. Tier 2,3 방법에 사용되는 배출계수는 온실가스별, 차종별로 구분하여 IPCC에서 제시하고 있으며, 해당 국가의 자료가 없을 경우 IPCC 배출계수 사용을 권장하고 있다.

$$\text{배출량} = \Sigma(EF_{abc} \times Activity_{abc})$$

EF = 배출계수

$Activity$ = 에너지 소비량 혹은 주행거리 등

a = 연료종류 (경유, 휘발유, LPG)

b = 수송수단 (승용차, 버스, 트럭 등)

Tier 2와 Tier 3 방법을 정확히 구분하는 것은 어려우나, 정교성과 추정 과정의 구체성에 따라 나눌 수 있다. Tier 2 방법은 대표적인 배출계수 적용이 가능하도록 동질적 기술들에 대한 지식과 표본에 기초하여 연료 소비를 구분하고 있으며, Tier 3 방법은 연료소비를 기준으로 하지 않고 Activity 결과(예: 수송부문에서의 주행거리 등)와 연료 혼합비율 등의 자료를 기초로 하여 추정한 배출계수를 사용하여 온실가스 배출량을 산정한다.

[표 9-3] 배출량 계산방법 및 활동도 자료

구분	계산 방법	활동도 자료
Tier 1	= (ℓ ×tonC/TOE×산화율)×44/12 ■ ℓ : 연료소비량(TOE로 환산) ■ tonC/TOE : 탄소배출계수 ■ 산화율 : 석유제품(0.99), 가스(0.995) ※ 차종별, 연식별, 구분시 등록대수 이용	-연료소비량 -차종별 등록대수
Tier 2	= 연료소비량×탄소배출계수×산화율×44/12 ■ 연간연료소비량 : 차속별교통량(㎞/yr)/연비(㎞/ℓ) ■ 연비 : 차속별 연식별 연비 계산	-차종별 속도별 교통량 -차종별 등록대수
Tier 3	= 배출계수(g/㎞)×주행거리(㎞/yr) ■ 배출계수 : 차속별 ■ 주행거리 : 차종별	-차종별, 속도별 주행거리

9.2.2 국외 배출량 산정 방법

◇ 미국의 온실가스 배출량 산정 방법

Annex Ⅰ 국가인 미국은 매년 온실가스 국가배출량 통계를 작성하여 UNFCCC에 제출하고 있는데 미국의 온실가스 배출량은 기본적으로 IPCC에서 제시하고 있는 가이드라인에 기초하여 산정되고 있으며, 새로운 연구 결과와 시험 데이터를 이용하여 배출량 산정 방법, 배출 계수 및 활동도 자료 등을 계속적으로 보완하고 있다.

CO_2 배출량 산정은 부문별 연료소비량에 기초한 top-down 방식을 이용하고 있는데 EIA(Energy Information Administration)에서 조사된 연료 사용에 기초한 배출량 산출 방법을 이용하기 때문에 탄소배출계수를 이용하고 있으며, 단계별 산출과정은 [그림 9-8]과 같다.

수송부문의 총 CO_2 배출량은 top-down 방식을 이용하여 차종(Vehicle category)과 운전 조건(Travel mode) 등으로 구분할 수 있으며, 이러한 구분에는 다양한 자료원으로부터 수집된 차종별 연료소비량을 이용한다.

수송부문에 포함되는 연료의 종류는 휘발유(Motor gasoline), 디젤(Diesel), 항공유(Jet fuel), 항공 휘발유(Aviation gasoline), 잔유(Residual fuel oil), 천연가스

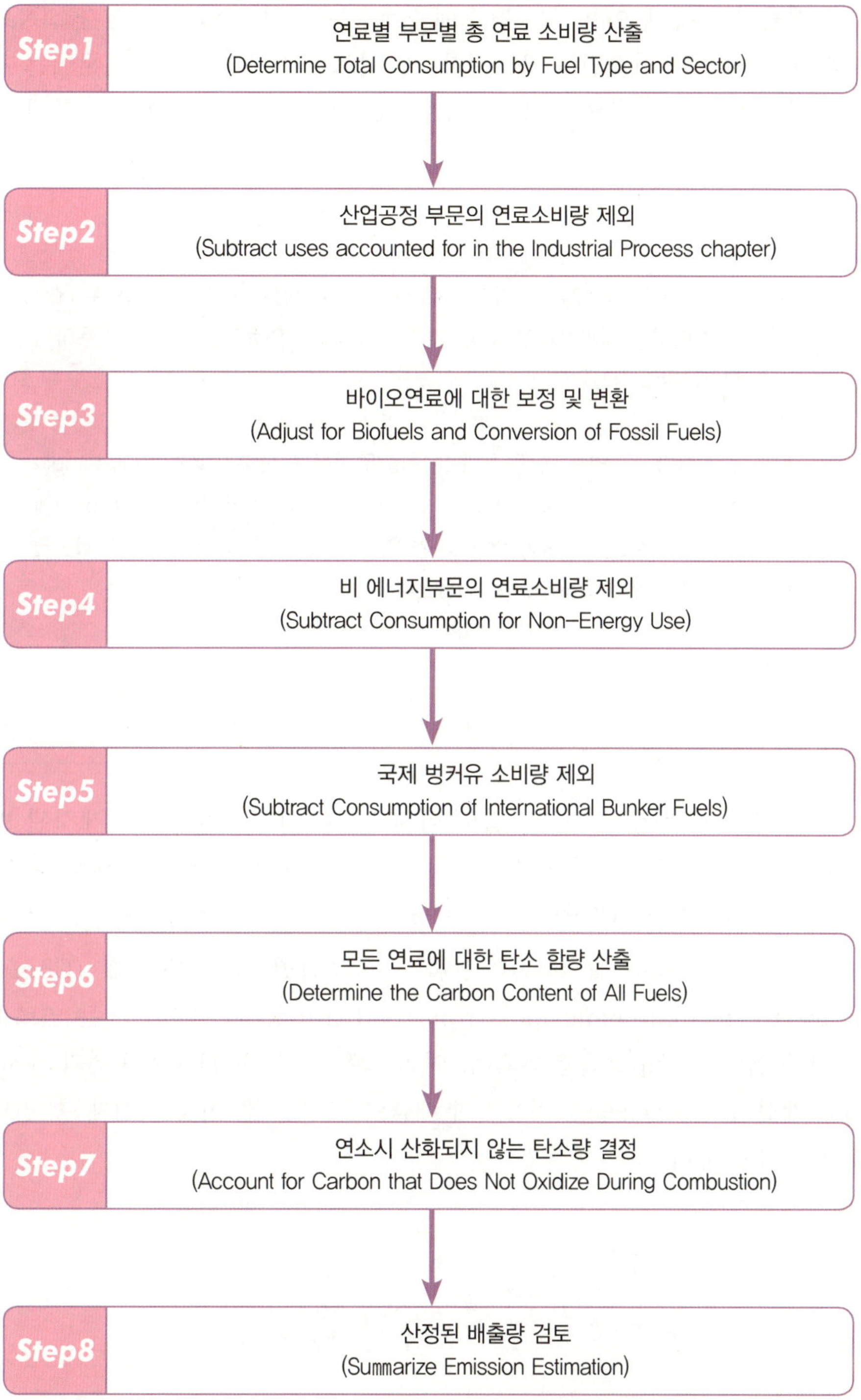

[그림 9-8] 미국의 화석연료 연소부문 CO_2 배출량 산정 체계도

(Natural gas), LPG 등이 있다.

이 때 배출량 계산에 이용되는 탄소배출계수는 석탄(Coal), 천연가스(Natural gas), 석유(Petrol) 등 연료별로 구분된다. 각 연료별로 세부적인 방법론에는 차이가 있으나 모든 연료는 기본적으로 다음과 같은 동일한 원칙에 따라 탄소배출계수를 산정한다.

첫째, 탄소 계수는 에너지 당 질량(mass per unit energy, Tg/QBTU[59])으로 제시되기 때문에 일반적으로 부피 단위로 제시되는 연료들은 밀도를 이용하여 질량단위로 환산한다.

둘째, 탄소함량, 즉 연료 중 탄소의 분율을 무게로 산정하기 위해 fuel sample data의 통계적 해석을 이용한다. 그 다음 연료의 열함량은 sample data에 기초하여 추산한다. sample data가 없거나 대표성이 떨어지는 경우에는 연료의 기본 특성값(default)을 이용한다.

유럽의 온실가스 배출량 산정 방법

유럽의 온실가스 배출량 산정방법도 역시 IPCC 가이드라인에서 제시된 방법을 기본으로 사용하고 있으나, 각 나라별 산출 방법과 활동도 자료는 자국의 실정에 맞는 방법(IPCC Tier 방법, COPERT Ⅲ, Corinair 등)을 선택하여 이용하고 있다.

이동오염원 배출계수 및 배출량 산출 프로그램인 COPERT Ⅲ (Computer programme to calculate emissions from road transport)에서 CO_2는 연료소비량에 기초한 물질인 Group 2로 분류되며, 이 방법은 IPCC의 Tier 1 방법과 유사하다. 차종별로 계산된 연료사용량을 이용하여 배출량을 구한 후 이것을 실제 총 연료사용량으로 보정하게 된다.

$$E_{i,jm}^{CORR} = E_{i,jm}^{CALC} \times \frac{FC_m^{STAT}}{\Sigma FC_m^{CALC}}$$

59) Quadrillion British Thermal Units : 영국열량단위 (1QBTU=1,015BTU)

jm : 연료 m을 사용하는 차종 j

Ei,j^{CORR} : 차종 jm에서 배출되는 오염물질 i의 수정된 배출량

Ei,m^{CALC} : 차종 jm의 계산된 연료사용량에 기초한 오염물질 i의 배출량

FCm^{STAT} : 연료 m의 실질적인 연료사용량(휘발유, 경유, LPG)

$\Sigma FCjm^{CALC}$: 연료 m을 사용하는 모든 차량의 계산된 총 연료소비량

영국은 환경부(DEFRA)에서 온실가스 배출량을 산정하며, 도로부문 CO_2 배출량은 연료소비에 의해 산정된다. CO_2는 연료의 H/C비율에 의해 산정되며, 아래의 표는 연료별 탄소 배출계수를 나타낸다.

[표 9-4] 영국의 도로부문에서 연료에 따른 탄소배출계수

구 분	Petrol	Diesel
C (kg/ton fuel)	855	863

[출처] UKPIA, 2005, UK Petroleum Industry Association

CO_2 배출량 산정시 차종별 연료소비계수(g fuel/km)와 COPERT[60]에서 제시한 차종별 평균 속도 계수를 이용하고, 활동도 자료로 사용되는 연료소비데이터는 DTI(통계청)에서 작성된 'Energy Statistics'를 활용한다.

◈ 일본의 온실가스 배출량 산정 방법[61]

1) 교통부문 이산화탄소 배출계수

자동차 주행에 의한 온실가스 배출량을 예측하려면, 사업경계 내에서 계획 도로의 운영전 및 운영후 교통량 및 주행속도를 예측하는 것이 필요하며, 교통량 등의 추정은 사업자가 적절히 실시할 필요가 있다. 또한 도로를 정비하게 되면 정체가 완화되고 자동차 주행속도가 향상되어 CO_2 배출이 감소할 가능성이 있는 반면, 신규 교통량이 유발되어 CO_2 배출이 증가할 수 있다.

배출량은 차종별 주행량에 배출계수를 곱하여 산정한다.

---

60) COPERT(Computer Program to calculate Emission from Road Traffic) : 유럽의 배출량 산출모델

61) 한국도로공사, 2008, 양재~기흥 조기개통에 따른 이산화탄소 저감량 산출 연구

$$CO_2 \text{ 배출량}(kgCO_2) = \text{주행량}(\text{대}\cdot km) \times \text{배출계수}(kgCO_2/\text{대}/km)$$

이 때 사용되는 배출계수는 자동차의 연료 소비율에 연료단위량 근처의 CO_2 배출계수를 곱하여 산출한다.

$$EF = EF_0 \times HV \times FC$$

EF : CO_2 배출계수 (g−CO_2/km 또는 g−CO_2/(km·t))

EF_0 : 발열량 근처 CO_2 배출량 (g−CO_2/MJ)

HV : 평균 발열량 (MJ/L)

FC : 연료소비율 원단위 (L/km 또는 L/(km·t))

[출처] 大城, 松下, 並河, 大西, 2001, 자동차 주행시의 연료 소비율과 이산화탄소 배출계수, 토목기술자료 Vol. 43, No. 11.

◇ 호주의 온실가스 배출량 산정 방법

호주는 「National Greenhouse Gas Inventory 2005, AUSTRALIA'S NATIONAL GREENHOUSE ACCOUNTS」에 의하여 CO_2는 Tier 1 방법으로, non-CO_2는 Tier 2 방법을 기초로 배출량을 산정한다.

CO_2 배출량은 사용된 연료의 양을 기초로 산출되며 연료의 제원에 따라 완전하게 연소되어지는 비율로 계산하며 그 계산식은 다음과 같다.

$$E(l = CO_2)_{ijk} = A_{ijk}^{u=1} \times (F(l = CO_2)_k \times P_k)$$

$F(l)_k$: CO_2 배출계수(fuel type k) 연료의 탄소함율의 완전연소를 적용

P_k : 완전산화연소되는 연료의 비율

A_{ijk}^u : 배출가스 제어기술 j에 따른 차량 type i와 연료 type k에 따른 실제 data (u=1은 연료 소비 호주의 각 주에 따른 것)

9.2.3 국내 자동차 통행의 온실가스 산정

우리나라의 온실가스 배출 통계는 기본적으로 기후변화에 관한 정부간 협의체(IPCC) 가이드라인에서 제시하고 있는 방법론을 반영하고 있으며, 배출계수도 IPCC에서 제시된 것을 사용하고 있다(국립환경연구원, 2001). 자동차에서 배출되는 온실가스 배출량 산정방법으로는 Tier 1, Tier 2, Tier 3 방식의 3가지 방법론이 있다. Tier 1 방법은 Top-Down 방식으로 배출량을 산정하는 방법이며, Tier 2 및 Tier 3 방법은 Bottom-Up 방식이다.

[표 9-5] 도로부문 온실가스 배출량 산정방법의 특징

구분	Tier 1	Tier 2	Tier 3
원리	에너지원별, 모드별 에너지 소비량에 연료별 IPCC 배출계수만 적용	차종별, 배출제어기술에 따른 배출계수를 적용	차종별 이동거리에 따른 배출계수 적용
방식	Top-Down 방식	Bottom-Up 방식	Bottom-Up 방식
장점	가장 기본적인 방식	-	배출량을 정확하게 산정
단점	차량 주행거리가 고려되지 않음	차종별 에너지 소비량자료가 필요	많은 자료가 필요함

[그림 9-9] 자동차 온실가스 배출량 산정 방법

◈ Tier 1 방법

Tier 1 방법은 수송수단의 에너지원별, 모드별 에너지 소비량에 연료별 IPCC 배출계수만을 적용한 가장 기본적인 방법으로 'IPCC 가이드라인 2006'에서는 CO_2 산정은 Tier 1 방법을 , CH_4 및 N_2O 산정은 Tier 3 방법을 권장하고 있는 실정이다.

$$Emission = \sum_{a} [Fuela \times EFa]$$

Emission : 배출량(kg)

Fuel : 연료소비량(TJ)

EF : 배출계수(kg/TJ)

a : 연료의 종류(휘발유, 디젤, 천연가스, LPG 등)

Tier 1 방법은 연료별로 석유 소비량만을 이용하여 온실가스 배출량을 산정하며, Top-Down 방식으로 차량 주행거리(VKT, Vehicle Kilometers Travelled)가 고려되지 않는다는 단점이 있다.

◈ Tier 2 방법

Tier 2 방법은 Tier 1 방법과는 달리 차종별, 배출제어기술에 따른 배출계수를 적용하여 온실가스 배출량을 산정하는 방법으로서 온실가스 배출량을 산정하기 위해서는 차종별 에너지 소비량 자료가 필요하다.

$$Emission = \sum_{abc} [Fuela,b,c \times EFa,b,c]$$

Emission : 배출량(kg)

Fuel : 연료소비량(TJ)

EF : 배출계수(kg/TJ)

a : 연료의 종류(휘발유, 디젤, 천연가스, LPG 등)

b : 차종

c : 배출제어기술(제어장치의 미장착, 촉매변환장치 등)

한국환경정책연구원(1999)에 따르면 Tier 1 및 Tier 2 방법은 실제 도로상에서 운행되고 있는 차종별 에너지 소비자료를 이용하여 계산된 배출량이 아니므로 실제 온실가스 배출량과는 다소 차이가 있을 수 있으며, 국가의 세부저감대책을 수립하는 데도 한계가 있다.

◇ Tier 3 방법

Tier 3 방법은 차종별 주행거리에 따른 배출계수를 적용하여 산정하는 방법으로 현재 국내의 자료 구조상 CH_4 및 N_2O 뿐만 아니라 CO_2 배출량도 Tier 3 방법이 가능하다.

$$Emission = \sum_{abcd} [Distance\ a,b,c \times EFa,b,c,d]$$

Emission : CO_2, CH_4 및 N_2O 배출량(kg)

Distance : 주어진 이동배출원 활동도에 대해 열적으로 안정된 엔진 운전단계 동안의 주행거리(VKT, km)

EF : 배출계수(kg/km)

a : 연료의 종류(휘발유, 디젤, 천연가스, LPG 등)

b : 차종

c : 배출제어기술(제어장치의 미장착, 촉매변환장치 등)

d : 운전조건(예 : 도심 또는 교외의 도로 종류, 기타 환경적인 요인 등)

배출량은 궁극적으로 온실가스 저감을 위한 기초적인 자료가 되기 때문에 산정방법을 결정하는 것은 중요하다. IPCC 가이드라인에서는 국가의 배출계수가 있는 경우에는 해당 국가의 배출계수를 활용하되, 그 외의 경우에는 가이드라인을 따르도록 규정하고 있다.

◇ 우리나라 자동차 온실가스 배출계수 현황[62)]

국내에는 아직까지 공식적인 국가 자동차 온실가스 배출계수가 없는 상태이며 선진국의 배출계수는 우리나라 여건과 상이하여 그대로 적용하기에는 무리가 있다.

국립환경과학원에서는 자동차 온실가스 배출계수 확립을 위한 연구를 수년간에 걸쳐 진행하여 2001년과 2005년 그리고 2008년에 각각 자동차 온실가스 배출계수 연구보고서를 통해 제시한 바 있다. 2001년 국립환경과학원에서 수행한 '자동차의 온실가스 배출량 조사'에 제시된 차종별, 규모별, 연료별 온실가스 배출계수는 속도 함수식으로 되어 있으며, 승용차, 버스, 트럭으로 구분되어 있다. 2005년 국립환경과학원에서 수행한 '자동차 온실가스 저감대책 연구'를 통해 제시된 차종별, 규모별, 연료별 온실가스 배출계수에는 각 차량의 속도별 비율이 고려되어 있다. 2008년 국립환경과학원에서 수행한 '환경부문 온실가스 배출량 inventory 작성 및 배출계수 개발'에서 제시된 차종별, 규모별, 연료별 온실가스 배출계수는 함수식으로 되어 있다. 이상 3가지 연구보고서에 제시된 각 배출계수는 [표 9-6]~[표 9-8]과 같다.

[표 9-6] 2001년 자동차 온실가스 배출계수

차종	오염물질	CO_2 배출계수(g/km)	R2
승용차	휘발유	1177.7×V^(-0.5151)	0.97
	택시	1397.4×V^(-0.5475)	0.98
버스	소형(경유)	1103.7×V^(-0.413)	0.89
	중형	0.1251×V^(2)-15.385×V+646.05	0.84
	대형	시내버스 〈 50m/h, 2804.7×V^(-0.3105) 시내버스 외 차종은 대형트럭 배출계수 사용	0.88
트럭	소형(경유)	1073.8×V^(-0.4009)	0.86
	중형	0.1029×V^(2)-14.937×V+798.9	0.89
	대형	6240.3×V^(-0.3829)	0.97

62) 도로교통연구원, 2009, 고속도로 온실가스 배출량 및 CDM 방법론 조사연구

차종 \ 오염물질		CH_4	
		배출계수(g/km)	R^2
승용차	휘발유	0.4406×V^(-0.7581)	0.99
	택시	0.7098×V^(-0.8604)	0.99
버스	소형(경유)	0.185×V^(-1.0453)	0.89
	중형	0.2221×V^(-0.6478)	0.82
	대형	시내버스 < 50km/h, 0.455×V^(-0.6839)	0.99
		시내버스 외 차종은 대형트럭 배출계수 사용	
트럭	소형(경유)	0.3796×V^(-0.9561)	0.96
	중형	0.4064×V^(-0.6478)	0.99
	대형	0.402×V^(-0.6197)	0.98

차종 \ 오염물질		N_2O	
		배출계수(g/km)	R^2
승용차	휘발유	0.67×V^(-0.7636)	0.92
	택시	1.8768×V^(-1.196)	0.96
버스	소형(경유)	0.139×V^(-0.8121)	0.98
	중형	0.0522×V^(-0.5206)	0.87
	대형	2.0311×V^(-0.8501)	0.99
트럭	소형(경유)	0.0522×V^(-0.5206)	0.87
	중형	0.0522×V^(-0.5206)	0.87
	대형	2.0311×V^(-0.8501)	0.99

[표 9-7] 2005년 자동차 온실가스 배출계수

차종		연료명	CO_2	CH_4	N_2O
승용차	경형	휘발유	137.8	0.03	0.03
	소형	휘발유	180.9	0.02	0.05
	중형	휘발유	212.9	0.02	0.06
	대형	휘발유	235.7	0.02	0.04
		경유[1]	243.3	0.00	0.01
		LPG	231.0	0.04	0.04
		기타			
택시+렌터카		LPG	231.0	0.04	0.04
승합차	소형	휘발유	251.7	0.03	0.06
		경유	243.3	0.00	0.01
		LPG	190.2	0.03	0.03
		기타			
	중형	경유	315.1	0.02	0.01
	대형	경유	1,382.4	0.04	0.10
	특수승합차[2]	경유	1,375.5	0.04	0.09
버스	시내버스	경유	1,382.4	0.04	0.10
	시외버스	경유	1,382.4	0.04	0.10
	전세버스	경유	1,382.4	0.04	0.10
	고속버스	경유	1,382.4	0.04	0.10
화물	소형	휘발유	247.3	0.03	0.06
		경유	245.5	0.01	0.01
		LPG	187.9	0.03	0.03
		기타[3]			
	중형	경유	334.9	0.03	0.01
대형	경유	1,388.2	0.04	0.08	
특수차량[4]		경유	812.2	0.03	0.04

[출처] 국립환경과학원, 2005, 자동차 온실가스 저감대책 연구

1) 경유를 사용하는 소형승합차의 배출계수를 이용함

2) 특수승합차는 장의차량, 구난차량 등으로 중형 승합차와 대형승합차(장의차량 등)로 구분되어 있어 차량등록대수의 비율에 따라 중형/대형 승합차의 배출계수를 배분 한 것임.

3) 기타 연료는 알코올, 등유 전기 등으로 배출계수가 정립되지 않았고, 차량의 수가 적어 배출량 산정에 포함시키지 않았음.

4) 특수차량의 경우도 견인차량, 유조차량 등으로 중형 및 대형 화물차도 구분되므로, 차량등록대수의 비율에 따라 중형/대형 화물차의 배출계수를 배분하였음.

[표 9-8] 2008년 자동차 온실가스 배출계수

차종	구분	배출계수(g/㎞)		비 고
		65㎞/h 미만	65㎞/h 이상	
소형승합[1]	경 유	Y = 1671.3×V^(−0.5453)	Y = 0.7447×V+130.78	R^2 =0.99
	LPG	Y=1862.6×V^(−0.6044)	Y=0.4717×V+125.54	R^2 =0.99
중형승합	경 유	Y=1828.9×V^(−0.4409)	Y=0.2162×V+309.46	R^2 =0.96
시내버스[2]	경 유	Y = 3659.4×V^(−0.3148) 단, V≤47㎞/h 일때		R^2 =0.99
	CNG	Y = 4539.1×V^(−0.4587) 단, V≤47㎞/h 일때		R^2 =0.99
전세버스	경 유	Y = 2676.7×V^(−0.3344)	Y = 1.3034×V+548.56	R^2 =0.86
소형화물	경 유	Y = 1135.2×V^(−0.4668)	Y =2.2307×V+25.76	R^2 =0.99

1) 시험 Data 부족으로 인하여 신뢰도가 낮음

2) RV를 포함한 소형승합

이상에서 살펴본 각 배출계수간 주요 특징을 비교하면 [표 9-9]와 같다.

[표 9-9] 자동차 온실가스 배출계수 비교

2001년에 개발된 배출계수	2005년에 개발된 배출계수	2008년에 개발된 배출계수
■ 개발연도가 오래되었음 ■ 속도별 배출계수 적용 가능 ■ 속도 데이터 부재시 적용 불가능 (속도를 가정하여 적용해야 함) ■ 차종별, 규모별, 연료별 배출계수가 다양하지 못함 ■ 속도에 따른 배출계수 거동이 비현실적임	■ 개발연도가 비교적 최근임 ■ 속도별 배출계수 적용 불가 (단, 차속별 비율을 적용하여 산정된 배출계수임) ■ 속도 데이터가 없어도 적용가능 ■ 차종별, 규모별, 연료별 다양한 배출계수 제공 ■ 속도에 따른 배출계수 산정이 불가능	■ 개발연도가 최근임 ■ 속도별 배출계수 적용 가능 ■ 속도 데이터 부재시 적용 불가능(속도를 가정하여 적용해야 함) ■ 차종별, 규모별, 연료별 배출계수가 빈약함(특히, 승용차 배출계수 미제공)

2001년에 개발된 배출계수를 이용하여 온실가스 배출량을 산정하는 기본 개념을 도식화하면 [그림 9-10]과 같다.

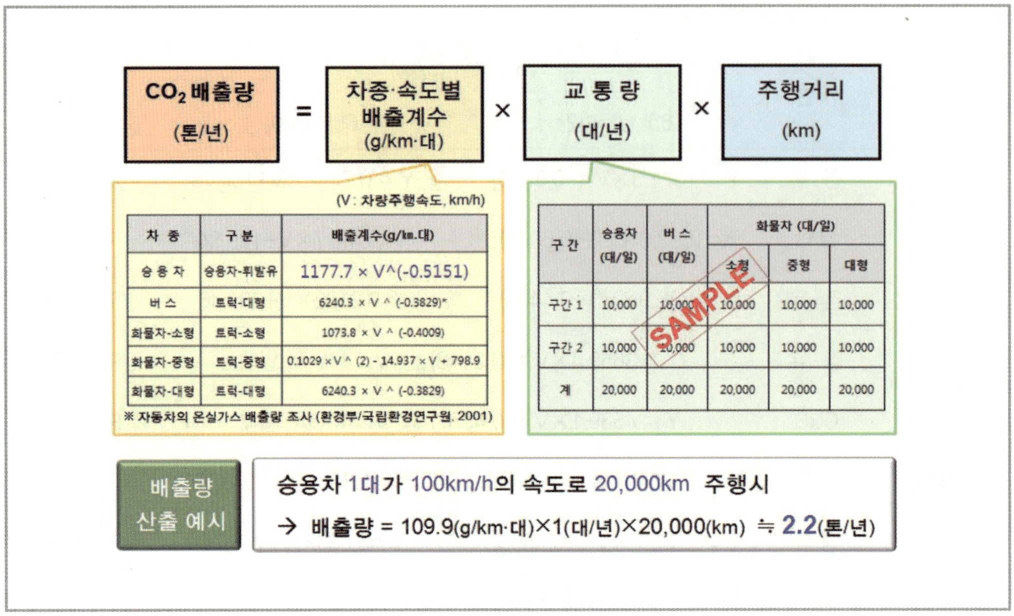

[그림 9-10] 자동차 온실가스 산정방법 예시

9.2.4 도로건설 시 온실가스 배출량 산정

도로건설단계에서는 각종 건설 장비를 이용하여 흙과 암석을 굴착하고 이동시켜 쌓아 다져야 하며, 필요한 자재도 운반하여야 한다. 또한 교량과 터널, 포장공사를 하기 위해서는 높은 온도에서 생산되는 철근, 시멘트, 아스팔트 등을 조합하여 사용하게 되므로 온실가스를 직·간접적으로 배출하게 된다.

구조물을 완성하기 위해서는 건설장비와 건설자재를 함께 사용하게 되므로 단위수량별 장비의 연료소모량과 자재 사용량에 대한 온실가스 배출계수를 알아야 한다. 건설장비가 소모하는 연료별 탄소배출계수는 'IPCC Guideline 2006'을 인용하고, 건설재료의 탄소배출원단위는 우리나라 실정에 맞는 '국가 LCI 데이터베이스 정보망(http://www.klcidb.or.kr)'의 재료별 CO_2 배출원단위와 '건축물의 LCA 활용 매뉴얼북(한국건설교통기술평가원, 2004)'의 재료별 CO_2 배출원단위를 활용할 수 있다.

도로건설 시 온실가스 배출과 관련이 높은 재료는 콘크리트, 철근, 아스팔트콘크리트이다. 이 외에 다른 재료에서도 온실가스가 발생되지만 상대적으로 양이 미미하다.

건설장비와 건설자재에 대한 배출량 산정

1) 건설장비

건설장비에 대한 온실가스 배출량은 [표 9-10]과 같이 해당 장비의 연료 종류, 시간당 연료소모량, 연료별 순발열량과 2006 IPCC 가이드라인에서 제시된 연료별 탄소배출계수를 곱하여 산정할 수 있다.

[표 9-10] 건설장비의 시간당 온실가스 산출방법

- **연료별 소모량 파악**
  ① 해당 건설장비 사용연료의 종류
  ② 해당 건설장비 시간당 연료 소모량 파악

- **연료별 순발열량 선정**
  에너지기본법 시행규칙(제5조)에 따른 순발열량 사용
  경유 8,450kcal/L, 휘발유 7,400kcal/L

- **연료별 탄소배출계수 선정(2006 IPCC 가이드라인)**
  경유 74,100kg CO_2/TJ, 휘발유 69,300kg CO_2/TJ

- **CO_2 배출량(kg CO_2/hr)**
  = Σ[연료원별소모량×발열량×탄소배출계수×단위환산계산(4.1868×10^{-9}TJ/kcal)]

특정 공종에 대한 단위 작업량당 온실가스 발생량을 산정하기 위해서는 장비의 단위 작업량당 소요시간을 적산자료를 통해 파악하고, 해당작업 완성을 위해 몇 시간 가동이 되어야 하는지를 조사해야 한다. 예를 들어 콘크리트 포장을 위해서는 덤프, 콘크리트페이버, 굴삭기, 살수차가 사용되며 [표 9-11]과 같은 방법으로 포장 1㎥당 온실가스 배출량을 산정할 수 있다.

[표 9-11] 콘크리트 1㎥ 포장시 사용장비에 의한 배출량 산정 예

사용 건설장비 : 덤프트럭(운반), 콘크리트페이버, 굴삭기, 살수차

$$Emissions_{포장_{콘크리트포장}} = \sum_{h} \frac{C_h \times NCV_k \times 4.1868 \times EF_k}{Q_h \times 10^{12}}$$

여기서, $Emissions_{포장\_콘크리트포장}$: m^3당 건설장비의 CO_2배출량(tCO_2)

h : 건설장비 종류(덤프트럭, 콘크리트페이버, 굴삭기, 살수차)

C_h : 단위시간당 건설장비별 연료소모량(L/hr)

Q_h : 단위시간당 시공량(m^3/hr)

k : 건설장비 사용 연료종류

NCV_k : 순발열량(MJ/L)

EF_k: h건설장비에 사용된 k연료의 온실가스 배출계수

2) 건설재료

재료에 대한 온실가스 배출량 산정 시 신뢰할 수 있는 기관에서 발표하는 재료 종류별 탄소배출계수부터 선정해야 한다. 건설공사에서 대표적으로 사용되는 콘크리트, 철근 및 아스팔트콘크리트의 탄소배출계수는 [표 9-12]와 같다.

[표 9-12] 주요 재료의 탄소배출계수

자 재 종 류	탄소배출계수	출 처
콘크리트 (레미콘 평균)	0.346 tCO_2/㎥	국가 LCI 데이터베이스 정보망
철 근	2.34 tCO_2/ton (탄소강)	국가 LCI 데이터베이스 정보망
아스팔트콘크리트	0.053 tCO_2/ton	건축물 LCA 활용 매뉴얼북 (한국건설교통기술연구원, 2004.12)

재료별 단위 작업량에 대한 온실가스 배출량은 [표 9-13]과 같이 재료 사용량에 탄소배출계수를 곱하여 산정할 수 있다.

[표 9-13] 건설재료의 작업량당 온실가스 산출방법

▪ **재료 사용량 파악** 해당공종의 재료 사용량 파악 ▪ **재료의 탄소배출계수 선정** '국가 LCI 데이터베이스 정보망' 또는 '건축물의 LCA 활용 매뉴얼북' 재료별 탄소배출계수 선정 ▪ **CO_2 배출량 = Σ[작업량당 재료 사용량 × 재료의 탄소배출계수]**

콘크리트 1㎥를 포장할 경우 사용되는 콘크리트 자재에 의한 배출량은 [표 9-14]와 같이 산정이 가능하다.

[표 9-14] 콘크리트 1㎥ 포장시 사용자재에 대한 배출량 산정 예

$$Emissions_{포장_{콘크리트포장}} \quad \sum_{h} Q_h \times EF_h$$

여기서, $Emissions_{포장\_콘크리트포장}$: 재료 사용에 따른 CO_2배출량(tCO_2)

h : 재료 종류(콘크리트)

Q_h : 콘크리트 사용량(m^3)

EF_h : 사용 재료의 배출계수($0.346tCO_2/m^3$)

◇ 공종별 온실가스 배출량 산정

해당 공종의 공사물량에 대한 온실가스 배출량을 추정하기 위해서는 단위 공사물량에서 산출된 건설장비 및 건설재료의 온실가스 배출량에 공사물량을 곱하면 된다. 즉, 콘크리트 포장 1㎥ 시공시 건설장비에서 0.0052 tCO_2, 자재에서 0.3460 tCO_2이 배출되므로 만약 10,000㎥를 포장할 경우 3,512톤의 온실가스가 배출됨을 알 수 있다.

한국도로공사는 고속도로 건설공사에 따른 온실가스 배출량을 쉽게 추정하기 위하여 토공, 배수, 구조물, 터널 공종의 세부 항목별로 단위작업량에 대한 온실가스

배출계수를 계산하여 설계수량을 입력하면 공종별 배출량을 추정할 수 있는 프로그램을 개발한 바 있다. 이러한 도구는 계획단계나 건설단계에서 온실가스 감축을 위한 대안 설정에 유용하게 사용할 수 있을 것으로 판단된다.

9.2.5 온실가스 인벤토리 관리

온실가스 인벤토리란 조직의 활동으로 인해 배출되는 모든 온실가스를 파악해 기록, 산정하여 배출량을 통계적으로 관리할 수 있도록 목록화하는 것을 말한다. 이러한 인벤토리 구축은 온실가스 감축목표 수립과 배출권 거래제 대비 등 기후변화 대응 관련 정책 추진에서 가장 선행되어야 하는 것으로서 [그림 9-11]처럼 같이 종합정보관리체계로 운영하는 것이 보다 효율적이다.

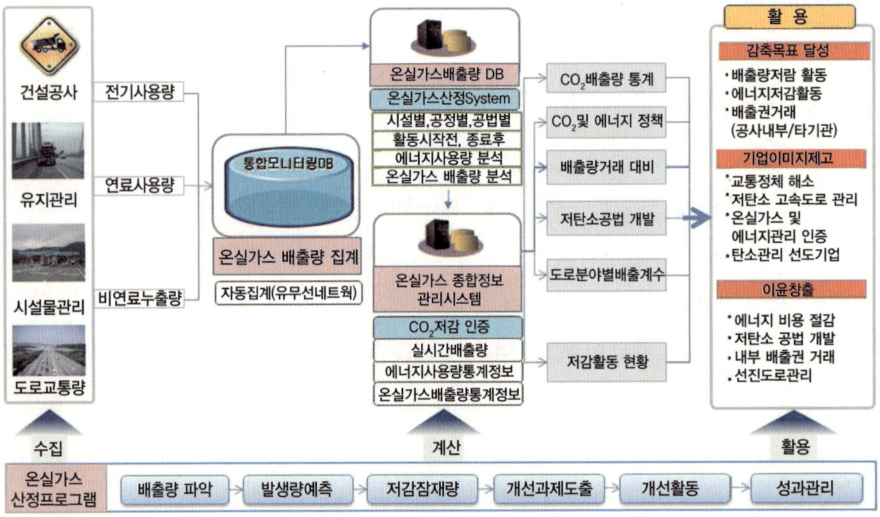

[그림 9-11] 온실가스 종합정보관리체계 활용의 예

이러한 종합정보 관리체계는 배출량 파악부터 성과관리까지 크게 5가지 요소로 구성될 수 있다.

① 배출량 파악은 온실가스 배출량을 실시간으로 파악할 수 있도록 데이터 수집시스템과 연동하여 실제 화면으로 구현함으로써 온실가스 배출량을 확인하는데 활용할 수 있다.

② 발생량 예측은 과거 온실가스 배출량과 향후 업무활동 등을 토대로 미래의 온실가스 배출량을 예측함으로써 저감노력 및 저감목표 설정에 필요한 기초자료를 제공한다.

③ 저감잠재량 예측시스템은 저감기술 및 저감정책을 적용하였을 때 온실가스 저감의 정량적 평가를 통해 예측시스템과 함께 정책적 목표 및 저감 시나리오를 구성하는데 기초자료를 제공한다.

④ 개선과제 도출 및 개선활동 부분은 해당 기업이 활동업무 중에서 감축할 수 있는 부분을 발굴하고 조직원들이 내용을 체계적으로 관리할 수 있도록 하여야 한다.

⑤ 성과관리 시스템은 온실가스 배출량에 따른 감축목표 설정시 감축 활동, 기업이미지 제고와 온실가스 감축 활동을 통한 기업의 이윤 창출을 도모할 수 있도록 관리되어야 한다.

9.3 온실가스 저감방안

9.3.1 국내 사례

도로와 관련된 온실가스 감축방안은 [그림 9-12]와 같이 공사 시와 운영 시로 나누어 볼 수 있다. 공사 시 감축방안으로 에너지 사용량 저감과 재료투입량 감소를 들 수 있다. 탄소배출이 적은 공법을 채택하거나 에너지 효율이 높은 장비를 사용하게 되면 건설장비 가동에 필요한 각종 연료나 전력사용량을 줄일 수 있다. 또한 구조물 규격을 슬림화하거나 탄소배출계수가 상대적으로 낮은 재료로 대체 시공할 경우에도 재료사용에 의한 온실가스 배출량을 감축할 수 있다. 운영 시에는 조명 등과 같은 유지관리 시설물의 에너지 절감, 통행차량의 주행속도 향상을 위한 각종 도로교통사업, 신재생에너지 생산 및 탄소흡수원 확충 등이 감축수단이 될 수 있다. 하지만 이러한 내용들은 도로를 계획하고 설계를 할 때 대부분 이루어지는 일이라고 볼 수 있다. 건설공사 시에 고려할 저탄소 자재와 저에너지·고효율 장비의 채택, 그리고 도로가 운영되는 동안 적은 연료를 소모하면서 차량이 달릴 수 있도록 도로의 평면 및 종단선형을 결정하거나, 차량이 정체되지 않고 원활하게 이동할 수 있도록 교통체계를 수립하는 것도 대부분 계획 및 설계단계의 활동이라고 볼 수 있다.

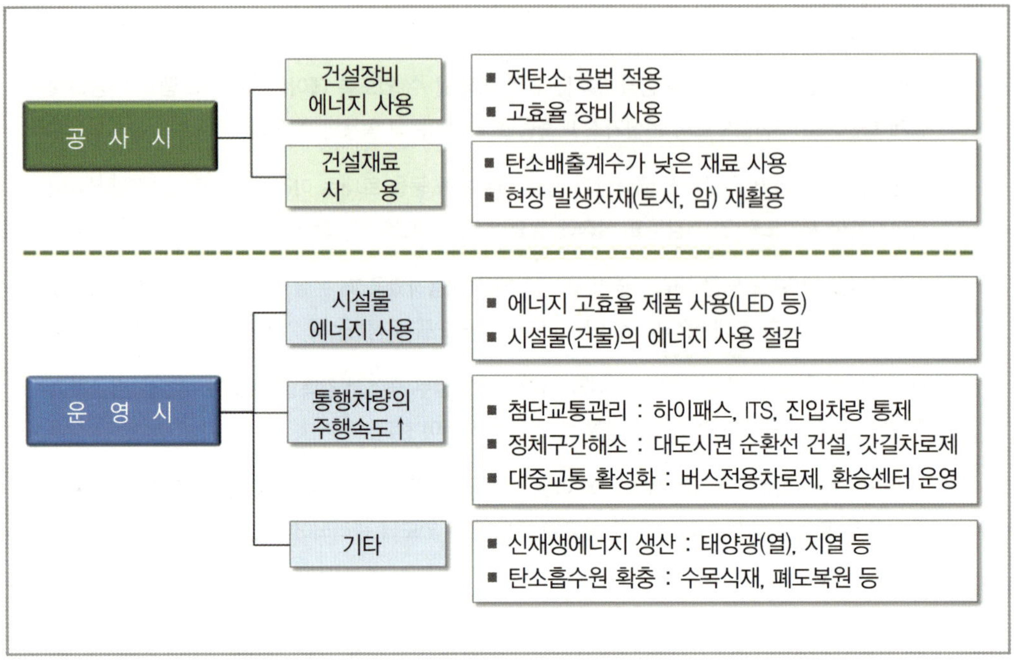

[그림 9-12] 도로의 온실가스 감축방안

◈ 공사 시 저감방안

공사단계의 감축 활동으로는 효율이 높고 에너지를 적게 사용하는 장비나 제품을 사용하는 방법이 있으며, 토사 운반이나 건설자재의 이동거리를 최대한 짧게 하여 장비사용 시간을 단축하는 방법이 있다. 또한 현장에서 발생되는 자재를 최대한 재활용하는 것도 감축활동의 하나가 될 수 있다. 몇 가지 사례를 제시하면 다음과 같다.

1) 현장 자원의 재활용

도로건설현장에는 자연석, 비옥토, 수목, 폐자재 등 많은 자원이 발생한다. 터널과 절토부에서 발생되는 발파암석, 벌목되는 임목뿌리에서 발생되는 파쇄물, 그리고 다른 곳으로 이동시켜 버려야 할 흙 등을 자연복원 재료로 활용할 경우 [그림 9-13]에서처럼 자연친화적인 고속도로 조성이 가능하다. 또한 현장 발생암석을 효율적으로 이용함으로써 온실가스가 많이 배출되는 콘크리트의 사용량을 감소시키고 자연과 조화를 이루며 경관도 우수한 고속도로를 만들 수 있다.

[그림 9-13] 현장 발생자재를 재활용한 온실가스 저감사례

2) 무탄소 상온 아스팔트 혼합물 포장공법 개발

기존 일반 아스콘은 가열하는 과정에서 이산화탄소(CO_2)가 발생한다. 하지만 상온 아스팔트 혼합물 포장 공법은 가열하지 않고 상온 상태에서 포장함으로써 이산화탄소(CO_2)가 발생하지 않는다. [그림 9-14]와 같이 전기로 슬래그 골재를 활용한 무탄소 상온 아스팔트 혼합물 포장 공법은 아스팔트와 골재를 가열하지 않은 혼합물 상태로 현장에서 생산

[그림 9-14] 무탄소 상온 아스팔트 혼합물 포장공법 개발 시공 모습

하여 시공함으로써 무탄소 공법으로 인정받고 있다. 이 공법은 천연라텍스 등의 첨가제를 활용하여 1시간 이내에 교통 개방이 가능하며, 조절층과 마모층의 연속 적층 시공으로 소성변형 및 균열에 대한 저항성이 우수하여 도심공사로 인한 교통정체 등의 사회비용 및 폐자재 처리비용까지 절감이 가능하다[63].

◇ 운영 시

도로가 완성된 후 운영단계에서는 차량이 막힘없이 적정한 속도로 달릴 수 있도록 해주는 것이 가장 중요하다. [표 9-6]에서 승용차(휘발유)의 경우, 시속 20km와 시속 60km 주행시 CO_2 배출량을 비교해 보면 20km/hr의 경우 252g/km, 60km/hr의 경우 143g/km로 속도 향상을 통해 약 43%의 CO_2를 감축할 수 있다. 이를 보면 기존 도로에서도 병목구간 해소, 원활한 신호체계 구축, 정체시 신속한 우회로 안내 등의 개선이 필요하다. 이러한 감축활동의 대표적인 사례는 다음과 같다.

1) 첨단교통시스템 운영

먼저 하이패스 운영에 따른 저감내용을 보면 기존 일반차로 이용시에는 통행료를 내기 위해 여러 번 정지와 출발을 반복해야 하고, 가속패달을 밟을 때마다 평소보다 매연이 많이 발생하게 된다. 그러나 하이패스 차로를 이용하는 차량은 [그림 9-15]과 같이 정지 없이 시속 30km로 통과하여 자동적으로 요금징수가 가능하다. 시간적으로 보면 기존 일반차로 통과시 78초 걸리던 것이 하이패스 차로를 이용할 경우 39초가 소요되어 통과시간이 절반으로 줄어든다.

[그림 9-15] 하이패스 운영

또한 갓길에 지능형 교통제어시스템을 설치하여 차량속도를 높일 수 있다. 교통안전과 비상시를 위해 만들어 두었던 갓길에 [그림 9-16]과 같이 차로제어 신호기를 설치하여 교통혼잡 시간대에 가변차로로 활용함으로써 단기적으로 도로용량을 증대시키는 방법이다. 이러한 방법을 통해 차량속도를 향상시키고 온실가스 배출도 저감할 수

63) 국토해양부 보도자료, 2009, 건설도 녹색성장…"無탄소" 아스팔트 공법 개발

있다.

갓길차로제는 2007년부터 경부고속도로 신갈~죽전휴게소 구간과 영동고속도로 여주분기점 지역 등에 시행하여 주행속도가 20~30km/h 증가되는 개선효과를 나타내고 있다.

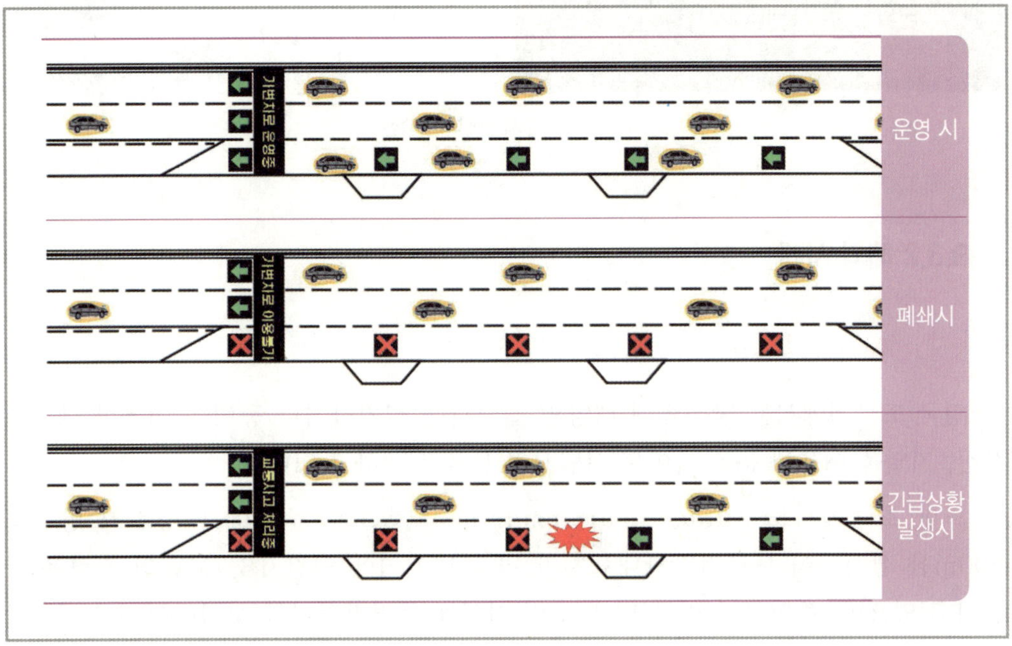

[그림 9-16] 지능형 갓길차로 제어 시스템 운영도

2) 자연에너지 생산

도로는 비탈면, 녹지대와 같은 많은 부지를 가지고 있으므로 이러한 부지를 이용하여 태양광발전 등과 같은 신재생에너지 설비를 도입할 수 있다. 또한 동절기에 쌓인 눈을 제거하거나 녹이기 위해 많은 장비와 제설재료가 사용된다는 점을 고려할 때 지열과 같은 저탄소 에너지의 적용도 긍정적이라 할 수 있다.

[그림 9-17] 자연에너지 생산

9.3.2 해외 사례

신재생에너지의 활용

영국 도로청에서는 방음벽에 태양열 집열판을 설치하거나 풍력을 이용한 에너지 생산, 지열을 이용해 눈을 녹이는 시범사업 등을 시행하고 있다.

또한 호주에서도 Calder-Tullermarine 고속도로 주변에 태양전지 방음벽 500m를 설치하여 도로전광안내표지판 및 주변지역에 연간 18.7MW의 전력을 공급하고 있으며, 해안도로 인근 및 도로변 지역에 풍력발전기를 설치하여 도로시설물 및 주변 지역에 전력을 공급하고 있다.

포장면 태양열 수집

네델란드의 포장업체인 홈스사는 아스팔트 포장면과 교량표면에 파이프를 매설하고 태양열을 흡수하여 주면 택지에 온수를 공급하거나 겨울철 결빙방지를 위한 시공을 [그림 9-18]과 같이 진행하고 있다.

[그림 9-18] 포장면에 태양열 흡수를 위한 파이프 매설 포장

⇔ 하이브리드, 전기자동차, 수소자동차 등 그린카 이용 활성화

선진국에서는 온실가스가 적게 배출되는 저연료 소비차량만을 판매하도록 하는 규제를 강화할 계획이다. 현재 이에 가장 근접한 차량이 하이브리드 차량이다. 당분간 하이브리드카는 세제 혜택 등을 통해 인기를 끌 것이나 궁극적으로는 전기자동차나 수소전지차량으로 대체될 전망이다. 실제로 노르웨이의 한 회사에서는 회사 내 이동 시 직원들이 사용할 수 있도록 주차장에 전기 충전시설을 갖추고 [그림 9-19]와 같이 전기자동차를 운영하고 있다. 또한 노르웨이는 스타반겔시에서 오슬로를 잇는 고속도로 각 거점에 수소자동차를 위한 수소충전소를 설치하는 HyNor(Hydrogen Norway) Project도 추진하고 있다.

[그림 9-19] 노르웨이 OO사내 전기자동차 주차장 및 충전 모습

◇ 콘크리트가 적게 드는 자연시설

영국, 스웨덴, 노르웨이 고속도로의 특징은 포장면 이외에는 콘크리트와 같은 재료를 이용하지 않고 자연지형을 이용한 배수를 시행하고 있다. 강우 특성과 지형적인 특성이 우리와 다르다고는 하지만 콘크리트 구조물에 치중하고 있는 우리나라와는 많은 비교가 된다.

[그림 9-20]은 암절토부 전면부에 잡석둑과 자연측구를 만들어 운영하거나 터널 갱문에 자연 돌쌓기를 하여 경관적 측면을 고려하고 있음을 보여주고 있다.

[그림 9-20] 암절토부 및 터널갱문에 적용한 자연재료

9.3.3 기후변화를 대비한 도로설계 방향

◇ 저탄소 도로건설과 관리

도로건설에 관한 환경영향평가를 검토했던 한국환경정책평가연구원(KEI)의 환경전문가들이 경부고속도로 개통 40주년을 맞이하여 기고한 내용을 살펴보면 녹색성장시대의 도로역할에 관한 시사점을 알 수 있다.

> "녹색성장의 기조에서 도로건설을 다룬다면 교통혼잡 비용으로 경제시스템의 효율성 저하부분을 고려해야 할 것이다. 생존과 생활을 위해 필수적이라 할 수 있는 통행의 혼잡으로 인해 효율성이 저하되면서 에너지 낭비 및 대기오염물질의 배출이 증가되는 등 바람직하지 못한 결과를 낳고 있다. 따라서 혼잡을 줄일 수 있는 효과적인 방법을 찾는다면 도로와 관계된 효율성이 높아지고, 궁극적으로 도로건설 및 확장이 녹색성장과 양립이 가능하다는 긍정적인 여론을 이끌어 낼 수 있을 것이다[64]."

따라서 먼저 혼잡한 정체를 해소시키는 일이 필요하다. 차량이 적정한 속도를 유지하며 목적지에 도착한다면 얼마나 좋을까? 운전자의 입장에서는 짜증나지 않고 에너지 효율을 높일 수 있으며, 정체로 인해 발생하는 온실가스를 대폭 줄일 수 있다.

그렇다고 차량증가에 맞추어 무한정 도로를 공급할 수는 없으므로 최대한 경제적으로 개선해 나가야 한다. 정체된 구간을 이용자에게 신속하게 알려 주는 첨단지능형교통시스템(ITS)을 운영하고, 산지부에서 고속도로 나들목을 출입하기 위해 원거리를 우회하여 들어가는 일이 줄어들어야 한다. 또한 도심지 교통분산을 위해 대도시권의 순환형 고속도로가 추가적으로 건설되어야 한다.

◇ 신재생에너지 적용 및 기반구축

고속도로에는 많은 에너지가 필요하다. 터널 조명시설, 가로등, 휴게소, 도로 유지관리 사무실, 요금징수 사무실, 각종 교통안내시설 등이 에너지를 필요로 한다. 특히 자연환경 보존을 위해 터널이 늘어나고 있어 전기사용이 점점 증가되고 있다. 또한 겨울철 제설작업을 위해 염화물용액을 사용함으로써 주변 자연환경과 수질에 악영향을 주고 있어 제설재 사용이 개선되어야 하며, 교통안전을 위해 터널입구나 산악지 취약구간에는 신속히 눈을 녹일 수 있는 열선시스템이 필요하다.

이러한 에너지를 외부에서 유입해서 사용하기보다는 도로주변 여유부지나 부대시설을 이용한 자연력으로 에너지를 얻어 사용해야 한다. 노면의 경우 맑은 날 장시간 태양에 노출되거나 차량의 운행으로 인하여 열과 압력이 발생하는데 이는 한 여름 도심에서 발생하는 열섬현상과 같다. 이렇게 발생하는 열을 이용하여 에너지를 얻는 방안을 생각해 보아야 한다. 고속도로 운영 및 유지관리 업무에 천연에너지 사용이 이루어져야 한다.

유류비가 월등히 높지 않는 현재는 신재생에너지 시설이 경제성이 없다. 하지만 영국, 미국, 호주 등 선진국에서는 도로에서 신재생에너지 생산을 위한 시범사업들을 하고 있는 점을 감안할 때, 향후 고가의 선진국 장비를 들여오는 것보다는 지금부터라도 우리의 제품을 개발해 선진국에 판매하는 것이 국가목표인 진정한 신성장 동력을 찾는 길이다. 이러한 사례는 태양력과 풍력뿐만이 아니라 포장면에 발광성물질 도포로 점등시간 줄이기, 터널타일 반사 각도 조절을 통한 전기사용 절감, 터널유출수의 지열을 활용하여 터널 입구부 동결해소 등을 들 수 있다.

---

64) 최준규, 이수재, 2009, 녹색성장 시대, 고속도로의 역할, 한국환경정책평가연구원

또한 장래에 미래자동차가 운행될 수 있도록 도로주행 기반이 구축되어야 한다. 미래의 자동차는 전기자동차, 수소자동차가 유류자동차를 대체할 것이다. 수소자동차의 경우, 스웨덴에서는 수소자동차를 위해 수소충전주유소를 준비하고 있고, 전기자동차의 경우 집에서 충전하고 장거리 도로를 달릴 때는 노면에서 전기를 받아 충전해 움직일 수 있도록 하는 연구가 국내외에서 진행되는 것으로 보도되고 있다. 이렇게 했을 때 우리는 어떤 준비를 해야 할까?

◈ 자연형 도로의 건설

콘크리트가 최소로 사용되는 고속도로 건설이 되어야 한다. 자연형 고속도로가 되기 위해서는 터널과 교량으로 통과하는 것은 기본이다. 하지만 여전히 높은 콘크리트 옹벽과 방음벽, 자연이 숨 쉴 수 있는 지역까지 무분별하게 설치하는 콘크리트 배수구조물 등은 현장의 자연재료로 개선하는 방법을 모색해야 한다.

이것은 친환경 자재, 곧 저탄소 자재 활용과 연관되어 있다. 건설과정에서 시멘트, 철근, 토사운반 등 많은 자재와 시공장비가 필요하다. 따라서, 고에너지 소비로 생산되는 자재사용을 줄이고, 효율이 높은 저에너지 장비를 사용하는 방법을 모색해야 한다. 예를 들어 시멘트 생산 과정에서는 고열이 필요해 많은 온실가스가 발생되므로 시멘트가 많이 사용되는 콘크리트 사용량을 줄여야 한다. 육중한 콘크리트 구조물을 내구성이 높은 고강도 콘크리트로 대치하여 단면을 축소할 수 있도록 실용화 개발에 노력을 해야 하고, 콘크리트로 된 옹벽이나 배수로를 현장 자연재료로 대체할 수 있는 방법을 모색해야 한다.

9.4 청정개발체제(CDM) 사업

9.4.1 CDM 사업개요

◈ CDM 사업의 목적

교토의정서 제12조에 정의되어 있는 청정개발체제(CDM, Clean Developement Mechanism)는 부속서 I 국가(선진국)가 비부속서 I 국가(개발도상국)에서 온실가스 감축사업을 수행하여 달성한 실적을 부속서 I 국가(선진국)의 감축목표 달성에 활용할 수 있도록 하는 제도를 말한다. CDM의 주 목적은 개발도상국의 지속가능한 개발을 돕는 동시에 부속서 I 국가(선진국)의 온실가스 감축의무를 효과적으로 달성하는데 기여함으로써 기후변화협약의 궁극적인 목적을 달성하는 데 있다(교토의정서 12조 2항).

CDM 사업을 통해 부속서 I 국가(선진국)는 비부속서 I 국가(개발도상국)에서 보다 적은 비용으로 온실가스를 감축할 수 있는 사업을 수행하여 발생한 온실가스 감축실적을 자국의 감축실적으로 인정받고, 비부속서 I 국가(개발도상국)는 선진국의 자본을 유치하거나 기술이전을 받음으로써 지속가능한 발전(Sustainable Development)을 모색할 수 있다. CDM 사업에서 온실가스 저감 실적은 CERs(Certified Emission Reductions)[65]이란 형태로 발급된다.

◇ CDM 사업의 특징

첫째, 사업을 수행하여 발생되는 이득이 소요비용보다 작아서 상업적으로 추진이 불가능한 사업이지만 온실가스 배출저감 실적의 판매 및 환경비용을 고려할 경우 상업성이 확보되어 진행되는 사업이다.

둘째, CDM 사업은 사업이 수행되는 전 기간 동안에 추가성이나 사업수행에서 비롯되는 환경영향 및 베이스라인 관련 자료를 일반대중에게 공개하여 투명성을 확보하여야 하며, 환경적으로 안전하고 견실한 기술 및 지식(Environmentally Safe And Sound Technology: EST)을 비부속서 I 국가로 이전하여야 한다(마라케쉬합의문 결정문 17/CP.7).

◇ 국내 온실가스 감축사업

우리나라는 UN이 주관하고 있는 CDM 사업과는 별도로 2005년부터 자발적 온실가스 감축사업 제도를 시행하고 있다. 에너지이용 효율개선, 생산공정 개선, 고효율기기 도입, 신재생에너지 대체 등을 통하여 연간 온실가스 감축 예상량이 500톤 이상인 사업은 국내 온실가스 감축사업 제도에 신청 가능하다. 해당 기업이 사업계획서를 제출하게 되면 객관적인 평가 절차에 따라 온실가스 감축 계획량을 등록하고, 사업 유효기간 동안 검·인증을 거쳐 감축실적을 인증받게 된다. 시행 5년째로 접어들면서 많은 기업들이 온실가스 배출 감축 사업에 대한 중요성을 인식하고 있으며, 2007년부터는 정부가 기업의 온실가스 배출 감축 실적을 구매하여 인센티브를

---

65) CER 은 교토의정서 제12조 등 관련 요건에 의거하여 인증받음 감축량으로 1 CO_2 톤과 같다.

제공(제3자 검증을 통해 최종 인증된 감축실적 중 사업자가 정부구매를 신청한 실적에 한해 이루어짐)하고 있는데, 2010년 상반기 구매단가는 감축실적 톤당 5,196원으로 결정된 바 있다. UN CDM 사업과 국내 온실가스 감축 사업을 [표 9-15]에 비교하여 제시하였다.

[표 9-15] UN CDM 사업과 국내 CDM의 비교

구 분	CDM 사업	국내 온실가스 감축사업(KCDM)
목 적	■ 부속서 I 국가의 온실가스 감축의무를 비용 효과적으로 달성	■ 국내 기업의 온실가스 배출감축 조기 노력 유도
주관기관	■ UNFCCC	■ 지식경제부
시행기관	■ UN CDM 집행위원회	■ 에너지관리공단
인증기구	■ UN 지정	■ 지식경제부 지정
사업요건	■ 환경적, 경제적, 기술적 추가성 요구	■ 환경적 추가성 요구
신청대상	■ 프로젝트 단위 사업자	■ 좌동
사업규모	■ 제한없음	■ 연간 500 CO2 톤 이상
사업유효 기 간	■ Option 1: 10년(갱신 불가능) ■ Option 2: 7년(2회 갱신가능)	■ 5년(1회 갱신 가능)
성 과 물	■ CER(Certified Emission Reductions)	■ 온실가스감축실적(K-CER)
수 익 성	■ CO2 톤당 2만원 내외	■ CO2 톤당 5천원 수준
관련규정	■ 교토의정서, 마라케쉬 합의문 등	■ 지식경제부 고시 (온실가스감축사업 등록 및 관리에 관한 규정)

9.4.2 CDM 사업 참여 요건

CDM 사업에 참여하고자 하는 부속서 I 국가(선진국)와 비부속서 I 국가(개발도상국)는 교토의정서 비준, CDM 사업의 자발적 참여 및 국가 CDM 승인기구(DNA: Designated National Authority) 설립이라는 3가지 기본요건을 충족해야 한다. 특히 부속서 I 국가(투자국)는 기본 요건 이외 다음 요건도 충족시켜야만 CDM 사업에 참여할 수 있다.

① 초기감축 목표가 확정되어 있을 것
② 국가 배출량, 흡수량 산정 시스템을 갖고 있을 것
③ 국가 온실가스 등기부(Registry)를 가지고 있을 것
④ 연간 온실가스 인벤토리가 제출되어 있을 것

9.4.3 CDM 사업 조직체계

CDM 사업 관련 국내 또는 국제기관으로는 당사국 총회(COP/MOP, Conference of Parties serving as the Meeting of the Parties), CDM 집행위원회(EB, Executive Board), CDM 사업 운영기구(DOE, Designated Operational Entity), 국가 CDM 승인기구(DNA, Designated National Authority) 등이 있으며 조직체계로 보면 [그림 9-21]과 같다.

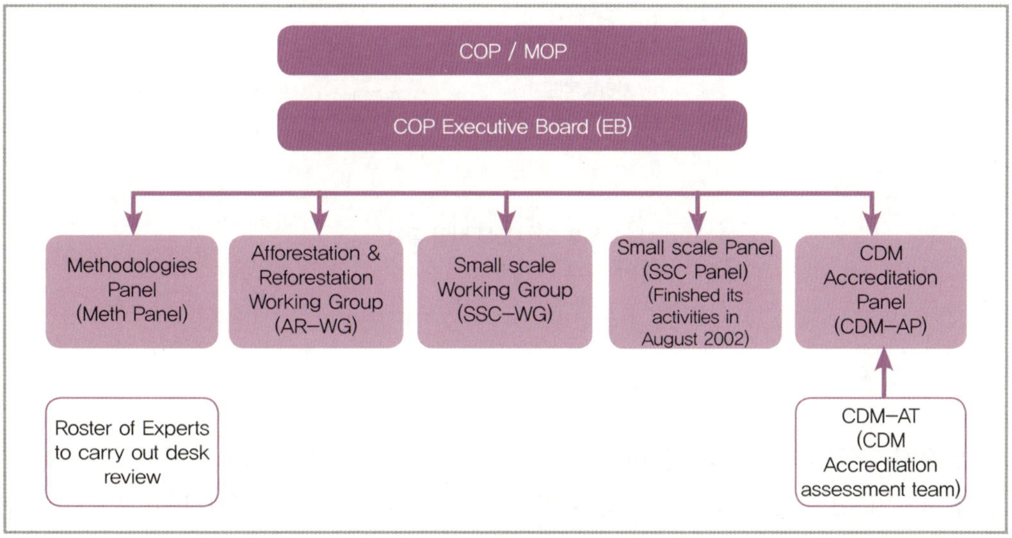

[그림 9-21] CDM 사업 조직체계[66)]

9.4.4 CDM 사업 절차

CDM 사업은 [그림 9-22]과 같이 사업개발 및 계획, 정부승인, 사업확인 및 등록, 모니터링, 검증 및 인증, CERs 발행의 6단계의 절차로 진행된다.

66) MOE Japan & Global Environment Center Foundation, CDM Manual

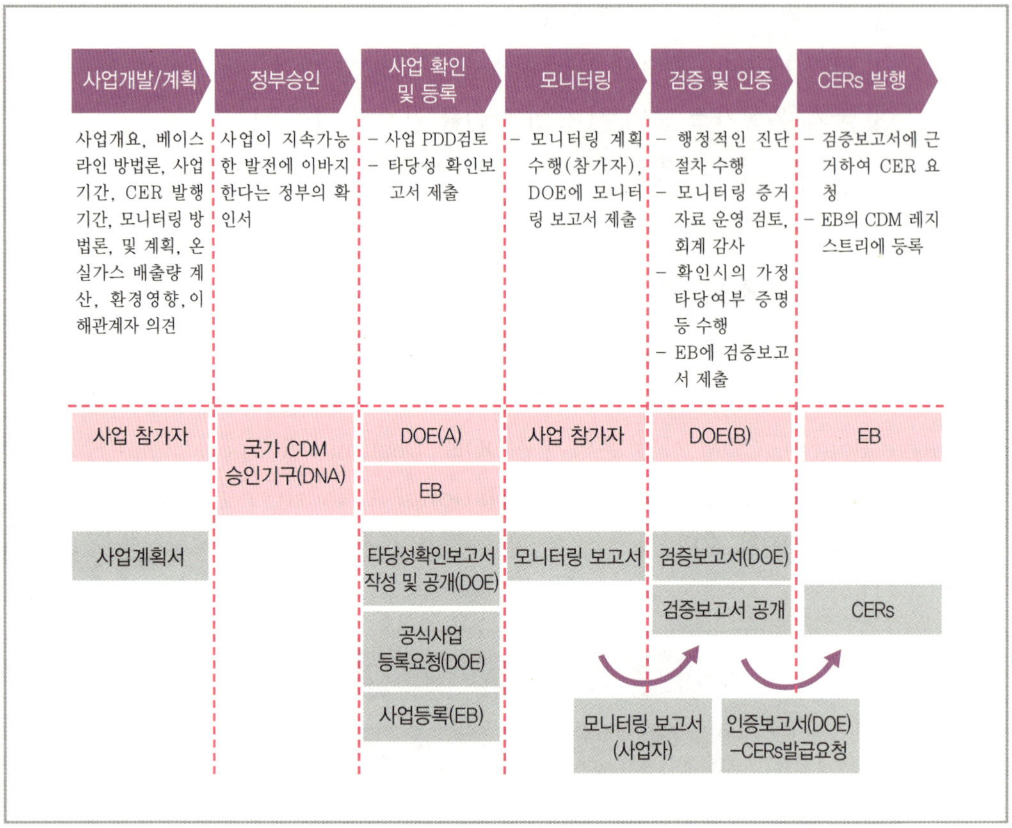

[그림 9-22] CDM 사업 절차

◇ CDM 사업 발굴 및 계획 단계

부속서 I 국가의 사업자가 비부속서 I 국가에서 재정적인 어려움이나 다른 이유로 추진하기 어려운 온실가스 감축 사업을 발굴하는 것으로부터 시작된다. CDM 사업수행자는 CDM 사업을 발굴한 뒤, CDM 사업계획서(CDM-PDD: CDM Project Design Document)를 작성하게 된다. 사업계획서는 사업개요(General description of project activity), 베이스라인 및 모니터링 방법론 적용(Application of a baseline and monitoring methodology), 사업기간 / CERs 발급 기간(Duration of the project activity / Crediting period), 환경 영향(Environmental impacts), CDM 사업으로부터 영향을 받을 수 있는 지역, 단체 또는 개인의 의견(Stakeholders' comments), 기타(Annexes) 등 크게 7개 부분으로 나누어져 있다.

◇ CDM 사업 타당성 확인(Validation) 및 정부승인

CDM 사업수행자는 작성된 CDM 사업계획서를 COP/MOP가 지정한 다수의 CDM 운영기구(DOE) 중에서 하나의 운영기구를 선정하여 타당성 확인을 받는다. CDM 사업수행자에 의해 선택된 CDM 운영기구는 CDM 사업자가 제출한 사업관련 서류들이 CDM 사업에 관한 각 요건을 만족하는지 검토하고, 이를 바탕으로 제안된 사업에 대한 타당성 검토 보고서(validation report)를 작성한다.

CDM 사업수행자는 CDM 사업이 추진될 CDM 유치국(비부속서 I 국가)과 투자국(부속서 I 국가)의 CDM 사업 승인기구에 각각 CDM 사업 국가승인서를 요청하게 된다.

우리나라의 국가승인은 다음과 같은 기준에 따라 검토가 이루어진다.

- 교토의정서, 마라케시 합의문 및 CDM 집행위원회 결정사항을 준수할 것
- 관련된 국가의 법규를 준수할 것
- 관련 국가정책에 배치되지 아니할 것
- 국가의 지속가능한 발전에 기여할 것 (환경적 영향, 사회적 영향, 기술이전 효과 및 경제적 영향 등)

CDM 사업 유치국의 CDM 사업 국가승인기구(DNA)는 자국내 CDM 사업 수행이 지속가능한 개발을 이루는데 도움이 되는가를 평가하고, 환경에 미치는 영향이 크다고 판단하는 경우 사업수행자에게 필요한 절차에 따라서 환경영향평가를 실시하도록 하고, 자국의 지속가능한 개발에 도움이 된다고 판단되면 CDM 사업 허가 서류를 사업수행자에게 발급하게 된다.

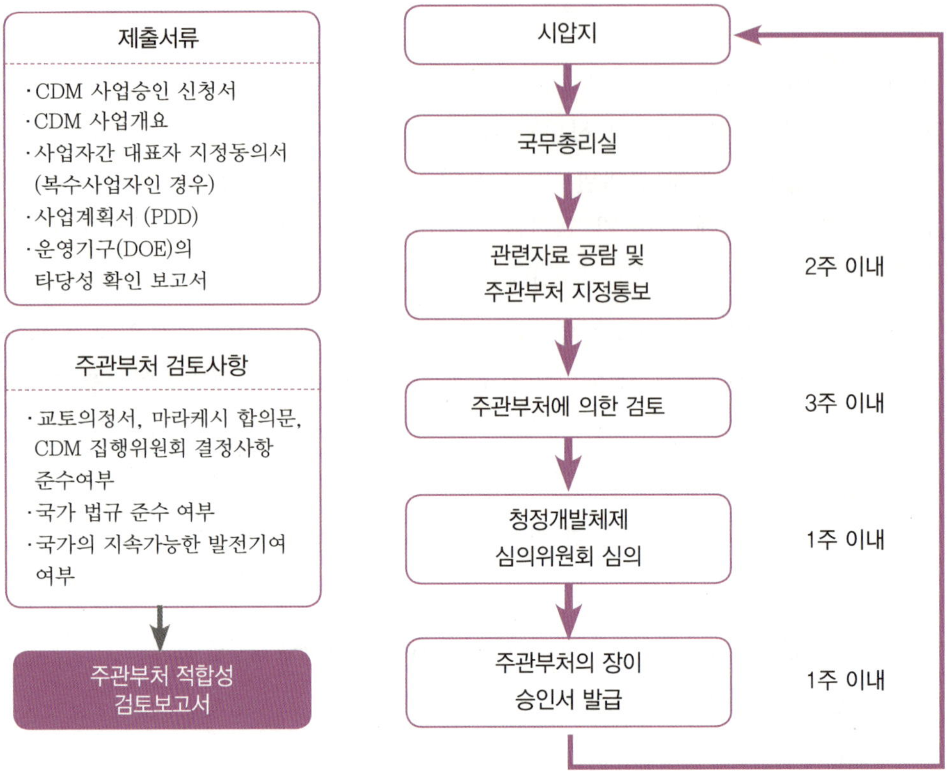

[그림 9-23] 우리나라의 CDM 사업 국가승인 절차

◇ CDM 사업 등록(Registration)

CDM 사업 운영기구(DOE)는 제안된 CDM 사업계획서(CDM-PDD), 작성한 CDM 사업 타당성 보고서(Validation Report)와 관련 국가의 사업승인서, 사업자간 지정동의서(Modality of Communication) 등을 첨부하여 CDM 집행위원회에 CDM 사업 등록을 요청하게 된다. CDM 사업 운영기구에서는 당사국 또는 CDM 집행위원회 위원 중 최소 3명이 재검토(review)를 요청하지 않으면 접수일 이후 8주(소규모 사업일 경우는 4주) 안에 CDM 사업등록을 완료한다.

◇ 모니터링(Mornitoring)

CDM 사업에 대한 모니터링은 사업자가 CDM 사업계획서(CDM-PDD)에 제시한 모니터링 계획에 따라 CDM 사업자 또는 제3의 기관이 실시하게 된다. CDM 사업자는 CDM 운영기관(DOE)에 제출한 사업계획서에 포함된 계획에 따라 사업 전(全) 기간 동안 모니터링을 실시한다.

CDM 사업자는 CDM 사업의 검증(Verification) 및 인증(Certification)을 위하여 CDM 사업계획서의 모니터링 계획에 따라 모니터링 보고서를 작성하여 지정된 CDM 운영기구(DOE)에 제출하게 되며 소규모 CDM 사업의 경우, 타당성 확인(Validation)과 검증 및 인증(Verification & Certification)을 동일한 CDM 사업운영기구에서 실시할 수 있으나, 일반 CDM 사업은 타당성 확인과 검증 및 인증을 서로 다른 CDM 사업운영기구에서 맡아야 한다.

CDM 사업 검증 및 인증 (Verification & Certification)

CDM 사업 검증은 검증기간 동안 해당 프로젝트의 진행 상황을 주기적으로 검토함으로써 실질적인 온실가스 배출감축 실적을 결정하는 것을 목적으로 한다. CDM 사업자가 선택한 CDM 사업운영기구는 CDM 사업 모니터링 보고서의 검토 및 현장조사 등을 통하여 CDM 사업자가 사업 초기단계에 제출한 사업계획서 및 모니터링 계획서와 일치 여부, 모니터링 방법과 결과 및 온실가스 감축량 결정방법에 대한 평가 등을 실시하게 된다.

CERs 발급

CDM 집행위원회는 CDM 사업 운영기구가 제출한 인증보고서를 접수하고 15일 이내에 관련 당사국(CDM 투자국 및 유치국) 또는 CDM 집행위원회 위원 중 적어도 3명 이상이 CERs 발행의 재검토(review)를 요청하지 않으면 CERs을 발급하게 된다. CDM 집행위원회로부터 CERs 발급을 요청받은 CDM 레지스트리 관리자는 발급 요청된 CERs을 CDM 집행위원회 미결계좌(pending account)로 발행하게 된다. CDM 레지스트리 관리자는 미결계좌의 CERs로부터 행정 비용, 개발도상국을 지원하기 위한 기금(CERs의 2%)을 공제한 나머지 CERs을 CDM 사업수행자 및 유치국의 요청에 따라 각각의 계좌로 이전시킨다. 이렇게 발급된 CERs은 CDM 집행위원회로부터 고유번호를 부여받게 된다.

9.4.5 CDM 사업 분야

◈ 소규모 CDM 사업과 일반 CDM 사업

CDM 사업은 규모에 따라 소규모 CDM 사업과 일반 CDM사업으로 나누어지며, 사업 내용에 따라 흡수원 CDM 사업과 비흡수원 CDM사업으로 구분할 수 있다.

[표 9-16] CDM 사업 분야

분야	CDM 사업의 예시
1. 에너지 산업	풍력, 소수력, 지열, 태양광 발전
2. 에너지 배분	-
3. 에너지 수요	정유공장에서의 에너지 효율 향상
4. 제조산업	시멘트 제조 시 화석 연료 대체
5. 화학 산업	아디픽산, 질산 공장의 N_2O 저감
6. 건 설	-
7. 수 송	온실가스 저배출 차량 도입
8. 광 업	석탄광 메탄가스를 이용한 발전
9. 금속 산업	망간 합금 제조 시 전기 사용량 감소
10. 연료 탈루성 누출	축산 분뇨 바이오가스를 이용한 발전
11. HFC, PFC, SF6	HFC22 공장의 HFC23 분해
12. 유기용제 사용	-
13. 폐기물 처리	매립지 가스를 이용한 발전
14. 조림 및 재조림	강 유역에 숲 조성
15. 농업	바이오매스를 이용한 열병합 발전

소규모 CDM 사업은 다음과 같다

- 최대 발전 용량이 15MW(또는 상당분)까지의 신재생에너지 사업
- 에너지 공급/수요 측면에서의 에너지 소비량을 최대 연간 60GWh(또는 상당분) 저감하는 에너지 절약 사업
- 인위적 배출감축사업으로서 직접 배출량이 연간 60,000 CO_2ton 미만의 사업

◇ Program CDM

소규모 CDM 사업은 수익창출이 어려워 실효성에 대한 문제가 꾸준히 제기되고 있다. 이에 따라 여러 사업을 묶어서 CDM 사업을 진행하는 것을 프로그램 CDM이라고 한다. 이는 작고 흩어져 있는 저감사업들이 탄소시장에 진입할 수 있는 기회를 제공하고, 기존의 묶음(Bundle) CDM과는 달리 개별 하부사업에 대한 검증없이 개념단계에서 전체 사업을 등록할 수 있으므로 위험도가 낮다. 프로그램 CDM은 하부사업의 실패에 대해 유연하게 작동하며, 초기 사업개발자 뿐만 아니라 후발주자에게도 사업 참여 기회를 제공할 수 있다. 이러한 프로그램 CDM은 지역적 에너지 효율사업, 화석연료 전환, 재생에너지 사용 등 소규모 사업자 및 교통분야에 유리하다고 알려져 있다.

도로와 환경

참 고 자 료

참 고 문 헌

홈 페 이 지

참고문헌

건설교통부, 2006, 환경친화적 도로유지관리 잠정지침

건설교통부, 환경부, 2006, 환경친화적인 도로건설 지침

경기개발연구원, 2008, 수질오염총량관리제의 합리적 시행을 위한 정책수립 및 대응전략 연구보고서

구본학, 2005, 사업유형별 생태복원 기술, 토지와 기술 2005년 가을

구본학, 2009, 습지생태학

국립환경과학원, 1992, 사업장 소음의 방지 대책에 관한 연구

국립환경과학원, 2008, 제2단계 수계오염총량관리기술지침

국립환경연구원, 2003, 건설기계류 소음특성

국토해양부, 2009, 도로비탈면 녹화공사의 설계 및 시공 지침

김광열 외, 2009, 인간과 환경

김귀곤, 조동길, 2004, 자연환경·생태복원학 원론

김동욱 외, 2008, 알기쉬운 환경법

김영화, 2001, 최신 환경영향평가론(이론·기법·실무)

김임순 외, 2007, 환경영향평가(전략환경평가)

김재수, 2008, 소음진동학

대기환경연구회, 2008, 대기환경개론, 동화기술

문석기 외, 2006, 생태공학

부동산연구, 2007, 주거환경 Computer Simulation 분석방법 및 기준제시

사종성, 강태원, 2007, 알기쉬운 생활속의 소음진동

신보균 외, 2009, 환경영향평가 실무

에너지관리공단, 2006, 기업온실가스 배출량 산정 지침서

에너지관리공단, 2009, 기업을 위한 CDM 사업 지침서

이광래 외, 2009, 최신 환경공학

이도원 외, 2001, 생태학

이동근 외, 2004, 경관생태학, 보문당

이은엽, 2005, 사업유형별 생태복원 기술, 토지와 기술 2005년 가을

이재복, 2010, 터널세척수 및 터널지하수의 오염물질 처리에 관한 연구

정준금 외, 2007, 환경과 사회

중앙환경분쟁조정위원회, 2004, 구조물의 일조방해로 인한 농작물 등의 피해 평가에 관한 연구
한국건설교통기술평가원, 2004, 건축물의 LCA 활용 매뉴얼북
한국교통연구원, 2008, 수송부분 온실가스 배출통계체계 구축 및 관리방안
한국교통연구원, 2009, 교통부분 온실가스 배출량 조사
한국도로공사, 1994, 고속도로 소음대책에 관한 연구
한국도로공사, 2005, 고속도로 조경실무
한국도로공사, 2007, 고속도로 교통소음 저감대책 수립에 관한 용역
한국도로공사, 2008, 고속도로 정밀생태조사 및 야생동물 교통사고 예방대책
한국도로공사, 2008, 고속도로 환경영향평가 가이드라인
한국도로공사, 2008, 양재-기흥 조기개통에 따른 이산화탄소 저감량 산출 연구
한국도로공사, 2008, 영동선 192.4k 폐도복원 실시설계보고서
한국도로공사, 2008, 폐고속도로 복구공법 시험시공 및 평가
한국도로공사, 2009, 고속도로 환경관리 매뉴얼
한국도로공사, 2009, 고속도로건설사업 환경영향평가적용을 위한 온실가스 예측 및 저감대책 연구
한국도로공사, 2009, 고속도로공사 전문시방서(총칙편/토목편)
한국도로공사, 2009. 9, 고속도로 온실가스 배출량 및 CDM 방법론 조사 연구
한국도로공사, 2010, 경부선 260.2k 폐도복원 실시설계보고서
한국도로교통협회, 2007, 백두대간 고속도로 비탈면 생태계의 복원방안 연구
한국부동산연구원, 2005, 일조가치 산정기법에 관한 연구
한국토지공사, 2005, 생태복원설계편람
한국환경정책·평가연구원, 2004, 도로건설사업의 환경영향 예측과 사후모니터링의 비교·분석
한국환경정책·평가연구원, 2006, 환경친화적인 철도건설 지침
한양대학교 건설연구소, 2007, 미래의 환경산업
홍문관, 이성호 외, 2010, 환경영향평가 기술사
환경부, 2003, 생태통로 설치 및 관리지침
환경부, 2005, 야생동·식물보호 기본계획 수립을 위한 연구
환경부, 2005, 환경영향평가 우수사례집
환경부, 2006, 물환경관리 기본계획
환경부, 2006, 비점오염원 업무편람
환경부, 2006, 환경영향평가 협의내용관리 및 환경영향조사 개선방안 연구
환경부, 2007, 사업유형별 환경영향평가서 작성을 위한 환경영향평가서 작성 가이드라인(안)

환경부, 2007, 환경피해 평가방법 및 배상액 산정기준의 합리적 조정방안 연구

환경부, 2008, 비점오염저감시설의 설치 및 관리·운영 매뉴얼

환경부, 2008, 사전환경성검토제도해설

환경부, 2008, 폐기물에너지로 저탄소 녹색성장을!

환경부, 2009, 2009 환경백서

환경부, 2009, 건설폐기물 처리기준 및 방법 등에 관한 업무처리지침

환경부, 2009, 비점오염저감시설 모니터링 결과

환경부·한국도로공사, 2009, 방음시설 성능 및 설치기준 마련 연구

Government of the Hong Kong SAR Second Issue, 2003, Guidelines on Design of Noise Barriers

홈페이지

국가소음정보시스템 (http://www.noiseinfo.or.kr)

국가 LCI 데이터베이스 정보망 (http://www.edp.or.kr)

사이버환경정책교육원 홈페이지 (http://cyberedu.kei.re.kr)

유네스코 한국위원회 홈페이지 (http://www.unesco.or.kr)

환경부 홈페이지 (http://www.me.go.kr)

환경부 비점오염원 홍보사이트 (http://nonpoint.me.go.kr)